SGI **STL** 源码剖析

The Annotated STL Sources

向专家学习
型别技术、内存管理、算法、数据结构、STL 各类组件
之高阶实现技巧

侯 捷

华中科技大学出版社

图书在版编目(CIP)数据

STL 源码剖析/侯捷.—武汉:华中科技大学出版社,2002 年 6 月(2024.1重印)
ISBN 978-7-5609-2699-5

Ⅰ.S… Ⅱ.侯… Ⅲ.C语言-程序设计 Ⅳ.TP312

中国版本图书馆 CIP 数据核字(2002)第 033243 号

STL 源码剖析　　　　　　　　　　　　　　　　　　　　　　侯捷

责任编辑:周　筠
技术编辑:孟　岩　　　　　　　　　　　　　　　　　　封面设计:潘　群
责任校对:张兴田　　　　　　　　　　　　　　　　　　责任监印:周治超

出版发行:华中科技大学出版社　　　　武昌喻家山　　邮编:430074　　电话:(027)81321915

录　　排:华中科技大学惠友科技文印中心
印　　刷:武汉市洪林印务有限公司

开本:787mm×1092mm　1/16　　　印张:33　　　　　　　字数:600 000
版次:2002 年 6 月第 1 版　　　　　　印次:2024 年 1 月第 28 次印刷　　定价:79.00 元
ISBN 978-7-5609-2699-5/TP·464

(本书若有印装质量问题,请向出版社发行部调换)

源码之前
了无秘密

献给每一位对 GP/STL 有所渴望的人

天下大事　必作于细

－ 侯　捷 －

高屋建瓴 细致入微

——《STL 源码剖析》引介

　　身为 C++标准库最重要的组成部分，STL（标准模板库）不仅是一个可复用组件库，而且是一个包罗算法与数据结构的软件框架（framework）。"框架"这个词，本身就有庞大、稳定、完整而可扩展的涵义。软件框架，则是用一行行精细准确的源码，构造一个庞大、稳定、完整而可扩展的软件架构。稍有软件开发经验的人都知道，要做到这些，谈何容易！STL 在 1994 年走入 C++标准，使得原本即将推出的 C++标准延迟 4 年问世而无怨无悔，并为之对内容做巨幅改进。而今 STL 不仅为千千万万 C++程序员所日常运用，而且获得极高的学术赞誉，成为一个典范、一种境界。作为一个软件框架，STL 所取得的成功，实在可以用"辉煌"来形容，其所内涵的软件思想和技术经验，更是无比的深厚与精致。

　　学习编程的人都知道，阅读、剖析名家代码乃是提高水平的捷径。源码之前，了无秘密。大师们的缜密思维、经验结晶、技术思路、独到风格，都原原本本体现在源码之中。在你仔细推敲之中，迷惑不解之时，恍然大悟之际，你的经验、思维、视野、知识乃至技术品位都会获得快速的成长。特别是面对 STL 这样优秀而普遍的作品，无论你是为了满足作为程序员第二天性的求知欲，还是在日常工作中解决实际问题，总有一天，你会打开一个叫做<vector>或者<algorithm>的头文件，想把 STL 背后的秘密看个究竟。英文里有一个常用短语，叫做"under the hood"，钻进魔术师的帐篷，屏住呼吸，瞪大眼睛，把那些奇妙的魔法看个通透，让自己的理解和技艺获得巨幅的提升，这种诱惑，任何一个程序员都无法抵挡！

　　不过，要想研读 STL 源码，绝对没有那么简单。STL 是精致的软件框架，是为优化效率而无所不用其极的艺术品，是数据结构与算法大师经年累月的智能结晶，是泛型思想的光辉诗篇，是 C++高级技术的精彩亮相！这些灿烂的赞誉，体现在数万行源码里，对于一个初涉此道的学习者来说，就是一个感觉："难！"无论你是浅尝辄止，便退出这次探险，还是勇敢地向浓雾中前进，当你受困于 STL 精致的大网之中，为那些迷一般的结构和操作感到茫然无措的时侯，所有人都会冒出一个念头："如果有这样一本书，既能够提纲挈领，为我理顺思绪，指引方向，同时又能够照顾小节，阐述细微，帮助我更快更好地理解 STL 源码，那该有多好！"

望着长长的 STL 著作列表，一个"真正"的 C++程序员，多少会有一点遗憾。自从 STL 问世以来，出版了大量的书籍，帮助读者了解它的思想，学习它的用法，掌握它的技巧。其中佼佼者如 Matt Austern 的《Generic Programming and STL》，Nicolai Josuttis 的《The C++ Standard Library》，Scott Meyers 的《Effective STL》，已成 C++经典名著。然而，定位在引导学习者进行 STL 源码分析的著作，可以说是凤毛麟角。毕竟，既要能高屋建瓴，剖析大架构，不为纷繁琐碎之细节而迷乱，又能具体而微，体现细致之处的精妙缜密，不因为宏大体系而失之粗略，无论对于专家高手还是技术作家，都是太难达到的目标。

读了这本《STL 源码剖析》之后，我认为，这个遗憾终于被补足了！

本书的作者侯捷先生是蜚声海峡两岸的著名 IT 技术作家，在 C++、Windows 系统原理、泛型理论和 STL 等技术领域有极深的造诣。然而，侯先生最令人称道之处，乃是他剖析大架构的能力。所谓剖析大架构，就是要在洋洋洒洒数以万行计的源码中，精准定位，抽取核心观念，高屋建瓴，纲举目张，将看上去乱麻一般的源码梳理得头绪清晰，条理分明，同时又照顾细节，参透精微，把一个个关键动作阐述得通通透透。这种能力，我以为至少在华人技术作家中，侯先生堪执牛耳！在他的名作《深入浅出 MFC》中，侯先生将自己这方面的能力展现得淋漓尽致，而在这本《STL 源码剖析》中，我们看到了又一次更加精彩的表现。

我有机会作为大陆最早的几个读者之一，详细拜读了侯先生的这本 STL 专着，内心产生了一种强烈的技术冲动。说得俗一点，就是觉得很过瘾！具体来说，我认为这本书至少有四大特点，使它成为我所见过的最出色的一本 STL 源码剖析类著作。

首先，选材精当，立足高远。STL 是一个标准，因而有各种实现版本。本书所剖析的 SGI STL，可以说是设计最巧妙、思想最深刻、获得赞誉最盛、认同最广的 STL 实现品。当然，这份出自 STL 之父 Alex Stepanov，以及 Matt Austern，David Musser 等巨匠之手的经典作品，剖析阐述起来自然也需要花费更大的心力。侯先生藉其扎实的理论与技术素养，毅然选择这份作品来剖析，是需要极大勇气与自信的。同样，本书对读者的预期，也是很高的，读者不但要有扎实的基本功，更要有掌握 STL 的兴趣与坚韧意志。读这本书，你可以有充分的信心，学到的是超一流大师的思想和经验，所谓名门正派，高屋建瓴。

    其次，脉络清晰，组织顺序匠心独具。任何人打算系统阅读 STL 源码，所必须做出的第一个决定就是，从何处开始？我在初读此书时，一个最感疑惑的地方就是侯先生竟然把 allocator 放在所有组件之前讲述。要知道，allocator 这个东西，对一般的使用者完全透明，根本感觉不到其存在，以至于在名著《The C++ Standard Libaray》中，Nicolai Josuttis 将这一部分放在全书最后。既然如此，又何必让这个无名小卒占据头版头条？我一开始还真是不理解。直到后来，我自己有一些扩展 STL 的实践，才发现，用的时候你固然可以对 allocator 不闻不问，但一旦要领悟 STL 的工作原理，或者要自己扩展 STL 的功能，则对于 allocator 的掌握几乎是第一先决条件。不了解 allocator，则无论剖析也好，扩展也罢，必然处处碰壁。侯先生毫不迟疑，首先帮读者搬开这块绊脚石，理出头绪，实在是匠心独具。紧接着的第三章 iterator 及 traits，直入 STL 的核心观念与关键技术，剑走中锋，直取要害，高举高打，开诚布公，直接把理解 STL 的钥匙交到读者手上。此章一过，读者神完气足，就可以大刀阔斧地打通 STL 的重重关隘。此布局只要稍有变化，读者的学习难度势必猛增。侯先生的此种安排，实在是大家手笔！

    此外，本书在技术上迎难而上，详略得当，完整而重点突出。了解 SGI STL 的读者都知道，这份作品对 C++标准中的 STL 做了大量的扩充，增加了专用的高效 allocator，用以操作巨型字符串的 rope，单链表 slist，以及万众企盼的 hash 容器等等，再加上 STL 本身就有很多精微之处，技术上的难点不少。此类书籍的作者，但凡稍有一丝懈怠之心，大可以冠冕堂皇地避重就轻。然而侯先生在此书中对重点难点毫不避讳，无论是标准功能还是非标准功能，只要对读者理解 STL 架构有益，只要有助于提高读者的技术，增长读者的视野与经验，书中必然不畏繁难，将所有技术细节原原本本和盘托出。另一方面，所谓剖析源码，其目的在于明理、解惑，提高自身水平，并不是要穷经皓首，倒背如流。因此，一旦道理讲清楚，书中就将重复与一般性的内容一笔带过，孰轻孰重，一目了然，详略十分得当，这一点对于提高读者的学习效率，有着巨大的意义。

    最后一点，本书通过大量生动范例和插图讲解基本思想，在同类书籍中堪称典范。虽然我把这一点放在最后，但我相信大部分读者站在书店，随手翻过这本书，得到的第一印象便是这一点。STL 之所以为大家所津津乐道，除了其思想深刻之外，最大的因素是它实用。它所包装的，是算法与数据结构的基本功能。作为一个程序员，如果你是做数据库编程的，大可以不懂汇编语言，如果你是写驱动程序的，大可以不必通晓人工智能，写编译器的可以不用懂什么计算机图形学，操作系统内核高手不用精通网站架设，然而，如果你不懂数据结构与算法的基础知识，不具备数据结构与算法的基本技能，那就完全丧失称为一个程序员的资格！市面上讲述算法与数据结构的专着汗牛充栋，俯拾皆是。相比之下，本书倒并不是以此为核心目标的。但是，可曾有哪位读者看到任何一本书像本书一样，将红黑树用一张张清晰生动的图解释得如此浅显易懂？所谓一图胜千言，在教授基本数据结构与算法方面，我想不出还有任何一种方法，能够比幻灯般的图片更生动更令人印象深刻了。读过此书的每一位读者，我想都会为书中那一幅幅插图所打动，作者细致严谨的作风，时刻为读者考虑的敬业精神，也许是更值得我们尊敬的东西。我非常荣幸有机会与侯先生和华中科技大学出版社的周筠女士再次合作，担任了这本书的繁简转译工作。在术语转译方面，我们基本上保持了与《Effective C++ 中文版》相一致的标准。其中有一些术语不完全符合国内的习惯译法，下面是一个简单的对比表：

英文术语	大陆惯用译法	本书译法
adapter	适配器	配接器
argument	实参（实质参数）	引数
by reference	传参考,传地址	传址
by value	传值	传值
dereference	反引用,解参考	提领
evaluate	评估,计算	评估，核定
instance	案例,实例	实体
instantiated	实例化	实体化、具现化
library	库,函数库	程序库
range	范围	区间（使用于 STL 时）
resolve	解析	决议
parameter	形参（形式参数）	参数
type	类型	型别

侯先生在一篇影响颇为广泛的 STL 技术杂文中，将 STL 的学习境界划分为三个阶段：会用，明理，能扩展。阅读 STL 源码是由第一层次直贯第二层次，而渐达于第三层次的一条捷径，当然也是一条满是荆棘之路。如果你是一个勇于征服险峰的程序员，如果你是一个希望了解 under the hood 之奥秘的程序员，那么当你在攀登 STL 这座瑰丽高山的时候，这本书会大大地帮助你。我非常热情地向您推荐这本着作。当然，再好的书籍也只是工具，能不能成功，关键，还在你自己！

孟岩

2002 年 4 月于北京

庖丁解牛[1]

侯捷自序

这本书的写作动机，纯属偶然。

2000 年下半年，我开始为计划中的《泛型思维》一书陆续准备并热身。为了对泛型编程技术以及 STL 实现技术有更深的体会，以便在讲述整个 STL 的架构与应用时更能虎虎生风，我常常深入到 STL 源码中去刨根究底。2001 年 2 月的某一天，我突然有所感触：既然花了大把精力看过 STL 源码，写了眉批，做了整理，何不把它再加一点功夫，形成一个更完善的面貌后出版？对我个人而言，一份批注详尽的 STL 源码，价值不菲；如果我从中获益，一定也有许多人能够从中获益。

这样的念头使我极度兴奋。剖析大架构本是侯捷的拿手，这个主题又可以和《泛型思维》相呼应。于是我便一头栽进去了。

我选择 SGI STL 作为剖析对象。这份实现版本的可读性极佳，运用极广，被选为 GNU C++ 的标准程序库，又开放自由运用。愈是细读 SGI STL 源码，愈令我震惊抽象思维层次的落实、泛型编程的奥妙，及其效率考虑的缜密。不仅最为人广泛运用的各种数据结构（data structures）和算法（algorithms）在 STL 中有良好的实现，连内存配置与管理也都重重考虑了最佳效能。一切的一切，除了实现软件积木的高度复用性，让各种组件（components）得以灵活搭配运用，更考虑了实用上的关键议题：**效率**。

---

1 庄子养生主："彼节者有间，而刀刃者无厚；以无厚入有间，恢恢乎其于游刃必有余地矣。"侯捷不让，以此自况。

这本书不适合 C++ 初学者，不适合 Genericity（泛型技术）初学者，或 STL 初学者。这本书也不适合带领你学习面向对象（Object Oriented）技术——是的，STL 与面向对象没有太多关联。本书前言清楚说明了书籍的定位和合适的读者，以及各类基础读物。如果你的 Generic Programming/STL 实力足以阅读本书所呈现的源码，那么，恭喜，你踏上了基度山岛，这儿有一座大宝库等着你。源码之前了无秘密，你将看到 vector 的实现、list 的实现、heap 的实现、deque 的实现、RB-tree 的实现、hash-table 的实现、set/map 的实现；你将看到各种算法（排序、搜寻、排列组合、数据移动与复制……）的实现；你甚至将看到底层的 memory pool 和高阶抽象的 traits 机制的实现。那些数据结构、那些算法、那些重要观念、那些编程实务中最重要最根本的珍宝，那些蛰伏已久仿佛已经还给老师的记忆，将重新在你的大脑中闪闪发光。

人们常说，不要从轮子重新造起，要站在巨人的肩膀上。面对扮演轮子角色的这些 STL 组件，我们是否有必要深究其设计原理或实现细节呢？答案因人而异。从应用的角度思考，你不需要探索实现细节（然而相当程度地认识底层实现，对实务运用有绝对的帮助）。从技术研究与本质提升的角度来看，深究细节可以让你彻底掌握一切；不论是为了重温数据结构和算法，或是想要扮演轮子角色，或是想要进一步扩张别人的轮子，都可因此获得深厚扎实的基础。

天下大事，必作于细！

参观飞机工厂不能让你学到流体力学，也不能让你学会开飞机。然而如果你会开飞机又懂流体力学，参观飞机工厂可以带给你最大的乐趣和价值。

The Annotated STL Sources

　　我开玩笑地对朋友说，这本书的出版，给大学课程中的"数据结构"和"算法"两门授课老师出了个难题。几乎对所有可能的作业题目（复杂度证明题除外），本书都有了详尽的解答。然而，如果学生能够从庞大的 SGI STL 源码中干净抽出某一部分，加上自己的包装，做为呈堂作业，也足以证明你有资格获得学分和高分。事实上，追踪一流作品并于其中吸取养分，远比自己关起门来写个三流作品，价值高得多——我的确认为 99.99 % 的程序员所写的程序，在 SGI STL 面前都是三流水准 ☺。

侯捷 2002/03/30　新竹 • 台湾

http://www.jjhou.com　　（繁体）
http://jjhou.csdn.net　　（简体）
jjhou@jjhou.com

　　p.s. 以下三本书互有定位，互有关联，彼此亦相呼应。为了不重复讲述相同的内容，我会在适当时候提醒读者在哪本书上获得更多资料：

- 《多态与虚拟》，内容涵括：C++ 语法、语意、对象模型，面向对象精神，小型 framework 实现，OOP 专家经验，设计模式（design patterns）导引。

- 《泛型思维》，内容涵括：语言层次（C++ templates 语法、Java generic 语法、C++ 操作符重载），STL 原理介绍与架构分析，STL 现场重建，STL 深度应用，STL 扩充示范，泛型思考。

- 《STL 源码剖析》，内容涵括：STL 所有组件之实现技术和其背后原理解说。

The Annotated STL Sources

目录

前言

本书定位

C++ 标准程序库是一个伟大的作品。它的出现，相当程度上改变了 C++ 程序的风貌以及学习模式[1]。纳入 STL（Standard Template Library）的同时，标准程序库的所有组件，包括大家早已熟悉的 string、stream 等等，亦全部以 template 覆盖过。整个标准程序库没有太多的 OO（Object Oriented），倒是无处不存在 GP（Generic Programming）。

C++ 标准程序库中隶属 STL 范围者，粗估当在 80% 以上。对软件开发而言，STL 是尖甲利兵，可以节省你许多时间。对编程技术而言，STL 是金柜石室——所有与编程工作最有直接密切关联的一些最被广泛运用的数据结构和算法，STL 都有实现，并符合最佳（或极佳）效率。不仅如此，STL 的设计思维，把我们提升到另一个思想高点，在那里，对象的耦合性（coupling）极低，复用性（reusability）极高，各种组件可以独立设计又可以灵活无罅地结合在一起。是的，STL 不仅仅是程序库，它其实具备 framework 格局，允许使用者加上自己的组件，与之融合并用，是一个符合开放性封闭（Open-Closed）原则的程序库。

从应用角度来说，任何一位 C++ 程序员都不应该舍弃现成、设计良好而又效率极佳的标准程序库，却"入太庙每事问"地事事物物从轮子造起——那对组件技术及软件工程将是一大嘲讽。然而，对于一个想要深度钻研 STL 以便拥有扩充能力

---

[1] 请参考 *Learning Standard C++ as a New Language*, by Bjarne Stroustrup, C/C++ Users Journal 1999/05。中译文 http://www.jjhou.com/programmer-4-learning-standard-cpp.htm

的人来说，相当程度地追踪 STL 源代码是必要的功课。是的，对于一个想要充实数
据结构与算法等固有知识，并提升泛型编程技法的人，"入太庙每事问"是必要的
态度，追踪 STL 源代码则是提升功力的极佳路线。

想要良好运用 STL，我建议你看《The C++ Standard Library》by Nicolai M.
Josuttis；想要严谨认识 STL 的整体架构和设计思维，以及 STL 的详细规格，我建
议你看 《Generic Programming and the STL》by Matthew H. Austern；想要从语法层面
开始，学理与应用得兼，宏观与微观齐备，我建议你看《泛型思维》by 侯捷；想要
深入 STL 实现技法，一窥大家风范，提升自己的编程功力，我建议你看你手上这本
《STL 源码剖析》——事实上就在下笔此刻，你也找不到任何一本相同定位的书[2]。

合适的读者

本书不适合 STL 初学者（当然更不适合 C++ 初学者）。本书不是面向对象
（Object Oriented）相关书籍。本书不适合用来学习 STL 的各种应用。

对于那些希望深刻了解 STL 实现细节，从而得以提升对 STL 的扩充能力，或
是希望藉由观察 STL 源代码，学习世界一流程序员身手，并藉此彻底了解各种被广
泛运用之数据结构和算法的人，本书最适合你。

最佳阅读方式

无论你对 STL 认识了多少，我都建议你第一次阅读本书时，采取循序渐进的
方式，遵循书中安排的章节先行浏览一遍。视个人功力的深浅，你可以或快或慢并
依个人兴趣或需要，深入其中。初次阅读最好循序渐进，理由是，举个例子，所有
容器（containers）的定义式一开头都会出现空间配置器（allocator）的运用，我可
以在最初数次提醒你空间配置器于第 2 章介绍过，但我无法遍及全书一再一再提醒
你。又例如，源代码之中时而会出现一些全局函数调用操作，尤其是定义于
`<stl_construct.h>` 之中用于对象构造与析构的基本函数，以及定义于

---

2 *The C++ Standard Template Library*, by P.J.Plauger, Alexander Al. Stepanov, Meng Lee,
David R. Musser, Prentice Hall 2001/03，与本书定位相近，但在表现方式上大有不同。

<stl_uninitialized.h> 之中用于内存管理的基本函数，以及定义于 <stl_algobase.h> 之中的各种基本算法。如果那些全局函数已经在先前章节中介绍过，我很难保证每次都提醒你——那是一种顾此失彼、苦不堪言的劳役，并且容易造成阅读上的累赘。

我所选择的剖析对象

本书名为《STL 源码剖析》，然而 STL 实现版本百花齐放，不论就技术面或可读性，皆有高下之分。选择一份好的实现版本，就学习而言当然是极为重要的。我选择的剖析对象是声名最盛，也是我个人评价最高的一个产品：SGI（Silicon Graphics Computer Systems, Inc.）版本。这份由 STL 之父 Alexander Stepanov、经典书籍《Generic Programming and the STL》作者 Matthew H. Austern、STL 巨匠 David Musser 等人投注心力的 STL 实现版本，不论在技术层次、源代码组织、源代码可读性上，均有卓越的表现。这份产品被纳为 GNU C++ 标准程序库，任何人皆可从因特网上下载 GNU C++ 编译器，从而获得整份 STL 源代码，并获得自由运用的权力（详见 1.8 节）。

我所选用的是 cygnus[3] C++ 2.91.57 for Windows 版本。我并未刻意追求最新版本，一来书籍不可能永远呈现最新的软件版本——软件更新永远比书籍改版快速，二来本书的根本目的在于建立读者对于 STL 宏观架构和微观技术的掌握，以及源代码的阅读能力，这种核心知识的形成与源代码版本的关系不是那么唇齿相依，三来 SGI STL 实作品自从搭配 GNU C++2.8 以来已经十分稳固，变异极微，而我所选择的 2.91 版本，表现相当良好；四来这个版本的源代码比后来的版本更容易阅读，因为许多内部变量名称并不采用下划线（underscore）——下划线在变量命名规范上有其价值，但到处都是下划线则对大量阅读相当不利。

网络上有一个 STLport（http://www.stlport.org）站点，提供一份以 SGI STL 为蓝本的高度可移植性实现版本。本书附录 C 列有孟岩先生所写的文章，是一份 STLport 移植到 Visual C++ 和 C++ Builder 的经验谈。

---

[3] 关于 cygnus、GNU 源代码开放精神，以及自由软件基金会（FSF），请见 1.3 节介绍。

各章主题

本书假设你对 STL 已有基本认识和某种程度的运用经验。因此，除了第一章略作介绍之外，立刻深入 STL 技术核心，并以 STL 六大组件（components）为章节的进行依据。以下是各章名称，这样的次序安排大抵可使每一章所剖析的主题能够于先前章节中获得充分的基础。当然，技术之间的关联错综复杂，不可能存在单纯的线性关系，这样的安排也只能说是尽最大努力。

第 1 章　STL 概论与实现版本简介

第 2 章　空间配置器（allocator）

第 3 章　迭代器（iterators）概念与 traits 编程技法

第 4 章　序列式容器（sequence containers）

第 5 章　关联式容器（associated containers）

第 6 章　算法（algorithms）

第 7 章　仿函数或函数对象（functors, or function objects）

第 8 章　配接器（adapter）

编译工具

本书主要探索 SGI STL 源代码，并提供少量测试程序。如果测试程序只做标准的 STL 操作，不涉及 SGI STL 实现细节，那么我会在 VC6、CB4、cygnus 2.91 for Windows 等编译平台上分别测试它们。

随着对 SGI STL 源代码的掌握程度增加，我们可以大胆做些练习，将 SGI STL 内部接口打开，或是修改某些 STL 组件，加上少量输出操作，以观察组件的运作过程。这种情况下，操练的对象既然是 SGI STL，我也就只使用 GNU C++ 来编译[4]。

---

4 SGI STL 事实上是个高度可移植性的产品，不限使用于 GNU C++。从它对各种编译器的环境组态设定（1.8.3 节）便可略知一二。网络上有一个 STLport 组织，不遗余力地将 SGI STL 移植到各种编译平台上。请参阅本书附录 C。

中英术语的运用风格

我曾经发表过一篇题为"技术引导乎 文化传承乎"的文章，阐述我对专业计算机书籍的中英术语运用态度。文章收录于侯捷网站 http://www.jjhou.com/article99-14.htm。以下简单叙述我的想法。

为了学术界和业界的习惯，也为了与全球科技接轨，并且也因为我所撰写的是供专业人士阅读的书籍而非科普读物，我决定适量保留专业领域中被朗朗上口的英文术语。朗朗上口与否，见仁见智，我以个人阅历作为抉择依据。

作为一个并非以英语为母语的族裔，我们对英文的阅读困难并不在单字，而在整句整段的文意。作为一项技术的学习者，我们的困难并不在术语本身（那只是个符号），而在术语背后的技术意义。

熟悉并使用原文术语，至为重要。原因很简单，在科技领域里，你必须与全世界接轨。中文技术书籍的价值不在于"建立本国文化"或"让它成为一本道地的中文书"或"完全扫除英汉字典的需要"。中文技术书籍的重要价值，在于引进技术，引导学习，扫平阅读障碍，增加学习效率。

绝大部分我所采用的英文术语都是名词，但极少数动词或形容词也有必要让读者知道原文（我会时而中英并列，并使用斜体英文），原因是：

- C++ 编译器的错误信息并未中文化，万一错误信息中出现以下字眼：*unresolved, instantiated, ambiguous, override*，而编写程序的你却不熟悉或不懂这些动词或形容词的技术意义，就不妙了。
- 有些操作关系到 library functions，而 library functions 的名称并未中文化☺，例如 *insert, delete, sort*。因此，视情况而定，我可能会选择使用英文。
- 如果某些术语关系到语言关键词，为了让读者有最直接的感受与联想，我会采用原文，例如 static, private, protected, public, friend, inline, extern。

版面像一张破碎的脸？

大量中英文夹杂的结果，无法避免造成版面的 "破碎"。但为了实现合宜的表达方式，牺牲版面的 "全中文化" 在所难免。我将尽量以版面手法来达到视觉上的顺畅，换言之，我将采用不同的字形来代表不同属性的术语。如果把英文术语视为一种符号，这些中英夹杂但带有特殊字形的版面，并不会比市面上琳琅满目的许多应用软件图解使用手册来得突兀（而后者不是普遍为大众所喜爱吗☺）。我所采用的版面，都已经过一再试验，获得许多读者的赞同。

英文术语采用原则

就我的观察，人们对于英文词或中文词的采用，隐隐有一个习惯：如果中文词发音简短（或至少不比英文词繁长）并且意义良好，那么就比较有可能被业界用于日常沟通；否则业界多半采用英文词。

例如，polymorphism 音节过多，所以意义良好的中文词"多态"就比较有机会被采用。例如，虚函数的发音不比 virtual function 繁长，所以使用这个中文词的人也不少。"多载"或 "重载"的发音比 overloaded 短得多，意义又正确，用的人也不少。

但此并非绝对法则，否则就不会有绝大多数工程师说 data member 而不说"数据成员"、说 member function 而不说 "成员函数"的情况了。

以下是本书采用原文术语的几个简单原则。请注意，并没有绝对的实践，有时候要看上下文情况。同时，容我再强调一次，这些都是基于我与业界和学界的接触经验而做的选择。

- 编程基础术语，采用中文。例如：函数、指针、变量、常数。本书的英文术语绝大部份都与 C++/OOP/GP（Generic Programming）相关。
- 简单而朗朗上口的词，视情况可能直接使用英文：input, output, lvalue, rvalue...
- 读者有必要认识的英文名词，不译：template, class, object, exception, scope, namespace。
- 长串、有特定意义、中译名称拗口者，不译：explicit specialization, partial specialization, using declaration, using directive, exception specification。
- 操作符名称，不译：copy assignment 操作符，member access 操作符，arrow 操作符，dot 操作符，address of 操作符，dereference 操作符……

- 业界惯用词，不译：constructor, destructor, data member, member function, reference。

- 涉及 C++ 关键词者，不译：public, private, protected, friend, static,

- 意义良好，发音简短，流传颇众的译词，译之：多态（polymorphism），虚函数（virtual function），泛型（genericity）…

- 译后可能失掉原味而无法完全彰显原味者，中英并列。

- 重要的动词、形容词，时而中英并列：模棱两可（*ambiguous*），决议（*resolve*），覆盖（*override*），参数推导（*argument deduced*），具现化（*instantiated*）。

- STL 专用术语：采用中文，如迭代器（iterator）、容器（container）、仿函数（functor）、配接器（adapter）、空间配置器（allocator）。

- 数据结构专用术语：尽量采用英文，如 vector, list, deque, queue, stack, set, map, heap, binary search tree, RB-tree, AVL-tree, priority queue。

援用英文词，或不厌其烦地中英并列，获得的一项重要福利是：本书得以英文作为索引凭借。

http://www.jjhou.com/terms.txt 列有我个人整理的一份中英繁简术语对照表。

版面字型风格

中文

- 正文：华康小五号简宋
- 标题：**华康粗圆**
- 视觉加强：华康中黑

英文

- 一般文字，Times New Roman, 9.5pt，例如：class, object, member function, data member, base class, derived class, private, protected, public, reference, template, namespace, function template, class template, local, global

- 动词或形容词，*Times New Roman 斜体 9.5pt*，例如：*resolve, ambiguous, override, instantiated*

- class 名称，Lucida Console 8.5pt，例如：stack, list, map

- 程序代码识别符号，Courier New 8.5pt，例如：int, min(SmallInt*, int)

- 长串术语，Arial 9pt，例如：member initialization list, name return value, using directive, using declaration, pass by value, pass by reference, function try block, exception declaration, exception specification, stack unwinding, function object, class template specialization, class template partial specialization…

- exception types 或 iterator types 或 iostream manipulators，Lucida Sans 9pt，例如：bad_alloc, back_inserter, boolalpha

- 操作符名称及某些特殊操作，Footlight MT Light 9.5pt，例如：copy assignment 操作符，dereference 操作符，address of 操作符，equality 操作符，function call 操作符，constructor，destructor，default constructor，copy constructor，virtual destructor，memberwise assignment，memberwise initialization

- 程序代码，Courier New 8.5pt，例如：

```
#include <iostream>
using namespace std;
```

要在整本书中维护一贯的字形风格而没有任何疏漏，很不容易，许多时候不同类型的术语搭配起来，就形成了不知该用哪种字形的困扰。排版者顾此失彼的可能也不是没有。因此，请注意，各种字形的运用，只是为了让您阅读时有比较好的效果，其本身并不具其它意义。局部的一致性更重于全体的一致性。

源代码形式与下载

SGI STL 虽然是可读性最高的一份 STL 源代码，但其中并没有对实现程序乃至于实现技巧有什么文字注释，只偶而在文件最前面有一点点总体说明。虽然其符号名称有不错的规划，但真要仔细追踪源代码，仍然旷日费时。因此，本书不但在正文之中解说其设计原则或实现技术，也直接在源代码中加上许多注释。条件式编译（#ifdef）视同源代码处理。classes 名称、data members 名称和 member functions 名称大多以粗体表示。特别需要提醒的地方（包括 template 缺省参数、长度很长的嵌套定义式）则加上灰阶底纹。例如：

```
template <class T, class Alloc = alloc>  // 缺省使用 alloc 为配置器
class vector {
public:
  typedef T            value_type;
  typedef value_type*  iterator;
```

```
  ...
  protected:
    // vector 采用简单的线性连续空间。以两个迭代器 start 和 end 分别指向头尾，
    // 并以迭代器 end_of_storage 指向容量尾端。容量可能比 (尾-头) 还大，
    // 多余的空间即备用空间
    iterator start;
    iterator finish;
    iterator end_of_storage;

    void fill_initialize(size_type n, const T& value) {
      start = allocate_and_fill(n, value);   // 配置空间并设初值
      finish = start + n;                    // 调整水位
      end_of_storage = finish;               // 调整水位
    }
  ...
};

#ifdef __STL_FUNCTION_TMPL_PARTIAL_ORDER
template <class T, class Alloc>
inline void swap(vector<T, Alloc>& x, vector<T, Alloc>& y) {
  x.swap(y);
}
#endif /* __STL_FUNCTION_TMPL_PARTIAL_ORDER */
```

又如：

```
// 以下用配接器来表示某个 Adaptable Binary Predicate 的逻辑负值
template <class Predicate>
class binary_negate
  : public binary_function<typename Predicate::first_argument_type,
                           typename Predicate::second_argument_type,
                           bool> {
  ...
};
```

这些做法可能在某些地方有少许例外（或遗漏），唯一不变的原则就是尽量设法让读者一眼抓住源代码重点。这些经过注释的 SGI STL 源代码以 Microsoft Word 97 文件格式，连同 SGI STL 源代码，置于侯捷网站供自由下载[5]。噢，是的，STL 涵盖面积广大，源代码浩繁，考虑到书籍的篇幅，本书仅能就具代表性者加以剖析，如果你感兴趣的某些细节未涵盖于书中，可自行上网查阅这些经过整理的源代码文件。

---

5 下载这些文件并不会引发版权问题。详见 1.3 节关于自由软件基金会（FSF）、源代码开放（open source）精神以及各种授权声明。

在线服务

候捷网站（网址见于封底）是我的个人网站。我的所有作品，包括本书，都在此网站上提供服务，包括：

- 勘误和补充
- 技术讨论
- 程序代码下载
- 电子文件下载

附录 B 对候捷网站有一些导引介绍。

推荐读物

详见附录 A。这些精选读物可为你建立扎实的泛型（Genericity）思维理论基础与扎实的 STL 实务应用能力。

1

STL 概论 与 版本简介

STL，虽然是一套程序库（library），却不只是一般印象中的程序库，而是一个有着划时代意义，背后拥有先进技术与深厚理论的产品。说它是产品也可以，说它是规格也可以，说是软件组件技术发展史上的一个大突破点，它也当之无愧。

1.1 STL 概论

长久以来，软件界一直希望建立一种可重复运用的东西，以及一种得以制造出"可重复运用的东西"的方法，让工程师 / 程序员的心血不致于随时间迁移、人事异动、私心欲念、人谋不臧[1]而烟消云散。从子程序（subroutines）、程序（procedures）、函数（functions）、类别（classes），到函数库（function libraries）、类别库（class libraries）、各种组件（components），从结构化设计、模块化设计、面向对象（object oriented）设计，到模式（patterns）的归纳整理，无一不是软件工程的漫漫奋斗史。

为的就是复用性（reusability）的提升。

复用性必须建立在某种标准之上——不论是语言层次的标准，或数据交换的标准，或通讯协议的标准。但是，在许多工作环境下，就连软件开发最基本的数据结构（data structures）和算法（algorithms）都还迟迟未能有一套标准。大量程序员被迫从事大量重复的工作，竟是为了完成前人早已完成而自己手上并未拥有的程序代码。这不仅是人力资源的浪费，也是挫折与错误的来源。

---

[1] 后两者是科技到达不了的幽暗世界。就算 STL, COM, CORBA, OO, Patterns...也无能为力☺。

为了建立数据结构和算法的一套标准，并且降低其间的耦合（coupling）关系以提升各自的独立性、弹性、交互操作性（相互合作性，interoperability），C++ 社群里诞生了 STL。

STL 的价值在于两方面。就低层次而言，STL 带给我们一套极具实用价值的零部件，以及一个整合的组织。这种价值就像 MFC 或 VCL 之于 Windows 软件开发过程所带来的价值一样，直接而明朗，令大多数人有最立即明显的感受。除此之外，STL 还带给我们一个高层次的、以泛型思维（Generic Paradigm）为基础的、系统化的、条理分明的 "软件组件分类学（components taxonomy）"。从这个角度来看，STL 是一个抽象概念库（library of abstract concepts），这些 "抽象概念" 包括最基础的 Assignable（可被赋值）、Default Constructible（不需任何参数就可构造）、Equality Comparable（可判断是否等同）、LessThan Comparable（可比较大小）、Regular（正规）… 高阶一点的概念则包括 Input Iterator（具输入功能的迭代器）、Output Iterator（具输出功能的迭代器）、Forward Iterator（单向迭代器）、Bidirectional Iterator（双向迭代器）、Random Access Iterator（随机存取迭代器）、Unary Function（一元函数）、Binary Function（二元函数）、Predicate（传回真假值的一元判断式）、Binary Predicate（传回真假值的二元判断式）… 更高阶的概念包括 sequence container（序列式容器）、associative container（关联式容器）…

STL 的创新价值便在于具体叙述了上述这些抽象概念，并加以系统化。

换句话说，STL 所实现的，是依据泛型思维架设起来的一个概念结构。这个以抽象概念（abstract concepts）为主体而非以实际类（classes）为主体的结构，形成了一个严谨的接口标准。在此接口之下，任何组件都有最大的独立性，并以所谓迭代器（iterator）胶合起来，或以所谓配接器（adapter）互相配接，或以所谓仿函数（functor）动态选择某种策略（policy 或 strategy）。

目前没有任何一种程序语言提供任何关键词（keyword）可以实质对应上述所谓的抽象概念。但是 C++ classes 允许我们自行定义型别，C++ templates 允许我们将型别参数化，藉由两者结合并透过 traits 编程技法，形成了 STL 的绝佳温床[2]。

　　关于 STL 的所谓软件组件分类学，以及所谓的抽象概念库，请参考
[Austern98]——没有任何一本书籍在这方面说得比它更好、更完善。

1.1.1　STL 的历史

　　STL 系由 Alexander Stepanov 创造于 1979 年前后，这也正是 Bjarne
Stroustrup 创造 C++ 的年代。虽然 David R. Musser 于 1971 年开始即在计算机几
何领域中发展并倡导某些泛型程序设计观念，但早期并没有任何程序语言支持泛型
编程。第一个支持泛型概念的语言是 Ada。Alexander 和 Musser 曾于 1987 年开发出
一套相关的 Ada library。然而 Ada 在美国国防工业以外并未被广泛接受，C++ 却
如星火燎原般地在程序设计领域中攻城掠地。当时的 C++ 尚未导入 template 性质，
但 Alexander 却已经意识到，C++ 允许程序员通过指针以极佳弹性处理内存，这一
点正是既要求一般化（泛型）又不失效能的一个重要关键。

　　更重要的是，必须研究并实验出一个"建立在泛型编程之上"的组件库完整架
构。Alexander 在 AT&T 实验室以及惠普公司的帕罗奥图（Hewlett-Packard Palo Alto）
实验室，分别实验了多种架构和算法公式，先以 C 完成，而后再以 C++ 完成。1992
年 Meng Lee 加入 Alex 的项目，成为 STL 的另一位主要贡献者。

　　贝尔（Bell）实验室的 Andrew Koenig 于 1993 年知道这个研究计划后，邀请
Alexander 于是年 11 月的 ANSI/ISO C++ 标准委员会会议上展示其观念，获得热烈回
应。Alexander 于是再接再励，于次年夏天的 Waterloo（滑铁卢[3]）会议开幕前，完成
正式提案，并以压倒性多数一举让这个巨大的计划成为 C++ 标准规格的一部分。

1.1.2　STL 与 C++ 标准程序库

　　1993 年 9 月，Alexander Stepanov 和他一手创建的 STL，与 C++ 标准委员会

---

[2] 这么说有点因果混沌。因为 STL 的成形过程中也获得了 C++ 的一些重大修改支持，
例如 template partial specialization。

[3] 不是威灵顿公爵击败拿破仑的那个地方，是加拿大安大略湖畔的滑铁卢市。

有了第一次接触。

当时 Alexander 在硅谷（圣荷塞）给 C++ 标准委员会作了一个演讲，讲题是：
The Science of C++ Programming。题目的理论性很强，但很受欢迎。1994 年 1 月 6 日
Alexander 收到 Andy Koenig（C++ 标准委员会成员，当时的 C++ *Standard* 文件审核
编辑）来信，言明如果希望 STL 成为 C++ 标准程序库的一部分，可于 1994 年 1 月
25 日前送交一份提案报告到委员会。Alexander 和 Lee 于是拼命赶工完成了那份提案。

然后是 1994 年 3 月的圣地亚哥会议。STL 在会议上获得了很好的回响，但也
有许多反对意见。主要的反对意见是，C++ 即将完成最终草案，而 STL 却是如此
庞大，似乎有点时不我予。投票结果压倒性地认为应该给予这份提案一个机会，并
把决定性投票延到下次会议。

下次会议到来之前，STL 做了几番重大的改善，并获得诸如 Bjarne Stroustrup、
Andy Koenig 等人的强力支持。

然后便是滑铁卢会议。这个名称对拿破仑而言，标示的是失败，对 Alexander
和 Lee，以及他们的辛苦成果而言，标示的却是巨大的成功。投票结果，80 % 赞
成，20 % 反对，于是 STL 进入了 C++ 标准化的正式流程，并终于成为 1998 年 9
月定案的 C++ 标准规格中的 C++ 标准程序库的一大脉系。影响所及，原本就有的
C++ 程序库，如 stream, string 等也都以 template 重新写过。到处都是 templates！整
个 C++ 标准程序库呈现 "春城无处不飞花" 的场面。

Dr Dobb's Journal 曾于 1995 年 3 月刊出一篇名为 *Alexander Stepanov and STL* 的
访谈文章，对于 STL 的发展历史、Alexander 的思路历程、STL 纳入 C++ 标准程序
库的过程，均有详细叙述，本处不再赘述。侯捷网站（见附录 B）上有孟岩先生的
译稿 "STL 之父访谈录"，欢迎观访。

1.2   STL 六大组件 功能与运用

STL 提供六大组件，彼此可以组合套用：

1. 容器（containers）：各种数据结构，如 vector, list, deque, set, map,

用来存放数据，详见本书 4, 5 两章。从实现的角度来看，STL 容器是一种 class template。就体积而言，这一部分很像冰山在海面下的比率。

2. **算法（algorithms）**：各种常用算法如 `sort, search, copy, erase`… 详见第 6 章。从实现的角度来看，STL 算法是一种 function template。

3. **迭代器（iterators）**：扮演容器与算法之间的胶合剂，是所谓的 "泛型指针"，详见第 3 章。共有五种类型，以及其它衍生变化。从实现的角度来看，迭代器是一种将 `operator*, operator->, operator++, operator--` 等指针相关操作予以重载的 class template。所有 STL 容器都附带有自己专属的迭代器——是的，只有容器设计者才知道如何遍历自己的元素。原生指针（native pointer）也是一种迭代器。

4. **仿函数（functors）**：行为类似函数，可作为算法的某种策略（policy），详见第 7 章。从实现的角度来看，仿函数是一种重载了 `operator()` 的 class 或 class template。一般函数指针可视为狭义的仿函数。

5. **配接器（adapters）**：一种用来修饰容器（containers）或仿函数（functors）或迭代器（iterators）接口的东西，详见第 8 章。例如，STL 提供的 queue 和 stack，虽然看似容器，其实只能算是一种容器配接器，因为它们的底部完全借助 deque，所有操作都由底层的 deque 供应。改变 functor 接口者，称为 function adapter；改变 container 接口者，称为 container adapter；改变 iterator 接口者，称为 iterator adapter。配接器的实现技术很难一言以蔽之，必须逐一分析，详见第 8 章。

6. **配置器（allocators）**：负责空间配置与管理，详见第 2 章。从实现的角度来看，配置器是一个实现了动态空间配置、空间管理、空间释放的 class template。

图 1-1 显示了 STL 六大组件的交互关系。

由于 STL 已成为 C++ 标准程序库的大脉系，因此，目前所有的 C++ 编译器一定支持有一份 STL。在哪里？就在相应的各个 C++ 头文件（headers）中。是的，STL 并非以二进制代码（binary code）面貌出现，而是以源代码面貌供应。按 C++ *Standard* 的规定，所有标准头文件都不再有扩展名，但或许是为了向下兼容，或许是为了内部组织规划，某些 STL 版本同时存在具扩展名和无扩展名的两份文件，例如 Visual C++ 的 **Dinkumware** 版本同时具备 `<vector.h>` 和 `<vector>`；某些 STL 版本只存在具扩展名的头文件，例如 C++Builder 的 **RaugeWave** 版本只有

<vector.h>。某些 STL 版本不仅有一线装配，还有二线装配，例如 GNU C++ 的
SGI 版本不但有一线的<vector.h> 和<vector>，还有二线的<stl_vector.h>。

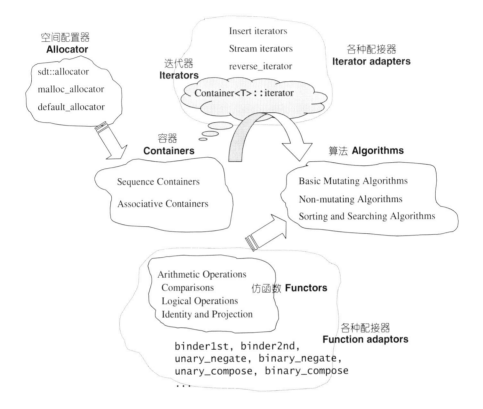

图 **1-1**   STL 六大组件的交互关系：Container 通过 Allocator 取得数据储存
空间，Algorithm 通过 Iterator 存取 Container 内容，Functor 可以协助 Algorithm
完成不同的策略变化，Adapter 可以修饰或套接 Functor。

    如果只是应用 STL，请各位读者务必从此养成良好习惯，遵照 C++ 规范，使
用无扩展名的头文件[4]。如果进入本书层次，探究 STL 源代码，就得清楚所有这些
表头文件的组织分布。1.8.2 节将介绍 GNU C++ 所附的 SGI STL 各个头文件。

---

4 某些编译器（例如 C++Builder）会在 "预处理器"中动手脚，使无扩展名的头文件
名实际对应到有扩展名的头文件。这对使用者而言是透通的。

1.3　GNU 源代码开放精神

全世界所有的 STL 实现版本，都源于 Alexander Stepanov 和 Meng Lee 完成的原始版本，这份原始版本由 Hewlett-Packard Company（惠普公司）拥有。每一个头文件都有一份声明，允许任何人任意运用、拷贝、修改、传播、贩卖这些代码，无需付费，唯一的条件是必须将该份声明置于使用者新开发的文件内。

这种开放源代码的精神，一般统称为 **open source**。本书既然使用这些免费开放的源代码，也有义务对这种精神及其相关历史与组织做一个简介。

开放源代码的观念源自美国人 Richard Stallman[5]（理察·史托曼）。他认为私藏源代码是一种违反人性的罪恶行为。他认为如果与他人分享源代码，便可以让其它人从中学习，并回馈给原始创作者。封锁源代码虽然可以程度不一地保障"智慧可能衍生的财富"，却阻碍了使用者从中学习和修正错误的机会。Stallman 于 1984 年离开麻省理工学院，创立自由软件基金会（Free Software Foundation[6]，简称 **FSF**），写下著名的 GNU 宣言（GNU Manifesto），开始进行名为 GNU 的开放改革计划。

GNU[7] 这个名称是计算机族的幽默展现，代表 **GNU is Not Unix**。当时 Unix 是计算机界的主流操作系统，由 AT&T Bell 实验室的 Ken Thompson 和 Dennis Ritchie 创造。这原本只是一个学术上的练习产品，AT&T 将它分享给许多研究人员。但是当所有研究与分享使这个产品愈变愈美好时，AT&T 开始思考是否应该追加投资，并对从中获利抱以预期。于是开始要求大学校园内的相关研究人员签约，要求他们不得公开或透露 UNIX 源代码，并赞助 Berkeley （伯克利）大学继续强化 UNIX，导致后来发展出 **BSD**（Berkeley Software Distribution）版本，以及更后来的 FreeBSD、OpenBSD、NetBSD[8]⋯

---

[5]　Richard Stallman 的个人网页见 http://www.stallman.org。

[6]　自由软件基金会 Free Software Foundation，见 http://www.gnu.org/fsf/fsf.html。

[7]　根据 GNU 的发音，或译为 "革奴"，意思是从此革去被奴役的命运。音义俱佳。

[8]　FreeBSD 见 http://www.freebsd.org，OpenBSD 见 http://www.openbsd.org，NetBSD 见 http://www.netbsd.org。

Stallman 将 AT&T 的这种行为视为思想箝制，以及一种伟大传统的沦表。在此之前，计算机界的氛围是大家无限制地共享各人成果（当然是指最根本的源代码）。Stallman 认为 AT&T 对大学的赞助，只是一种微薄的施舍，拥有高权力的人才能吃到牛排和龙虾。于是他进行了他的反奴役计划，并称之为 GNU：**GNU is Not Unix**。

GNU 计划中，早期最著名的软件包括 **Emacs** 和 **GCC**。前者是 Stallman 开发的一个非常灵活的文本编辑器，允许使用者自行增加各种新功能。后者是一个 C/C++ 编译器，对所有 GNU 软件提供了平台的一致性与可移植性，是 GNU 计划的重要基石。GNU 计划晚近的著名软件则是 1991 年由芬兰人 Linus Torvalds 开发的 **Linux** 操作系统。这些软件当然都领受了许多使用者的心力回馈，才能更强固稳健。

GNU 以所谓的 **GPL**（General Public License[9]，广泛开放授权）来保护（或说控制）其成员：使用者可以自由阅读与修改 GPL 软件的源代码，但如果使用者要传播借助 GPL 软件而完成的软件，他们必须也同意 GPL 规范。这种精神主要是强迫人们分享并回馈他们对 GPL 软件的改善。得之于人，舍于人。

GPL 对于版权（copyright）观念带来巨大的挑战，甚至被称为 "反版权"（**copyleft**，又一个属于计算机族群的幽默）。GPL 带给使用者强大的道德束缚力量，"粘" 性甚强，导致种种不同的反对意见，包括可能造成经济竞争力薄弱等等。于是，其后又衍生出各种不同的授权，包括 Library GPL, Lesser GPL, Apache License, Artistic License, BSD License, Mozilla Public License, Netscape Public License。这些授权的共同原则就是 "开放源代码"。然而各种授权的拥护群众所渗杂的本位主义，加上精英分子难以妥协的个性，使 "开放源代码" 阵营中的各个分支，意见纷歧甚至互相对立。其中最甚者为 GNU GPL 和 BSD License 的拥护者。

1998 年，自由软件社群企图创造出一个新名词 **open source** 来整合各方。他们组成了一个非财团法人的组织，注册一个标记，并设立网站。open source 的定义共有 9 条[10]，任何软件只要符合这 9 条，就可称呼自己为 open source 软件。

---

9 GPL 的详细内容见 http://www.opensource.org/licenses/gpl-license.html。

10 见 http://www.opensource.org/docs/definition_plain.html。

The Annotated STL Sources

本书所采用的 GCC 套件是 **Cygnus** C++2.91 for Windows，又称为 **EGCS** 1.1。
GCC 和 Cygnus、EGCS 之间的关系常常令人混淆。Cygnus 是一家商业公司，包
装并出售自由软件基金会所构造的软件工具，并贩卖各种服务。他们协助芯片厂商
调整 GCC，在 GPL 的精神和规范下将 GCC 源代码的修正公布于世；他们提供 GCC
运作信息，提升其运作效率，并因此成为 GCC 技术领域的最佳咨询对象。Cygnus
公司之于 GCC，地位就像 Red Hat（红帽）公司之于 Linux。虽然 Cygnus 持续地进
行技术回馈并经济赞助 GCC，但他们并不控制 GCC。GCC 的最终控制权仍然在
GCC 指导委员会（GCC Steering Committee）身上。

当 GCC 的发展进入第二版时，为了统一事权，GCC 指导委员会开始考虑整合
1997 成立的 EGCS（**E**xperimental/**E**nhanced **GNU** **C**ompiler **S**ystem）计划。这个计
划采用比较开放的开发态度，比标准 GCC 涵盖更多优化技术和更多 C++ 语言性质。
实验结果非常成功，因此，GCC 2.95 版反过头接纳了 EGCS 代码。从那个时候开
始，GCC 决定采用和 EGCS 一样的开发方式。自 1999 年起，EGCS 正式成为唯
一的 GCC 官方维护机构。

1.4　HP 实现版本

HP 版本是所有 STL 实现版本的始祖。每一个 HP STL 头文件都有如下一份声
明，允许任何人免费使用、拷贝、修改、传播、贩卖这份软件及其说明文件，唯一
需要遵守的是，必须在所有文件中加上 HP 的版本声明和运用权限声明。这种授权
并不属于 GNU GPL 范畴，但属于 open source 范畴。

```
/*
 * Copyright (c) 1994
 * Hewlett-Packard Company
 *
 * Permission to use, copy, modify, distribute and sell this software
 * and its documentation for any purpose is hereby granted without fee,
 * provided that the above copyright notice appear in all copies and
 * that both that copyright notice and this permission notice appear
 * in supporting documentation. Hewlett-Packard Company makes no
 * representations about the suitability of this software for any
 * purpose.  It is provided "as is" without express or implied warranty.
 */
```

1.5   P. J. Plauger 实现版本

P.J. Plauger 版本由 P.J. Plauger 开发，本书后继章节皆以 **PJ STL** 称呼这一版本。PJ 版本承继 HP 版本，所以它的每一个头文件都有 HP 的版本声明，此外还加上 P.J. Plauger 的个人版权声明：

```
/*
 * Copyright (c) 1995 by P.J. Plauger.  ALL RIGHTS RESERVED.
 * Consult your license regarding permissions and restrictions.
 */
```

这个产品既不属于 open source 范畴，更不是 GNU GPL。这么做是合法的，因为 HP 的版权声明并非 GPL，并没有强迫其衍生产品必须开放源代码。

P.J. Plauger 版本被 Visual C++ 采用，所以当然你可以在 Visual C++ 的"include"子目录下（例如 C:\msdev\VC98\Include）找到所有 STL 头文件，但是不能公开它或修改它或甚至贩卖它。以我个人的阅读经验及测试经验，我对这个版本的可读性评价极低，主要因为其中的符号命名极不讲究，例如：

```
// TEMPLATE FUNCTION find
template<class _II, class _Ty> inline
    _II find(_II _F, _II _L, const _Ty& _V)
    {for (; _F != _L; ++_F)
        if (*_F == _V)
            break;
    return (_F); }
```

由于 Visual C++ 对 C++ 语言特性的支持不甚理想[11]，导致 PJ 版本的表现也受影响。

这项产品目前由 Dinkumware [12]公司提供服务。

---

[11] 我个人对此有一份经验整理：http://www.jjhou.com/qa-cpp-primer-27.txt

[12] 详见 http://www.dinkumware.com

1.6 Rouge Wave 实现版本

RougeWave 版本由 Rouge Wave 公司开发，本书后继章节皆以 **RW STL** 称呼这一版本。RW 版本承继 HP 版本，所以它的每一个头文件都有 HP 的版本声明，此外还加上 Rouge Wave 的公司版权声明：

```
/*****************************************************************
 * (c) Copyright 1994, 1998 Rogue Wave Software, Inc.
 * ALL RIGHTS RESERVED
 *
 * The software and information contained herein are proprietary to, and
 * comprise valuable trade secrets of, Rogue Wave Software, Inc., which
 * intends to preserve as trade secrets such software and information.
 * This software is furnished pursuant to a written license agreement and
 * may be used, copied, transmitted, and stored only in accordance with
 * the terms of such license and with the inclusion of the above copyright
 * notice.  This software and information or any other copies thereof may
 * not be provided or otherwise made available to any other person.
 *
 * Notwithstanding any other lease or license that may pertain to, or
 * accompany the delivery of, this computer software and information, the
 * rights of the Government regarding its use, reproduction and disclosure
 * are as set forth in Section 52.227-19 of the FARS Computer
 * Software-Restricted Rights clause.
 *
 * Use, duplication, or disclosure by the Government is subject to
 * restrictions as set forth in subparagraph (c)(1)(ii) of the Rights in
 * Technical Data and Computer Software clause at DFARS 252.227-7013.
 * Contractor/Manufacturer is Rogue Wave Software, Inc.,
 * P.O. Box 2328, Corvallis, Oregon 97339.
 *
 * This computer software and information is distributed with "restricted
 * rights."  Use, duplication or disclosure is subject to restrictions as
 * set forth in NASA FAR SUP 18-52.227-79 (April 1985) "Commercial
 * Computer Software-Restricted Rights (April 1985)."  If the Clause at
 * 18-52.227-74 "Rights in Data General" is specified in the contract,
 * then the "Alternate III" clause applies.
 *
 *****************************************************************/
```

这份产品既不属于 open source 范畴，更不是 GNU GPL。这么做是合法的，因为 HP 的版权声明并非 GPL，并没有强迫其衍生产品必须开放源代码。

Rouge Wave 版本被 C++Builder 采用，所以当然你可以在 C++Builder 的 "include" 子目录下（例如 C:\Inprise\CBuilder4\Include）找到所有 STL 头

文件，但是不能公开它或修改它或甚至贩售它。就我个人的阅读经验及测试经验，
我要说，这个版本的可读性还不错，例如：

```
template <class InputIterator, class T>
InputIterator find (InputIterator first,
                    InputIterator last,
                    const T& value)
{
  while (first != last && *first != value)
    ++first;

  return first;
}
```

但是像这个例子（class vector 的内部定义），源代码中夹杂特殊的常量，对
阅读的顺畅性是一大考验：

```
#ifndef _RWSTD_NO_CLASS_PARTIAL_SPEC
    typedef _RW_STD::reverse_iterator<const_iterator>
            const_reverse_iterator;
    typedef _RW_STD::reverse_iterator<iterator>  reverse_iterator;
#else
    typedef _RW_STD::reverse_iterator<const_iterator,
        random_access_iterator_tag, value_type,
        const_reference, const_pointer, difference_type>
      const_reverse_iterator;
    typedef _RW_STD::reverse_iterator<iterator,
        random_access_iterator_tag, value_type,
        reference, pointer, difference_type>
      reverse_iterator;
#endif
```

此外，上述定义方式也不够清爽（请与稍后的 SGI STL 比较）。

C++Builder 对 C++ 语言特性的支持相当不错，连带地给予了 RW 版本正面的
影响。

1.7   STLport **实现版本**

网络上有个 STLport 站点，提供一个以 SGI STL 为蓝本的高度可移植性实现
版本。本书附录 C 列有孟岩先生所写的一篇文章，介绍 STLport 移植到 Visual C++
和 C++ Builder 的经验。SGI STL（下节介绍）属于开放源代码组织的一员，所以
STLport 有权利那么做。

1.8 SGI STL 实现版本

SGI 版本由 Silicon Graphics Computer Systems, Inc. 公司发展，承继 HP 版本。所以它的每一个头文件也都有 HP 的版本声明。此外还加上 SGI 的公司版权声明。从其声明可知，它属于 open source 的一员，但不属于 GNU GPL（广泛开放授权）。

```
/*
 * Copyright (c) 1996-1997
 * Silicon Graphics Computer Systems, Inc.
 *
 * Permission to use, copy, modify, distribute and sell this software
 * and its documentation for any purpose is hereby granted without fee,
 * provided that the above copyright notice appear in all copies and
 * that both that copyright notice and this permission notice appear
 * in supporting documentation. Silicon Graphics makes no
 * representations about the suitability of this software for any
 * purpose. It is provided "as is" without express or implied warranty.
 */
```

SGI 版本被 GCC 采用。你可以在 GCC 的"include"子目录下（例如 C:\cygnus\cygwin-b20\include\g++）找到所有 STL 头文件，并获准自由公开它或修改它或甚至贩卖它。就我个人的阅读经验及测试经验，我要说，不论是在符号命名或编程风格上，这个版本的可读性非常高，例如：

```
template <class InputIterator, class T>
InputIterator find(InputIterator first,
                   InputIterator last,
                   const T& value) {
  while (first != last && *first != value) ++first;
  return first;
}
```

下面是对应于先前所列之 RW 版本的源代码实例（class vector 的内部定义），也显得十分干净：

```
#ifdef __STL_CLASS_PARTIAL_SPECIALIZATION
  typedef reverse_iterator<const_iterator> const_reverse_iterator;
  typedef reverse_iterator<iterator> reverse_iterator;
#else /* __STL_CLASS_PARTIAL_SPECIALIZATION */
  typedef reverse_iterator<const_iterator, value_type, const_reference,
                      difference_type>  const_reverse_iterator;
  typedef reverse_iterator<iterator, value_type, reference, difference_type>
          reverse_iterator;
#endif /* __STL_CLASS_PARTIAL_SPECIALIZATION */
```

GCC 对 C++ 语言特性的支持相当良好，在 C++ 主流编译器中表现耀眼，连带地给予了 SGI STL 正面影响。事实上 SGI STL 为了具有高度移植性，已经考虑了不同编译器的不同的编译能力，详见 1.9.1 节。

SGI STL 也采用某些 GPL（广泛性开放授权）文件，例如 <std\complext.h>，<std\complext.cc>, <std\bastring.h>, <std\bastring.cc>。这些文件都有如下的声明：

```
// This file is part of the GNU ANSI C++ Library.  This library is free
// software; you can redistribute it and/or modify it under the
// terms of the GNU General Public License as published by the
// Free Software Foundation; either version 2, or (at your option)
// any later version.

// This library is distributed in the hope that it will be useful,
// but WITHOUT ANY WARRANTY; without even the implied warranty of
// MERCHANTABILITY or FITNESS FOR A PARTICULAR PURPOSE.  See the
// GNU General Public License for more details.

// You should have received a copy of the GNU General Public License
// along with this library; see the file COPYING.  If not, write to the Free
// Software Foundation, 59 Temple Place - Suite 330, Boston, MA  02111-1307, USA.

// As a special exception, if you link this library with files
// compiled with a GNU compiler to produce an executable, this does not cause
// the resulting executable to be covered by the GNU General Public License.
// This exception does not however invalidate any other reasons why
// the executable file might be covered by the GNU General Public License.

// Written by Jason Merrill based upon the specification in the 27 May 1994
// C++ working paper, ANSI document X3J16/94-0098.
```

1.8.1   GNU C++ headers 文件分布（按字母排序）

我手上的 Cygnus C++ 2.91 for Windows 安装于磁盘目录 C:\cygnus。图 1-2 是这个版本的所有头文件，置于 C:\cygnus\cygwin-b20\include\g++，共 128 个文件，773,042 bytes：

algo.h	algobase.h	algorithm
alloc.h	builtinbuf.h	bvector.h
cassert	cctype	cerrno
cfloat	ciso646	climits

clocale	cmath	complex
complex.h	csetjmp	csignal
cstdarg	cstddef	cstdio
cstdlib	cstring	ctime
cwchar	cwctype	defalloc.h
deque	deque.h	editbuf.h
floatio.h	fstream	fstream.h
function.h	functional	hashtable.h
hash_map	hash_map.h	hash_set
hash_set.h	heap.h	indstream.h
iolibio.h	iomanip	iomanip.h
iosfwd	iostdio.h	iostream
iostream.h	iostreamP.h	istream.h
iterator	iterator.h	libio.h
libioP.h	list	list.h
map	map.h	memory
multimap.h	multiset.h	numeric
ostream.h	pair.h	parsestream.h
pfstream.h	PlotFile.h	procbuf.h
pthread_alloc	pthread_alloc.h	queue
rope	rope.h	ropeimpl.h
set	set.h	SFile.h
slist	slist.h	stack
stack.h	[std]	stdexcept
stdiostream.h	stl.h	stl_algo.h
stl_algobase.h	stl_alloc.h	stl_bvector.h
stl_config.h	stl_construct.h	stl_deque.h
stl_function.h	stl_hashtable.h	stl_hash_fun.h
stl_hash_map.h	stl_hash_set.h	stl_heap.h
stl_iterator.h	stl_list.h	stl_map.h
stl_multimap.h	stl_multiset.h	stl_numeric.h
stl_pair.h	stl_queue.h	stl_raw_storage_iter.h
stl_relops.h	stl_rope.h	stl_set.h
stl_slist.h	stl_stack.h	stl_tempbuf.h
stl_tree.h	stl_uninitialized.h	stl_vector.h
stream.h	streambuf.h	strfile.h
string	strstream	strstream.h
tempbuf.h	tree.h	type_traits.h
utility	vector	vector.h

子目录 [std] 内有 8 个文件，70,669 bytes：

bastring.cc	bastring.h	complext.cc
complext.h	dcomplex.h	fcomplex.h
ldcomplex.h	straits.h	

图 **1-2** Cygnus C++ 2.91 for Windows 的所有头文件

下面是以文件管理器观察 Cygnus C++ 的文件分布：

1.8.2　SGI STL 文件分布与简介

上一小节所呈现的众多头文件中，概略可分为五组：

- C++ 标准规范下的 C 头文件（无扩展名），例如 `cstdio`, `cstdlib`, `cstring`...
- C++ 标准程序库中不属于 STL 范畴者，例如 stream, string...相关文件。
- STL 标准头文件（无扩展名），例如 `vector`, `deque`, `list`, `map`, `algorithm`, `functional` ...
- C++ *Standard* 定案前，HP 所规范的 STL 头文件，例如 `vector.h`, `deque.h`, `list.h`, `map.h`, `algo.h`, `function.h` ...

● **SGI STL 内部文件**(STL 真正实现于此)，例如 `stl_vector.h`, `stl_deque.h`, `stl_list.h`, `stl_map.h`, `stl_algo.h`, `stl_function.h` ...

其中前两组不在本书讨论范围内。后三组头文件详细列表于下。

(1) STL 标准头文件 （无扩展名）

请注意，各文件之"本书章节"栏如未列出章节号码，表示其实际功能由"说明"栏中的 `stl_xxx` 取代，因此，实际剖析内容应观察对应之 `stl_xxx` 文件所在章节，见稍后之第三列表。

文件名（按字母排序）	bytes	本书章节	说明
algorithm	1,337		ref. <stl_algorithm.h>
deque	1,350		ref. <stl_deque.h>
functional	762		ref. <stl_function.h>
hash_map	1,330		ref. <stl_hash_map.h>
hash_set	1,330		ref. <stl_hash_set.h>
iterator	1,350		ref. <stl_iterator.h>
list	1,351		ref. <stl_list.h>
map	1,329		ref. <stl_map.h>
memory	2,340	3.2	定义 auto_ptr, 并包含 <stl_algobase.h>, <stl_alloc.h>, <stl_construct.h>, <stl_tempbuf.h>, <stl_uninitialized.h>, <stl_raw_storage_iter.h>
numeric	1,398		ref. <stl_numeric.h>
pthread_alloc	9,817	N/A	与 Pthread 相关的 node allocator
queue	1,475		ref. <stl_queue.h>
rope	920		ref. <stl_rope.h>
set	1,329		ref. <stl_set.h>
slist	807		ref. <stl_slist.h>
stack	1,378		ref. <stl_stack.h>
utility	1,301		包含 <stl_relops.h>, <stl_pair.h>
vector	1,379		ref. <stl_vector.h>

(2) C++ *Standard* 定案前，HP 规范的 STL 头文件 （扩展名 .h）

请注意，各文件之 "本书章节"栏如未列出章节号码，表示其实际功能由 "说明"栏中的 `stl_xxx` 取代，因此，实际剖析内容应观察对应之 `stl_xxx` 文件所在章节，见稍后之第三列表。

文件名（按字母排序）	bytes	本书章节	说明
complex.h	141	N/A	复数，包含 <complex>
stl.h	305		包含 STL 标准头文件 <algorithm>, <deque>, <functional>, <iterator>, <list>, <map>, <memory>, <numeric>, <set>, <stack>, <utility>, <vector>
type_traits.h	8,888	3.7	SGI 独特的 type-traits 技法
algo.h	3,182		ref. <stl_algo.h>
algobase.h	2,086		ref. <stl_algobase.h>
alloc.h	1,216		ref. <stl_alloc.h>
bvector.h	1,467		ref. <stl_bvector.h>
defalloc.h	2,360	2.2.1	标准空间配置器 std::allocator，不建议使用。
deque.h	1,373		ref. <stl_deque.h>
function.h	3,327		ref. <stl_function.h>
hash_map.h	1,494		ref. <stl_hash_map.h>
hash_set.h	1,452		ref. <stl_hash_set.h>
hashtable.h	1,559		ref. <stl_hashtable.h>
heap.h	1,427		ref. <stl_heap.h>
iterator.h	2,792		ref. <stl_iterator.h>
list.h	1,373		ref. <stl_list.h>
map.h	1,345		ref. <stl_map.h>
multimap.h	1,370		ref. <stl_multimap.h>
multiset.h	1,370		ref. <stl_multiset.h>
pair.h	1,518		ref. <stl_pair.h>
pthread_alloc.h	867	N/A	#include <pthread_alloc>
rope.h	909		ref. <stl_rope.h>
ropeimpl.h	43,183	N/A	rope 的功能实现
set.h	1,345		ref. <stl_set.h>
slist.h	830		ref. <stl_slist.h>
stack.h	1,466		ref. <stl_stack.h>
tempbuf.h	1,709		ref. <stl_tempbuf.h>
tree.h	1,423		ref. <stl_tree.h>
vector.h	1,378		ref. <stl_vector.h>

（3） SGI STL 内部私用文件（SGI STL 真正实现于此）

文件名（按字母排序）	bytes	本书章节	说明
stl_algo.h	86,156	6	算法（数值类除外）
stl_algobase.h	14,105	6.4	基本算法 swap, min, max, copy, copy_backward, copy_n, fill, fill_n, mismatch, equal, lexicographical_compare
stl_alloc.h	21,333	2	空间配置器 std::alloc。
stl_bvector.h	18,205	N/A	bit_vector（类似标准的 bitset）
stl_config.h	8,057	1.9.1	针对各家编译器特性定义各种环境常量
stl_construct.h	2,402	2.2.3	构造/析构基本工具

			(construct(), destroy())
stl_deque.h	41,514	4.4	deque (双向开口的 queue)
stl_function.h	18,653	7	函数对象 (function object)
			或称仿函数 (functor)
stl_hash_fun.h	2,752	5.6.7	hash function
			(杂凑函数, 用于 hash-table)
stl_hash_map.h	13,552	5.8	以 hast-table 完成之 map, multimap
stl_hash_set.h	12,990	5.7	以 hast-table 完成之 set, multiset
stl_hashtable.h	26,922	5.6	hast-table (杂凑表)
stl_heap.h	8,212	4.7	heap 算法: push_heap, pop_heap,
			make_heap, sort_heap
stl_iterator.h	26,249	3, 8.4, 8.5	迭代器及其相关配接器。并定义迭代器
			常用函数 advance(),distance()
stl_list.h	17,678	4.3	list (串行, 双向)
stl_map.h	7,428	5.3	map (映象表)
stl_multimap.h	7,554	5.5	multi-map (多键映象表)
stl_multiset.h	6,850	5.4	multi-set (多键集合)
stl_numeric.h	6,331	6.3	数值类算法: accumulate,
			inner_product, partial_sum,
			adjacent_difference, power,
			iota.
stl_pair.h	2,246	5.4	pair (成对组合)
stl_queue.h	4,427	4.6	queue (队列),
			priority_queue (高权先行队列)
stl_raw_storage_iter.h	2,588	N/A	定义 raw_storage_iterator
			(一种 OutputIterator)
stl_relops.h	1,772	N/A	定义四个 templatized operators:
			operator!=, operator>,
			operator<=, operator>=
stl_rope.h	62,538	N/A	大型 (巨量规模) 的字符串
stl_set.h	6,769	5.2	set (集合)
stl_slist.h	20,524	4.9	single list (单向串行)
stl_stack.h	2,517	4.5	stack (堆栈)
stl_tempbuf.h	3,328	N/A	定义 temporary_buffer class,
			应用于 <stl_algo.h>
stl_tree.h	35,451	5.1	Red Black tree (红黑树)
stl_uninitialized.h	8,592	2.3	内存管理基本工具:
			uninitialized_copy,
			uninitialized_fill,
			uninitialized_fill_n.
stl_vector.h	17,392	4.2	vector (向量)

1.8.3 SGI STL 的编译器组态设置 (configuration)

不同的编译器对 C++ 语言的支持程度不尽相同。作为一个希望具备广泛移植能力的程序库, SGI STL 准备了一个环境组态文件 <stl_config.h>, 其中定义了许多常量，标示某些组态的成立与否。所有 STL 头文件都会直接或间接包含这个组态文件，并以条件式写法，让预处理器（pre-processor）根据各个常量决定取舍哪一段程序代码。例如：

```
// in client
#include <vector>

// in <vector>
#include <stl_algobase.h>

// in <stl_algobase.h>
#include <stl_config.h>
...
#ifdef __STL_CLASS_PARTIAL_SPECIALIZATION    // 预处理器的条件判断式
template <class T>
struct __copy_dispatch<T*, T*>
{
  ...
};
#endif /* __STL_CLASS_PARTIAL_SPECIALIZATION */
```

<stl_config.h> 文件起始处有一份常量定义说明，然后即针对各家不同的编译器以及可能的不同版本，给予常量设定。从这里我们可以一窥各家编译器对标准 C++ 的支持程度。当然，随着版本的演进，这些组态都有可能改变。其中的组态 (3),(5),(6),(7),(8),(10),(11)，各于 1.9 节中分别在 VC6, CB4, GCC 三家编译器上测试过。

以下是 GNU C++ 2.91.57 <stl_config.h> 的完整内容：

```
G++ 2.91.57, cygnus\cygwin-b20\include\g++\stl_config.h 完整列表
#ifndef __STL_CONFIG_H
# define __STL_CONFIG_H

// 本文件所做的事情:
// (1)   如果编译器没有定义 bool, true, false, 就定义它们
// (2)   如果编译器的标准程序库未支持 drand48() 函数, 就定义 __STL_NO_DRAND48
// (3)   如果编译器无法处理 static members of template classes, 就定义
//       __STL_STATIC_TEMPLATE_MEMBER_BUG
// (4)   如果编译器未支持关键词 typename, 就将 'typename' 定义为一个 null macro.
// (5)   如果编译器支持 partial specialization of class templates, 就定义
//       __STL_CLASS_PARTIAL_SPECIALIZATION.
// (6)   如果编译器支持 partial ordering of function templates (亦称为
//       partial specialization of function templates), 就定义
```

```
//          __STL_FUNCTION_TMPL_PARTIAL_ORDER
//   (7)   如果编译器允许我们在调用一个 function template 时可以明白指定其
//          template arguments, 就定义 __STL_EXPLICIT_FUNCTION_TMPL_ARGS
//   (8)   如果编译器支持 template members of classes, 就定义
//          __STL_MEMBER_TEMPLATES
//   (9)   如果编译器不支持关键词 explicit, 就定义 'explicit' 为一个 null macro.
//   (10)  如果编译器无法根据前一个 template parameters 设定下一个 template
//          parameters 的默认值, 就定义 __STL_LIMITED_DEFAULT_TEMPLATES
//   (11)  如果编译器针对 non-type template parameters 执行 function template
//          的参数推导 (argument deduction) 时有问题, 就定义
//          __STL_NON_TYPE_TMPL_PARAM_BUG
//   (12)  如果编译器无法支持迭代器的 operator->, 就定义
//          __SGI_STL_NO_ARROW_OPERATOR
//   (13)  如果编译器 (在你所选择的模式中) 支持 exceptions, 就定义
//          __STL_USE_EXCEPTIONS
//   (14)  定义 __STL_USE_NAMESPACES 可使我们自动获得 using std::list; 之类的语句
//   (15)  如果本程序库由 SGI 编译器来编译, 而且使用者并未选择 pthreads
//          或其它 threads, 就定义 __STL_SGI_THREADS
//   (16)  如果本程序库由一个 WIN32 编译器编译, 并且在多线程模式下, 就定义
//          __STL_WIN32THREADS
//   (17)  适当地定义与 namespace 相关的 macros 如 __STD, __STL_BEGIN_NAMESPACE.
//   (18)  适当地定义 exception 相关的 macros 如 __STL_TRY, __STL_UNWIND.
//   (19)  根据 __STL_ASSERTIONS 是否定义, 将 __stl_assert 定义为一个
//          测试操作或一个 null macro

#ifdef _PTHREADS
#   define __STL_PTHREADS
#endif

# if defined(__sgi) && !defined(__GNUC__)
// 使用 SGI STL 但却不是使用 GNU C++
#   if !defined(_BOOL)
#     define __STL_NEED_BOOL
#   endif
#   if !defined(_TYPENAME_IS_KEYWORD)
#     define __STL_NEED_TYPENAME
#   endif
#   ifdef _PARTIAL_SPECIALIZATION_OF_CLASS_TEMPLATES
#     define __STL_CLASS_PARTIAL_SPECIALIZATION
#   endif
#   ifdef _MEMBER_TEMPLATES
#     define __STL_MEMBER_TEMPLATES
#   endif
#   if !defined(_EXPLICIT_IS_KEYWORD)
#     define __STL_NEED_EXPLICIT
#   endif
#   ifdef __EXCEPTIONS
#     define __STL_USE_EXCEPTIONS
#   endif
```

```
#   if (_COMPILER_VERSION >= 721) && defined(_NAMESPACES)
#     define __STL_USE_NAMESPACES
#   endif
#   if !defined(_NOTHREADS) && !defined(__STL_PTHREADS)
#     define __STL_SGI_THREADS
#   endif
# endif

# ifdef __GNUC__
#   include <_G_config.h>
#   if __GNUC__ < 2 || (__GNUC__ == 2 && __GNUC_MINOR__ < 8)
#     define __STL_STATIC_TEMPLATE_MEMBER_BUG
#     define __STL_NEED_TYPENAME
#     define __STL_NEED_EXPLICIT
#   else // 这里可看出 GNUC 2.8+ 的能力
#     define __STL_CLASS_PARTIAL_SPECIALIZATION
#     define __STL_FUNCTION_TMPL_PARTIAL_ORDER
#     define __STL_EXPLICIT_FUNCTION_TMPL_ARGS
#     define __STL_MEMBER_TEMPLATES
#   endif
    /* glibc pre 2.0 is very buggy. We have to disable thread for it.
       It should be upgraded to glibc 2.0 or later. */
#   if !defined(_NOTHREADS) && __GLIBC__ >= 2 && defined(_G_USING_THUNKS)
#     define __STL_PTHREADS
#   endif
#   ifdef __EXCEPTIONS
#     define __STL_USE_EXCEPTIONS
#   endif
# endif

# if defined(__SUNPRO_CC)
#   define __STL_NEED_BOOL
#   define __STL_NEED_TYPENAME
#   define __STL_NEED_EXPLICIT
#   define __STL_USE_EXCEPTIONS
# endif

# if defined(__COMO__)
#   define __STL_MEMBER_TEMPLATES
#   define __STL_CLASS_PARTIAL_SPECIALIZATION
#   define __STL_USE_EXCEPTIONS
#   define __STL_USE_NAMESPACES
# endif

// 侯捷注：VC6 的版本号码是 1200
# if defined(_MSC_VER)
#   if _MSC_VER > 1000
#     include <yvals.h>        // 此文件在 MSDEV\VC98\INCLUDE 目录中
#   else
```

```
#   define __STL_NEED_BOOL
#  endif
#  define __STL_NO_DRAND48
#  define __STL_NEED_TYPENAME
#  if _MSC_VER < 1100
#    define __STL_NEED_EXPLICIT
#  endif
#  define __STL_NON_TYPE_TMPL_PARAM_BUG
#  define __SGI_STL_NO_ARROW_OPERATOR
#  ifdef _CPPUNWIND
#    define __STL_USE_EXCEPTIONS
#  endif
#  ifdef _MT
#    define __STL_WIN32THREADS
#  endif
# endif

// 侯捷注：Inprise Borland C++builder 也定义有此常量
// C++Builder 的表现岂有如下所示这般差劲？
# if defined(__BORLANDC__)
#   define __STL_NO_DRAND48
#   define __STL_NEED_TYPENAME
#   define __STL_LIMITED_DEFAULT_TEMPLATES
#   define __SGI_STL_NO_ARROW_OPERATOR
#   define __STL_NON_TYPE_TMPL_PARAM_BUG
#   ifdef _CPPUNWIND
#     define __STL_USE_EXCEPTIONS
#   endif
#   ifdef __MT__
#     define __STL_WIN32THREADS
#   endif
# endif

# if defined(__STL_NEED_BOOL)
    typedef int bool;
#   define true 1
#   define false 0
# endif

# ifdef __STL_NEED_TYPENAME
#   define typename      // 侯捷：难道不该 #define typename class 吗？
# endif

# ifdef __STL_NEED_EXPLICIT
#   define explicit
# endif

# ifdef __STL_EXPLICIT_FUNCTION_TMPL_ARGS
#   define __STL_NULL_TMPL_ARGS <>
```

```
# else
#   define __STL_NULL_TMPL_ARGS
# endif

# ifdef __STL_CLASS_PARTIAL_SPECIALIZATION
#   define __STL_TEMPLATE_NULL template<>
# else
#   define __STL_TEMPLATE_NULL
# endif

// __STL_NO_NAMESPACES is a hook so that users can disable namespaces
// without having to edit library headers.
# if defined(__STL_USE_NAMESPACES) && !defined(__STL_NO_NAMESPACES)
#   define __STD std
#   define __STL_BEGIN_NAMESPACE namespace std {
#   define __STL_END_NAMESPACE }
#   define __STL_USE_NAMESPACE_FOR_RELOPS
#   define __STL_BEGIN_RELOPS_NAMESPACE namespace std {
#   define __STL_END_RELOPS_NAMESPACE }
#   define __STD_RELOPS std
# else
#   define __STD
#   define __STL_BEGIN_NAMESPACE
#   define __STL_END_NAMESPACE
#   undef  __STL_USE_NAMESPACE_FOR_RELOPS
#   define __STL_BEGIN_RELOPS_NAMESPACE
#   define __STL_END_RELOPS_NAMESPACE
#   define __STD_RELOPS
# endif

# ifdef __STL_USE_EXCEPTIONS
#   define __STL_TRY try
#   define __STL_CATCH_ALL catch(...)
#   define __STL_RETHROW throw
#   define __STL_NOTHROW throw()
#   define __STL_UNWIND(action) catch(...) { action; throw; }
# else
#   define __STL_TRY
#   define __STL_CATCH_ALL if (false)
#   define __STL_RETHROW
#   define __STL_NOTHROW
#   define __STL_UNWIND(action)
# endif

#ifdef __STL_ASSERTIONS
# include <stdio.h>
# define __stl_assert(expr) \
    if (!(expr)) { fprintf(stderr, "%s:%d STL assertion failure: %s\n", \
              __FILE__, __LINE__, # expr); abort(); }
```

```
    // 侯捷注：以上使用 stringizing operator #，详见《多态与虚拟》第 4 章
#else
# define __stl_assert(expr)
#endif

#endif /* __STL_CONFIG_H */

// Local Variables:
// mode:C++
// End:
```

下面这个小程序，用来测试 GCC 的常量设定：

```
// file: 1config.cpp
// test configurations defined in <stl_config.h>
#include <vector>      // which included <stl_algobase.h>,
                       //  and then <stl_config.h>
#include <iostream>
using namespace std;

int main()
{
# if defined(__sgi)
  cout << "__sgi" << endl;           // none!
# endif

# if defined(__GNUC__)
  cout << "__GNUC__" << endl;          // __GNUC__
  cout << __GNUC__ << ' ' << __GNUC_MINOR__ << endl;   // 2 91
  // cout << __GLIBC__ << endl;        // __GLIBC__ undeclared
# endif

// case 2
#ifdef __STL_NO_DRAND48
  cout << "__STL_NO_DRAND48 defined" << endl;
#else
  cout << "__STL_NO_DRAND48 undefined" << endl;
#endif

// case 3
#ifdef __STL_STATIC_TEMPLATE_MEMBER_BUG
  cout << "__STL_STATIC_TEMPLATE_MEMBER_BUG defined" << endl;
#else
  cout << "__STL_STATIC_TEMPLATE_MEMBER_BUG undefined" << endl;
#endif

// case 5
#ifdef __STL_CLASS_PARTIAL_SPECIALIZATION
```

```
  cout << "__STL_CLASS_PARTIAL_SPECIALIZATION defined" << endl;
#else
  cout << "__STL_CLASS_PARTIAL_SPECIALIZATION undefined" << endl;
#endif

// case 6
…以下写法类似。详见文件 config.cpp（可自侯捷网站下载）
}
```

执行结果如下，由此可窥见 GCC 对各种 C++ 特性的支持程度：

```
__GNUC__
2 91
__STL_NO_DRAND48 undefined
__STL_STATIC_TEMPLATE_MEMBER_BUG undefined
__STL_CLASS_PARTIAL_SPECIALIZATION defined
__STL_FUNCTION_TMPL_PARTIAL_ORDER defined
__STL_EXPLICIT_FUNCTION_TMPL_ARGS defined
__STL_MEMBER_TEMPLATES defined
__STL_LIMITED_DEFAULT_TEMPLATES undefined
__STL_NON_TYPE_TMPL_PARAM_BUG undefined
__SGI_STL_NO_ARROW_OPERATOR undefined
__STL_USE_EXCEPTIONS defined
__STL_USE_NAMESPACES undefined
__STL_SGI_THREADS undefined
__STL_WIN32THREADS undefined

__STL_NO_NAMESPACES undefined
__STL_NEED_TYPENAME undefined
__STL_NEED_BOOL undefined
__STL_NEED_EXPLICIT undefined
__STL_ASSERTIONS undefined
```

1.9　可能令你困惑的 C++ 语法

　　1.8 节所列出的几个组态常量，用来区分编译器对 C++ Standard 的支持程度。这几个组态，也正是许多程序员对于 C++ 语法最为困扰之所在。以下我便一一测试 GCC 在这几个组态上的表现。有些测试程序直接取材（并剪裁）自 SGI STL 源代码，因此，你可以看到最贴近 SGI STL 真面貌的实例。由于这几个组态所关系到的都是 template 参数推导（argument deduction）、偏特化（partial specialization）之类的问题，所以测试程序只需完成 classes 或 functions 的接口，便足以测试组态是否成立。

本节所涵盖的内容属于 C++ 语言层次，不在本书范围之内。因此，对本节各范例程序只做测试，不做太多说明。每个程序最前面都会有一个注释，告诉你在《C++ Primer》3/e 哪些章节有相关的语法介绍。

1.9.1 stl_config.h 中的各种组态（configurations）

以下所列组态编号与上一节所列的<stl_config.h>文件起头的注释编号相同。

组态 3：__STL_STATIC_TEMPLATE_MEMBER_BUG

```cpp
// file: 1config3.cpp
// 测试在 class template 中拥有 static data members.
// test __STL_STATIC_TEMPLATE_MEMBER_BUG, defined in <stl_config.h>
// ref. C++ Primer 3/e, p.839
// vc6[o] cb4[x] gcc[o]
// cb4 does not support static data member initialization.

#include <iostream>
using namespace std;

template <typename T>
class testClass {
public:        // 纯粹为了方便测试，使用 public
  static int _data;
};

// 为 static data members 进行定义（配置内存），并设初值
int testClass<int>::_data  = 1;
int testClass<char>::_data = 2;

int main()
{
  // 以下，CB4 表现不佳，没有接受初值设定
  cout << testClass<int>::_data  << endl; // GCC, VC6:1  CB4:0
  cout << testClass<char>::_data << endl; // GCC, VC6:2  CB4:0

  testClass<int>  obji1, obji2;
  testClass<char> objc1, objc2;

  cout << obji1._data << endl; // GCC, VC6:1  CB4:0
  cout << obji2._data << endl; // GCC, VC6:1  CB4:0
  cout << objc1._data << endl; // GCC, VC6:2  CB4:0
  cout << objc2._data << endl; // GCC, VC6:2  CB4:0

  obji1._data = 3;
```

```
  objc2._data = 4;

  cout << obji1._data << endl;  // GCC, VC6:3  CB4:3
  cout << obji2._data << endl;  // GCC, VC6:3  CB4:3
  cout << objc1._data << endl;  // GCC, VC6:4  CB4:4
  cout << objc2._data << endl;  // GCC, VC6:4  CB4:4
}
```

组态 5：__STL_CLASS_PARTIAL_SPECIALIZATION

```
// file: 1config5.cpp
// 测试 class template partial specialization——在 class template 的
//   一般化设计之外，特别针对某些 template 参数做特殊设计
// test __STL_CLASS_PARTIAL_SPECIALIZATION in <stl_config.h>
// ref. C++ Primer 3/e, p.860
// vc6[x] cb4[o] gcc[o]

#include <iostream>
using namespace std;

// 一般化设计
template <class I, class O>
struct testClass
{
  testClass() { cout << "I, O" << endl; }
};

// 特殊化设计
template <class T>
struct testClass<T*, T*>
{
  testClass() { cout << "T*, T*" << endl; }
};

// 特殊化设计
template <class T>
struct testClass<const T*, T*>
{
  testClass() { cout << "const T*, T*" << endl; }
};

int main()
{
  testClass<int, char> obj1;          // I, O
  testClass<int*, int*> obj2;         // T*, T*
  testClass<const int*, int*> obj3;   // const T*, T*
}
```

组态 6：__STL_FUNCTION_TMPL_PARTIAL_ORDER

请注意，虽然 `<stl_config.h>` 文件中声明，这个常量的意义就是 partial specialization of function templates，但其实两者并不相同。前者意义如下所示，后者的实际意义请参考 C++ 语法书籍。

```
// file: 1config6.cpp
// test __STL_FUNCTION_TMPL_PARTIAL_ORDER in <stl_config.h>
// vc6[x] cb4[o] gcc[o]

#include <iostream>
using namespace std;

class alloc {
};

template <class T, class Alloc = alloc>
class vector {
public:
  void swap(vector<T, Alloc>&) { cout << "swap()" << endl; }
};

#ifdef __STL_FUNCTION_TMPL_PARTIAL_ORDER  // 只为说明，非本程序内容
template <class T, class Alloc>
inline void swap(vector<T, Alloc>& x, vector<T, Alloc>& y) {
  x.swap(y);
}
#endif   // 只为说明，非本程序内容

// 以上节录自 stl_vector.h，灰色部分系源代码中的条件编译，非本测试程序内容

int main()
{
  vector<int> x,y;
  swap(x, y);       // swap()
}
```

组态 7：__STL_EXPLICIT_FUNCTION_TMPL_ARGS

整个 SGI STL 内都没有用到这一常量定义。

组态 8：__STL_MEMBER_TEMPLATES

```
// file: 1config8.cpp
// 测试 class template 之内可否再有 template (members)
// test __STL_MEMBER_TEMPLATES in <stl_config.h>
// ref. C++ Primer 3/e, p.844
```

```
// vc6[o] cb4[o] gcc[o]

#include <iostream>
using namespace std;

class alloc {
};

template <class T, class Alloc = alloc>
class vector {
public:
  typedef T value_type;
  typedef value_type* iterator;

  template <class I>
  void insert(iterator position, I first, I last) {
    cout << "insert()" << endl;
  }
};

int main()
{
  int ia[5] = {0,1,2,3,4};

  vector<int> x;
  vector<int>::iterator ite;
  x.insert(ite, ia, ia+5);    // insert()
}
```

组态 10：__STL_LIMITED_DEFAULT_TEMPLATES

```
// file: 1config10.cpp
// 测试 template 参数可否根据前一个 template 参数而设定默认值
// test __STL_LIMITED_DEFAULT_TEMPLATES in <stl_config.h>
// ref. C++ Primer 3/e, p.816
// vc6[o] cb4[o] gcc[o]

#include <iostream>
#include <cstddef>     // for size_t
using namespace std;

class alloc {
};

template <class T, class Alloc = alloc, size_t BufSiz = 0>
class deque {
public:
  deque() { cout << "deque" << endl; }
```

```
};

// 根据前一个参数值 T，设定下一个参数 Sequence 的默认值为 deque<T>
template <class T, class Sequence = deque<T> >
class stack {
public:
  stack() { cout << "stack" << endl; }
private:
  Sequence c;
};

int main()
{
  stack<int> x;   // deque
                  // stack
}
```

组态 11： __STL_NON_TYPE_TMPL_PARAM_BUG

```
// file: 1config11.cpp
// 测试 class template 可否拥有 non-type template 参数
// test __STL_NON_TYPE_TMPL_PARAM_BUG in <stl_config.h>
// ref. C++ Primer 3/e, p.825
// vc6[o] cb4[o] gcc[o]

#include <iostream>
#include <cstddef>    // for size_t
using namespace std;

class alloc {
};

inline size_t __deque_buf_size(size_t n, size_t sz)
{
  return n != 0 ? n : (sz < 512 ? size_t(512 / sz) : size_t(1));
}

template <class T, class Ref, class Ptr, size_t BufSiz>
struct __deque_iterator {
  typedef __deque_iterator<T, T&, T*, BufSiz>  iterator;
  typedef __deque_iterator<T, const T&, const T*, BufSiz>
const_iterator;
  static size_t buffer_size() {return __deque_buf_size(BufSiz, sizeof(T)); }
};

template <class T, class Alloc = alloc, size_t BufSiz = 0>
class deque {
public:                         // Iterators
```

```
  typedef __deque_iterator<T, T&, T*, BufSiz> iterator;
};

int main()
{
  cout << deque<int>::iterator::buffer_size() << endl;         // 128
  cout << deque<int,alloc,64>::iterator::buffer_size() << endl; // 64
}
```

以下组态常量虽不在前列编号之内，却也是 <stl_config.h> 内的定义，并
使用于整个 SGI STL 之中，有认识的必要。

组态：__STL_NULL_TMPL_ARGS（bound friend template friend）

<stl_config.h> 定义 __STL_NULL_TMPL_ARGS 如下：

```
# ifdef __STL_EXPLICIT_FUNCTION_TMPL_ARGS
#   define __STL_NULL_TMPL_ARGS <>
# else
#   define __STL_NULL_TMPL_ARGS
# endif
```

这个组态常量常常出现在类似这样的场合（class template 的 friend 函数声明）：

```
// in <stl_stack.h>
template <class T, class Sequence = deque<T> >
class stack {
  friend bool operator== __STL_NULL_TMPL_ARGS (const stack&, const stack&);
  friend bool operator< __STL_NULL_TMPL_ARGS (const stack&, const stack&);
...
};
```

展开后就变成了：

```
template <class T, class Sequence = deque<T> >
class stack {
  friend bool operator== <> (const stack&, const stack&);
  friend bool operator< <> (const stack&, const stack&);
...
};
```

这种奇特的语法是为了实现所谓的 bound friend templates，也就是说 class
template 的某个具现体（instantiation）与其 friend function template 的某个具现体
有一对一的关系。下面是一个测试程序：

```
// file: 1config-null-template-arguments.cpp
// test __STL_NULL_TMPL_ARGS in <stl_config.h>
```

```
// ref. C++ Primer 3/e, p.834: bound friend function template
// vc6[x] cb4[x] gcc[o]

#include <iostream>
#include <cstddef>      // for size_t
using namespace std;

class alloc {
};

template <class T, class Alloc = alloc, size_t BufSiz = 0>
class deque {
public:
  deque() { cout << "deque" << ' '; }
};
```

// 以下声明如果不出现，GCC 也可以通过。如果出现，GCC 也可以通过。这一点和
// C++ Primer 3/e p.834 的说法有出入。书上说一定要有这些前置声明

```
/*
template <class T, class Sequence>
class stack;

template <class T, class Sequence>
bool operator==(const stack<T, Sequence>& x,
                const stack<T, Sequence>& y);

template <class T, class Sequence>
bool operator<(const stack<T, Sequence>& x,
               const stack<T, Sequence>& y);
*/

template <class T, class Sequence = deque<T> >
class stack {
  // 写成这样是可以的
  friend bool operator== <T> (const stack<T>&, const stack<T>&);
  friend bool operator<  <T> (const stack<T>&, const stack<T>&);
  // 写成这样也是可以的
  friend bool operator== <T> (const stack&, const stack&);
  friend bool operator<  <T> (const stack&, const stack&);
  // 写成这样也是可以的
  friend bool operator== <> (const stack&, const stack&);
  friend bool operator<  <> (const stack&, const stack&);
  // 写成这样就不可以
  // friend bool operator== (const stack&, const stack&);
  // friend bool operator<  (const stack&, const stack&);

public:
  stack() { cout << "stack" << endl; }
private:
```

```
  Sequence c;
};

template <class T, class Sequence>
bool operator==(const stack<T, Sequence>& x,
                const stack<T, Sequence>& y) {
  return cout << "operator==" << '\t';
}

template <class T, class Sequence>
bool operator<(const stack<T, Sequence>& x,
               const stack<T, Sequence>& y) {
  return cout << "operator<" << '\t';
}

int main()
{
  stack<int> x;                 // deque stack
  stack<int> y;                 // deque stack

  cout << (x == y) << endl;   // operator==   1
  cout << (x < y) << endl;    // operator<    1

  stack<char> y1;                  // deque stack
//  cout << (x == y1) << endl;  // error: no match for...
//  cout << (x < y1) << endl;   // error: no match for...
}
```

组态：__STL_TEMPLATE_NULL（class template explicit specialization）

<stl_config.h> 定义了一个 __STL_TEMPLATE_NULL 如下：

```
# ifdef __STL_CLASS_PARTIAL_SPECIALIZATION
#   define __STL_TEMPLATE_NULL template<>
# else
#   define __STL_TEMPLATE_NULL
# endif
```

这个组态常量常常出现在类似这样的场合：

```
// in <type_traits.h>
template <class type> struct __type_traits {  ... };
__STL_TEMPLATE_NULL struct __type_traits<char> {  ... };

// in <stl_hash_fun.h>
template <class Key> struct hash { };
__STL_TEMPLATE_NULL struct hash<char> {  ... };
__STL_TEMPLATE_NULL struct hash<unsigned char> {  ... };
```

展开后就变成了:

```
template <class type> struct __type_traits {  ... };
template<> struct __type_traits<char> {  ... };

template <class Key> struct hash { };
template<> struct hash<char> {  ... };
template<> struct hash<unsigned char> {  ... };
```

这是所谓的 class template explicit specialization。下面这个例子适用于 GCC 和 VC6，允许使用者不指定 template<> 就完成 explicit specialization。C++Builder 则是非常严格地要求必须完全遵照 C++ 标准规格，也就是必须明白写出 template<>。

```cpp
// file: 1config-template-exp-special.cpp
// 以下测试 class template explicit specialization
// test __STL_TEMPLATE_NULL in <stl_config.h>
// ref. C++ Primer 3/e, p.858
// vc6[o] cb4[x] gcc[o]

#include <iostream>
using namespace std;

// 将 __STL_TEMPLATE_NULL 定义为 template<>, 可以
// 若定义为 blank, 如下, 则只适用于 GCC
#define __STL_TEMPLATE_NULL   /* blank */

template <class Key> struct hash {
  void operator()() { cout << "hash<T>" << endl; }
};

// explicit specialization
__STL_TEMPLATE_NULL struct hash<char> {
  void operator()() { cout << "hash<char>" << endl; }
};

__STL_TEMPLATE_NULL struct hash<unsigned char> {
  void operator()() { cout << "hash<unsigned char>" << endl; }
};

int main()
{
  hash<long> t1;
  hash<char> t2;
  hash<unsigned char>t3;

  t1(); // hash<T>
  t2(); // hash<char>
  t3(); // hash<unsigned char>
}
```

1.9.2   临时对象的产生与运用

所谓临时对象，就是一种无名对象（unnamed objects）。它的出现如果不在程序员的预期之下（例如任何 pass by value 操作都会引发 copy 操作，于是形成一个临时对象），往往造成效率上的负担[13]。但有时候刻意制造一些临时对象，却又是使程序干净清爽的技巧。刻意制造临时对象的方法是，在型别名称之后直接加一对小括号，并可指定初值，例如 Shape(3,5) 或 int(8)，其意义相当于调用相应的 constructor 且不指定对象名称。STL 最常将此技巧应用于仿函数（functor）与算法的搭配上，例如：

```cpp
// file: 1config-temporary-object.cpp
// 本例测试仿函数用于 for_each() 的情形
// vc6[o] cb4[o] gcc[o]
#include <vector>
#include <algorithm>
#include <iostream>
using namespace std;

template <typename T>
class print
{
public:
  void operator()(const T& elem)   // operator() 重载。见 1.9.6 节
    { cout << elem << ' '; }
};

int main()
{
  int ia[6] = { 0,1,2,3,4,5 };
  vector< int > iv(ia, ia+6);

  // print<int>() 是一个临时对象，不是一个函数调用操作
  for_each(iv.begin(), iv.end(), print<int>());
}
```

最后一行便是产生 "class template 具现体" print<int> 的一个临时对象。这个对象将被传入 for_each() 之中起作用。当 for_each() 结束时，这个临时对象也就结束了它的生命。

---

13 请参考《*More Effective C++*》条款 19: Understand the origin of temporary objects.

1.9.3 静态常量整数成员在 class 内部直接初始化
in-class static constant integer initialization

如果 class 内含 const static *integral* data member，那么根据 C++ 标准规格，我们可以在 class 之内直接给予初值。所谓 *integral* 泛指所有整数型别，不单只是指 int。下面是一个例子：

```cpp
// file: 1config-inclass-init.cpp
// test in-class initialization of static const integral members
// ref. C++ Primer 3/e, p.643
// vc6[x] cb4[o] gcc[o]

#include <iostream>
using namespace std;

template <typename T>
class testClass {
public:   // expedient
  static const int _datai = 5;
  static const long _datal = 3L;
  static const char _datac = 'c';
};

int main()
{
  cout << testClass<int>::_datai << endl;  // 5
  cout << testClass<int>::_datal << endl;  // 3
  cout << testClass<int>::_datac << endl;  // c
}
```

1.9.4 increment/decrement/dereference 操作符

increment/dereference 操作符在迭代器的实现上占有非常重要的地位，因为任何一个迭代器都必须实现出前进（*increment*, operator++）和取值（*dereference*, operator*）功能，前者还分为前置式（prefix）和后置式（postfix）两种，有非常规律的写法[14]。有些迭代器具备双向移动功能，那么就必须再提供 decrement 操作符（也分前置式和后置式两种）。下面是一个范例：

---

14 请参考《*More Effective C++*》条款 6: Distinguish between prefix and postfix forms of increment and decrement operators

```
// file: 1config-operator-overloading.cpp
// vc6[x] cb4[o] gcc[o]
// vc6 的 friend 机制搭配 C++ 标准程序库, 有 bug
#include <iostream>
using namespace std;

class INT
{
friend ostream& operator<<(ostream& os, const INT& i);

public:
  INT(int i) : m_i(i) { };

  // prefix : increment and then fetch
  INT& operator++()
  {
    ++(this->m_i);  // 随着 class 的不同, 该行应该有不同的操作
    return *this;
  }

  // postfix : fetch and then increment
  const INT operator++(int)
  {
    INT temp = *this;
    ++(*this);
    return temp;
  }

  // prefix : decrement and then fetch
  INT& operator--()
  {
    --(this->m_i);  // 随着 class 的不同, 该行应该有不同的操作
    return *this;
  }

  // postfix : fetch and then decrement
  const INT operator--(int)
  {
    INT temp = *this;
    --(*this);
    return temp;
  }

  // dereference
  int& operator*() const
  {
    return (int&)m_i;
    // 以上转换操作告诉编译器, 你确实要将 const int 转为 non-const lvalue.
    // 如果没有这样明白地转型, 有些编译器会给你警告, 有些更严格的编译器会视为错误
```

```
    }

private:
  int m_i;
};

ostream& operator<<(ostream& os, const INT& i)
{
  os << '[' << i.m_i << ']';
  return os;
}

int main()
{
  INT I(5);
  cout << I++;     // [5]
  cout << ++I;     // [7]
  cout << I--;     // [7]
  cout << --I;     // [5]
  cout << *I;      // 5
}
```

1.9.5   前闭后开区间表示法 [ )

任何一个 STL 算法，都需要获得由一对迭代器（泛型指针）所标示的区间，
用以表示操作范围。这一对迭代器所标示的是个所谓的前闭后开区间[15]，以 [first,
last) 表示。也就是说，整个实际范围从 first 开始，直到 last-1。迭代器 last
所指的是 "最后一个元素的下一位置"。这种 *off by one*（偏移一格，或说 *pass the
end*）的标示法，带来了许多方便，例如下面两个 STL 算法的循环设计，就显得干
净利落：

```
template <class InputIterator, class T>
InputIterator find(InputIterator first, InputIterator last, const T& value) {
  while (first != last && *first != value) ++first;
  return first;
}

template <class InputIterator, class Function>
Function for_each(InputIterator first, InputIterator last, Function f) {
  for ( ; first != last; ++first)
    f(*first);
  return f;
}
```

---

[15] 这是一种半开（half-open）、后开（open-ended）区间。

前闭后开区间图示如下（注意，元素之间无需占用连续内存空间）：

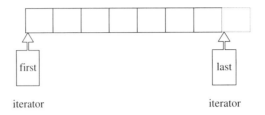

1.9.6 function call 操作符 (operator())

很少有人注意到，函数调用操作（C++ 语法中的左右小括号）也可以被重载。

许多 STL 算法都提供了两个版本，一个用于一般状况（例如排序时以递增方式排列），一个用于特殊状况（例如排序时由使用者指定以何种特殊关系进行排列）。像这种情况，需要用户指定某个条件或某个策略，而条件或策略的背后由一整组操作构成，便需要某种特殊的东西来代表这 "一整组操作"。

代表 "一整组操作" 的，当然是函数。过去 C 语言时代，欲将函数当做参数传递，唯有通过函数指针（pointer to function，或称 function pointer）才能达成，例如：

```cpp
// file: 1qsort.cpp
#include <cstdlib>
#include <iostream>
using namespace std;

int fcmp( const void* elem1, const void* elem2);

void main()
{
  int ia[10] = {32,92,67,58,10,4,25,52,59,54};

  for(int i = 0; i < 10; i++)
    cout << ia[i] << " ";        // 32 92 67 58 10 4 25 52 59 54

  qsort(ia,sizeof(ia)/sizeof(int),sizeof(int), fcmp);

  for(int i = 0; i < 10; i++)
    cout << ia[i] << " ";        // 4 10 25 32 52 54 58 59 67 92
}
```

```
int fcmp( const void* elem1, const void* elem2)
{
const int* i1 = (const int*)elem1;
const int* i2 = (const int*)elem2;

   if( *i1 < *i2)
      return -1;
   else if( *i1 == *i2)
      return 0;
   else if( *i1 > *i2)
      return 1;
}
```

但是函数指针有缺点，最重要的是它无法持有自己的状态（所谓局部状态，local states），也无法达到组件技术中的可适配性（adaptability）——也就是无法再将某些修饰条件加诸于其上而改变其状态。

为此，STL 算法的特殊版本所接受的所谓"条件"或"策略"或"一整组操作"，都以仿函数形式呈现。所谓仿函数（functor）就是使用起来像函数一样的东西。如果你针对某个 class 进行 operator() 重载，它就成为一个仿函数。至于要成为一个可配接的仿函数，还需要做一些额外的努力（详见第 8 章）。

下面是一个将 operator() 重载的例子：

```
// file: 1functor.cpp
#include <iostream>
using namespace std;

// 由于将 operator() 重载了，因此 plus 成了一个仿函数
template <class T>
struct plus {
    T operator()(const T& x, const T& y) const { return x + y; }
};

// 由于将 operator() 重载了，因此 minus 成了一个仿函数
template <class T>
struct minus {
    T operator()(const T& x, const T& y) const { return x - y; }
};

int main()
{
  // 以下产生仿函数对象
  plus<int> plusobj;
```

```
minus<int> minusobj;

// 以下使用仿函数，就像使用一般函数一样
cout << plusobj(3,5) << endl;            // 8
cout << minusobj(3,5) << endl;           // -2

// 以下直接产生仿函数的临时对象（第一对小括号），并调用之（第二对小括号）
cout << plus<int>()(43,50) << endl;      // 93
cout << minus<int>()(43,50) << endl;     // -7
}
```

上述的 plus<T> 和 minus<T> 已经非常接近 STL 的实现了，唯一的差别在于它缺乏 "可配接能力"。关于 "可配接能力"，将在第 8 章详述。

2

空间配置器

allocator

以 STL 的运用角度而言，空间配置器是最不需要介绍的东西，它总是隐藏在一切组件（更具体地说是指容器，container）的背后，默默工作，默默付出。但若以 STL 的实现角度而言，第一个需要介绍的就是空间配置器，因为整个 STL 的操作对象（所有的数值）都存放在容器之内，而容器一定需要配置空间以置放资料。不先掌握空间配置器的原理，难免在阅读其它 STL 组件的实现时处处遇到挡路石。

为什么不说 allocator 是内存配置器而说它是空间配置器呢？因为空间不一定是内存，空间也可以是磁盘或其它辅助存储介质。是的，你可以写一个 allocator，直接向硬盘取空间[1]。以下介绍的是 SGI STL 提供的配置器，配置的对象，呃，是的，是内存 ☺。

2.1 空间配置器的标准接口

根据 STL 的规范，以下是 allocator 的必要接口[2]：

```
// 以下各种 type 的设计原由，第 3 章详述
allocator::value_type
allocator::pointer
allocator::const_pointer
allocator::reference
allocator::const_reference
allocator::size_type
allocator::difference_type
```

[1] 请参考 *Disk-Based Container Objects*, by Tom Nelson, *C/C++ Users Journal*, 1998/04

[2] 请参考 [Austern98], 10.3 节。

allocator::rebind

    一个嵌套的（nested）class template。class rebind<U> 拥有唯一成员 other，那是一个 typedef，代表 allocator<U>

allocator::**allocator**()

    default constructor

allocator::**allocator**(const allocator&)

    copy constructor

template <class U>allocator::**allocator**(const allocator<U>&)

    泛化的 copy constructor

allocator::~**allocator**()

    destructor

pointer allocator::**address**(reference x) const

    返回某个对象的地址。算式 a.address(x) 等同于 &x

const_pointer allocator::**address**(const_reference x) const

    返回某个 const 对象的地址。算式 a.address(x) 等同于 &x

pointer allocator::**allocate**(size_type n, cosnt void* = 0)

    配置空间，足以存储 n 个 T 对象。第二参数是个提示。实现上可能会利用它来增进区域性（locality），或完全忽略之

void allocator::**deallocate**(pointer p, size_type n)

    归还先前配置的空间

size_type allocator::**max_size**() const

    返回可成功配置的最大量

void allocator::**construct**(pointer p, const T& x)

    等同于 new((void*) p) T(x)

void allocator::**destroy**(pointer p)

    等同于 p->~T()

2.1.1　设计一个简单的空间配置器，JJ::allocator

    根据前述的标准接口，我们可以自行完成一个功能简单、接口不怎么齐全的 allocator 如下：

```
// file: 2jjalloc.h
#ifndef _JJALLOC_
#define _JJALLOC_
```

```cpp
#include <new>        // for placement new
#include <cstddef>    // for ptrdiff_t, size_t
#include <cstdlib>    // for exit()
#include <climits>    // for UINT_MAX
#include <iostream>   // for cerr

namespace JJ
{

template <class T>
inline T* _allocate(ptrdiff_t size, T*) {
    set_new_handler(0);
    T* tmp = (T*)(::operator new((size_t)(size * sizeof(T))));
    if (tmp == 0) {
        cerr << "out of memory" << endl;
        exit(1);
    }
    return tmp;
}

template <class T>
inline void _deallocate(T* buffer) {
    ::operator delete(buffer);
}

template <class T1, class T2>
inline void _construct(T1* p, const T2& value) {
    new(p) T1(value);        // placement new. invoke ctor of T1
}

template <class T>
inline void _destroy(T* ptr) {
    ptr->~T();
}

template <class T>
class allocator {
public:
    typedef T          value_type;
    typedef T*         pointer;
    typedef const T*   const_pointer;
    typedef T&         reference;
    typedef const T&   const_reference;
    typedef size_t     size_type;
    typedef ptrdiff_t  difference_type;

    // rebind allocator of type U
    template <class U>
    struct rebind {
```

```cpp
        typedef allocator<U> other;
    };

    // hint used for locality. ref.[Austern],p189
    pointer allocate(size_type n, const void* hint=0) {
        return _allocate((difference_type)n, (pointer)0);
    }

    void deallocate(pointer p, size_type n) { _deallocate(p); }

    void construct(pointer p, const T& value) {
        _construct(p, value);
    }

    void destroy(pointer p) { _destroy(p); }

    pointer address(reference x) { return (pointer)&x; }

    const_pointer const_address(const_reference x) {
        return (const_pointer)&x;
    }

    size_type max_size() const {
        return size_type(UINT_MAX/sizeof(T));
    }
};

} // end of namespace JJ

#endif // _JJALLOC_
```

将 JJ::allocator 应用于程序之中，我们发现，它只能有限度地搭配 PJ STL 和 RW STL，例如：

```cpp
// file: 2jjalloc.cpp
// VC6[o], BCB4[o], GCC2.9[x].
#include "jjalloc.h"
#include <vector>
#include <iostream>
using namespace std;

int main()
{
  int ia[5] = {0,1,2,3,4};
  unsigned int i;

  vector<int, JJ::allocator<int> > iv(ia, ia+5);
  for(i=0; i<iv.size(); i++)
```

```
            cout << iv[i] << ' ';
    cout << endl;
}
```

　　"只能有限度搭配 PJ STL"是因为，PJ STL 未完全遵循 STL 规格，其所供应的许多容器都需要一个非标准的空间配置器接口 allocator::_Charalloc()。"只能有限度地搭配 RW STL"则是因为，RW STL 在很多容器身上运用了缓冲区，情况复杂得多，JJ::allocator 无法与之兼容。至于完全无法应用于 SGI STL，是因为 SGI STL 在这个项目上根本就逸脱了 STL 标准规格，使用一个专属的、拥有次层配置（sub-allocation）能力的、效率优越的特殊配置器，稍后有详细介绍。

　　我想我可以提前先做一点说明。事实上 SGI STL 仍然提供了一个标准的配置器接口，只是把它做了一层隐藏。这个标准接口的配置器名为 simple_alloc，稍后便会提到。

2.2　具备次配置力（sub-allocation）的 SGI 空间配置器

　　SGI STL 的配置器与众不同，也与标准规范不同，其名称是 alloc 而非 allocator，而且不接受任何参数。换句话说，如果你要在程序中明白采用 SGI 配置器，则不能采用标准写法：

```
    vector<int, std::allocator<int> > iv;   // in VC or CB
```

必须这么写：

```
    vector<int, std::alloc> iv;                // in GCC
```

　　SGI STL allocator 未能符合标准规格，这个事实通常不会给我们带来困扰，因为通常我们使用缺省的空间配置器，很少需要自行指定配置器名称，而 SGI STL 的每一个容器都已经指定其缺省的空间配置器为 alloc。例如下面的 vector 声明：

```
    template <class T, class Alloc = alloc>  // 缺省使用 alloc 为配置器
    class vector { ... };
```

2.2.1　SGI 标准的空间配置器，std::allocator

　　虽然 SGI 也定义有一个符合部分标准、名为 allocator 的配置器，但 SGI 自己从未用过它，也不建议我们使用。主要原因是效率不佳，只把 C++

的 ::operator new 和 ::operator delete 做一层薄薄的包装而已。下面是 SGI

的 std:: allocator 全貌：

```
G++ 2.91.57, cygnus\cygwin-b20\include\g++\defalloc.h 完整列表
// 我们不赞成包含此文件。这是原始的 HP default allocator。提供它只是为了
// 回溯兼容
//
// DO NOT USE THIS FILE  不要使用这个文件，除非你手上的容器是以旧式做法
// 完成——那就需要一个拥有 HP-style interface 的空间配置器。SGI STL 使用
// 不同的 allocator 接口。SGI-style allocators 不带有任何与对象型别相关
// 的参数；它们只响应 void* 指针（侯捷注：如果是标准接口，就会响应一个
// “指向对象型别”的指针，T*）。此文件并不包含于其它任何 SGI STL 头文件

#ifndef DEFALLOC_H
#define DEFALLOC_H

#include <new.h>
#include <stddef.h>
#include <stdlib.h>
#include <limits.h>
#include <iostream.h>
#include <algobase.h>

template <class T>
inline T* allocate(ptrdiff_t size, T*) {
    set_new_handler(0);
    T* tmp = (T*)(::operator new((size_t)(size * sizeof(T))));
    if (tmp == 0) {
        cerr << "out of memory" << endl;
        exit(1);
    }
    return tmp;
}

template <class T>
inline void deallocate(T* buffer) {
    ::operator delete(buffer);
}

template <class T>
class allocator {
public:
    // 以下各种 type 的设计原由，在第 3 章详述
    typedef T value_type;
    typedef T* pointer;
    typedef const T* const_pointer;
    typedef T& reference;
    typedef const T& const_reference;
```

```
        typedef size_t size_type;
        typedef ptrdiff_t difference_type;

        pointer allocate(size_type n) {
            return ::allocate((difference_type)n, (pointer)0);
        }
        void deallocate(pointer p) { ::deallocate(p); }
        pointer address(reference x) { return (pointer)&x; }
        const_pointer const_address(const_reference x) {
            return (const_pointer)&x;
        }
        size_type init_page_size() {
            return max(size_type(1), size_type(4096/sizeof(T)));
        }
        size_type max_size() const {
            return max(size_type(1), size_type(UINT_MAX/sizeof(T)));
        }
};

// 特化版本（specialization）。注意，为什么最前面不需加上 template<>?
// 见 1.9.1 节的状态测试。注意，只适用于 GCC
class allocator<void> {
public:
    typedef void* pointer;
};

#endif
```

2.2.2 SGI 特殊的空间配置器，std::alloc

上一节所说的 **allocator** 只是基层内存配置/释放行为（也就是 ::operator new 和 ::operator delete）的一层薄薄的包装，并没有考虑到任何效率上的强化。SGI 另有法宝供其本身内部使用。

一般而言，我们所习惯的 C++ 内存配置操作和释放操作是这样的：

```
class Foo { ... };
Foo* pf = new Foo;      // 配置内存，然后构造对象
delete pf;              // 将对象析构，然后释放内存
```

这其中的 new 算式内含两阶段操作[3]：(1) 调用 ::operator new 配置内存；(2) 调用 Foo::Foo() 构造对象内容。delete 算式也内含两阶段操作：(1) 调用

---

3 详见《多态与虚拟》2/e 第 1,3 章。

`Foo::~Foo()` 将对象析构；(2) 调用 `::operator delete` 释放内存。

为了精密分工，STL allocator 决定将这两阶段操作区分开来。内存配置操作由 `alloc:allocate()` 负责，内存释放操作由 `alloc::deallocate()` 负责；对象构造操作由 `::construct()` 负责，对象析构操作由 `::destroy()` 负责。

STL 标准规格告诉我们，配置器定义于 `<memory>` 之中，SGI `<memory>` 内含以下两个文件：

```
#include <stl_alloc.h>        // 负责内存空间的配置与释放
#include <stl_construct.h>    // 负责对象内容的构造与析构
```

内存空间的配置/释放与对象内容的构造/析构，分别着落在这两个文件身上。其中 `<stl_construct.h>` 定义有两个基本函数：构造用的 `construct()` 和析构用的 `destroy()`。在一头栽进复杂的内存动态配置与释放之前，让我们先看清楚这两个函数如何完成对象的构造和析构。

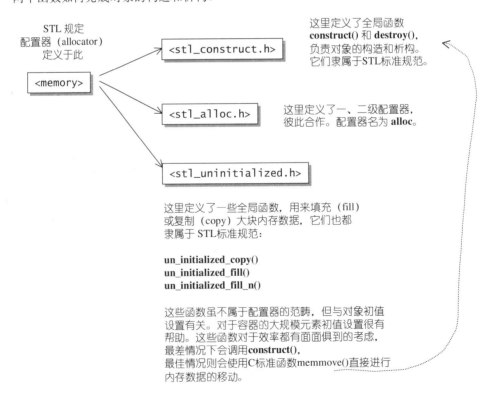

The Annotated STL Sources

2.2.3 构造和析构基本工具：construct() 和 destroy()

下面是 <stl_construct.h> 的部分内容(阅读程序代码的同时，请参考图 2-1)：

```
#include <new.h>          // 欲使用 placement new，需先包含此文件

template <class T1, class T2>
inline void construct(T1* p, const T2& value) {
  new (p) T1(value);   // placement new；调用 T1::T1(value);
}

// 以下是 destroy() 第一版本，接受一个指针
template <class T>
inline void destroy(T* pointer) {
    pointer->~T();      // 调用 dtor ~T()
}

// 以下是 destroy() 第二版本，接受两个迭代器。此函数设法找出元素的数值型别，
// 进而利用 __type_traits<> 求取最适当措施
template <class ForwardIterator>
inline void destroy(ForwardIterator first, ForwardIterator last) {
  __destroy(first, last, value_type(first));
}

// 判断元素的数值型别（value type）是否有 trivial destructor
template <class ForwardIterator, class T>
inline void __destroy(ForwardIterator first, ForwardIterator last, T*)
{
  typedef typename __type_traits<T>::has_trivial_destructor trivial_destructor;
  __destroy_aux(first, last, trivial_destructor());
}

// 如果元素的数值型别（value type）有 non-trivial destructor…
template <class ForwardIterator>
inline void
__destroy_aux(ForwardIterator first, ForwardIterator last, __false_type) {
  for ( ; first < last; ++first)
    destroy(&*first);
}

// 如果元素的数值型别（value type）有 trivial destructor…
template <class ForwardIterator>
inline void __destroy_aux(ForwardIterator, ForwardIterator, __true_type) {}

// 以下是 destroy() 第二版本针对迭代器为 char* 和 wchar_t* 的特化版
inline void destroy(char*, char*) {}
inline void destroy(wchar_t*, wchar_t*) {}
```

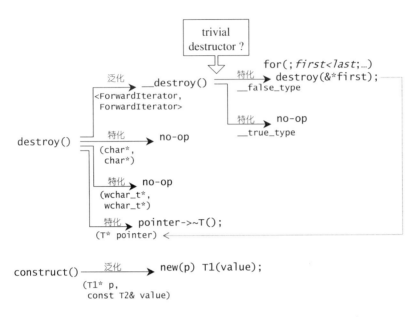

图 **2-1** `construct()` 和 `destroy()` 示意

　　这两个作为构造、析构之用的函数被设计为全局函数，符合 STL 的规范[4]。此外，STL 还规定配置器必须拥有名为 `construct()` 和 `destroy()` 的两个成员函数（见 2.1 节），然而真正在 SGI STL 中大显身手的那个名为 `std::alloc` 的配置器并未遵守这一规则（稍后可见）。

　　上述 `construct()` 接受一个指针 p 和一个初值 value，该函数的用途就是将初值设定到指针所指的空间上。C++ 的 placement new 运算子[5] 可用来完成这一任务。

　　`destroy()` 有两个版本，第一版本接受一个指针，准备将该指针所指之物析构掉。这很简单，直接调用该对象的析构函数即可。第二版本接受 first 和 last 两个迭代器（所谓迭代器，第 3 章有详细介绍），准备将 [first,last) 范围内的

---

4 请参考 [Austern98] 10.4.1 节。

5 请参考 [Lippman98] 8.4.5 节。

所有对象析构掉。我们不知道这个范围有多大，万一很大，而每个对象的析构函数都无关痛痒（所谓 *trivial* destructor），那么一次次调用这些无关痛痒的析构函数，对效率是一种伤害。因此，这里首先利用 `value_type()` 获得迭代器所指对象的型别，再利用 `__type_traits<T>` 判断该型别的析构函数是否无关痛痒。若是（`__true_type`），则什么也不做就结束；若否（`__false_type`），这才以循环方式巡访整个范围，并在循环中每经历一个对象就调用第一个版本的 `destroy()`。

这样的观念很好，但 C++ 本身并不直接支持对 "指针所指之物" 的型别判断，也不支持对 "对象析构函数是否为 *trivial*" 的判断，因此，上述的 `value_type()` 和 `__type_traits<>` 该如何实现呢？3.7 节有详细介绍。

2.2.4 空间的配置与释放，std::alloc

看完了内存配置后的对象构造行为和内存释放前的对象析构行为，现在我们来看看内存的配置和释放。

对象构造前的空间配置和对象析构后的空间释放，由 `<stl_alloc.h>` 负责，SGI 对此的设计哲学如下：

- 向 system heap 要求空间。
- 考虑多线程（multi-threads）状态。
- 考虑内存不足时的应变措施。
- 考虑过多 "小型区块" 可能造成的内存碎片（fragment）问题。

为了将问题控制在一定的复杂度内，以下的讨论以及所摘录的源代码，皆排除多线程状态的处理。

C++ 的内存配置基本操作是 `::operator new()`，内存释放基本操作是 `::operator delete()`。这两个全局函数相当于 C 的 `malloc()` 和 `free()` 函数。是的，正是如此，SGI 正是以 `malloc()` 和 `free()` 完成内存的配置与释放。

考虑到小型区块所可能造成的内存破碎问题，SGI 设计了双层级配置器，第一级配置器直接使用 `malloc()` 和 `free()`，第二级配置器则视情况采用不同的策略：当配置区块超过 128 bytes 时，视之为 "足够大"，便调用第一级配置器；当配置区块小于 128 bytes 时，视之为 "过小"，为了降低额外负担（overhead，见 2.2.6 节），便采用复杂的 memory pool 整理方式，而不再求助于第一级配置器。整个设计究竟只开放第一级配置器，或是同时开放第二级配置器，取决于 __USE_MALLOC[6] 是否被定义（唔，我们可以轻易测试出来，SGI STL 并未定义 __USE_MALLOC）：

```
# ifdef __USE_MALLOC
...
typedef __malloc_alloc_template<0> malloc_alloc;
typedef malloc_alloc alloc;        // 令 alloc 为第一级配置器
# else
...
// 令 alloc 为第二级配置器
typedef __default_alloc_template<__NODE_ALLOCATOR_THREADS, 0> alloc;
#endif /* ! __USE_MALLOC */
```

其中 __malloc_alloc_template 就是第一级配置器，__default_alloc_template 就是第二级配置器。稍后分别有详细介绍。再次提醒你注意，alloc 并不接受任何 template 型别参数。

无论 alloc 被定义为第一级或第二级配置器，SGI 还为它再包装一个接口如下，使配置器的接口能够符合 STL 规格：

```
template<class T, class Alloc>
class simple_alloc {
public:
    static T *allocate(size_t n)
            { return 0 == n? 0 : (T*) Alloc::allocate(n * sizeof (T)); }
    static T *allocate(void)
            { return (T*) Alloc::allocate(sizeof (T)); }
    static void deallocate(T *p, size_t n)
            { if (0 != n) Alloc::deallocate(p, n * sizeof (T)); }
    static void deallocate(T *p)
            { Alloc::deallocate(p, sizeof (T)); }
};
```

其内部四个成员函数其实都是单纯的转调用，调用传递给配置器（可能是第一级也可能是第二级）的成员函数。这个接口使配置器的配置单位从 bytes 转为个别元素的大小（sizeof(T)）。SGI STL 容器全都使用这个 simple_alloc 接口，例如：

---

6 __USE_MALLOC 这个名称取得不甚理想，因为无论如何，最终总是使用 malloc()

```
template <class T, class Alloc = alloc>  // 缺省使用 alloc 为配置器
class vector {
protected:
  // 专属之空间配置器，每次配置一个元素大小
  typedef simple_alloc<value_type, Alloc> data_allocator;

  void deallocate() {
    if (...)
        data_allocator::deallocate(start, end_of_storage - start);
  }
...
};
```

一、二级配置器的关系，接口包装，及实际运用方式，可于图 2-2 略见端倪。

SGI STL 第一级配置器
template<int inst>
class __malloc_alloc_template { ... };
其中:
1. allocate( ) 直接使用 malloc( ),
   deallocate() 直接使用 free()。
2. 模拟 C++ 的 set_new_handler( ) 以处理
   内存不足的状况

SGI STL 第二级配置器
template <bool threads, int inst>
class __default_alloc_template { ... };
其中:
1. 维护16个自由链表（free lists），
   负责16种小型区块的次配置能力。
   内存池（memory pool）以 malloc( ) 配置而得。
   如果内存不足，转调用第一级配置器
   （那儿有处理程序）。
2. 如果需求区块大于 128 bytes，就转调用
   第一级配置器。

图 **2-2a** 第一级配置器与第二级配置器

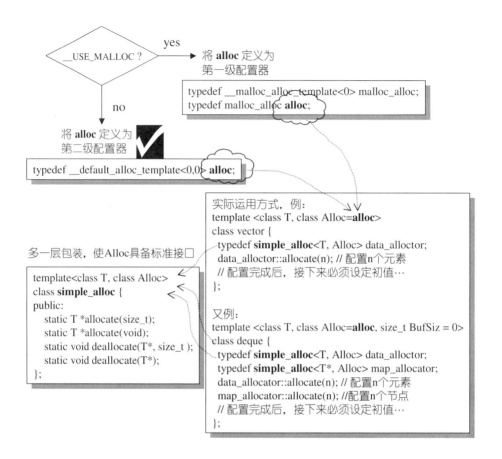

图 **2-2b**　第一级配置器与第二级配置器的包装接口和运用方式

2.2.5　第一级配置器 __malloc_alloc_template 剖析

首先我们观察第一级配置器：

```
#if 0
#   include <new>
#   define __THROW_BAD_ALLOC throw bad_alloc
#elif !defined(__THROW_BAD_ALLOC)
#   include <iostream.h>
#   define __THROW_BAD_ALLOC cerr << "out of memory" << endl; exit(1)
#endif

// malloc-based allocator. 通常比稍后介绍的 default alloc 速度慢
```

```cpp
// 一般而言是 thread-safe，并且对于空间的运用比较高效 (efficient)
// 以下是第一级配置器
// 注意，无 "template 型别参数"。至于 "非型别参数" inst，则完全没派上用场
template <int inst>
class __malloc_alloc_template {

private:
// 以下函数将用来处理内存不足的情况
// oom : out of memory.
static void *oom_malloc(size_t);
static void *oom_realloc(void *, size_t);
static void (* __malloc_alloc_oom_handler)();

public:

static void * allocate(size_t n)
{
    void *result = malloc(n);    // 第一级配置器直接使用 malloc()
    // 以下无法满足需求时，改用 oom_malloc()
    if (0 == result) result = oom_malloc(n);
    return result;
}

static void deallocate(void *p, size_t /* n */)
{
    free(p);  // 第一级配置器直接使用 free()
}

static void * reallocate(void *p, size_t /* old_sz */, size_t new_sz)
{
    void * result = realloc(p, new_sz);    // 第一级配置器直接使用 realloc()
    // 以下无法满足需求时，改用 oom_realloc()
    if (0 == result) result = oom_realloc(p, new_sz);
    return result;
}

// 以下仿真 C++ 的 set_new_handler()。换句话说，你可以通过它
// 指定你自己的 out-of-memory handler
static void (* set_malloc_handler(void (*f)()))()
{
    void (* old)() = __malloc_alloc_oom_handler;
    __malloc_alloc_oom_handler = f;
    return(old);
}
};

// malloc_alloc out-of-memory handling
// 初值为 0。有待客端设定
template <int inst>
```

```
void (* __malloc_alloc_template<inst>::__malloc_alloc_oom_handler)() = 0;

template <int inst>
void * __malloc_alloc_template<inst>::oom_malloc(size_t n)
{
    void (* my_malloc_handler)();
    void *result;

    for (;;) {              // 不断尝试释放、配置、再释放、再配置…
        my_malloc_handler = __malloc_alloc_oom_handler;
        if (0 == my_malloc_handler) { __THROW_BAD_ALLOC; }
        (*my_malloc_handler)();   // 调用处理例程，企图释放内存
        result = malloc(n);       // 再次尝试配置内存
        if (result) return(result);
    }
}

template <int inst>
void * __malloc_alloc_template<inst>::oom_realloc(void *p, size_t n)
{
    void (* my_malloc_handler)();
    void *result;

    for (;;) {              // 不断尝试释放、配置、再释放、再配置…
        my_malloc_handler = __malloc_alloc_oom_handler;
        if (0 == my_malloc_handler) { __THROW_BAD_ALLOC; }
        (*my_malloc_handler)();   // 调用处理例程，企图释放内存
        result = realloc(p, n);   // 再次尝试配置内存
        if (result) return(result);
    }
}

// 注意，以下直接将参数 inst 指定为 0
typedef __malloc_alloc_template<0> malloc_alloc;
```

第一级配置器以 malloc(), free(), realloc() 等 C 函数执行实际的内存配置、释放、重配置操作，并实现出类似 C++ new-handler[7] 的机制。是的，它不能直接运用 C++ new-handler 机制，因为它并非使用 ::operator new 来配置内存。

所谓 C++ new handler 机制是，你可以要求系统在内存配置需求无法被满足时，调用一个你所指定的函数。换句话说，一旦 ::operator new 无法完成任务，在丢出 std::bad_alloc 异常状态之前，会先调用由客端指定的处理例程。该处理例

---

7 详见《*Effective C++*》2e，条款 7：*Be prepared for out-of-memory conditions.*

程通常即被称为 new-handler。new-handler 解决内存不足的做法有特定的模式，请参考《*Effective C++*》2e 条款 7。

注意，SGI 以 `malloc` 而非 `::operator new` 来配置内存（我所能够想象的一个原因是历史因素，另一个原因是 C++ 并未提供相应于 `realloc()` 的内存配置操作），因此，SGI 不能直接使用 C++ 的 `set_new_handler()`，必须仿真一个类似的 `set_malloc_handler()`。

请注意，SGI 第一级配置器的 `allocate()` 和 `realloc()` 都是在调用 `malloc()` 和 `realloc()` 不成功后，改调用 `oom_malloc()` 和 `oom_realloc()`。后两者都有内循环，不断调用 "内存不足处理例程"，期望在某次调用之后，获得足够的内存而圆满完成任务。但如果 "内存不足处理例程" 并未被客端设定，`oom_malloc()` 和 `oom_realloc()` 便老实不客气地调用 `__THROW_BAD_ALLOC`，丢出 bad_alloc 异常信息，或利用 `exit(1)` 硬生生中止程序。

记住，设计"内存不足处理例程"是客端的责任，设定"内存不足处理例程"也是客端的责任。再一次提醒你，"内存不足处理例程"解决问题的做法有着特定的模式，请参考 [Meyers98] 条款 7。

2.2.6　第二级配置器 `__default_alloc_template` 剖析

第二级配置器多了一些机制，避免太多小额区块造成内存的碎片。小额区块带来的其实不仅是内存碎片，配置时的额外负担（overhead）也是一个大问题[8]。额外负担永远无法避免，毕竟系统要靠这多出来的空间来管理内存，如图 2-3 所示。但是区块愈小，额外负担所占的比例就愈大，愈显得浪费。

---

8 请参考 [Meyers98] 条款 10：*write operator delete if you write operator new.*

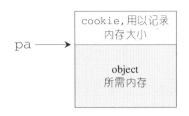

图 **2-3**　索求任何一块内存，都得有一些"税"要缴给系统

　　SGI 第二级配置器的做法是，如果区块够大，超过 128 bytes 时，就移交第一级配置器处理。当区块小于 128 bytes 时，则以内存池（memory pool）管理，此法又称为次层配置（sub-allocation）：每次配置一大块内存，并维护对应之自由链表（*free-list*）。下次若再有相同大小的内存需求，就直接从 *free-lists* 中拨出。如果客端释还小额区块，就由配置器回收到 *free-lists* 中——是的，别忘了，配置器除了负责配置，也负责回收。为了方便管理，SGI 第二级配置器会主动将任何小额区块的内存需求量上调至 8 的倍数（例如客端要求 30 bytes，就自动调整为 32 bytes），并维护 16 个 *free-lists*，各自管理大小分别为 8, 16, 24, 32, 40, 48, 56, 64, 72, 80, 88, 96, 104, 112, 120, 128 bytes 的小额区块。*free-lists* 的节点结构如下：

```
union obj {
    union obj * free_list_link;
    char client_data[1];    /* The client sees this. */
};
```

　　诸君或许会想，为了维护链表（lists），每个节点需要额外的指针（指向下一个节点），这不又造成另一种额外负担吗？你的顾虑是对的，但早已有好的解决办法。注意，上述 obj 所用的是 union，由于 union 之故，从其第一字段观之，obj 可被视为一个指针，指向相同形式的另一个 obj。从其第二字段观之，obj 可被视为一个指针，指向实际区块，如图 2-4 所示。一物二用的结果是，不会为了维护链表所必须的指针而造成内存的另一种浪费（我们正在努力节省内存的开销呢）。这种技巧在强型（strongly typed）语言如 Java 中行不通，但是在非强型语言如 C++中十分普遍[9]。

---

9 请参考 [Lippman98] p840 及 [Noble] p254。

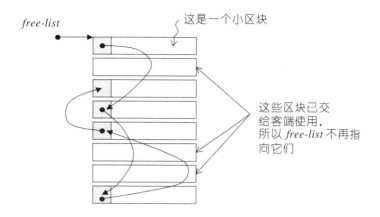

图 **2-4** 自由链表（*free-list*）的实现技巧

下面是第二级配置器的部分实现内容：

```
enum {__ALIGN = 8};      // 小型区块的上调边界
enum {__MAX_BYTES = 128};  // 小型区块的上限
enum {__NFREELISTS = __MAX_BYTES/__ALIGN}; // free-lists 个数
```

```
// 以下是第二级配置器
// 注意，无 "template 型别参数"，且第二参数完全没派上用场
// 第一参数用于多线程环境下。本书不讨论多线程环境
template <bool threads, int inst>
class __default_alloc_template {

private:
  // ROUND_UP() 将 bytes 上调至 8 的倍数
  static size_t ROUND_UP(size_t bytes) {
      return (((bytes) + __ALIGN-1) & ~(__ALIGN - 1));
  }
private:
  union obj {              // free-lists 的节点构造
      union obj * free_list_link;
      char client_data[1];    /* The client sees this. */
  };
private:
  // 16 个 free-lists
  static obj * volatile free_list[__NFREELISTS];
  // 以下函数根据区块大小，决定使用第 n 号 free-list。n 从 0 起算
  static  size_t FREELIST_INDEX(size_t bytes) {
      return (((bytes) + __ALIGN-1)/__ALIGN - 1);
  }

  // 返回一个大小为 n 的对象，并可能加入大小为 n 的其它区块到 free list
```

```
      static void *refill(size_t n);
      // 配置一大块空间，可容纳 nobjs 个大小为 "size" 的区块
      // 如果配置 nobjs 个区块有所不便，nobjs 可能会降低
      static char *chunk_alloc(size_t size, int &nobjs);

      // Chunk allocation state
      static char *start_free;  // 内存池起始位置。只在 chunk_alloc()中变化
      static char *end_free;    // 内存池结束位置。只在 chunk_alloc()中变化
      static size_t heap_size;

public:
      static void * allocate(size_t n) { /* 详述于后 */ }
      static void deallocate(void *p, size_t n) { /* 详述于后 */ }
      static void * reallocate(void *p, size_t old_sz, size_t new_sz);
};

// 以下是 static data member 的定义与初值设定
template <bool threads, int inst>
char *__default_alloc_template<threads, inst>::start_free = 0;

template <bool threads, int inst>
char *__default_alloc_template<threads, inst>::end_free = 0;

template <bool threads, int inst>
size_t __default_alloc_template<threads, inst>::heap_size = 0;

template <bool threads, int inst>
__default_alloc_template<threads, inst>::obj * volatile
__default_alloc_template<threads, inst>::free_list[__NFREELISTS] =
{0, 0, 0, 0, 0, 0, 0, 0, 0, 0, 0, 0, 0, 0, 0, 0, };
```

2.2.7 空间配置函数 allocate()

　　身为一个配置器，__default_alloc_template 拥有配置器的标准接口函数
allocate()。此函数首先判断区块大小，大于 128 bytes 就调用第一级配置器，小
于 128 bytes 就检查对应的 *free list*。如果 *free list* 之内有可用的区块，就直接拿来
用，如果没有可用区块，就将区块大小上调至 8 倍数边界，然后调用 refill()，
准备为 *free list* 重新填充空间。refill() 将于稍后介绍。

```
      // n must be > 0
      static void * allocate(size_t n)
      {
        obj * volatile * my_free_list;
        obj * result;
```

```
// 大于 128 就调用第一级配置器
if (n > (size_t) __MAX_BYTES) {
    return(malloc_alloc::allocate(n));
}
// 寻找 16 个 free lists 中适当的一个
my_free_list = free_list + FREELIST_INDEX(n);
result = *my_free_list;
if (result == 0) {
    // 没找到可用的 free list，准备重新填充 free list
    void *r = refill(ROUND_UP(n));       // 下节详述
    return r;
}
// 调整 free list
*my_free_list = result -> free_list_link;
return (result);
};
```

区块自 *free list* 调出的操作，如图 2-5 所示。

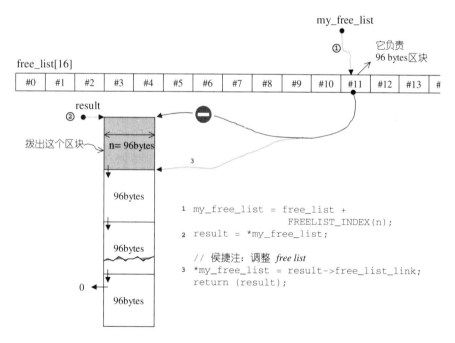

图 **2-5** 区块自 *free list* 拨出，阅读次序请循图中编号

2.2.8　空间释放函数 deallocate()

　　身为一个配置器，`__default_alloc_template` 拥有配置器标准接口函数 `deallocate()`。该函数首先判断区块大小，大于 128 bytes 就调用第一级配置器，小于 128 bytes 就找出对应的 *free list*，将区块回收。

```
// p 不可以是 0
static void deallocate(void *p, size_t n)
{
  obj *q = (obj *)p;
  obj * volatile * my_free_list;

  // 大于128 就调用第一级配置器
  if (n > (size_t) __MAX_BYTES) {
    malloc_alloc::deallocate(p, n);
    return;
  }
  // 寻找对应的 free list
  my_free_list = free_list + FREELIST_INDEX(n);
  // 调整 free list，回收区块
  q -> free_list_link = *my_free_list;
  *my_free_list = q;
}
```

　　区块回收纳入 *free list* 的操作，如图 2-6 所示。

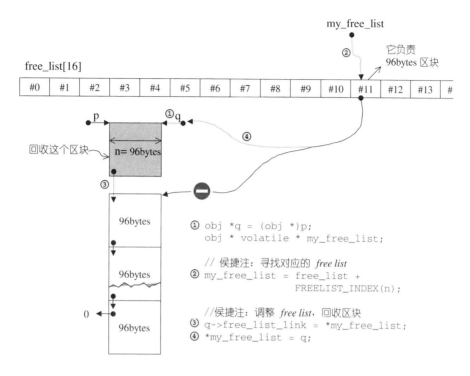

图 **2-6** 区块回收，纳入 *free list*。阅读次序请循图中编号

2.2.9 重新填充 *free lists*

回头讨论先前说过的 `allocate()`。当它发现 *free list* 中没有可用区块了时，就调用 `refill()`，准备为 *free list* 重新填充空间。新的空间将取自内存池（经由 `chunk_alloc()` 完成）。缺省取得 20 个新节点（新区块），但万一内存池空间不足，获得的节点数（区块数）可能小于 20：

```
// 返回一个大小为 n 的对象，并且有时候会为适当的 free list 增加节点
// 假设 n 已经适当上调至 8 的倍数
template <bool threads, int inst>
void* __default_alloc_template<threads, inst>::refill(size_t n)
{
    int nobjs = 20;
    // 调用 chunk_alloc()，尝试取得 nobjs 个区块作为 free list 的新节点
    // 注意参数 nobjs 是 pass by reference
    char * chunk = chunk_alloc(n, nobjs); // 下节详述
    obj * volatile * my_free_list;
```

```
    obj * result;
    obj * current_obj, * next_obj;
    int i;

    // 如果只获得一个区块，这个区块就分配给调用者用，free list 无新节点
    if (1 == nobjs) return(chunk);
    // 否则准备调整 free list，纳入新节点
    my_free_list = free_list + FREELIST_INDEX(n);

    // 以下在 chunk 空间内建立 free list
      result = (obj *)chunk;          // 这一块准备返回给客端
      // 以下导引 free list 指向新配置的空间（取自内存池）
      *my_free_list = next_obj = (obj *)(chunk + n);
      // 以下将 free list 的各节点串接起来
      for (i = 1; ; i++) {  // 从 1 开始，因为第 0 个将返回给客端
        current_obj = next_obj;
        next_obj = (obj *)((char *)next_obj + n);
        if (nobjs - 1 == i) {
            current_obj -> free_list_link = 0;
            break;
        } else {
            current_obj -> free_list_link = next_obj;
        }
      }
    return(result);
}
```

2.2.10   内存池（memory pool）

从内存池中取空间给 *free list* 使用，是 chunk_alloc() 的工作：

```
// 假设 size 已经适当上调至 8 的倍数
// 注意参数 nobjs 是 pass by reference
template <bool threads, int inst>
char*
__default_alloc_template<threads, inst>::
chunk_alloc(size_t size, int& nobjs)
{
    char * result;
    size_t total_bytes = size * nobjs;
    size_t bytes_left = end_free - start_free; // 内存池剩余空间

    if (bytes_left >= total_bytes) {
        // 内存池剩余空间完全满足需求量
        result = start_free;
        start_free += total_bytes;
        return(result);
```

```
    } else if (bytes_left >= size) {
        // 内存池剩余空间不能完全满足需求量，但足够供应一个（含）以上的区块
        nobjs = bytes_left/size;
        total_bytes = size * nobjs;
        result = start_free;
        start_free += total_bytes;
        return(result);
    } else {
        // 内存池剩余空间连一个区块的大小都无法提供
        size_t bytes_to_get = 2 * total_bytes + ROUND_UP(heap_size >> 4);
        // 以下试着让内存池中的残余零头还有利用价值
        if (bytes_left > 0) {
            // 内存池内还有一些零头，先配给适当的 free list
            // 首先寻找适当的 free list
            obj * volatile * my_free_list =
                        free_list + FREELIST_INDEX(bytes_left);
            // 调整 free list，将内存池中的残余空间编入
            ((obj *)start_free) -> free_list_link = *my_free_list;
            *my_free_list = (obj *)start_free;
        }

        // 配置 heap 空间，用来补充内存池
        start_free = (char *)malloc(bytes_to_get);
        if (0 == start_free) {
            // heap 空间不足，malloc() 失败
            int i;
            obj * volatile * my_free_list, *p;
            // 试着检视我们手上拥有的东西。这不会造成伤害。我们不打算尝试配置
            // 较小的区块，因为那在多进程（multi-process）机器上容易导致灾难
            // 以下搜寻适当的 free list
            // 所谓适当是指 "尚有未用区块，且区块够大" 之 free list
            for (i = size; i <= __MAX_BYTES; i += __ALIGN) {
                my_free_list = free_list + FREELIST_INDEX(i);
                p = *my_free_list;
                if (0 != p) { // free list 内尚有未用区块
                    // 调整 free list 以释出未用区块
                    *my_free_list = p -> free_list_link;
                    start_free = (char *)p;
                    end_free = start_free + i;
                    // 递归调用自己，为了修正 nobjs
                    return(chunk_alloc(size, nobjs));
                    // 注意，任何残余零头终将被编入适当的 free-list 中备用
                }
            }
        end_free = 0; // 如果出现意外（山穷水尽，到处都没内存可用了）
            // 调用第一级配置器，看看 out-of-memory 机制能否尽点力
            start_free = (char *)malloc_alloc::allocate(bytes_to_get);
            // 这会导致抛出异常（exception），或内存不足的情况获得改善
        }
```

```
        heap_size += bytes_to_get;
        end_free = start_free + bytes_to_get;
        // 递归调用自己，为了修正 nobjs
        return(chunk_alloc(size, nobjs));
    }
}
```

　　上述的 `chunk_alloc()` 函数以 `end_free - start_free` 来判断内存池的水量。如果水量充足，就直接调出 20 个区块返回给 *free list*。如果水量不足以提供 20 个区块，但还足够供应一个以上的区块，就拨出这不足 20 个区块的空间出去。这时候其 pass by reference 的 `nobjs` 参数将被修改为实际能够供应的区块数。如果内存池连一个区块空间都无法供应，对客端显然无法交待，此时便需利用 `malloc()` 从 heap 中配置内存，为内存池注入源头活水以应付需求。新水量的大小为需求量的两倍，再加上一个随着配置次数增加而愈来愈大的附加量。

　　举个例子，见图 2-7，假设程序一开始，客端就调用 `chunk_alloc(32,20)`，于是 `malloc()` 配置 40 个 32 bytes 区块，其中第 1 个交出，另 19 个交给 `free_list[3]` 维护，余 20 个留给内存池。接下来客端调用 `chunk_alloc(64,20)`，此时 `free_list[7]` 空空如也，必须向内存池要求支持。内存池只够供应 (32*20)/64=10 个 64 bytes 区块，就把这 10 个区块返回，第 1 个交给客端，余 9 个由 `free_list[7]` 维护。此时内存池全空。接下来再调用 `chunk_alloc(96, 20)`，此时 `free_list[11]` 空空如也，必须向内存池要求支持，而内存池此时也是空的，于是以 `malloc()` 配置 40+n（附加量）个 96 bytes 区块，其中第 1 个交出，另 19 个交给 `free_list[11]` 维护，余 20+n（附加量）个区块留给内存池…

　　万一山穷水尽，整个 system heap 空间都不够了（以至无法为内存池注入源头活水），`malloc()` 行动失败，`chunk_alloc()` 就四处寻找有无 "尚有未用区块，且区块够大"之 *free lists*。找到了就挖一块交出，找不到就调用第一级配置器。第一级配置器其实也是使用 `malloc()` 来配置内存，但它有 out-of-memory 处理机制（类似 new-handler 机制），或许有机会释放其它的内存拿来此处使用。如果可以，就成功，否则发出 bad_alloc 异常。

　　以上便是整个第二级空间配置器的设计。

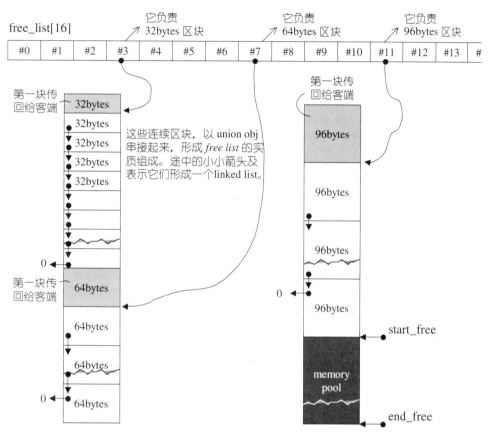

图 **2-7** 内存池（memory pool）实际操练结果

回想一下 2.2.4 节最后提到的那个提供配置器标准接口的 simple_alloc:

```
template<class T, class Alloc>
class simple_alloc {
...
};
```

SGI 容器通常以这种方式来使用配置器:

```
template <class T, class Alloc = alloc>  // 缺省使用 alloc 为配置器
class vector {
public:
  typedef T value_type;
```

```
    ...
protected:
    // 专属之空间配置器，每次配置一个元素大小
    typedef simple_alloc<value_type, Alloc> data_allocator;
    ...
    };
```

　　其中第二个 template 参数所接受的缺省参数 alloc，可以是第一级配置器，
也可以是第二级配置器。不过，SGI STL 已经把它设为第二级配置器，见 2.2.4 节
及图 2-2b。

2.3　内存基本处理工具

　　STL 定义有五个全局函数，作用于未初始化空间上。这样的功能对于容器的实
现很有帮助，我们会在第 4 章容器实现代码中，看到它们肩负的重任。前两个函数是
2.2.3 节说过的、用于构造的 construct() 和用于析构的 destroy()，另三个函数是
uninitialized_copy(),uninitialized_fill(),uninitialized_fill_n()[10]，
分别对应于高层次函数 copy()、fill()、fill_n()——这些都是 STL 算法，将
在第 6 章介绍。如果你要使用本节的三个低层次函数，应该包含 <memory>，不过
SGI 把它们实际定义于 <stl_uninitialized>。

2.3.1　uninitialized_copy

```
template <class InputIterator, class ForwardIterator>
ForwardIterator
uninitialized_copy(InputIterator first, InputIterator last,
                   ForwardIterator result);
```

　　uninitialized_copy() 使我们能够将内存的配置与对象的构造行为分离开
来。如果作为输出目的地的 [result, result+(last-first)) 范围内的每一个迭
代器都指向未初始化区域，则 uninitialized_copy() 会使用 copy constructor，
给身为输入来源之 [first,last) 范围内的每一个对象产生一份复制品，放进输出
范围中。换句话说，针对输入范围内的每一个迭代器 i，该函数会调用
construct(&*(result+(i-first)),*i)，产生 *i 的复制品，放置于输出范围

─────────────────
10 [Austern98] 10.4 节对于这三个低层次函数有详细的介绍。

的相对位置上。式中的 `construct()` 已于 2.2.3 节讨论过。

如果你需要实现一个容器，`uninitialized_copy()` 这样的函数会为你带来很大的帮助，因为容器的全区间构造函数（range constructor）通常以两个步骤完成：

- 配置内存区块，足以包含范围内的所有元素。
- 使用 `uninitialized_copy()`，在该内存区块上构造元素。

C++ 标准规格书要求 `uninitialized_copy()` 具有 "*commit or rollback*" 语意，意思是要么 "构造出所有必要元素"，要么(当有任何一个 copy constructor 失败时) "不构造任何东西"。

2.3.2 uninitialized_fill

```
template <class ForwardIterator, class T>
void uninitialized_fill(ForwardIterator first, ForwardIterator last,
                        const T& x);
```

`uninitialized_fill()` 也能够使我们将内存配置与对象的构造行为分离开来。如果 [first,last)范围内的每个迭代器都指向未初始化的内存，那么 `uninitialized_fill()` 会在该范围内产生 `x`（上式第三参数）的复制品。换句话说，`uninitialized_fill()` 会针对操作范围内的每个迭代器 `i`，调用 `construct(&*i, x)`，在 `i` 所指之处产生 `x` 的复制品。式中的 `construct()` 已于 2.2.3 节讨论过。

与 `uninitialized_copy()` 一样，`uninitialized_fill()` 必须具备 "*commit or rollback*" 语意，换句话说，它要么产生出所有必要元素，要么不产生任何元素。如果有任何一个 copy constructor 丢出异常(exception)，`uninitialized_fill()`，必须能够将已产生的所有元素析构掉。

2.3.3 uninitialized_fill_n

```
template <class ForwardIterator, class Size, class T>
ForwardIterator
uninitialized_fill_n(ForwardIterator first, Size n, const T& x);
```

uninitialized_fill_n() 能够使我们将内存配置与对象构造行为分离开来。它会为指定范围内的所有元素设定相同的初值。

如果 [first, first+n] 范围内的每一个迭代器都指向未初始化的内存，那么 uninitialized_fill_n() 会调用 copy constructor，在该范围内产生 x（上式第三参数）的复制品。也就是说，面对 [first,first+n] 范围内的每个迭代器 i，uninitialized_fill_n() 会调用 construct(&*i, x)，在对应位置处产生 x 的复制品。式中的 construct() 已于 2.2.3 节讨论过。

uninitialized_fill_n() 也具有 “*commit or rollback*” 语意：要么产生所有必要的元素，否则就不产生任何元素。如果任何一个 copy constructor 丢出异常（exception），uninitialized_fill_n() 必须析构已产生的所有元素。

以下分别介绍这三个函数的实现法。其中所呈现的 iterators（迭代器）、value_type()、**__type_traits**、**__true_type**、**__false_type**、is_POD_type 等实现技术，都将于第 3 章介绍。

(1) uninitialized_fill_n

首先是 uninitialized_fill_n() 的源代码。本函数接受三个参数：

- 迭代器 first 指向欲初始化空间的起始处。
- n 表示欲初始化空间的大小。
- x 表示初值。

```
template <class ForwardIterator, class Size, class T>
inline ForwardIterator uninitialized_fill_n(ForwardIterator first,
                                             Size n, const T& x) {
  return __uninitialized_fill_n(first, n, x, value_type(first));
  // 以上，利用 value_type() 取出 first 的 value type
}
```

这个函数的进行逻辑是，首先萃取出迭代器 first 的 value type（详见第 3 章），然后判断该型别是否为 POD 型别：

```
template <class ForwardIterator, class Size, class T, class T1>
inline ForwardIterator __uninitialized_fill_n(ForwardIterator first,
                                              Size n, const T& x, T1*)
```

The Annotated STL Sources

```
{
  // 以下 __type_traits<> 技法，详见 3.7 节
  typedef typename __type_traits<T1>::is_POD_type is_POD;
  return __uninitialized_fill_n_aux(first, n, x, is_POD());
}
```

POD 意指 **Plain Old Data**，也就是标量型别（scalar types）或传统的 C struct 型别。POD 型别必然拥有 *trivial* ctor/dtor/copy/assignment 函数，因此，我们可以对 POD 型别采用最有效率的初值填写手法，而对 non-POD 型别采取最保险安全的做法：

```
// 如果 copy construction 等同于 assignment，而且
//  destructor 是 trivial，以下就有效
// 如果是 POD 型别，执行流程就会转进到以下函数。这是藉由 function template
// 的参数推导机制而得
template <class ForwardIterator, class Size, class T>
inline ForwardIterator
__uninitialized_fill_n_aux(ForwardIterator first, Size n,
                           const T& x, __true_type) {
  return fill_n(first, n, x);    // 交由高阶函数执行。见 6.4.2 节
}

// 如果不是 POD 型别，执行流程就会转进到以下函数。这是藉由 function template
// 的参数推导机制而得
template <class ForwardIterator, class Size, class T>
ForwardIterator
__uninitialized_fill_n_aux(ForwardIterator first, Size n,
                           const T& x, __false_type) {
  ForwardIterator cur = first;
    // 为求阅读顺畅，以下将原本该有的异常处理（exception handling）省略
    for ( ; n > 0; --n, ++cur)
        construct(&*cur, x);       // 见 2.2.3 节
    return cur;
}
```

(2) uninitialized_copy

下面列出 uninitialized_copy() 的源码。本函数接受三个参数：

● 迭代器 first 指向输入端的起始位置。

● 迭代器 last 指向输入端的结束位置（前闭后开区间）。

● 迭代器 result 指向输出端（欲初始化空间）的起始处。

```
template <class InputIterator, class ForwardIterator>
inline ForwardIterator
  uninitialized_copy(InputIterator first, InputIterator last,
```

```
                        ForwardIterator result) {
    return __uninitialized_copy(first, last, result, value_type(result));
    // 以上，利用 value_type() 取出 first 的 value type
}
```

这个函数的进行逻辑是，首先萃取出迭代器 result 的 value type（详见第 3
章），然后判断该型别是否为 POD 型别：

```
template <class InputIterator, class ForwardIterator, class T>
inline ForwardIterator
__uninitialized_copy(InputIterator first, InputIterator last,
                     ForwardIterator result, T*) {
    typedef typename __type_traits<T>::is_POD_type is_POD;
    return __uninitialized_copy_aux(first, last, result, is_POD());
    // 以上，企图利用 is_POD() 所获得的结果，让编译器做参数推导
}
```

POD 意指 Plain Old Data，也就是标量型别（scalar types）或传统的 C struct 型
别。POD 型别必然拥有 *trivial* ctor/dtor/copy/assignment 函数，因此，我们可以
对 POD 型别采用最有效率的复制手法，而对 non-POD 型别采取最保险安全的做法：

```
// 如果 copy construction 等同于 assignment，而且
//  destructor 是 trivial，以下就有效
// 如果是 POD 型别，执行流程就会转进到以下函数。这是藉由 function template
// 的参数推导机制而得
template <class InputIterator, class ForwardIterator>
inline ForwardIterator
__uninitialized_copy_aux(InputIterator first, InputIterator last,
                         ForwardIterator result,
                         __true_type) {
    return copy(first, last, result);  // 调用 STL 算法 copy()
}
```

```
// 如果是 non-POD 型别，执行流程就会转进到以下函数。这是藉由 function template
// 的参数推导机制而得
template <class InputIterator, class ForwardIterator>
ForwardIterator
__uninitialized_copy_aux(InputIterator first, InputIterator last,
                         ForwardIterator result,
                         __false_type) {
    ForwardIterator cur = result;
    // 为求阅读顺畅，以下将原本该有的异常处理（exception handling）省略
    for ( ; first != last; ++first, ++cur)
      construct(&*cur, *first);  // 必须一个一个元素地构造，无法批量进行
    return cur;
    }
}
```

　　针对 `char*` 和 `wchar_t*` 两种型别，可以采用最具效率的做法 `memmove`（直接移动内存内容）来执行复制行为。因此 SGI 得以为这两种型别设计一份特化版本。

```
// 以下是针对 const char* 的特化版本
inline char* uninitialized_copy(const char* first, const char* last,
                                char* result) {
  memmove(result, first, last - first);
  return result + (last - first);
}

// 以下是针对 const wchar_t* 的特化版本
inline wchar_t* uninitialized_copy(const wchar_t* first, const wchar_t* last,
                                   wchar_t* result) {
  memmove(result, first, sizeof(wchar_t) * (last - first));
  return result + (last - first);
}
```

(3) uninitialized_fill

　　下面列出 `uninitialized_fill()` 的源代码。本函数接受三个参数：

- 迭代器 `first` 指向输出端（欲初始化空间）的起始处。
- 迭代器 `last` 指向输出端（欲初始化空间）的结束处（前闭后开区间）。
- `x` 表示初值。

```
template <class ForwardIterator, class T>
inline void uninitialized_fill(ForwardIterator first, ForwardIterator last,
                               const T& x) {
  __uninitialized_fill(first, last, x, value_type(first));
}
```

　　这个函数的进行逻辑是，首先萃取出迭代器 `first` 的 value type（详见第 3 章），然后判断该型别是否为 POD 型别：

```
template <class ForwardIterator, class T, class T1>
inline void __uninitialized_fill(ForwardIterator first, ForwardIterator last,
                                 const T& x, T1*) {
  typedef typename __type_traits<T1>::is_POD_type is_POD;
  __uninitialized_fill_aux(first, last, x, is_POD());
}
```

　　POD 意指 Plain Old Data，也就是标量型别（scalar types）或传统的 C struct 型别。POD 型别必然拥有 *trivial* ctor/dtor/copy/assignment 函数，因此，我们可以对 POD 型别采用最有效率的初值填写手法，而对 non-POD 型别采用最保险安全的做法：

```
// 如果 copy construction 等同于 assignment，而且
//  destructor 是 trivial，以下就有效
// 如果是 POD 型别，执行流程就会转进到以下函数。这是藉由 function template
// 的参数推导机制而得
template <class ForwardIterator, class T>
inline void
__uninitialized_fill_aux(ForwardIterator first, ForwardIterator last,
                         const T& x, __true_type)
{
  fill(first, last, x);     // 调用 STL 算法 fill()
}


//如果是 non-POD 型别，执行流程就会转进到以下函数。这是藉由 function template
// 的参数推导机制而得
template <class ForwardIterator, class T>
void
__uninitialized_fill_aux(ForwardIterator first, ForwardIterator last,
                         const T& x, __false_type)
{
  ForwardIterator cur = first;
    // 为求阅读顺畅，以下将原本该有的异常处理（exception handling）省略
    for ( ; cur != last; ++cur)
      construct(&*cur, x);  // 必须一个一个元素地构造，无法批量进行
  }
}
```

图 2-8 以图形显示本节三个函数对效率的特殊考虑。

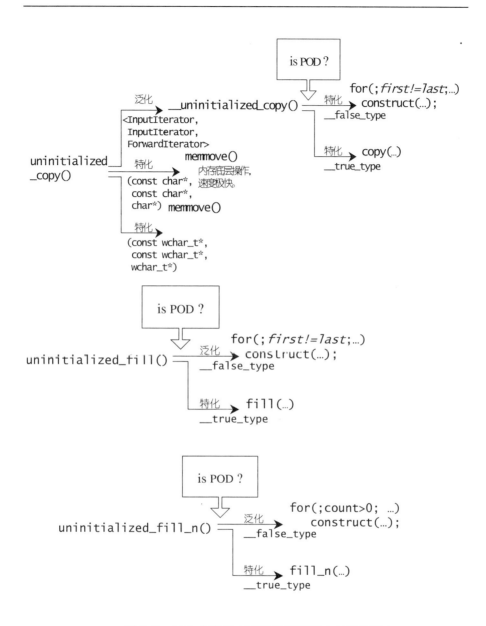

图 **2-8** 三个内存基本函数的泛型版本与特化版本

3

迭代器（iterators）概念 与 traits 编程技法

迭代器（iterators）是一种抽象的设计概念，现实程序语言中并没有直接对应于这个概念的实物。《*Design Patterns*》一书提供有 23 个设计模式（design patterns）的完整描述，其中 iterator 模式定义如下：提供一种方法，使之能够依序巡访某个聚合物（容器）所含的各个元素，而又无需暴露该聚合物的内部表述方式。

3.1 迭代器设计思维——STL 关键所在

不论是泛型思维或 STL 的实际运用，迭代器（iterators）都扮演着重要的角色。STL 的中心思想在于：将数据容器（containers）和算法（algorithms）分开，彼此独立设计，最后再以一帖胶着剂将它们撮合在一起。容器和算法的泛型化，从技术角度来看并不困难，C++ 的 class templates 和 function templates 可分别达成目标。如何设计出两者之间的良好胶着剂，才是大难题。

以下是容器、算法、迭代器（iterator，扮演粘胶角色）的合作展示。以算法 `find()` 为例，它接受两个迭代器和一个 "搜寻目标"：

```
// 摘自 SGI <stl_algo.h>
template <class InputIterator, class T>
InputIterator find(InputIterator first,
                   InputIterator last,
                   const T& value) {
  while (first != last && *first != value)
    ++first;
  return first;
}
```

The Annotated STL Sources

只要给予不同的迭代器，`find()` 便能够对不同的容器进行查找操作：

```cpp
// file : 3find.cpp
#include <vector>
#include <list>
#include <deque>
#include <algorithm>
#include <iostream>
using namespace std;

int main()
{
   const int arraySize = 7;
   int ia[arraySize] = { 0,1,2,3,4,5,6 };

   vector<int> ivect(ia, ia+arraySize);
   list<int> ilist(ia, ia+arraySize);
   deque<int> ideque(ia, ia+arraySize);    // 注意: VC6[x]，未符合标准

   vector<int>::iterator it1 = find(ivect.begin(), ivect.end(), 4);
   if (it1 == ivect.end())
      cout << "4 not found." << endl;
   else
      cout << "4 found. " << *it1 << endl;
   // 执行结果: 4 found. 4

   list<int>::iterator it2 = find(ilist.begin(), ilist.end(), 6);
   if (it2 == ilist.end())
      cout << "6 not found." << endl;
   else
      cout << "6 found. " << *it2 << endl;
   // 执行结果: 6 found. 6

   deque<int>::iterator it3 = find(ideque.begin(), ideque.end(), 8);
   if (it3 == ideque.end())
      cout << "8 not found." << endl;
   else
      cout << "8 found. " << *it3 << endl;
   // 执行结果: 8 not found
}
```

从这个例子来看，迭代器似乎依附在容器之下。是吗？有没有独立而泛用的迭代器？我们又该如何自行设计特殊的迭代器？

3.2　迭代器 (iterator) 是一种 smart pointer

迭代器是一种行为类似指针的对象，而指针的各种行为中最常见也最重要的便

是内容提领（*dereference*）和成员访问（*member access*），因此，迭代器最重要的编程工作就是对 `operator*` 和 `operator->` 进行重载（*overloading*）工作。关于这一点，C++ 标准程序库有一个 `auto_ptr` 可供我们参考。任何一本详尽的 C++ 语法书籍都应该谈到 `auto_ptr`（如果没有，扔了它☺），这是一个用来包装原生指针（native pointer）的对象，声名狼藉的内存漏洞（memory leak）问题可藉此获得解决。`auto_ptr` 用法如下，和原生指针一模一样：

```
void func()
{
    auto_ptr<string> ps(new string("jjhou"));

    cout << *ps << endl;              // 输出：jjhou
    cout << ps->size() << endl;       // 输出：5
    // 离开前不需 delete, auto_ptr 会自动释放内存
}
```

函数第一行的意思是，以算式 `new` 动态配置一个初值为 `"jjhou"` 的 **string** 对象，并将所得结果（一个原生指针）作为 `auto_ptr<string>` 对象的初值。注意，**auto_ptr** 角括号内放的是 "原生指针所指对象" 的型别，而不是原生指针的型别。

`auto_ptr` 的源代码在头文件 `<memory>` 中，根据它我仿真了一份简化版，可具体说明 `auto_ptr` 的行为与能力：

```
// file: 3autoptr.cpp
template<class T>
class auto_ptr {
public:
  explicit auto_ptr(T *p = 0): pointee(p) {}
  template<class U>
  auto_ptr(auto_ptr<U>& rhs): pointee(rhs.release()) {}
  ~auto_ptr() { delete pointee; }

  template<class U>
  auto_ptr<T>& operator=(auto_ptr<U>& rhs) {
    if (this != &rhs) reset(rhs.release());
    return *this;
  }
  T& operator*() const { return *pointee; }
  T* operator->() const { return pointee; }
  T* get() const { return pointee; }
  // ...
private:
    T *pointee;
```

```
};
```

　　其中关键词 explicit 和 member template 等编程技法，并不是这里的讲述重点，相关语法和语意请参阅 [Lippman98] 或 [Stroustrup97]。

　　有了模仿对象，现在我们来为 list（链表）设计一个迭代器[1]。假设 list 及其节点的结构如下：

```
// file: 3mylist.h
template <typename T>
class List
{
  void insert_front(T value);
  void insert_end(T value);
  void display(std::ostream &os = std::cout) const;
  // ...
private:
  ListItem<T>* _end;
  ListItem<T>* _front;
  long _size;
};

template <typename T>
class ListItem
{
public:
  T value() const { return _value; }
  ListItem* next() const { return _next; }
  ...
private:
  T _value;
  ListItem* _next;  // 单向链表（single linked list）
};
```

　　如何将这个 List 套用到先前所说的 find() 呢？我们需要为它设计一个行为类似指针的外衣，也就是一个迭代器。当我们提领（*dereference*）这一迭代器时，传回的应该是个 ListItem 对象；当我们递增该迭代器时，它应该指向下一个 ListItem 对象。为了让该迭代器适用于任何型态的节点，而不只限于 ListItem，我们可以将它设计为一个 class template：

---

1 [Lippman98] 5.11 节有一个非泛型的 list 实例可以参考。《泛型思维》书中有一份泛型版本的 list 的完整设计与说明。

```
// file : 3mylist-iter.h
#include "3mylist.h"

template <class Item> // Item 可以是单向链表节点或双向链表节点。
struct ListIter            // 此处这个迭代器特定只为链表服务，因为其
{                          // 独特的 operator++ 之故
  Item* ptr; // 保持与容器之间的一个联系（keep a reference to Container）

  ListIter(Item* p = 0)  // default ctor
    : ptr(p) { }

  // 不必实现 copy ctor，因为编译器提供的缺省行为已足够
  // 不必实现 operator=，因为编译器提供的缺省行为已足够

  Item& operator*() const { return *ptr; }
  Item* operator->() const { return ptr; }

  // 以下两个 operator++ 遵循标准做法，参见 [Meyers96] 条款 6
  // (1) pre-increment operator
  ListIter& operator++()
    { ptr = ptr->next(); return *this; }

  // (2) post-increment operator
  ListIter operator++(int)
    { ListIter tmp = *this; ++*this; return tmp; }

  bool operator==(const ListIter& i) const
    { return ptr == i.ptr; }
  bool operator!=(const ListIter& i) const
    { return ptr != i.ptr; }
};
```

现在我们可以将 List 和 find() 藉由 ListIter 粘合起来：

```
// 3mylist-iter-test.cpp
void main()
{
  List<int> mylist;

  for(int i=0; i<5; ++i) {
     mylist.insert_front(i);
     mylist.insert_end(i+2);
  }
  mylist.display();    // 10 ( 4 3 2 1 0 2 3 4 5 6 )

  ListIter<ListItem<int> > begin(mylist.front());
  ListIter<ListItem<int> > end;  // default 0, null
  ListIter<ListItem<int> > iter; // default 0, null
```

```
iter = find(begin, end, 3);
if (iter == end)
    cout << "not found" << endl;
else
    cout << "found. " << iter->value() << endl;
// 执行结果: found. 3

iter = find(begin, end, 7);
if (iter == end)
    cout << "not found" << endl;
else
    cout << "found. " << iter->value() << endl;
// 执行结果: not found
}
```

注意，由于 find() 函数内以 *iter != value 来检查元素值是否吻合，而本例之中 value 的型别是 int，iter 的型别是 ListItem<int>，两者之间并无可供使用的 operator!=，所以我必须另外写一个全局的 operator!= 重载函数，并以 int 和 ListItem<int> 作为它的两个参数型别：

```
template <typename T>
bool operator!=(const ListItem<T>& item, T n)
{  return item.value() != n; }
```

从以上实现可以看出，为了完成一个针对 List 而设计的迭代器，我们无可避免地暴露了太多 List 实现细节：在 main() 之中为了制作 begin 和 end 两个迭代器，我们暴露了 ListItem；在 ListIter class 之中为了达成 operator++ 的目的，我们暴露了 ListItem 的操作函数 next()。如果不是为了迭代器，ListItem 原本应该完全隐藏起来不曝光的。换句话说，要设计出 ListIter，首先必须对 List 的实现细节有非常丰富的了解。既然这无可避免，干脆就把迭代器的开发工作交给 List 的设计者好了，如此一来，所有实现细节反而得以封装起来不被使用者看到。这正是为什么每一种 STL 容器都提供有专属迭代器的缘故。

3.3   迭代器相应型别（associated types）

上述的 ListIter 提供了一个迭代器雏形。如果将思想拉得更高远一些，我们便会发现，在算法中运用迭代器时，很可能会用到其相应型别（associated type）。什么是相应型别？迭代器所指之物的型别便是其一。假设算法中有必要声明一个变量，以"迭代器所指对象的型别"为型别，如何是好？毕竟 C++ 只支持 sizeof()，

并未支持 `typeof()`！即便动用 RTTI 性质中的 `typeid()`，获得的也只是型别名称，不能拿来做变量声明之用。

解决办法是：利用 function template 的参数推导（argument deducation）机制。例如：

```cpp
template <class I, class T>
void func_impl(I iter, T t)
{
  T tmp; // 这里解决了问题。T 就是迭代器所指之物的型别，本例为 int

  // ... 这里做原本 func() 应该做的全部工作
};

template <class I>
inline
void func(I iter)
{
  func_impl(iter, *iter);  // func 的工作全部移往 func_impl
}

int main()
{
  int i;
  func(&i);
}
```

我们以 `func()` 为对外接口，却把实际操作全部置于 `func_impl()` 之中。由于 `func_impl()` 是一个 function template，一旦被调用，编译器会自动进行 template 参数推导。于是导出型别 `T`，顺利解决了问题。

迭代器相应型别（associated types）不只是 "迭代器所指对象的型别" 一种而已。根据经验，最常用的相应型别有五种，然而并非任何情况下任何一种都可利用上述的 template 参数推导机制来取得。我们需要更全面的解法。

3.4 Traits 编程技法——STL 源代码门钥

迭代器所指对象的型别，称为该迭代器的 value type。上述的参数型别推导技巧虽然可用于 value type，却非全面可用：万一 value type 必须用于函数的传回值，就束手无策了，毕竟函数的 "template 参数推导机制" 推而导之的只是参数，无法推导函数的回返值型别。

我们需要其它方法。声明内嵌型别似乎是个好主意，像这样：

```
template <class T>
struct MyIter {
  typedef T value_type;  // 内嵌型别声明（nested type）
  T* ptr;
  MyIter(T* p=0) : ptr(p) { }
  T& operator*() const { return *ptr; }
  // ...
};

template <class I>
typename I::value_type  // 这一整行是 func 的回返值型别
func(I ite)
{ return *ite; }

// ...
MyIter<int> ite(new int(8));
cout << func(ite);    // 输出: 8
```

注意，func() 的回返型别必须加上关键词 typename，因为 T 是一个 template 参数，在它被编译器具现化之前，编译器对 T 一无所悉，换句话说，编译器此时并不知道 MyIter<T>::value_type 代表的是一个型别或是一个 member function 或是一个 data member。关键词 typename 的用意在于告诉编译器这是一个型别，如此才能顺利通过编译。

看起来不错。但是有个隐晦的陷阱：并不是所有迭代器是 class type。原生指针就不是！如果不是 class type，就无法为它定义内嵌型别。但 STL（以及整个泛型思维）绝对必须接受原生指针作为一种迭代器，所以上面这样还不够。有没有办法可以让上述的一般化概念针对特定情况（例如针对原生指针）做特殊化处理呢？

是的，template partial specialization 可以做到。

Partial Specialization（偏特化）的意义

任何完整的 C++ 语法书籍都应该对 template partial specialization 有所说明（如果没有，扔了它☺）。大致的意义是：如果 class template 拥有一个以上的 template 参数，我们可以针对其中某个（或数个，但非全部）template 参数进行特化工作。换句话说，我们可以在泛化设计中提供一个特化版本（也就是将泛化版本中的某些 template 参数赋予明确的指定）。

假设有一个 class template 如下：

```
template<typename U, typename V, typename T>
class C { ... };
```

partial specialization 的字面意义容易误导我们以为，所谓 "偏特化版" 一定是对 template 参数U或V或T(或某种组合)指定某个参数值。其实不然，**[Austern99]** 对于 partial specialization 的意义说得十分得体： "所谓 partial specialization 的意思是提供另一份 template 定义式，而其本身仍为 templatized"。《泛型思维》一书对 partial specialization 的定义是： "针对（任何）template 参数更进一步的条件限制所设计出来的一个特化版本"。由此，面对以下这么一个 class template:

```
template<typename T>
class C { ... };      // 这个泛化版本允许（接受）T 为任何型别
```

我们便很容易接受它有一个形式如下的 partial specialization：

```
template<typename T>
class C<T*> { ... };  // 这个特化版本仅适用于 "T 为原生指针" 的情况
              //"T 为原生指针"便是 "T 为任何型别"的一个更进一步的条件限制
```

有了这项利器，我们便可以解决前述 "内嵌型别" 未能解决的问题。先前的问题是，原生指针并非 class，因此无法为它们定义内嵌型别。现在，我们可以针对 "迭代器之template 参数为指针"者，设计特化版的迭代器。

提高警觉，我们进入关键地带了！下面这个 class template 专门用来 "萃取" 迭代器的特性，而 value type 正是迭代器的特性之一：

```
template <class I>
struct iterator_traits {   // traits 意为 "特性"
  typedef typename I::value_type   value_type;
};
```

这个所谓的 **traits**，其意义是，如果 I 定义有自己的 value type，那么通过这个 **traits** 的作用，萃取出来的 value_type 就是 I::value_type。换句话说，如果 I 定义有自己的 value type，先前那个 func() 可以改写成这样：

```
template <class I>
typename iterator_traits<I>::value_type  // 这一整行是函数回返型别
func(I ite)
{ return *ite; }
```

但这除了多一层间接性，又带来什么好处呢？好处是 **traits** 可以拥有特化版本。现在，我们令 iterator_traites 拥有一个 partial specializations 如下：

```
template <class T>
struct iterator_traits<T*> {  // 偏特化版——迭代器是个原生指针
  typedef T value_type;
};
```

于是，原生指针 int* 虽然不是一种 class type，亦可通过 **traits** 取其 value type。这就解决了先前的问题。

但是请注意，针对 "指向常数对象的指针（pointer-to-const）"，下面这个式子得到什么结果：

```
iterator_traits<const int*>::value_type
```

获得的是 const int 而非 int。这是我们期望的吗？我们希望利用这种机制来声明一个暂时变量，使其型别与迭代器的 value type 相同，而现在，声明一个无法赋值（因 const 之故）的暂时变量，没什么用！因此，如果迭代器是个 pointer-to-const，我们应该设法令其 value type 为一个 non-const 型别。没问题，只要另外设计一个特化版本，就能解决这个问题：

```
template <class T>
struct iterator_traits<const T*> { //偏特化版——当迭代器是个 pointer-to-const 时,
  typedef T value_type;                // 萃取出来的型别应该是 T 而非 const T
};
```

现在，不论面对的是迭代器 MyIter，或是原生指针 int* 或 const int*，都可以通过 **traits** 取出正确的（我们所期望的）value type。

图 3-1 说明了 **traits** 所扮演的 "特性萃取机"角色，萃取各个迭代器的特性。这里所谓的迭代器特性，指的是迭代器的相应型别（associated types）。当然，若要这个 "特性萃取机"**traits** 能够有效运作，每一个迭代器必须遵循约定，自行以内嵌型别定义（nested typedef）的方式定义出相应型别（associated types）。这是一个约定，谁不遵守这个约定，谁就不能兼容于 STL 这个大家庭。

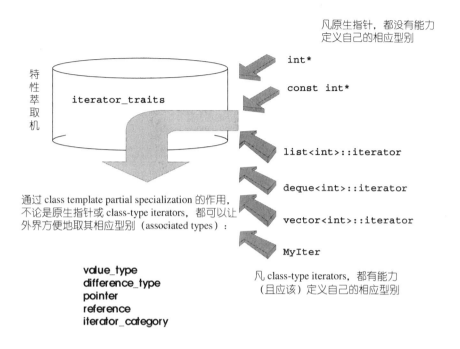

图 **3-1** **traits** 就像一台 "特性萃取机", 榨取各个迭代器的特性（相应型别）

　　根据经验, 最常用到的迭代器相应型别有五种: value type, difference type, pointer, reference, iterator catagoly。如果你希望你所开发的容器能与 STL 水乳交融, 一定要为你的容器的迭代器定义这五种相应型别。"特性萃取机"**traits** 会很忠实地将原汁原味榨取出来:

```
template <class I>
struct iterator_traits {
  typedef typename I::iterator_category   iterator_category;
  typedef typename I::value_type          value_type;
  typedef typename I::difference_type     difference_type;
  typedef typename I::pointer             pointer;
  typedef typename I::reference           reference;
};
```

　　iterator_traits 必须针对传入之型别为 pointer 及 pointer-to-const 者, 设计特化版本, 稍后数节为你展示如何进行。

3.4.1　迭代器相应型别之一：value type

所谓 value type，是指迭代器所指对象的型别。任何一个打算与 STL 算法有完美搭配的 class，都应该定义自己的 value type 内嵌型别，做法就像上节所述。

3.4.2　迭代器相应型别之二：difference type

difference type 用来表示两个迭代器之间的距离，因此它也可以用来表示一个容器的最大容量，因为对于连续空间的容器而言，头尾之间的距离就是其最大容量。如果一个泛型算法提供计数功能，例如 STL 的 count()，其传回值就必须使用迭代器的 difference type：

```
template <class I, class T>
typename iterator_traits<I>::difference_type // 这一整行是函数回返型别
count(I first, I last, const T& value) {
  typename iterator_traits<I>::difference_type n = 0;
  for ( ; first != last; ++first)
    if (*first == value)
      ++n;
  return n;
}
```

针对相应型别 difference type，**traits** 的如下两个（针对原生指针而写的）特化版本，以 C++ 内建的 ptrdiff_t（定义于 <cstddef> 头文件）作为原生指针的 difference type：

```
template <class I>
struct iterator_traits {
  ...
  typedef typename I::difference_type  difference_type;
};

// 针对原生指针而设计的 "偏特化（partial specialization）"版
template <class T>
struct iterator_traits<T*> {
  ...
  typedef ptrdiff_t  difference_type;
};

// 针对原生的 pointer-to-const 而设计的 "偏特化（partial specialization）"版
template <class T>
struct iterator_traits<const T*> {
  ...
```

```
    typedef ptrdiff_t    difference_type;
};
```

现在，任何时候当我们需要任何迭代器 I 的 difference type，可以这么写：

```
typename iterator_traits<I>::difference_type
```

3.4.3　迭代器相应型别之三：reference type

从 "迭代器所指之物的内容是否允许改变" 的角度观之，迭代器分为两种：不允许改变 "所指对象之内容" 者，称为 constant iterators，例如 `const int* pic`；允许改变 "所指对象之内容" 者，称为 mutable iterators，例如 `int* pi`。当我们对一个 mutable iterators 进行提领操作时，获得的不应该是一个右值（rvalue），应该是一个左值（lvalue），因为右值不允许赋值操作（assignment），左值才允许：

```
int* pi = new int(5);
const int* pci = new int(9);
*pi = 7;   // 对 mutable iterator 进行提领操作时，获得的应该是个左值，允许赋值
*pci = 1;  // 这个操作不允许，因为 pci 是个 constant iterator,
           // 提领 pci 所得结果，是个右值，不允许被赋值
```

在 C++ 中，函数如果要传回左值，都是以 by reference 的方式进行，所以当 p 是个 mutable iterators 时，如果其 value type 是 `T`，那么 `*p` 的型别不应该是 `T`，应该是 `T&`。将此道理扩充，如果 p 是一个 constant iterators，其 value type 是 `T`，那么 `*p` 的型别不应该是 `const T`，而应该是 `const T&`。这里所讨论的 `*p` 的型别，即所谓的 reference type。实现细节将在下一小节一并展示。

3.4.4　迭代器相应型别之四：pointer type

pointers 和 references 在 C++ 中有非常密切的关联。如果 "传回一个左值，令它代表 p 所指之物" 是可能的，那么 "传回一个左值，令它代表 p 所指之物的地址" 也一定可以。也就是说，我们能够传回一个 pointer，指向迭代器所指之物。

这些相应型别已在先前的 `ListIter` class 中出现过：

```
Item& operator*() const { return *ptr; }
Item* operator->() const { return ptr; }
```

`Item&` 便是 `ListIter` 的 reference type，而 `Item*` 便是其 pointer type。

现在我们把 reference type 和 pointer type 这两个相应型别加入 **traits** 内：

```
template <class I>
struct iterator_traits {
  ...
  typedef typename I::pointer      pointer;
  typedef typename I::reference    reference;
};

// 针对原生指针而设计的 "偏特化版（partial specialization）"
template <class T>
struct iterator_traits<T*> {
  ...
  typedef T* pointer;
  typedef T&      reference;
};

// 针对原生的 pointer-to-const 而设计的 "偏特化版（partial specialization）"
template <class T>
struct iterator_traits<const T*> {
  ...
  typedef const T*    pointer;
  typedef const T&    reference;
};
```

3.4.5　迭代器相应型别之五：iterator_category

最后一个（第五个）迭代器的相应型别会引发较大规模的写代码工程。在那之前，我必须先讨论迭代器的分类。

根据移动特性与施行操作，迭代器被分为五类：

- Input Iterator：这种迭代器所指的对象，不允许外界改变。只读（read only）。

- Output Iterator：唯写（write only）。

- Forward Iterator：允许 "写入型" 算法（例如 `replace()`）在此种迭代器所形成的区间上进行读写操作。

- Bidirectional Iterator：可双向移动。某些算法需要逆向走访某个迭代器区间（例如逆向拷贝某范围内的元素），可以使用 Bidirectional Iterators。

- Random Access Iterator：前四种迭代器都只供应一部分指针算术能力（前三种支持 `operator++`，第四种再加上 `operator--`），第五种则涵盖所有指针算术能力，包括 `p+n`, `p-n`, `p[n]`, `p1-p2`, `p1<p2`。

这些迭代器的分类与从属关系，可以用图 3-2 表示。直线与箭头代表的并非 C++ 的继承关系，而是所谓 concept（概念）与 refinement（强化）的关系[2]。

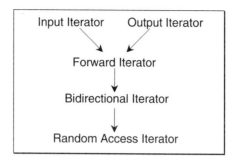

图 **3-2**　迭代器的分类与从属关系

设计算法时，如果可能，我们尽量针对图 3-2 中的某种迭代器提供一个明确定义，并针对更强化的某种迭代器提供另一种定义，这样才能在不同情况下提供最大效率。在研究 STL 的过程中，每一分每一秒我们都要谨记在心，效率是个重要课题。假设有个算法可接受 Forward Iterator，你以 Random Access Iterator 喂给它，它当然也会接受，因为一个 Random Access Iterator 必然是一个 Forward Iterator（见图 3-2）。但是可用并不代表最佳！

以 advanced() 为例

拿 advance() 来说（这是许多算法内部常用的一个函数），该函数有两个参数，迭代器 p 和数值 n；函数内部将 p 累进 n 次（前进 n 距离）。下面有三份定义，一份针对 Input Iterator，一份针对 Bidirectional Iterator，另一份针对 Random Access Iterator。倒是没有针对 ForwardIterator 而设计的版本，因为那和针对 InputIterator 而设计的版本完全一致。

```
template <class InputIterator, class Distance>
void advance_II(InputIterator& i, Distance n)
{
  // 单向，逐一前进
  while (n--) ++i;              // 或写 for ( ; n > 0; --n, ++i );
```

---

2 concept（概念）与 refinement（强化），是架构 STL 的重要观念，详见 [Austern98]。

```
}

template <class BidirectionalIterator, class Distance>
void advance_BI(BidirectionalIterator& i, Distance n)
{
  // 双向，逐一前进
  if (n >= 0)
      while (n--) ++i;        // 或写 for ( ; n > 0; --n, ++i );
  else
      while (n++) --i;        // 或写 for ( ; n < 0; ++n, --i );
}

template <class RandomAccessIterator, class Distance>
void advance_RAI(RandomAccessIterator& i, Distance n)
{
  // 双向，跳跃前进
  i += n;
}
```

现在，当程序调用 advance() 时，应该选用（调用）哪一份函数定义呢？如果选择 advance_II()，对 Random Access Iterator 而言极度缺乏效率，原本 O(1) 的操作竟成为 O(N)。如果选择 advance_RAI()，则它无法接受 Input Iterator。我们需要将三者合一，下面是一种做法：

```
template <class InputIterator, class Distance>
void advance(InputIterator& i, Distance n)
{
  if (is_random_access_iterator(i))        // 此函数有待设计
    advance_RAI(i, n);
  else if (is_bidirectional_iterator(i))   // 此函数有待设计
    advance_BI(i, n);
  else
    advance_II(i, n);
}
```

但是像这样在执行时期才决定使用哪一个版本，会影响程序效率。最好能够在编译期就选择正确的版本。重载函数机制可以达成这个目标。

前述三个 advance_xx() 都有两个函数参数，型别都未定（因为都是 template 参数）。为了令其同名，形成重载函数，我们必须加上一个型别已确定的函数参数，使函数重载机制得以有效运作起来。

设计考虑如下：如果 **traits** 有能力萃取出迭代器的种类，我们便可利用这个"迭代器类型"相应型别作为 advanced() 的第三参数。这个相应型别一定必须是一个 class type，不能只是数值号码类的东西，因为编译器需仰赖它（一个型别）来进行重载决议（overloaded resolution）。下面定义五个 classes，代表五种迭代器类型：

```
// 五个作为标记用的型别 (tag types)
struct input_iterator_tag { };
struct output_iterator_tag { };
struct forward_iterator_tag : public input_iterator_tag { };
struct bidirectional_iterator_tag : public forward_iterator_tag { };
struct random_access_iterator_tag : public bidirectional_iterator_tag { };
```

这些 classes 只作为标记用，所以不需要任何成员。至于为什么运用继承机制，稍后再解释。现在重新设计 __advance()（由于只在内部使用，所以函数名称加上特定的前导符），并加上第三参数，使它们形成重载：

```
template <class InputIterator, class Distance>
inline void __advance(InputIterator& i, Distance n,
                      input_iterator_tag)
{
  // 单向，逐一前进
  while (n--) ++i;
}


// 这是一个单纯的传递调用函数（trivial forwarding function）。稍后讨论如何免除之
template <class ForwardIterator, class Distance>
inline void __advance(ForwardIterator& i, Distance n,
                      forward_iterator_tag)
{
  // 单纯地进行传递调用（forwarding）
  _advance(i, n, input_iterator_tag());
}


template <class BidiectionalIterator, class Distance>
inline void __advance(BidiectionalIterator& i, Distance n,
                      bidirectional_iterator_tag)
{
  // 双向，逐一前进
  if (n >= 0)
    while (n--) ++i;
  else
    while (n++) --i;
}


template <class RandomAccessIterator, class Distance>
inline void __advance(RandomAccessIterator& i, Distance n,
                      random_access_iterator_tag)
```

```
{
  // 双向，跳跃前进
  i += n;
}
```

注意上述语法，每个 `__advance()` 的最后一个参数都只声明型别，并未指定参数名称，因为它纯粹只是用来激活重载机制，函数之中根本不使用该参数。如果硬要加上参数名称也可以，画蛇添足罢了。

行进至此，还需要一个对外开放的上层控制接口，调用上述各个重载的 `__advance()`。这一上层接口只需两个参数，当它准备将工作转给上述的 `__advance()` 时，才自行加上第三参数：迭代器类型。因此，这个上层函数必须有能力从它所获得的迭代器中推导出其类型——这份工作自然是交给 **traits** 机制：

```
template <class InputIterator, class Distance>
inline void advance(InputIterator& i, Distance n)
{
  __advance(i, n,
            iterator_traits<InputIterator>::iterator_category());[3]
}
```

注意上述语法，`iterator_traits<Iterator>::iterator_category()` 将产生一个暂时对象（道理就像 `int()` 会产生一个 int 暂时对象一样），其型别应该隶属于前述四个迭代器类型（I，F，B，R）之一。然后，根据这个型别，编译器才决定调用哪一个 `__advance()` 重载函数。

---

3 关于此行，SGI STL `<stl_iterator.h>` 的源代码是：

```
  __advance(i, n, iterator_category(i));
```

并另定义函数 `iterator_category()` 如下：

```
  template <class I>
  inline typename iterator_traits<I>::iterator_category
  iterator_category(const I&) {
    typedef typename iterator_traits<I>::iterator_category category;
    return category();
  }
```

综合整理后原式即为：

```
  __advance(i, n,
            iterator_traits<InputIterator>::iterator_category());
```

因此，为了满足上述行为，**traits** 必须再增加一个相应的型别：

```
template <class I>
struct iterator_traits {
  ...
  typedef typename I::iterator_category  iterator_category;
};

// 针对原生指针而设计的 "偏特化版（partial specialization）"
template <class T>
struct iterator_traits<T*> {
  ...
  // 注意，原生指针是一种 Random Access Iterator
  typedef random_access_iterator_tag  iterator_category;
};

// 针对原生的 pointer-to-const 而设计的 "偏特化版（partial specialization）"
template <class T>
struct iterator_traits<const T*>
  ...
  // 注意，原生的 pointer-to-const 是一种 Random Access Iterator
  typedef random_access_iterator_tag  iterator_category;
};
```

任何一个迭代器，其类型永远应该落在 "该迭代器所隶属之各种类型中，最强化的那个"。例如，int* 既是 Random Access Iterator，又是 Bidirectional Iterator，同时也是 Forward Iterator，而且也是 Input Iterator，那么，其类型应该归属为 random_access_iterator_tag。

你是否注意到 advance() 的 template 参数名称取得好像不怎么理想：

```
template <class InputIterator, class Distance>
inline void advance(InputIterator& i, Distance n);
```

按说 advanced() 既然可以接受各种类型的迭代器，就不应将其型别参数命名为 InputIterator。这其实是 STL 算法的一个命名规则：以算法所能接受之最低阶迭代器类型，来为其迭代器型别参数命名。

消除 "单纯传递调用的函数"

以 class 来定义迭代器的各种分类标签，不仅可以促成重载机制的成功运作（使编译器得以正确执行重载决议，overloaded resolution），另一个好处是，通过

继承，我们可以不必再写 "单纯只做传递调用" 的函数（例如前述的 advance()
ForwardIterator 版）。为什么能够如此？考虑下面这个小例子，从其输出结果可以
看出端倪：

图 **3-3**   类继承关系

```
// file: 3tag-test.cpp
// 仿真测试 tag types 继承关系所带来的影响
#include <iostream>
using namespace std;

struct B { };                    // B   可比拟为 InputIterator
struct D1 : public B { };        // D1  可比拟为 ForwardIterator
struct D2 : public D1 { };       // D2  可比拟为 BidirectionalIterator

template <class I>
func(I& p, B)
{   cout << "B version" << endl;  }

template <class I>
func(I& p, D2)
{   cout << "D2 version" << endl;  }

int main()
{
  int* p;
  func(p, B());;   // 参数与参数完全吻合。输出："B version"
  func(p, D1());   // 参数与参数未能完全吻合；因继承关系而自动传递调用
                   // 输出:"B version"
  func(p, D2());   // 参数与参数完全吻合。输出："D2 version"
}
```

以 distance()为例

关于 "迭代器类型标签" 的应用，以下再举一例。distance() 也是常用的一

个迭代器操作函数，用来计算两个迭代器之间的距离。针对不同的迭代器类型，它可以有不同的计算方式，带来不同的效率。整个设计模式和前述的 advance() 如出一辙：

```
template <class InputIterator>
inline iterator_traits<InputIterator>::difference_type
__distance(InputIterator first, InputIterator last,
           input_iterator_tag) {
  iterator_traits<InputIterator>::difference_type n = 0;
  // 逐一累计距离
  while (first != last) {
    ++first; ++n;
  }
  return n;
}

template <class RandomAccessIterator>
inline iterator_traits<RandomAccessIterator>::difference_type
__distance(RandomAccessIterator first, RandomAccessIterator last,
           random_access_iterator_tag) {
  // 直接计算差距
  return last - first;
}

template <class InputIterator>
inline iterator_traits<InputIterator>::difference_type
distance(InputIterator first, InputIterator last) {
  typedef typename iterator_traits<InputIterator>::iterator_category category;
  return __distance(first, last, category());
}
```

注意，distance() 可接受任何类型的迭代器；其 template 型别参数之所以命名为 InputIterator，是为了遵循 STL 算法的命名规则：以算法所能接受之最初级类型来为其迭代器型别参数命名。此外也请注意，由于迭代器类型之间存在着继承关系，"传递调用（*forwarding*）"的行为模式因此自然存在——这一点我已在前一节讨论过。换句话说，当客端调用 distance() 并使用 Forward Iterators 或 Bidirectional Iterators 时，统统都会传递调用 Input Iterator 版的那个 __distance() 函数。

3.5　std::iterator 的保证

为了符合规范，任何迭代器都应该提供五个内嵌相应型别，以利于 **traits** 萃

取，否则便是自别于整个 STL 架构，可能无法与其它 STL 组件顺利搭配。然而写
代码难免挂一漏万，谁也不能保证不会有粗心大意的时候。如果能够将事情简化，
就好多了。STL 提供了一个 `iterators class` 如下，如果每个新设计的迭代器都
继承自它，就可保证符合 STL 所需之规范：

```cpp
template <class Category,
          class T,
          class Distance = ptrdiff_t,
          class Pointer = T*,
          class Reference = T&>
struct iterator {
  typedef Category      iterator_category;
  typedef T             value_type;
  typedef Distance      difference_type;
  typedef Pointer       pointer;
  typedef Reference     reference;
};
```

`iterator` class 不含任何成员，纯粹只是型别定义，所以继承它并不会招致任
何额外负担。由于后三个参数皆有默认值，故新的迭代器只需提供前两个参数即可。
先前 3.2 节土法炼钢的 `ListIter`，如果改用正式规格，应该这么写：

```cpp
template <class Item>
struct ListIter :
   public std::iterator<std::forward_iterator_tag, Item>
{ ... }
```

总结

设计适当的相应型别（associated types），是迭代器的责任。设计适当的迭代
器，则是容器的责任。唯容器本身，才知道该设计出怎样的迭代器来遍历自己，并
执行迭代器该有的各种行为（前进、后退、取值、取用成员…）。至于算法，完全
可以独立于容器和迭代器之外自行发展，只要设计时以迭代器为对外接口就行。

traits 编程技法大量运用于 STL 实现品中。它利用"内嵌型别"的编程技巧
与编译器的 template 参数推导功能，增强 C++ 未能提供的关于型别认证方面的能
力，弥补 C++ 不为强型别（strong typed）语言的遗憾。了解 **traits** 编程技法，就
像获得"芝麻开门"的口诀一样，从此得以一窥 STL 源代码堂奥。

3.6　iterator 源代码完整重列

由于讨论次序的缘故，先前所列的源代码切割散落，有点凌乱。以下重新列出 SGI STL `<stl_iterator.h>` 头文件内与本章相关的程序代码。该头文件还有其它内容，是关于 iostream iterators、inserter iterators 以及 reverse iterators 的实现，将于第 8 章讨论。

```cpp
// 节录自 SGI STL <stl_iterator.h>
// 五种迭代器类型
struct input_iterator_tag {};
struct output_iterator_tag {};
struct forward_iterator_tag : public input_iterator_tag {};
struct bidirectional_iterator_tag : public forward_iterator_tag {};
struct random_access_iterator_tag : public bidirectional_iterator_tag {};

// 为避免写代码时挂一漏万，自行开发的迭代器最好继承自下面这个 std::iterator
template <class Category, class T, class Distance = ptrdiff_t,
          class Pointer = T*, class Reference = T&>
struct iterator {
  typedef Category    iterator_category;
  typedef T           value_type;
  typedef Distance    difference_type;
  typedef Pointer     pointer;
  typedef Reference   reference;
};

// "榨汁机" traits
template <class Iterator>
struct iterator_traits {
  typedef typename Iterator::iterator_category iterator_category;
  typedef typename Iterator::value_type        value_type;
  typedef typename Iterator::difference_type   difference_type;
  typedef typename Iterator::pointer           pointer;
  typedef typename Iterator::reference         reference;
};

// 针对原生指针（native pointer）而设计的 traits 偏特化版
template <class T>
struct iterator_traits<T*> {
  typedef random_access_iterator_tag   iterator_category;
  typedef T                            value_type;
  typedef ptrdiff_t                    difference_type;
  typedef T*                           pointer;
  typedef T&                           reference;
};
```

```cpp
// 针对原生之 pointer-to-const 而设计的 traits 偏特化版
template <class T>
struct iterator_traits<const T*> {
  typedef random_access_iterator_tag    iterator_category;
  typedef T                             value_type;
  typedef ptrdiff_t                     difference_type;
  typedef const T*                      pointer;
  typedef const T&                      reference;
};

// 这个函数可以很方便地决定某个迭代器的类型（category）
template <class Iterator>
inline typename iterator_traits<Iterator>::iterator_category
iterator_category(const Iterator&) {
  typedef typename iterator_traits<Iterator>::iterator_category category;
  return category();
}

// 这个函数可以很方便地决定某个迭代器的 distance type
template <class Iterator>
inline typename iterator_traits<Iterator>::difference_type*
distance_type(const Iterator&) {
  return static_cast<typename iterator_traits<Iterator>::difference_type*>(0);
}

// 这个函数可以很方便地决定某个迭代器的 value type
template <class Iterator>
inline typename iterator_traits<Iterator>::value_type*
value_type(const Iterator&) {
  return static_cast<typename iterator_traits<Iterator>::value_type*>(0);
}

// 以下是整组 distance 函数
template <class InputIterator>
inline iterator_traits<InputIterator>::difference_type
__distance(InputIterator first, InputIterator last,
           input_iterator_tag) {
  iterator_traits<InputIterator>::difference_type n = 0;
  while (first != last) {
    ++first; ++n;
  }
  return n;
}

template <class RandomAccessIterator>
inline iterator_traits<RandomAccessIterator>::difference_type
__distance(RandomAccessIterator first, RandomAccessIterator last,
           random_access_iterator_tag) {
  return last - first;
```

```
      }

template <class InputIterator>
inline iterator_traits<InputIterator>::difference_type
distance(InputIterator first, InputIterator last) {
  typedef typename
      iterator_traits<InputIterator>::iterator_category category;
  return __distance(first, last, category());
}

// 以下是整组 advance 函数
template <class InputIterator, class Distance>
inline void __advance(InputIterator& i, Distance n,
                      input_iterator_tag) {
  while (n--) ++i;
}

template <class BidirectionalIterator, class Distance>
inline void __advance(BidirectionalIterator& i, Distance n,
                      bidirectional_iterator_tag) {
  if (n >= 0)
    while (n--) ++i;
  else
    while (n++) --i;
}

template <class RandomAccessIterator, class Distance>
inline void __advance(RandomAccessIterator& i, Distance n,
                      random_access_iterator_tag) {
  i += n;
}

template <class InputIterator, class Distance>
inline void advance(InputIterator& i, Distance n) {
  __advance(i, n, iterator_category(i));
}
```

3.7   SGI STL 的私房菜：__type_traits

traits 编程技法很棒，适度弥补了 C++ 语言本身的不足。STL 只对迭代器加以规范，制定出 iterator_traits 这样的东西。SGI 把这种技法进一步扩大到迭代器以外的世界，于是有了所谓的 __type_traits。双底线前缀词意指这是 SGI STL 内部所用的东西，不在 STL 标准规范之内。

iterator_traits 负责萃取迭代器的特性，__type_traits 则负责萃取型别

（type）的特性。此处我们所关注的型别特性是指：这个型别是否具备 non-trivial defalt ctor？是否具备 non-trivial copy ctor？是否具备 non-trivial assignment operator？是否具备 non-trivial dtor？如果答案是否定的，我们在对这个型别进行构造、析构、拷贝、赋值等操作时，就可以采用最有效率的措施（例如根本不调用身居高位，不谋实事的那些 constructor, destructor），而采用内存直接处理操作如 malloc()、memcpy() 等等，获得最高效率。这对于大规模而操作频繁的容器，有着显著的效率提升[4]。

定义于 SGI <type_traits.h> 中的 __type_traits，提供了一种机制，允许针对不同的型别属性（type attributes），在编译时期完成函数派送决定（function dispatch）。这对于撰写 template 很有帮助，例如，当我们准备对一个"元素型别未知"的数组执行 copy 操作时，如果我们能事先知道其元素型别是否有一个 trivial copy constructor，便能够帮助我们决定是否可使用快速的 memcpy() 或 memmove()。

根据 iterator_traits 得来的经验，我们希望，程序之中可以这样运用 __type_traits<T>，T 代表任意型别：

```
__type_traits<T>::has_trivial_default_constructor
__type_traits<T>::has_trivial_copy_constructor
__type_traits<T>::has_trivial_assignment_operator
__type_traits<T>::has_trivial_destructor
__type_traits<T>::is_POD_type              // POD : Plain Old Data
```

我们希望上述式子响应我们"真"或"假"（以便我们决定采取什么策略），但其结果不应该只是个 bool 值，应该是个有着真/假性质的"对象"，因为我们希望利用其响应结果来进行参数推导，而编译器只有面对 class object 形式的参数，才会做参数推导。为此，上述式子应该传回这样的东西：

```
struct __true_type { };
struct __false_type { };
```

这两个空白 classes 没有任何成员，不会带来额外负担，却又能够标示真假，满足我们所需。

---

4 *C++ Type Traits*, by John Maddock and Steve Cleary, DDJ 2000/10 提了一些测试数据。

为了达成上述五个式子，**__type_traits** 内必须定义一些 typedefs，其值不是 **__true_type** 就是 **__false_type**。下面是 SGI 的做法：

```
template <class type>
struct __type_traits {
    typedef __true_type    this_dummy_member_must_be_first;
                /* 不要移除这个成员。它通知 "有能力自动将 __type_traits 特化"
                的编译器说，我们现在所看到的这个 __type_traits template 是特
                殊的。这是为了确保万一编译器也使用一个名为 __type_traits 而其
                实与此处定义并无任何关联的 template 时，所有事情仍将顺利运作
                */

    /* 以下条件应被遵守，因为编译器有可能自动为各型别产生专属的 __type_traits
       特化版本：
            - 你可以重新排列以下的成员次序
            - 你可以移除以下任何成员
            - 绝对不可以将以下成员重新命名而却没有改变编译器中的对应名称
            - 新加入的成员会被视为一般成员，除非你在编译器中加上适当支持*/

    typedef __false_type    has_trivial_default_constructor;
    typedef __false_type    has_trivial_copy_constructor;
    typedef __false_type    has_trivial_assignment_operator;
    typedef __false_type    has_trivial_destructor;
    typedef __false_type    is_POD_type;
};
```

为什么 SGI 把所有内嵌型别都定义为 **__false_type** 呢？是的，SGI 定义出最保守的值，然后（稍后可见）再针对每一个标量型别（scalar types）设计适当的 **__type_traits** 特化版本，这样就解决了问题。

上述 **__type_traits** 可以接受任何型别的参数，五个 typedefs 将经由以下管道获得实值：

- 一般具现体（general instantiation），内含对所有型别都必定有效的保守值。上述各个 has_trivial_xxx 型别都被定义为 **__false_type**，就是对所有型别都必定有效的保守值。

- 经过声明的特化版本，例如 <type_traits.h> 内对所有 C++ 标量型别（scalar types）提供了对应的特化声明。稍后展示。

- 某些编译器（如 Silicon Graphics N32 和 N64 编译器）会自动为所有型别提供适当的特化版本。（这真是了不起的技术。不过我对其精确程度存疑）

以下便是 `<type_traits.h>` 对所有 C++ 标量型别所定义的 __type_traits
特化版本。这些定义对于内建有 __types_traits 支持能力的编译器（例如 Silicon
Graphics N32 和 N64）并无伤害，对于无该等支持能力的编译器而言，则属必要。

```
/* 以下针对 C++ 基本型别 char, signed char, unsigned char, short, unsigned
short, int, unsigned int, long, unsigned long, float, double, long
double 提供特化版本。注意，每一个成员的值都是 __true_type，表示这些型别都可
采用最快速方式（例如 memcpy）来进行拷贝（copy）或赋值（assign）操作*/

// 注意，SGI STL <stl_config.h> 将以下出现的 __STL_TEMPLATE_NULL
// 定义为 template<>，见 1.9.1 节，是所谓的
// class template explicit specialization

__STL_TEMPLATE_NULL struct __type_traits<char> {
  typedef __true_type    has_trivial_default_constructor;
  typedef __true_type    has_trivial_copy_constructor;
  typedef __true_type    has_trivial_assignment_operator;
  typedef __true_type    has_trivial_destructor;
  typedef __true_type    is_POD_type;
};

__STL_TEMPLATE_NULL struct __type_traits<signed char> {
  typedef __true_type    has_trivial_default_constructor;
  typedef __true_type    has_trivial_copy_constructor;
  typedef __true_type    has_trivial_assignment_operator;
  typedef __true_type    has_trivial_destructor;
  typedef __true_type    is_POD_type;
};

__STL_TEMPLATE_NULL struct __type_traits<unsigned char> {
  typedef __true_type    has_trivial_default_constructor;
  typedef __true_type    has_trivial_copy_constructor;
  typedef __true_type    has_trivial_assignment_operator;
  typedef __true_type    has_trivial_destructor;
  typedef __true_type    is_POD_type;
};

__STL_TEMPLATE_NULL struct __type_traits<short> {
  typedef __true_type    has_trivial_default_constructor;
  typedef __true_type    has_trivial_copy_constructor;
  typedef __true_type    has_trivial_assignment_operator;
  typedef __true_type    has_trivial_destructor;
  typedef __true_type    is_POD_type;
};

__STL_TEMPLATE_NULL struct __type_traits<unsigned short> {
  typedef __true_type    has_trivial_default_constructor;
  typedef __true_type    has_trivial_copy_constructor;
```

```
    typedef __true_type    has_trivial_assignment_operator;
    typedef __true_type    has_trivial_destructor;
    typedef __true_type    is_POD_type;
};

__STL_TEMPLATE_NULL struct __type_traits<int> {
    typedef __true_type    has_trivial_default_constructor;
    typedef __true_type    has_trivial_copy_constructor;
    typedef __true_type    has_trivial_assignment_operator;
    typedef __true_type    has_trivial_destructor;
    typedef __true_type    is_POD_type;
};

__STL_TEMPLATE_NULL struct __type_traits<unsigned int> {
    typedef __true_type    has_trivial_default_constructor;
    typedef __true_type    has_trivial_copy_constructor;
    typedef __true_type    has_trivial_assignment_operator;
    typedef __true_type    has_trivial_destructor;
    typedef __true_type    is_POD_type;
};

__STL_TEMPLATE_NULL struct __type_traits<long> {
    typedef __true_type    has_trivial_default_constructor;
    typedef __true_type    has_trivial_copy_constructor;
    typedef __true_type    has_trivial_assignment_operator;
    typedef __true_type    has_trivial_destructor;
    typedef __true_type    is_POD_type;
};

__STL_TEMPLATE_NULL struct __type_traits<unsigned long> {
    typedef __true_type    has_trivial_default_constructor;
    typedef __true_type    has_trivial_copy_constructor;
    typedef __true_type    has_trivial_assignment_operator;
    typedef __true_type    has_trivial_destructor;
    typedef __true_type    is_POD_type;
};

__STL_TEMPLATE_NULL struct __type_traits<float> {
    typedef __true_type    has_trivial_default_constructor;
    typedef __true_type    has_trivial_copy_constructor;
    typedef __true_type    has_trivial_assignment_operator;
    typedef __true_type    has_trivial_destructor;
    typedef __true_type    is_POD_type;
};

__STL_TEMPLATE_NULL struct __type_traits<double> {
    typedef __true_type    has_trivial_default_constructor;
    typedef __true_type    has_trivial_copy_constructor;
    typedef __true_type    has_trivial_assignment_operator;
```

```
    typedef __true_type     has_trivial_destructor;
    typedef __true_type     is_POD_type;
};

__STL_TEMPLATE_NULL struct __type_traits<long double> {
    typedef __true_type     has_trivial_default_constructor;
    typedef __true_type     has_trivial_copy_constructor;
    typedef __true_type     has_trivial_assignment_operator;
    typedef __true_type     has_trivial_destructor;
    typedef __true_type     is_POD_type;
};

// 注意，以下针对原生指针设计 __type_traits 偏特化版本
// 原生指针亦被视为一种标量型别
template <class T>
struct __type_traits<T*> {
    typedef __true_type     has_trivial_default_constructor;
    typedef __true_type     has_trivial_copy_constructor;
    typedef __true_type     has_trivial_assignment_operator;
    typedef __true_type     has_trivial_destructor;
    typedef __true_type     is_POD_type;
};
```

__types_traits 在 SGI STL 中的应用很广。下面我举几个实例。第一个例子是出现于本书 2.3.3 节的 uninitialized_fill_n() 全局函数：

```
template <class ForwardIterator, class Size, class T>
inline ForwardIterator uninitialized_fill_n(ForwardIterator first,
                                             Size n, const T& x) {
    return __uninitialized_fill_n(first, n, x, value_type(first));
}
```

该函数以 x 为蓝本，自迭代器 first 开始构造 n 个元素。为求取最大效率，首先以 value_type()（3.6 节）萃取出迭代器 first 的 value type，再利用 __type_traits 判断该型别是否为 POD 型别：

```
template <class ForwardIterator, class Size, class T, class T1>
inline ForwardIterator __uninitialized_fill_n(ForwardIterator first,
                                              Size n, const T& x, T1*)
{
    typedef typename __type_traits<T1>::is_POD_type is_POD;
    return __uninitialized_fill_n_aux(first, n, x, is_POD());
}
```

以下就 "是否为 POD 型别" 采取最适当的措施：

```
// 如果不是 POD 型别，就会派送（dispatch）到这里
```

```
template <class ForwardIterator, class Size, class T>
ForwardIterator
__uninitialized_fill_n_aux(ForwardIterator first, Size n,
                                const T& x, __false_type) {
  ForwardIterator cur = first;
    // 为求阅读顺畅简化，以下将原本有的异常处理（exception handling）去除
    for ( ; n > 0; --n, ++cur)
        construct(&*cur, x);        // 见 2.2.3 节
    return cur;
}


// 如果是 POD 型别，就会派送（dispatch）到这里。下两行是原文件所附注解
// 如果 copy construction 等同于 assignment，而且有 trivial destructor，
// 以下就有效
template <class ForwardIterator, class Size, class T>
inline ForwardIterator
__uninitialized_fill_n_aux(ForwardIterator first, Size n,
                                const T& x, __true_type) {
  return fill_n(first, n, x);    // 交由高阶函数执行，如下所示
}

// 以下是定义于 <stl_algobase.h> 中的 fill_n()
template <class OutputIterator, class Size, class T>
OutputIterator fill_n(OutputIterator first, Size n, const T& value) {
  for ( ; n > 0; --n, ++first)
    *first = value;
  return first;
}
```

第二个例子是负责对象析构的 destroy() 全局函数。此函数之源代码及解说在 2.2.3 节有完整的说明。

第三个例子是出现于本书第 6 章的 copy() 全局函数（泛型算法之一）。这个函数有非常多的特化（specialization）与强化（refinement）版本，殚精竭虑，全都是为了效率考虑，希望在适当的情况下采用最 "雷霆万钧" 的手段。最基本的想法是这样：

```
// 拷贝一个数组，其元素为任意型别，视情况采用最有效率的拷贝手段
template <class T> inline void copy(T* source,T* destination,int n) {
  copy(source,destination,n,
      typename __type_traits<T>::has_trivial_copy_constructor());
}

// 拷贝一个数组，其元素型别拥有 non-trivial copy constructors
template <class T> void copy(T* source,T* destination,int n,
```

```
                              __false_type)
{  ... }
```

// 拷贝一个数组，其元素型别拥有 trivial copy constructors
// 可借助 memcpy() 完成工作
```
template <class T> void copy(T* source,T* destination,int n,
                            __true_type)
{  ... }
```

以上只是针对 "函数参数为原生指针" 的情况而做的设计。第 6 章的 `copy()` 算法是个泛型版本，情况又复杂许多。详见 6.4.3 节。

请注意，<type_traits.h> 并未像其它许多 SGI STL 头文件那样，有如下的声明：

```
/* NOTE: This is an internal header file, included by other STL headers.
 *    You should not attempt to use it directly.
 */
```

因此，如果你是 SGI STL 的用户，你可以在自己的程序中充分运用这个 __type_traits。假设我自行定义了一个 Shape class，__type_traits 会对它产生什么效应呢？如果编译器够厉害（例如 Silicon Graphics 的 N32 和 N64 编译器），你会发现，__type_traits 针对 Shape 萃取出来的每一个特性，其结果将取决于我的 Shape 是否有 trivial defalt ctor，或 trivial copy ctor，或 trivial assignment operator，或 trivial dtor 而定。但对大部分缺乏这种特异功能的编译器而言，__type_traits 针对 Shape 萃取出来的每一个特性都是 __false_type，即使 Shape 是个 POD 型别。这样的结果当然过于保守，但是别无选择，除非我针对 Shape，自行设计一个 __type_traits 特化版本，明白地告诉编译器以下事实（举例）：

```
template<> struct __type_traits<Shape> {
   typedef __true_type      has_trivial_default_constructor;
   typedef __false_type     has_trivial_copy_constructor;
   typedef __false_type     has_trivial_assignment_operator;
   typedef __false_type     has_trivial_destructor;
   typedef __false_type     is_POD_type;
};
```

究竟一个 class 什么时候该有自己的 non-trivial default constructor, non-trivial copy constructor, non-trivial assignment operator, non-trivial destructor 呢？一个简单的判断准则是：如果 class 内含指针成员，并且对它进行内存动态配置，那么这个

class 就需要实现出自己的 non-trivial-xxx[5]。

即使你无法全面针对你自己定义的型别，设计__type_traits 特化版本，无论如何， 至少，有了这个 __type_traits 之后，当我们设计新的泛型算法时，面对 C++ 标量型别，便有足够的信息决定采用最有效的拷贝操作或赋值操作——因为每一个标量型别都有对应的 __type_traits 特化版本，其中每一个 typedef 的值都是 __true_type。

---

5 请参考 [Meyers98] 条款 11: *Declare a copy constructor and an assignment operator for classes with dynamically allocated memory*， 以及条款 45: *Know what functions C++ silently writes and calls.*

4

序列式容器

sequence containers

4.1 容器的概观与分类

容器，置物之所也。

研究数据的特定排列方式，以利于搜寻或排序或其它特殊目的，这一专门学科我们称为数据结构（Data Structures）。大学信息类相关教育里面，与编程最有直接关系的科目，首推数据结构与算法（Algorithms）。几乎可以说，任何特定的数据结构都是为了实现某种特定的算法。STL 容器即是将运用最广的一些数据结构实现出来（图 4-1）。未来，在每五年召开一次的 C++ 标准委员会的会议中，STL 容器的数量还有可能增加。

众所周知，常用的数据结构不外乎 array（数组）、list（链表）、tree（树）、stack（堆栈）、queue（队列）、hash table（散列表）、set（集合）、map（映射表）…等等。根据"数据在容器中的排列"特性，这些数据结构分为序列式（sequence）和关联式（associative）两种。本章探讨序列式容器，下一章探讨关联式容器。

容器是大多数人对 STL 的第一印象，这说明了容器的好用与受欢迎。容器也是许多人对 STL 的唯一印象，这说明了还有多少人利器（STL）在手而未能善用。

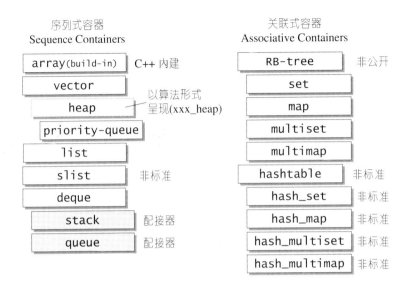

图 **4-1**　SGI STL 的各种容器（本图以内缩方式来表达基层与衍生层的关系）

这里所谓的衍生，并非派生（inheritance）关系，而是内含（containment）关系。例如 heap 内含一个 vector，priority-queue 内含一个 heap、stack 和 queue 都含一个 deque，set/map/multiset/multimap 都内含一个 RB-tree，hast_x 都内含一个 hashtable。

4.1.1　序列式容器（sequential containers）

所谓序列式容器，其中的元素都可序（ordered），但未必有序（sorted）。C++ 语言本身提供了一个序列式容器 array，STL 另外再提供 vector, list, deque, stack, queue, priority-queue 等等序列式容器。其中 stack 和 queue 由于只是将 deque 改头换面而成，技术上被归类为一种配接器（adapter），但我仍把它们放在本章讨论。

本章将带你仔细看过各种序列式容器的关键实现细节。

4.2 vector

4.2.1 vector 概述

vector 的数据安排以及操作方式，与 array 非常相似。两者的唯一差别在于空间的运用的灵活性。array 是静态空间，一旦配置了就不能改变；要换个大（或小）一点的房子，可以，一切琐细得由客户端自己来：首先配置一块新空间，然后将元素从旧址一一搬往新址，再把原来的空间释还给系统。vector 是动态空间，随着元素的加入，它的内部机制会自行扩充空间以容纳新元素。因此，vector 的运用对于内存的合理利用与运用的灵活性有很大的帮助，我们再也不必因为害怕空间不足而一开始就要求一个大块头 array 了，我们可以安心使用 vector，吃多少用多少。

vector 的实现技术，关键在于其对大小的控制以及重新配置时的数据移动效率。一旦 vector 旧有空间满载，如果客户端每新增一个元素，vector 内部只是扩充一个元素的空间，实为不智，因为所谓扩充空间（不论多大），一如稍早所说，是"配置新空间／数据移动／释还旧空间"的大工程，时间成本很高，应该加入某种未雨绸缪的考虑。稍后我们便可看到 SGI vector 的空间配置策略。

4.2.2 vector 定义摘要

以下是 vector 定义的源代码摘录。虽然 STL 规定，欲使用 vector 者必须先包括 <vector>，但 SGI STL 将 vector 实现于更底层的 <stl_vector.h>。

```
// alloc 是 SGI STL 的空间配置器，见第二章
template <class T, class Alloc = alloc>
class vector {
public:
  // vector 的嵌套型别定义
  typedef T            value_type;
  typedef value_type*  pointer;
  typedef value_type*  iterator;
  typedef value_type&  reference;
  typedef size_t       size_type;
  typedef ptrdiff_t    difference_type;
  .
protected:
  // 以下，simple_alloc 是 SGI STL 的空间配置器，见 2.2.4 节
  typedef simple_alloc<value_type, Alloc> data_allocator;
```

```
  iterator start;            // 表示目前使用空间的头
  iterator finish;           // 表示目前使用空间的尾
  iterator end_of_storage;   // 表示目前可用空间的尾

  void insert_aux(iterator position, const T& x);
  void deallocate() {
    if (start)
      data_allocator::deallocate(start, end_of_storage - start);
  }

  void fill_initialize(size_type n, const T& value) {
    start = allocate_and_fill(n, value);
    finish = start + n;
    end_of_storage = finish;
  }
public:
  iterator begin() { return start; }
  iterator end() { return finish; }
  size_type size() const { return size_type(end() - begin()); }
  size_type capacity() const {
    return size_type(end_of_storage - begin()); }
  bool empty() const { return begin() == end(); }
  reference operator[](size_type n) { return *(begin() + n); }

  vector() : start(0), finish(0), end_of_storage(0) {}
  vector(size_type n, const T& value) { fill_initialize(n, value); }
  vector(int n, const T& value) { fill_initialize(n, value); }
  vector(long n, const T& value) { fill_initialize(n, value); }
  explicit vector(size_type n) { fill_initialize(n, T()); }

  ~vector() {
    destroy(start, finish);        // 全局函数，见 2.2.3 节
    deallocate();                  // 这是 vector 的一个 member function
  }
  reference front() { return *begin(); }        // 第一个元素
  reference back() { return *(end() - 1); }     // 最后一个元素
  void push_back(const T& x) {        // 将元素插入至最尾端
    if (finish != end_of_storage) {
      construct(finish, x);          // 全局函数，见 2.2.3 节
      ++finish;
    }
    else
      insert_aux(end(), x);          // 这是 vector 的一个 member function
  }

  void pop_back() {                   // 将最尾端元素取出
    --finish;
    destroy(finish);                  // 全局函数，见 2.2.3 节
```

```
  }

  iterator erase(iterator position) {        // 清除某位置上的元素
    if (position + 1 != end())
      copy(position + 1, finish, position);    // 后续元素往前移动
    --finish;
    destroy(finish);                     // 全局函数，见 2.2.3 节
    return position;
  }
  void resize(size_type new_size, const T& x) {
    if (new_size < size())
      erase(begin() + new_size, end());
    else
      insert(end(), new_size - size(), x);
  }
  void resize(size_type new_size) { resize(new_size, T()); }
  void clear() { erase(begin(), end()); }

protected:
  // 配置空间并填满内容
  iterator allocate_and_fill(size_type n, const T& x) {
    iterator result = data_allocator::allocate(n);
    uninitialized_fill_n(result, n, x); // 全局函数，见 2.3 节
    return result;
  }
```

4.2.3　vector 的迭代器

　　vector 维护的是一个连续线性空间，所以不论其元素型别为何，普通指针都可以作为 vector 的迭代器而满足所有必要条件，因为 vector 迭代器所需要的操作行为，如 operator*, operator->, operator++, operator--, operator+, operator-, operator+=, operator-=，普通指针天生就具备。vector 支持随机存取，而普通指针正有着这样的能力。所以，vector 提供的是 Random Access Iterators。

```
template <class T, class Alloc = alloc>
class vector {
public:
  typedef T            value_type;
  typedef value_type* iterator;        // vector 的迭代器是普通指针
...
};
```

　　根据上述定义，如果客户端写出这样的代码：

```
vector<int>::iterator ivite;
vector<Shape>::iterator svite;
```

ivite 的型别其实就是 int*，svite 的型别其实就是 Shape*。

4.2.4   vector 的数据结构

vector 所采用的数据结构非常简单：线性连续空间。它以两个迭代器 start 和 finish 分别指向配置得来的连续空间中目前已被使用的范围，并以迭代器 end_of_storage 指向整块连续空间（含备用空间）的尾端：

```
template <class T, class Alloc = alloc>
class vector {
...
protected:
  iterator start;          // 表示目前使用空间的头
  iterator finish;         // 表示目前使用空间的尾
  iterator end_of_storage; // 表示目前可用空间的尾
...
}
```

为了降低空间配置时的速度成本，vector 实际配置的大小可能比客户端需求量更大一些，以备将来可能的扩充。这便是容量（capacity）的观念。换句话说，一个 vector 的容量永远大于或等于其大小。一旦容量等于大小，便是满载，下次再有新增元素，整个 vector 就得另觅居所，见图 4-2。

运用 start, finish, end_of_storage 三个迭代器，便可轻易地提供首尾标示、大小、容量、空容器判断、注标（[ ]）运算子、最前端元素值、最后端元素值…等机能：

```
template <class T, class Alloc = alloc>
class vector {
...
public:
  iterator begin() { return start; }
  iterator end() { return finish; }
  size_type size() const { return size_type(end() - begin()); }
  size_type capacity() const {
      return size_type(end_of_storage - begin()); }
  bool empty() const { return begin() == end(); }
  reference operator[](size_type n) { return *(begin() + n); }

  reference front() { return *begin(); }
  reference back() { return *(end() - 1); }
...
```

```
};
```

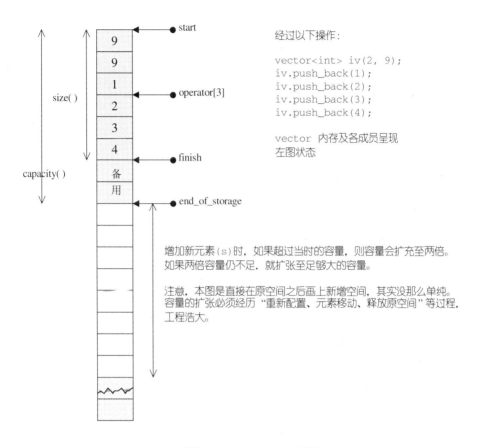

经过以下操作:

```
vector<int> iv(2, 9);
iv.push_back(1);
iv.push_back(2);
iv.push_back(3);
iv.push_back(4);
```

vector 内存及各成员呈现
左图状态

增加新元素(s)时，如果超过当时的容量，则容量会扩充至两倍。
如果两倍容量仍不足，就扩张至足够大的容量。

注意，本图是直接在原空间之后画上新增空间，其实没那么单纯。
容量的扩张必须经历"重新配置、元素移动、释放原空间"等过程，
工程浩大。

图 **4-2** vector 示意图

4.2.5 vector 的构造与内存管理：constructor, push_back

千头万绪该如何说起？以客户端程序代码为引导，观察其所得结果并实证源代码，是一个良好的学习路径。下面是一个小小的测试程序，我的观察重点在构造的方式、元素的添加，以及大小、容量的变化：

```
// filename : 4vector-test.cpp
#include <vector>
#include <iostream>
#include <algorithm>
```

```cpp
using namespace std;

int main()
{
  int i;
  vector<int> iv(2,9);
  cout << "size=" << iv.size() << endl;          // size=2
  cout << "capacity=" << iv.capacity() << endl;  // capacity=2

  iv.push_back(1);
  cout << "size=" << iv.size() << endl;          // size=3
  cout << "capacity=" << iv.capacity() << endl;  // capacity=4

  iv.push_back(2);
  cout << "size=" << iv.size() << endl;          // size=4
  cout << "capacity=" << iv.capacity() << endl;  // capacity=4

  iv.push_back(3);
  cout << "size=" << iv.size() << endl;          // size=5
  cout << "capacity=" << iv.capacity() << endl;  // capacity=8

  iv.push_back(4);
  cout << "size=" << iv.size() << endl;          // size=6
  cout << "capacity=" << iv.capacity() << endl;  // capacity=8

  for(i=0; i<iv.size(); ++i)
      cout << iv[i] << ' ';                       // 9 9 1 2 3 4
  cout << endl;

  iv.push_back(5);

  cout << "size=" << iv.size() << endl;          // size=7
  cout << "capacity=" << iv.capacity() << endl;  // capacity=8
  for(i=0; i<iv.size(); ++i)
      cout << iv[i] << ' ';                       // 9 9 1 2 3 4 5
  cout << endl;

  iv.pop_back();
  iv.pop_back();
  cout << "size=" << iv.size() << endl;          // size=5
  cout << "capacity=" << iv.capacity() << endl;  // capacity=8

  iv.pop_back();
  cout << "size=" << iv.size() << endl;          // size=4
  cout << "capacity=" << iv.capacity() << endl;  // capacity=8

  vector<int>::iterator ivite = find(iv.begin(), iv.end(), 1);
  if (ivite !=iv.end()) iv.erase(ivite);
```

```
    cout << "size=" << iv.size() << endl;                // size=3
    cout << "capacity=" << iv.capacity() << endl;        // capacity=8
    for(i=0; i<iv.size(); ++i)
        cout << iv[i] << ' ';                            // 9 9 2
    cout << endl;

    ivite = find(ivec.begin(), iv.end(), 2);
    if (ivite !=iv.end()) iv.insert(ivite,3,7);

    cout << "size=" << iv.size() << endl;                // size=6
    cout << "capacity=" << iv.capacity() << endl;        // capacity=8
    for(int i=0; i<ivec.size(); ++i)
        cout << ivec[i] << ' ';                          // 9 9 7 7 2
    cout << endl;

    iv.clear();
    cout << "size=" << iv.size() << endl;                // size=0
    cout << "capacity=" << iv.capacity() << endl;        // capacity=8
}
```

vector 缺省使用 alloc（第二章）作为空间配置器，并据此另外定义了一个 data_allocator，为的是更方便以元素大小为配置单位：

```
template <class T, class Alloc = alloc>
class vector {
protected:
    // simple_alloc<> 见 2.2.4 节
    typedef simple_alloc<value_type, Alloc> data_allocator;
...
}
```

于是，data_allocator::allocate(n) 表示配置 n 个元素空间。

vector 提供许多 constructors，其中一个允许我们指定空间大小及初值：

```
    // 构造函数，允许指定 vector 大小 n 和初值 value
    vector(size_type n, const T& value) { fill_initialize(n, value); }

    // 填充并予以初始化
    void fill_initialize(size_type n, const T& value) {
        start = allocate_and_fill(n, value);
        finish = start + n;
        end_of_storage = finish;
    }

    // 配置而后填充
    iterator allocate_and_fill(size_type n, const T& x) {
```

```
    iterator result = data_allocator::allocate(n); // 配置 n 个元素空间
    uninitialized_fill_n(result, n, x); // 全局函数，见 2.3 节
    return result;
}
```

uninitialized_fill_n() 会根据第一参数的型别特性（type traits, 3.7 节），
决定使用算法 fill_n() 或反复调用 construct() 来完成任务（见 2.3 节描述）。

当我们以 push_back() 将新元素插入于 vector 尾端时，该函数首先检查是否
还有备用空间，如果有就直接在备用空间上构造元素，并调整迭代器 finish，使
vector 变大。如果没有备用空间了，就扩充空间 (重新配置、移动数据、释放原空间)：

```
  void push_back(const T& x) {
    if (finish != end_of_storage) {   // 还有备用空间
      construct(finish, x);            // 全局函数，见 2.2.3 节
      ++finish;                        // 调整水位高度
    }
    else                               // 已无备用空间
      insert_aux(end(), x); // vector member function，见以下列表
  }
```

```
template <class T, class Alloc>
void vector<T, Alloc>::insert_aux(iterator position, const T& x) {
  if (finish != end_of_storage) {    // 还有备用空间
    // 在备用空间起始处构造一个元素，并以 vector 最后一个元素值为其初值
    construct(finish, *(finish - 1));
    // 调整水位
    ++finish;
    T x_copy = x;
    copy_backward(position, finish - 2, finish - 1);
    *position = x_copy;
  }
  else {      // 已无备用空间
    const size_type old_size = size();
    const size_type len = old_size != 0 ? 2 * old_size : 1;
    // 以上配置原则：如果原大小为 0，则配置 1（个元素大小）；
    // 如果原大小不为 0，则配置原大小的两倍，
    // 前半段用来放置原数据，后半段准备用来放置新数据

    iterator new_start = data_allocator::allocate(len); // 实际配置
    iterator new_finish = new_start;
    try {
      // 将原 vector 的内容拷贝到新 vector
      new_finish = uninitialized_copy(start, position, new_start);
      // 为新元素设定初值 x
      construct(new_finish, x);
      // 调整水位
```

```
    ++new_finish;
    // 将安插点的原内容也拷贝过来 (提示：本函数也可能被 insert(p,x)调用)
    new_finish = uninitialized_copy(position, finish, new_finish);
  }
  catch(...) {
    // "commit or rollback" semantics.
    destroy(new_start, new_finish);
    data_allocator::deallocate(new_start, len);
    throw;
  }

  // 析构并释放原 vector
  destroy(begin(), end());
  deallocate();

  // 调整迭代器，指向新 vector
  start = new_start;
  finish = new_finish;
  end_of_storage = new_start + len;
 }
}
```

注意，所谓动态增加大小，并不是在原空间之后接续新空间（因为无法保证原空间之后尚有可供配置的空间），而是以原大小的两倍另外配置一块较大空间，然后将原内容拷贝过来，然后才开始在原内容之后构造新元素，并释放原空间。因此，对 vector 的任何操作，一旦引起空间重新配置，指向原 vector 的所有迭代器就都失效了。这是程序员易犯的一个错误，务需小心。

4.2.6 vector 的元素操作：pop_back, erase, clear, insert

vector 所提供的元素操作很多，无法在有限篇幅中一一讲解——其实也没有这种必要。为搭配先前对空间配置的讨论，我挑选数个相关函数作为解说对象。这些函数也出现在先前的测试程序中。

```
// 将尾端元素拿掉，并调整大小
void pop_back() {
 --finish;                    // 将尾端标记往前移一格，表示将放弃尾端元素
 destroy(finish);             // destroy 是全局函数，见第 2 章
}

// 清除 [first,last) 中的所有元素
iterator erase(iterator first, iterator last) {
  iterator i = copy(last, finish, first); // copy 是全局函数，第 6 章
  destroy(i, finish);          // destroy 是全局函数，第 2 章
```

```
  finish = finish - (last - first);
  return first;
}

// 清除某个位置上的元素
iterator erase(iterator position) {
  if (position + 1 != end())
    copy(position + 1, finish, position); // copy 是全局函数，第 6 章
  --finish;
  destroy(finish);    // destroy 是全局函数，2.2.3 节
  return position;
}

void clear() { erase(begin(), end()); } // erase() 就定义在上面
```

图 4-3a 展示了 erase(first, last) 的操作。

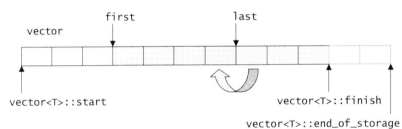

erase(first, last); 之前

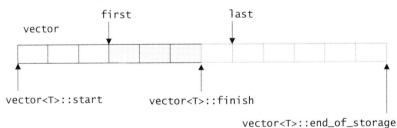

erase(first, last); 之后

图 **4-3a**　局部区间的清除操作：erase(first,last)

下面是 vector::insert() 实现内容：

```
// 从 position 开始，插入 n 个元素，元素初值为 x
template <class T, class Alloc>
```

```cpp
void vector<T, Alloc>::insert(iterator position, size_type n, const T& x)
{
  if (n != 0) { // 当 n != 0  才进行以下所有操作
    if (size_type(end_of_storage - finish) >= n) {
      // 备用空间大于等于“新增元素个数”
      T x_copy = x;
      // 以下计算插入点之后的现有元素个数
      const size_type elems_after = finish - position;
      iterator old_finish = finish;
      if (elems_after > n) {
        // “插入点之后的现有元素个数”大于“新增元素个数”
        uninitialized_copy(finish - n, finish, finish);
        finish += n;     // 将 vector 尾端标记后移
        copy_backward(position, old_finish - n, old_finish);
        fill(position, position + n, x_copy);   // 从插入点开始填入新值
      }
      else {
        // “插入点之后的现有元素个数”小于等于 “新增元素个数”
        uninitialized_fill_n(finish, n - elems_after, x_copy);
        finish += n - elems_after;
        uninitialized_copy(position, old_finish, finish);
        finish += elems_after;
        fill(position, old_finish, x_copy);
      }
    }
    else {
      // 备用空间小于 “新增元素个数” (那就必须配置额外的内存)
      // 首先决定新长度:旧长度的两倍,或旧长度+新增元素个数
      const size_type old_size = size();
      const size_type len = old_size + max(old_size, n);
      // 以下配置新的 vector 空间
      iterator new_start = data_allocator::allocate(len);
      iterator new_finish = new_start;
      __STL_TRY {
        // 以下首先将旧 vector 的插入点之前的元素复制到新空间
        new_finish = uninitialized_copy(start, position, new_start);
        // 以下再将新增元素 (初值皆为 n) 填入新空间
        new_finish = uninitialized_fill_n(new_finish, n, x);
        // 以下再将旧 vector 的插入点之后的元素复制到新空间
        new_finish = uninitialized_copy(position, finish, new_finish);
      }
# ifdef __STL_USE_EXCEPTIONS
      catch(...) {
        // 如有异常发生, 实现 "commit or rollback" semantics
        destroy(new_start, new_finish);
        data_allocator::deallocate(new_start, len);
        throw;
      }
# endif /* __STL_USE_EXCEPTIONS */
```

```
        // 以下清除并释放旧的 vector
        destroy(start, finish);
        deallocate();
        // 以下调整水位标记
        start = new_start;
        finish = new_finish;
        end_of_storage = new_start + len;
      }
    }
  }
```

注意，插入完成后，新节点将位于哨兵迭代器（上例之 position，标示出插入点）所指之节点的前方——这是 STL 对于 "插入操作"的标准规范。图 4-3b 展示了 insert(position,n,x) 的操作。

insert(position,n,x);

(1) 备用空间 2 ≥ 新增元素个数 2
    例：下图，n==2

(1-1)插入点之后的现有元素个数 3 > 新增元素个数 2

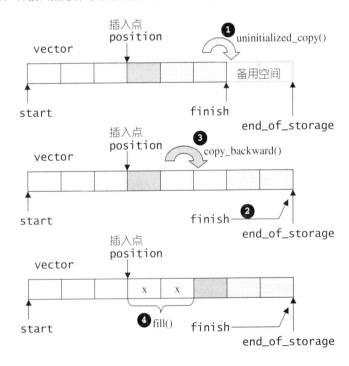

图 **4-3b-1** insert(position,n,x) 状况 1

(1-2)插入点之后的现有元素个数 2 ≤ 新增元素个数 3

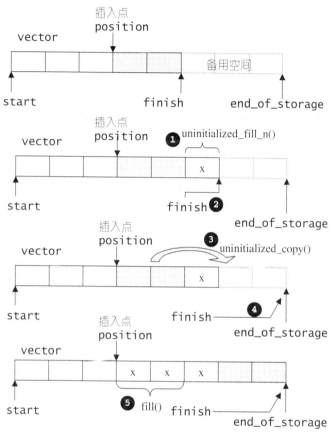

图 **4-3b-2** `insert(position,n,x)` 状况 2

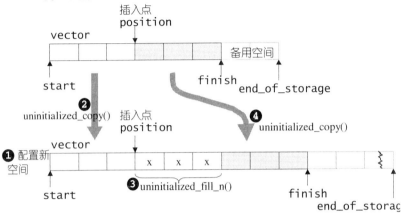

```
insert(position,n,x);
```
(2) 备用空间 < 新增元素个数
　　 例：下图，n==3

图 **4-3b-3**　`insert(position,n,x)` 状况 3

4.3　list

4.3.1　list 概述

　　相较于 vector 的连续线性空间，list 就显得复杂许多，它的好处是每次插入或删除一个元素，就配置或释放一个元素空间。因此，list 对于空间的运用有绝对的精准，一点也不浪费。而且，对于任何位置的元素插入或元素移除，list 永远是常数时间。

　　list 和 vector 是两个最常被使用的容器。什么时机下最适合使用哪一种容器，必须视元素的多寡、元素的构造复杂度（有无 non-trivial copy constructor, non-trivial copy assignmen operator）、元素存取行为的特性而定。[Lippman 98] 6.3 节对这两种容器提出了一份测试报告。

4.3.2   list 的节点（node）

每一个设计过 list 的人都知道，list 本身和 list 的节点是不同的结构，需要分开设计。以下是 STL list 的节点（node）结构：

```
template <class T>
struct __list_node {
  typedef void* void_pointer;
  void_pointer prev;   // 型别为 void*。其实可设为 __list_node<T>*
  void_pointer next;
  T data;
}
```

显然这是一个双向链表[1]。

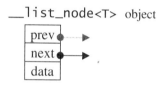

__list_node<T> object

4.3.3   list 的迭代器

list 不再能够像 vector 一样以普通指针作为迭代器，因为其节点不保证在储存空间中连续存在。list 迭代器必须有能力指向 list 的节点，并有能力进行正确的递增、递减、取值、成员存取等操作。所谓 "list 迭代器正确的递增、递减、取值、成员取用" 操作是指，递增时指向下一个节点，递减时指向上一个节点，取值时取的是节点的数据值，成员取用时取用的是节点的成员，如图 4-4。

由于 STL list 是一个双向链表（double linked-list），迭代器必须具备前移、后移的能力，所以 list 提供的是 Bidirectional Iterators。

list 有一个重要性质：插入操作（insert）和接合操作（splice）都不会造成原有的 list 迭代器失效。这在 vector 是不成立的，因为 vector 的插入操作可能造成记忆体重新配置，导致原有的迭代器全部失效。甚至 list 的元素删除操作（erase），

---

1 SGI STL 另有一个单向链表 slist，我将在 4.9 节介绍它。

也只有"指向被删除元素"的那个迭代器失效，其它迭代器不受任何影响。

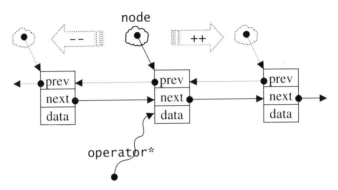

图 **4-4** list 的节点与 list 的迭代器

以下是 list 迭代器的设计：

```
template<class T, class Ref, class Ptr>
struct __list_iterator {
  typedef __list_iterator<T, T&, T*>     iterator;
  typedef __list_iterator<T, Ref, Ptr>   self;

  typedef bidirectional_iterator_tag iterator_category;
  typedef T value_type;
  typedef Ptr pointer;
  typedef Ref reference;
  typedef __list_node<T>* link_type;
  typedef size_t size_type;
  typedef ptrdiff_t difference_type;

  link_type node;  // 迭代器内部当然要有一个普通指针，指向 list 的节点

  // constructor
  __list_iterator(link_type x) : node(x) {}
  __list_iterator() {}
  __list_iterator(const iterator& x) : node(x.node) {}

  bool operator==(const self& x) const { return node == x.node; }
  bool operator!=(const self& x) const { return node != x.node; }
  // 以下对迭代器取值（dereference），取的是节点的数据值
  reference operator*() const { return (*node).data; }

  // 以下是迭代器的成员存取（member access）运算子的标准做法
  pointer operator->() const { return &(operator*()); }
```

```cpp
// 对迭代器累加 1，就是前进一个节点
self& operator++() {
  node = (link_type)((*node).next);
  return *this;
}
self operator++(int) {
  self tmp = *this;
  ++*this;
  return tmp;
}

// 对迭代器递减 1，就是后退一个节点
self& operator--() {
  node = (link_type)((*node).prev);
  return *this;
}
self operator--(int) {
  self tmp = *this;
  --*this;
  return tmp;
}
}
```

4.3.4 list 的数据结构

SGI list 不仅是一个双向链表，而且还是一个环状双向链表。所以它只需要一个指针，便可以完整表现整个链表：

```cpp
template <class T, class Alloc = alloc> // 缺省使用 alloc 为配置器
class list {
protected:
  typedef __list_node<T> list_node;
public:
  typedef list_node* link_type;

protected:
  link_type node; // 只要一个指针，便可表示整个环状双向链表
  ...
}
```

如果让指针 node 指向刻意置于尾端的一个空白节点，node 便能符合 STL 对于 "前闭后开" 区间的要求，成为 last 迭代器，如图 4-5 所示。这么一来，以下几个函数便都可以轻易完成：

```cpp
iterator begin() { return (link_type)((*node).next); }
iterator end() { return node; }
```

```
bool empty() const { return node->next == node; }
size_type size() const {
  size_type result = 0;
  distance(begin(), end(), result);  // 全局函数，第 3 章
  return result;
}
// 取头节点的内容（元素值）
reference front() { return *begin(); }
// 取尾节点的内容（元素值）
reference back() { return *(--end()); }
```

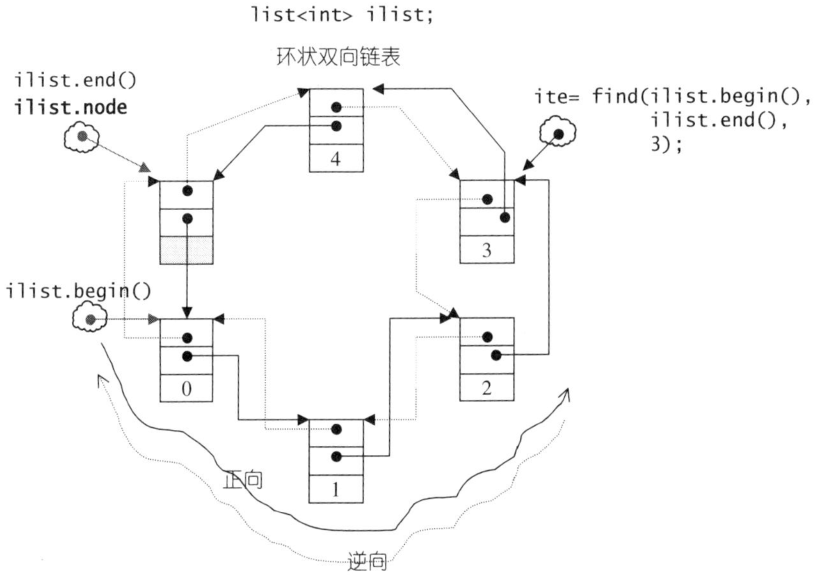

list<int> ilist;

环状双向链表

ilist.end()
ilist.node

ite= find(ilist.begin(),
           ilist.end(),
           3);

ilist.begin()

正向

逆向

图 **4-5** list 示意图。是环状链表只需一个标记，即可完全表示整个链表。只要刻意在环状链表的尾端加上一个空白节点，便符合 STL 规范之 "前闭后开" 区间。

4.3.5　list 的构造与内存管理：

constructor, push_back, insert

千头万绪该如何说起？以客户端程序代码为引导，观察其所得结果并实证源代码，是个良好的学习路径。下面是一个测试程序，我的观察重点在构造的方式以及大小的变化：

```
// filename : 4list-test.cpp
```

```
#include <list>
#include <iostream>
#include <algorithm>
using namespace std;

int main()
{
  int i;
  list<int> ilist;
  cout << "size=" << ilist.size() << endl;    // size=0

  ilist.push_back(0);
  ilist.push_back(1);
  ilist.push_back(2);
  ilist.push_back(3);
  ilist.push_back(4);
  cout << "size=" << ilist.size() << endl;    // size=5

  list<int>::iterator ite;
  for(ite = ilist.begin(); ite != ilist.end(); ++ite)
    cout << *ite << ' ';                      // 0 1 2 3 4
  cout << endl;


  ite = find(ilist.begin(), ilist.end(), 3);
  if (ite!=0)
    ilist.insert(ite, 99);

  cout << "size=" << ilist.size() << endl;    // size=6
  cout << *ite << endl;                       // 3

  for(ite = ilist.begin(); ite != ilist.end(); ++ite)
    cout << *ite << ' ';                      // 0 1 2 99 3 4
  cout << endl;

  ite = find(ilist.begin(), ilist.end(), 1);
  if (ite!=0)
    cout << *(ilist.erase(ite)) << endl;      // 2

  for(ite = ilist.begin(); ite != ilist.end(); ++ite)
    cout << *ite << ' ';                      // 0 2 99 3 4
  cout << endl;
}
```

　　list 缺省使用 alloc（2.2.4 节）作为空间配置器，并据此另外定义了一个
list_node_allocator，为的是更方便地以节点大小为配置单位：

　　template <class T, class **Alloc = alloc**> // 缺省使用 alloc 为配置器

```
class list {
protected:
  typedef __list_node<T> list_node;
  // 专属之空间配置器，每次配置一个节点大小
  typedef simple_alloc<list_node, Alloc> list_node_allocator;
...
}
```

于是，list_node_allocator(n) 表示配置 n 个节点空间。以下四个函数，分别用来配置、释放、构造、销毁一个节点：

```
protected:
  // 配置一个节点并传回
  link_type get_node() { return list_node_allocator::allocate(); }
  // 释放一个节点
  void put_node(link_type p) { list_node_allocator::deallocate(p); }

  // 产生（配置并构造）一个节点，带有元素值
  link_type create_node(const T& x) {
    link_type p = get_node();
    construct(&p->data, x); // 全局函数，构造/析构基本工具
    return p;
  }
  // 销毁（析构并释放）一个节点
  void destroy_node(link_type p) {
    destroy(&p->data);              // 全局函数，构造/析构基本工具
    put_node(p);
  }
```

list 提供有许多 constructors，其中一个是 default constructor，允许我们不指定任何参数做出一个空的 list 出来：

```
public:
  list() { empty_initialize(); }  // 产生一个空链表

protected:
  void empty_initialize() {
    node = get_node(); // 配置一个节点空间，令 node 指向它
    node->next = node; // 令 node 头尾都指向自己，不设元素值
    node->prev = node;
  }
```

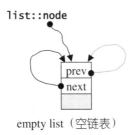

empty list（空链表）

当我们以 push_back() 将新元素插入于 list 尾端时，此函数内部调用
insert()：

```
void push_back(const T& x) { insert(end(), x); }
```

insert() 是一个重载函数，有多种形式，其中最简单的一种如下，符合以上所需。
首先配置并构造一个节点，然后在尾端进行适当的指针操作，将新节点插入进去：

```
// 函数目的：在迭代器 position 所指位置插入一个节点，内容为 x
iterator insert(iterator position, const T& x) {
  link_type tmp = create_node(x); // 产生一个节点（设妥内容为 x）
  // 调整双向指针，使 tmp 插入进去
  tmp->next = position.node;
  tmp->prev = position.node->prev;
  (link_type(position.node->prev))->next = tmp;
  position.node->prev = tmp;
  return tmp;
}
```

于是，当先前测试程序连续插入了五个节点（其值为 0 1 2 3 4）之后，list 的
状态如图 4-5 所示。如果希望在 list 内的某处插入新节点，首先必须确定插入位
置，例如希望在数据值为 3 的节点处插入一个数据值为 99 的节点，可以这么做：

```
ilite = find(il.begin(), il.end(), 3);
if (ilite!=0)
  il.insert(ilite, 99);
```

find() 操作稍后再做说明。插入之后的 list 状态如图 4-6 所示。注意，插
入完成后，新节点将位于哨兵迭代器（标示出插入点）所指之节点的前方——这是
STL 对于 "插入操作" 的标准规范。由于 list 不像 vector 那样有可能在空间不
足时做重新配置、数据移动的操作，所以插入前的所有迭代器在插入操作之后都仍
然有效。

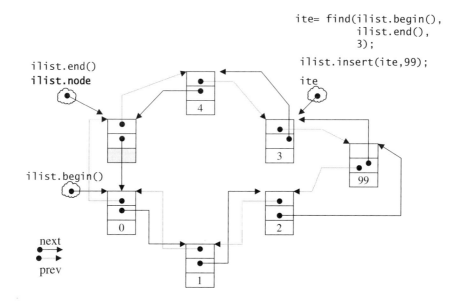

图 **4-6**　插入新节点 99 于节点 3 的位置上（所谓插入是指 "插入在…之前"）

4.3.6　list 的元素操作：

push_front, push_back, erase, pop_front, pop_back,
clear, remove, unique, splice, merge, reverse, sort

　　list 所提供的元素操作很多，无法在有限的篇幅中一一讲解——其实也没有
这种必要。为搭配先前对空间配置的讨论，我挑选数个相关函数作为解说对象。先
前示例中出现有尾部插入操作（push_back），现在我们来看看其它的插入操作和
移除操作。

```
// 插入一个节点，作为头节点
void push_front(const T& x) { insert(begin(), x); }
// 插入一个节点，作为尾节点（上一小节才介绍过）
void push_back(const T& x) { insert(end(), x); }

// 移除迭代器 position 所指节点
iterator erase(iterator position) {
  link_type next_node = link_type(position.node->next);
  link_type prev_node = link_type(position.node->prev);
  prev_node->next = next_node;
  next_node->prev = prev_node;
  destroy_node(position.node);
  return iterator(next_node);
```

```
  }
  // 移除头节点
  void pop_front() { erase(begin()); }
  // 移除尾节点
  void pop_back() {
    iterator tmp = end();
    erase(--tmp);
  }
```

```
// 清除所有节点（整个链表）
template <class T, class Alloc>
void list<T, Alloc>::clear()
{
  link_type cur = (link_type) node->next; // begin()
  while (cur != node) {      // 遍历每一个节点
    link_type tmp = cur;
    cur = (link_type) cur->next;
    destroy_node(tmp);         // 销毁（析构并释放）一个节点
  }
  // 恢复 node 原始状态
  node->next = node;
  node->prev = node;
}
```

```
// 将数值为 value 之所有元素移除
template <class T, class Alloc>
void list<T, Alloc>::remove(const T& value) {
  iterator first = begin();
  iterator last = end();
  while (first != last) {   // 遍历每一个节点
    iterator next = first;
    ++next;
    if (*first == value) erase(first);     // 找到就移除
    first = next;
  }
}
```

```
// 移除数值相同的连续元素。注意，只有 "连续而相同的元素"，才会被移除剩一个
template <class T, class Alloc>
void list<T, Alloc>::unique() {
  iterator first = begin();
  iterator last = end();
  if (first == last) return;    // 空链表，什么都不必做
  iterator next = first;
  while (++next != last) {       // 遍历每一个节点
    if (*first == *next)         // 如果在此区段中有相同的元素
      erase(next);               // 移除之
    else
```

```
    first = next;              // 调整指针
    next = first;              // 修正区段范围
  }
}
```

由于 list 是一个双向环状链表，只要我们把边际条件处理好，那么，在头部或尾部插入元素（push_front 和 push_back），操作几乎是一样的，在头部或尾部移除元素（pop_front 和 pop_back），操作也几乎是一样的。移除（erase）某个迭代器所指元素，只是进行一些指针移动操作而已，并不复杂。如果图 4-6 再经以下搜寻并移除的操作，状况将如图 4-7 所示。

```
ite = find(ilist.begin(), ilist.end(), 1);
if (ite!=0)
    cout << *(ilist.erase(ite)) << endl;
```

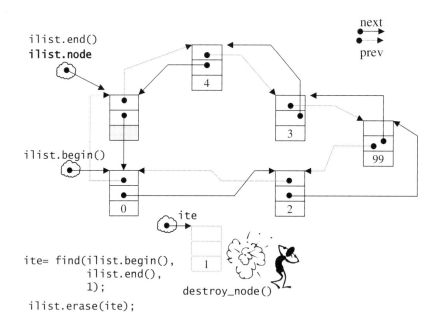

图 **4-7**　移除 "元素值为 1" 的节点

list 内部提供一个所谓的迁移操作（transfer）：将某连续范围的元素迁移到某个特定位置之前。技术上很简单，节点间的指针移动而已。这个操作为其它的复杂操作如 splice, sort, merge 等奠定良好的基础。下面是 transfer 的源代码：

```
protected:
```

```
// 将 [first,last) 内的所有元素移动到 position 之前
void transfer(iterator position, iterator first, iterator last) {
  if (position != last) {
    (*(link_type((*last.node).prev))).next = position.node;       // (1)
    (*(link_type((*first.node).prev))).next = last.node;          // (2)
    (*(link_type((*position.node).prev))).next = first.node;      // (3)
    link_type tmp = link_type((*position.node).prev);             // (4)
    (*position.node).prev = (*last.node).prev;                    // (5)
    (*last.node).prev = (*first.node).prev;                       // (6)
    (*first.node).prev = tmp;                                     // (7)
  }
}
```

以上七个操作，一步一步地显示于图 4-8a。

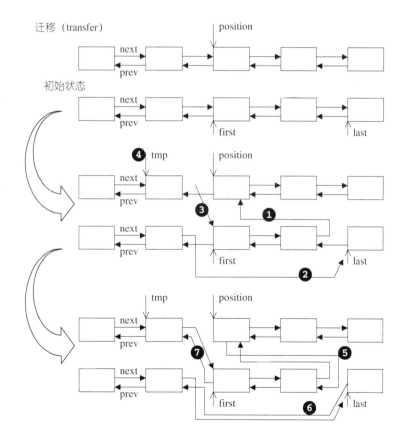

图 **4-8a** list<T>::transfer 的操作示意

transfer 所接受的 [first,last) 区间，是否可以在同一个 list 之中呢？答案是可以。你只要想象图 4-8a 所画的两条 lists 其实是同一个 list 的两个区段，就不难得到答案了。

上述的 transfer 并非公开接口。list 公开提供的是所谓的接合操作（splice）：将某连续范围的元素从一个 list 移动到另一个（或同一个）list 的某个定点。如果接续先前 4list-test.cpp 程序的最后执行点，继续执行以下 splice 操作：

```
int iv[5] = { 5,6,7,8,9 };
list<int> ilist2(iv, iv+5);

// 目前, ilist 的内容为 0 2 99 3 4
ite = find(ilist.begin(), ilist.end(), 99);
ilist.splice(ite,ilist2);           // 0 2 5 6 7 8 9 99 3 4
ilist.reverse();                    // 4 3 99 9 8 7 6 5 2 0
ilist.sort();                       // 0 2 3 4 5 6 7 8 9 99
```

很容易便可看出效果。图 4-8b 显示接合操作。技术上很简单，只是节点间的指针移动而已，这些操作已完全由 transfer() 做掉了。

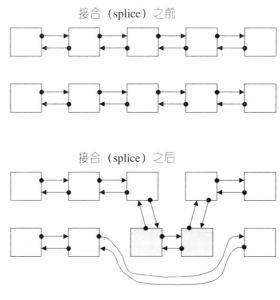

图 **4-8b** list 的接合（splice）操作

为了提供各种接口弹性，`list<T>::splice` 有许多版本：

```cpp
public:
  // 将 x 接合于 position 所指位置之前。x 必须不同于 *this
  void splice(iterator position, list& x) {
    if (!x.empty())
      transfer(position, x.begin(), x.end());
  }

  // 将 i 所指元素接合于 position 所指位置之前。position 和 i 可指向同一个 list
  void splice(iterator position, list&, iterator i) {
    iterator j = i;
    ++j;
    if (position == i || position == j) return;
    transfer(position, i, j);
  }

  // 将 [first,last) 内的所有元素接合于 position 所指位置之前
  // position 和[first,last)可指向同一个 list,
  // 但 position 不能位于[first,last)之内
  void splice(iterator position, list&, iterator first, iterator last)  {
    if (first != last)
      transfer(position, first, last);
  }
```

以下是 `merge()`, `reverse()`, `sort()` 的源代码。有了 `transfer()` 在手，这些操作都不难完成。

```cpp
// merge() 将 x 合并到 *this 身上。两个 lists 的内容都必须先经过递增排序
template <class T, class Alloc>
void list<T, Alloc>::merge(list<T, Alloc>& x) {
  iterator first1 = begin();
  iterator last1 = end();
  iterator first2 = x.begin();
  iterator last2 = x.end();

  // 注意：前提是，两个 lists 都已经过递增排序
  while (first1 != last1 && first2 != last2)
    if (*first2 < *first1) {
      iterator next = first2;
      transfer(first1, first2, ++next);
      first2 = next;
    }
    else
      ++first1;
  if (first2 != last2) transfer(last1, first2, last2);
}
```

```
// reverse() 将 *this 的内容逆向重置
template <class T, class Alloc>
void list<T, Alloc>::reverse() {
  // 以下判断，如果是空链表，或仅有一个元素，就不进行任何操作
  // 使用 size() == 0 || size() == 1 来判断，虽然也可以，但是比较慢
  if (node->next == node || link_type(node->next)->next == node)
return;
  iterator first = begin();
  ++first;
  while (first != end()) {
    iterator old = first;
    ++first;
    transfer(begin(), old, first);
  }
}


// list 不能使用 STL 算法 sort()，必须使用自己的 sort() member function，
// 因为 STL 算法 sort() 只接受 RamdonAccessIterator
// 本函数采用 quick sort
template <class T, class Alloc>
void list<T, Alloc>::sort() {
  // 以下判断，如果是空链表，或仅有一个元素，就不进行任何操作
  // 使用 size() == 0 || size() == 1 来判断，虽然也可以，但是比较慢
  if (node->next == node || link_type(node->next)->next == node)
      return;

  // 一些新的 lists，作为中介数据存放区
  list<T, Alloc> carry;
  list<T, Alloc> counter[64];
  int fill = 0;
  while (!empty()) {
    carry.splice(carry.begin(), *this, begin());
    int i = 0;
    while(i < fill && !counter[i].empty()) {
      counter[i].merge(carry);
      carry.swap(counter[i++]);
    }
    carry.swap(counter[i]);
    if (i == fill) ++fill;
  }

  for (int i = 1; i < fill; ++i)
    counter[i].merge(counter[i-1]);
  swap(counter[fill-1]);
}
```

4.4 deque

4.4.1 deque 概述

vector 是单向开口的连续线性空间,deque 则是一种双向开口的连续线性空间。所谓双向开口, 意思是可以在头尾两端分别做元素的插入和删除操作, 如图 4-9 所示。vector 当然也可以在头尾两端进行操作（从技术观点）, 但是其头部操作效率奇差, 无法被接受。

图 **4-9** deque 示意

deque 和 vector 的最大差异, 一在于 deque 允许于常数时间内对起头端进行元素的插入或移除操作, 二在于 deque 没有所谓容量（capacity）观念, 因为它是动态地以分段连续空间组合而成, 随时可以增加一段新的空间并链接起来。换句话说, 像 vector 那样 "因旧空间不足而重新配置一块更大空间, 然后复制元素, 再释放旧空间" 这样的事情在 deque 是不会发生的。也因此, deque 没有必要提供所谓的空间保留（reserve）功能。

虽然 deque 也提供 Ramdon Access Iterator, 但它的迭代器并不是普通指针, 其复杂度和 vector 不可以道里计（稍后看到源代码, 你便知道）, 这当然影响了各个运算层面。因此, 除非必要, 我们应尽可能选择使用 vector 而非 deque。对 deque 进行的排序操作, 为了最高效率, 可将 deque 先完整复制到一个 vector 身上, 将 vector 排序后（利用 STL sort 算法）, 再复制回 deque。

4.4.2 deque 的中控器

deque 是连续空间（至少逻辑上看来如此），连续线性空间总令我们联想到 array 或 vector。array 无法成长，vector 虽可成长，却只能向尾端成长，而且其所谓成长原是个假象，事实上是 (1) 另觅更大空间；(2) 将原数据复制过去；(3) 释放原空间三部曲。如果不是 vector 每次配置新空间时都有留下一些余裕，其"成长"假象所带来的代价将是相当高昂。

deque 系由一段一段的定量连续空间构成。一旦有必要在 deque 的前端或尾端增加新空间，便配置一段定量连续空间，串接在整个 deque 的头端或尾端。deque 的最大任务，便是在这些分段的定量连续空间上，维护其整体连续的假象，并提供随机存取的接口。避开了 "重新配置、复制、释放"的轮回，代价则是复杂的迭代器架构。

受到分段连续线性空间的字面影响，我们可能以为 deque 的实现复杂度和 vector 相比虽不中亦不远矣，其实不然。主要因为，既曰分段连续线性空间，就必须有中央控制，而为了维持整体连续的假象，数据结构的设计及迭代器前进后退等操作都颇为繁琐。deque 的实现代码分量远比 vector 或 list 都多得多。

deque 采用一块所谓的 *map*（注意，不是 STL 的 map 容器）作为主控。这里所谓 *map* 是一小块连续空间，其中每个元素（此处称为一个节点，node）都是指针，指向另一段（较大的）连续线性空间，称为缓冲区。缓冲区才是 deque 的储存空间主体。SGI STL 允许我们指定缓冲区大小，默认值 0 表示将使用 512 bytes 缓冲区。

```
template <class T, class Alloc = alloc, size_t BufSiz = 0>
class deque {
public:                        // Basic types
  typedef T value_type;
  typedef value_type* pointer;
  ...
protected:                     // Internal typedefs
  // 元素的指针的指针 (pointer of pointer of T)
  typedef pointer* map_pointer;

protected:              // Data members
```

```
    map_pointer map;      // 指向 map，map 是块连续空间，其内的每个元素
                          // 都是一个指针（称为节点），指向一块缓冲区
    size_type map_size;   // map 内可容纳多少指针
...
}
```

把令人头皮发麻的各种型别定义（为了型别安全，那其实是有必要的）整理一下，我们便可发现，*map* 其实是一个 T** ，也就是说它是一个指针，所指之物又是一个指针，指向型别为 T 的一块空间，如图 4-10 所示。

稍后在 **deque** 的构造过程中，我会详细解释 *map* 的配置及维护。

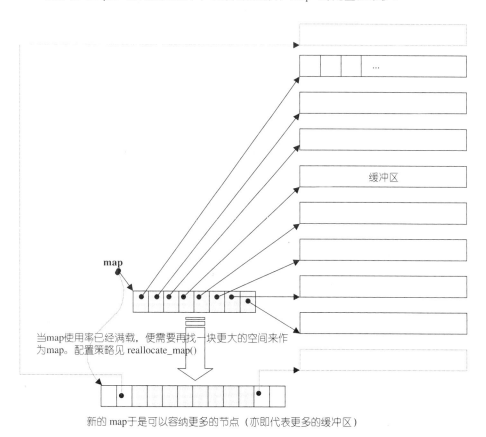

图 **4-10** **deque** 的结构设计中，*map* 和 node-buffer（节点-缓冲区）的关系

4.4.3　deque 的迭代器

deque 是分段连续空间。维持其"整体连续"假象的任务，落在了迭代器的 operator++ 和 operator-- 两个运算子身上。

让我们思考一下，deque 迭代器应该具备什么结构。首先，它必须能够指出分段连续空间（亦即缓冲区）在哪里，其次它必须能够判断自己是否已经处于其所在缓冲区的边缘，如果是，一旦前进或后退时就必须跳跃至下一个或上一个缓冲区。为了能够正确跳跃，deque 必须随时掌握管控中心（*map*）。下面这种实现方式符合需求：

```
template <class T, class Ref, class Ptr, size_t BufSiz>
struct __deque_iterator {  // 未继承 std::iterator
  typedef __deque_iterator<T, T&, T*, BufSiz>         iterator;
  typedef __deque_iterator<T, const T&, const T*, BufSiz> const_iterator;
  static size_t buffer_size() {return __deque_buf_size(BufSiz, sizeof(T)); }

  // 未继承 std::iterator，所以必须自行撰写五个必要的迭代器相应型别（第 3 章）
  typedef random_access_iterator_tag iterator_category; // (1)
  typedef T value_type;                     // (2)
  typedef Ptr pointer;                      // (3)
  typedef Ref reference;                    // (4)
  typedef size_t size_type;
  typedef ptrdiff_t difference_type;        // (5)
  typedef T** map_pointer;

  typedef __deque_iterator self;

  // 保持与容器的联结
  T* cur;      // 此迭代器所指之缓冲区中的现行（current）元素
  T* first;    // 此迭代器所指之缓冲区的头
  T* last;     // 此迭代器所指之缓冲区的尾（含备用空间）
  map_pointer node;    // 指向管控中心
...
}
```

其中用来决定缓冲区大小的函数 buffer_size()，调用 __deque_buf_size()，后者是一个全局函数，定义如下：

```
// 如果 n 不为 0，传回 n，表示 buffer size 由用户自定义
// 如果 n 为 0，表示 buffer size 使用默认值，那么
//   如果 sz（元素大小，sizeof(value_type)）小于 512，传回 512/sz,
//   如果 sz 不小于 512，传回 1
```

```
inline size_t __deque_buf_size(size_t n, size_t sz)
{
  return n != 0 ? n : (sz < 512 ? size_t(512 / sz) : size_t(1));
}
```

图 4-11 所示的是 deque 的中控器、缓冲区、迭代器的相互关系。

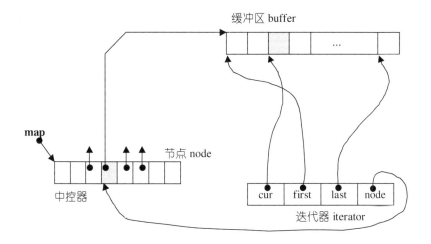

图 **4-11**　deque 的中控器、缓冲区、迭代器的相互关系

假设现在我们产生一个元素型态为 int，缓冲区大小为 8（个元素）的 deque
（语法形式为 deque<int,alloc,8>，见 4.4.5 节测试程序）。经过某些操作之后，
deque 拥有 20 个元素，那么其 begin() 和 end() 所传回的两个迭代器应该如图
4-12 所示。这两个迭代器事实上一直保持在 deque 内，名为 start 和 finish，
稍后在 deque 数据结构中便可看到。

20 个元素需要 20/8 = 3 个缓冲区，所以 *map* 之内运用了三个节点。迭代器
start 内的 cur 指针当然指向缓冲区的第一个元素，迭代器 finish 内的 cur 指
针当然指向缓冲区的最后元素（的下一位置）。注意，最后一个缓冲区尚有备用空
间。稍后如果有新元素要插入于尾端，可直接拿此备用空间来使用。

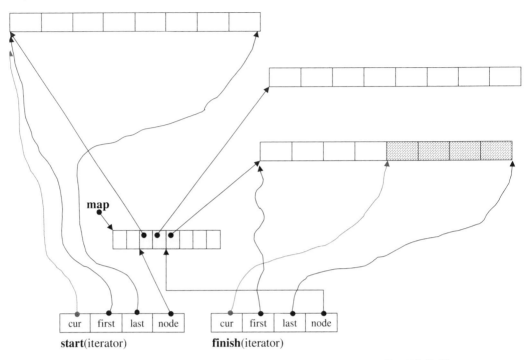

图 **4-12**　deque::begin() 传回迭代器 start，deque::end() 传回迭代器
finish。这两个迭代器都是 deque 的 data members。图中所示的这个 deque 拥有
20 个 int 元素，以 3 个缓冲区储存之。每个缓冲区可储存 8 个 int 元素。map 大
小为 8（起始值），目前用了 3 个节点。

　　下面是 deque 迭代器的几个关键行为。由于迭代器内对各种指针运算都进行
了重载操作，所以各种指针运算如加、减、前进、后退都不能直观视之。其中最关
键的就是：一旦行进时遇到缓冲区边缘，要特别当心，视前进或后退而定，可能需
要调用 set_node() 跳一个缓冲区：

```
void set_node(map_pointer new_node) {
  node = new_node;
  first = *new_node;
  last = first + difference_type(buffer_size());
}

// 以下各个重载运算子是 __deque_iterator<> 成功运作的关键

reference operator*() const { return *cur; }
pointer operator->() const { return &(operator*()); }
```

```
difference_type operator-(const self& x) const {
  return difference_type(buffer_size()) * (node - x.node - 1) +
    (cur - first) + (x.last - x.cur);
}

// 参考 More Effective C++, item6: Distinguish between prefix and
// postfix forms of increment and decrement operators
self& operator++() {
  ++cur;                      // 切换至下一个元素
  if (cur == last) {          // 如果已达所在缓冲区的尾端
    set_node(node + 1);       // 就切换至下一节点 (亦即缓冲区)
    cur = first;              //   的第一个元素
  }
  return *this;
}
self operator++(int) {    // 后置式，标准写法
  self tmp = *this;
  ++*this;
  return tmp;
}
self& operator--() {
  if (cur == first) {         // 如果已达所在缓冲区的头端，
    set_node(node - 1);       // 就切换至前一节点 (亦即缓冲区)
    cur = last;              //   的最后一个元素 (的下一位置)
  }
  --cur;                      // 切换至前一个元素
  return *this;
}
self operator--(int) {    // 后置式，标准写法
  self tmp = *this;
  --*this;
  return tmp;
}

// 以下实现随机存取。迭代器可以直接跳跃 n 个距离
self& operator+=(difference_type n) {
  difference_type offset = n + (cur - first);
  if (offset >= 0 && offset < difference_type(buffer_size()))
    // 目标位置在同一缓冲区内
    cur += n;
  else {
    // 标的位置不在同一缓冲区内
    difference_type node_offset =
      offset > 0 ? offset / difference_type(buffer_size())
                 : -difference_type((-offset - 1) / buffer_size()) - 1;
    // 切换至正确的节点 (亦即缓冲区)
    set_node(node + node_offset);
    // 切换至正确的元素
```

```
          cur = first + (offset - node_offset * difference_type(buffer_size()));
        }
        return *this;
      }

      // 参考 More Effective C++, item22: Consider using op= instead of
      // stand-alone op
      self operator+(difference_type n) const {
        self tmp = *this;
        return tmp += n; // 调用 operator+=
      }

      self& operator-=(difference_type n) { return *this += -n; }
      // 以上利用 operator+= 来完成 operator-=

      // 参考 More Effective C++, item22: Consider using op= instead of
      // stand-alone op.
      self operator-(difference_type n) const {
        self tmp = *this;
        return tmp -= n; // 调用 operator-=
      }

      // 以下实现随机存取。迭代器可以直接跳跃 n 个距离
      reference operator[](difference_type n) const { return *(*this + n); }
      // 以上调用 operator*, operator+

      bool operator==(const self& x) const { return cur == x.cur; }
      bool operator!=(const self& x) const { return !(*this == x); }
      bool operator<(const self& x) const {
        return (node == x.node) ? (cur < x.cur) : (node < x.node);
      }
```

4.4.4　deque 的数据结构

　　deque 除了维护一个先前说过的指向 *map* 的指针外，也维护 start, finish 两个迭代器，分别指向第一缓冲区的第一个元素和最后缓冲区的最后一个元素（的下一位置）。此外，它当然也必须记住目前的 *map* 大小。因为一旦 *map* 所提供的节点不足，就必须重新配置更大的一块 *map*。

```
  // 见 __deque_buf_size()。BufSize 默认值为 0 的唯一理由是为了闪避某些
  // 编译器在处理常数算式（constant expressions）时的臭虫
  // 缺省使用 alloc 为配置器
  template <class T, class Alloc = alloc, size_t BufSiz = 0>
  class deque {
  public:                          // Basic types
    typedef T value_type;
```

```
    typedef value_type* pointer;
    typedef size_t size_type;

public:                        // Iterators
    typedef __deque_iterator<T, T&, T*, BufSiz> iterator;

protected:                     // Internal typedefs
    // 元素的指针的指针 (pointer of pointer of T)
    typedef pointer* map_pointer;

protected:                     // Data members
    iterator start;      // 表现第一个节点
    iterator finish;     // 表现最后一个节点

    map_pointer map;     // 指向 map，map 是块连续空间，
                         // 其每个元素都是个指针，指向一个节点 (缓冲区)
    size_type map_size;  // map 内有多少指针
...
}
```

有了上述结构，以下数个机能便可轻易完成：

```
public:                        // Basic accessors
    iterator begin() { return start; }
    iterator end() { return finish; }

    reference operator[](size_type n) {
        return start[difference_type(n)]; // 调用 __deque_iterator<>::operator[]
    }

    reference front() { return *start; } // 调用 __deque_iterator<>::operator*
    reference back() {
        iterator tmp = finish;
        --tmp;       // 调用 __deque_iterator<>::operator--
        return *tmp;  // 调用 __deque_iterator<>::operator*
        // 以上三行何不改为: return *(finish-1);
        // 因为 __deque_iterator<> 没有为 (finish-1) 定义运算子?!
    }

    // 下行最后有两个 ';'，虽奇怪但合乎语法
    size_type size() const { return finish - start;; }
    // 以上调用 iterator::operator-
    size_type max_size() const { return size_type(-1); }
    bool empty() const { return finish == start; }
```

4.4.5　deque 的构造与内存管理　　ctor, push_back, push_front

千头万绪该如何说起？以客户端程序代码为引导，观察其所得结果并实证源代码，是一个良好的学习路径。下面是一个测试程序，我的观察重点在构造的方式以及大小的变化，以及容器最前端的插入功能：

```cpp
// filename : 4deque-test.cpp
#include <deque>
#include <iostream>
#include <algorithm>
using namespace std;

int main()
{
  deque<int,alloc,8> ideq(20,9);           // 注意，alloc 只适用于 G++
  cout << "size=" << ideq.size() << endl;  // size=20
  // 现在，应该已经构造了一个 deque，有 20 个 int 元素，初值皆为 9
  // 缓冲区大小为 32bytes

  // 为每一个元素设定新值
  for(int i=0; i<ideq.size(); ++i)
      ideq[i] = i;

  for(int i=0; i<ideq.size(); ++i)
      cout << ideq[i] << ' ';              // 0 1 2 3 4 5 6...19
  cout << endl;

  // 在最尾端增加 3 个元素，其值为 0,1,2
  for(int i=0;i<3;i++)
    ideq.push_back(i);

  for(int i=0; i<ideq.size(); ++i)
      cout << ideq[i] << ' ';              // 0 1 2 3 ... 19 0 1 2
  cout << endl;
  cout << "size=" << ideq.size() << endl;  // size=23

  // 在最尾端增加 1 个元素，其值为 3
  ideq.push_back(3);
  for(int i=0; i<ideq.size(); ++i)
      cout << ideq[i] << ' ';              // 0 1 2 3 ... 19 0 1 2 3
  cout << endl;
  cout << "size=" << ideq.size() << endl;  // size=24

  // 在最前端增加 1 个元素，其值为 99
  ideq.push_front(99);
  for(int i=0; i<ideq.size(); ++i)
```

```
        cout << ideq[i] << ' ';               // 99 0 1 2 3...19 0 1 2 3
    cout << endl;
    cout << "size=" << ideq.size() << endl;      // size=25

    // 在最前端增加 2 个元素，其值分别为 98,97
    ideq.push_front(98);
    ideq.push_front(97);
    for(int i=0; i<ideq.size(); ++i)
        cout << ideq[i] << ' ';          // 97 98 99 0 1 2 3...19 0 1 2 3
    cout << endl;
    cout << "size=" << ideq.size() << endl;      // size=27

    // 搜寻数值为 99 的元素，并打印出来
    deque<int,alloc,32>::iterator itr;
    itr = find(ideq.begin(), ideq.end(), 99);
    cout << *itr << endl;                        // 99
    cout << *(itr.cur) << endl;                  // 99
}
```

deque 的缓冲区扩充操作相当琐碎繁杂，以下将以分解操作的方式一步一步进行图解说明。程序一开始声明了一个 deque：

```
deque<int,alloc,8> ideq(20,9);
```

其缓冲区大小为 8（个元素），并令其保留 20 个元素空间，每个元素初值为 9。为了指定 deque 的第三个 template 参数（缓冲区大小），我们必须将前两个参数都指明出来（这是 C++ 语法规则），因此必须明确指定 alloc（第二章）为空间配置器。现在，deque 的情况如图 4-12（该图并未显示每个元素的初值为 9）所示。

deque 自行定义了两个专属的空间配置器：

```
protected:                          // Internal typedefs
    // 专属之空间配置器，每次配置一个元素大小
    typedef simple_alloc<value_type, Alloc> data_allocator;
    // 专属之空间配置器，每次配置一个指针大小
    typedef simple_alloc<pointer, Alloc> map_allocator;
```

并提供有一个 constructor 如下：

```
deque(int n, const value_type& value)
    : start(), finish(), map(0), map_size(0)
{
    fill_initialize(n, value);
}
```

其内所调用的 fill_initialize() 负责产生并安排好 deque 的结构，并将

元素的初值设定妥当：

```
template <class T, class Alloc, size_t BufSize>
void deque<T, Alloc, BufSize>::fill_initialize(size_type n,
                                    const value_type& value) {
  create_map_and_nodes(n);  // 把 deque 的结构都产生并安排好
  map_pointer cur;
  __STL_TRY {
    // 为每个节点的缓冲区设定初值
    for (cur = start.node; cur < finish.node; ++cur)
      uninitialized_fill(*cur, *cur + buffer_size(), value);
    // 最后一个节点的设定稍有不同（因为尾端可能有备用空间，不必设初值）
    uninitialized_fill(finish.first, finish.cur, value);
  }
  catch(...) {
    ...
  }
}
```

其中 create_map_and_nodes() 负责产生并安排好 **deque** 的结构：

```
template <class T, class Alloc, size_t BufSize>
void deque<T, Alloc, BufSize>::create_map_and_nodes(size_type num_elements)
{
  // 需要节点数=(元素个数/每个缓冲区可容纳的元素个数)+1
  // 如果刚好整除，会多配一个节点
  size_type num_nodes = num_elements / buffer_size() + 1;

  // 一个 map 要管理几个节点。最少 8 个，最多是 "所需节点数加 2"
  // （前后各预留一个，扩充时可用）
  map_size = max(initial_map_size(), num_nodes + 2);
  map = map_allocator::allocate(map_size);
  // 以上配置出一个 "具有 map_size 个节点" 的 map

  // 以下令 nstart 和 nfinish 指向 map 所拥有之全部节点的最中央区段
  // 保持在最中央，可使头尾两端的扩充能量一样大。每个节点可对应一个缓冲区
  map_pointer nstart = map + (map_size - num_nodes) / 2;
  map_pointer nfinish = nstart + num_nodes - 1;

  map_pointer cur;
  __STL_TRY {
    // 为 map 内的每个现用节点配置缓冲区。所有缓冲区加起来就是 deque 的
    // 可用空间（最后一个缓冲区可能留有一些余裕）
    for (cur = nstart; cur <= nfinish; ++cur)
      *cur = allocate_node();
  }
  catch(...) {
    // "commit or rollback" 语意：若非全部成功，就一个都不留
    ...
```

```
}

// 为 deque 内的两个迭代器 start 和 end 设定正确内容
start.set_node(nstart);
finish.set_node(nfinish);
start.cur = start.first;        // first, cur 都是 public
finish.cur = finish.first + num_elements % buffer_size();
// 前面说过，如果刚好整除，会多配一个节点
// 此时即令 cur 指向这多配的一个节点（所对映之缓冲区）的起始处
}
```

接下来范例程序以下标操作符为每个元素重新设值，然后在尾端插入三个新元素：

```
for(int i=0; i<ideq.size(); ++i)
    ideq[i] = i;

for(int i=0;i<3;i++)
  ideq.push_back(i);
```

由于此时最后一个缓冲区仍有 4 个备用元素空间，所以不会引起缓冲区的再配置。此时的 deque 状态如图 4-13。

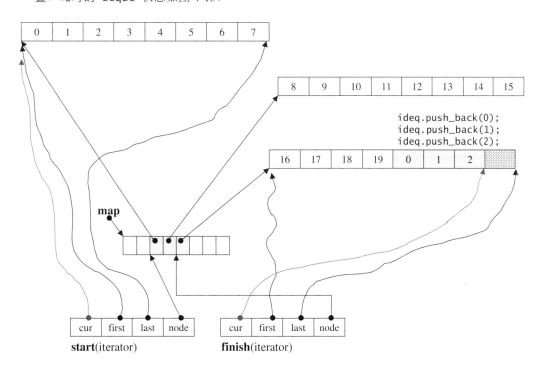

图 **4-13** 延续图 4-12 的状态，将每个元素重新设值，并在尾端新增 3 个元素

以下是 push_back() 函数内容：

```
public:                              // push_* and pop_*
  void push_back(const value_type& t) {
    if (finish.cur != finish.last - 1) {
      // 最后缓冲区尚有两个（含）以上的元素备用空间
      construct(finish.cur, t);  // 直接在备用空间上构造元素
      ++finish.cur;       // 调整最后缓冲区的使用状态
    }
    else  // 最后缓冲区只剩一个元素备用空间
      push_back_aux(t);
  }
```

现在，如果再新增加一个新元素于尾端：

```
  ideq.push_back(3);
```

由于尾端只剩一个元素备用空间，于是 push_back() 调用 push_back_aux()，先配置一整块新的缓冲区，再设妥新元素内容，然后更改迭代器 finish 的状态：

```
// 只有当 finish.cur == finish.last - 1 时才会被调用
// 也就是说，只有当最后一个缓冲区只剩一个备用元素空间时才会被调用
template <class T, class Alloc, size_t BufSize>
void deque<T, Alloc, BufSize>::push_back_aux(const value_type& t) {
  value_type t_copy = t;
  reserve_map_at_back();           // 若符合某种条件则必须重换一个 map
  *(finish.node + 1) = allocate_node();   // 配置一个新节点（缓冲区）
  __STL_TRY {
    construct(finish.cur, t_copy);          // 针对标的元素设值
    finish.set_node(finish.node + 1);       // 改变 finish，令其指向新节点
    finish.cur = finish.first;              // 设定 finish 的状态
  }
  __STL_UNWIND(deallocate_node(*(finish.node + 1)));
}
```

现在，deque 的状态如图 4-14 所示。

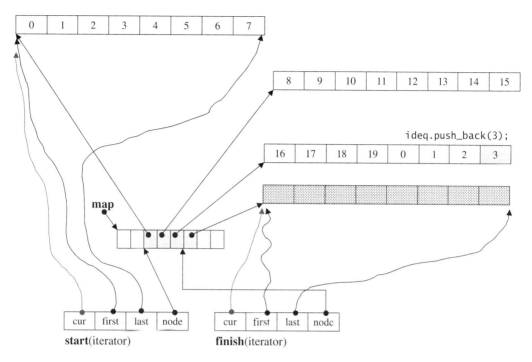

图 **4-14**　延续图 4-13 的状态，在尾端再加一个元素，于是引发新缓冲区的配置，同时也导致迭代器 `finish` 的状态改变。*map* 大小为 8（初始值），目前用了 4 个节点。

接下来范例程序在 **deque** 的前端插入一个新元素：

```
ideq.push_front(99);
```

`push_front()` 函数操作如下：

```
public:                         // push_* and pop_*
  void push_front(const value_type& t) {
    if (start.cur != start.first) {  // 第一缓冲区尚有备用空间
      construct(start.cur - 1, t);   // 直接在备用空间上构造元素
      --start.cur;          // 调整第一缓冲区的使用状态
    }
    else // 第一缓冲区已无备用空间
      push_front_aux(t);
  }
```

由于目前状态下，第一缓冲区并无备用空间，所以调用 `push_front_aux()`:

```
// 只有当 start.cur == start.first 时才会被调用
// 也就是说，只有当第一个缓冲区没有任何备用元素时才会被调用
template <class T, class Alloc, size_t BufSize>
void deque<T, Alloc, BufSize>::push_front_aux(const value_type& t)
{
  value_type t_copy = t;
  reserve_map_at_front();          // 若符合某种条件则必须重换一个 map
  *(start.node - 1) = allocate_node();     // 配置一个新节点（缓冲区）
  __STL_TRY {
    start.set_node(start.node - 1);       // 改变 start，令其指向新节点
    start.cur = start.last - 1;           // 设定 start 的状态
    construct(start.cur, t_copy);         // 针对标的元素设值
  }
  catch(...) {
    // "commit or rollback" 语意：若非全部成功，就一个不留
    start.set_node(start.node + 1);
    start.cur = start.first;
    deallocate_node(*(start.node - 1));
    throw;
  }
}
```

该函数一开始即调用 `reserve_map_at_front()`，后者用来判断是否需要扩充 *map*，如有需要就付诸行动。稍后我会呈现 `reserve_map_at_front()` 的函数内容。目前的状态不需要重新整治 *map*，所以后继流程便配置了一块新缓冲区，并直接将节点安置于现有的 *map* 上，然后设定新元素，改变迭代器 `start` 的状态，如图 4-15 所示。

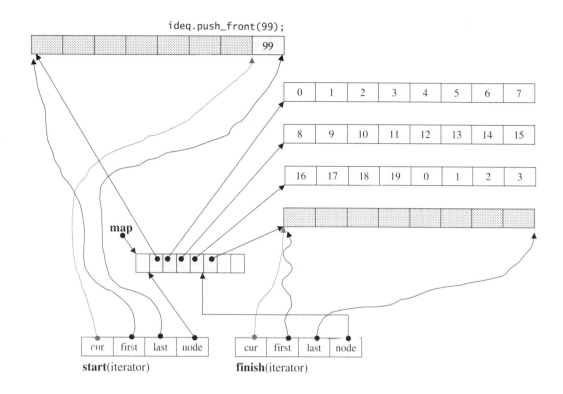

图 **4-15** 延续图 4-14 的状态,在最前端加上一个元素。引发新缓冲区的配置,
同时也导致迭代器 `start` 状态改变。*map* 大小为 8(初始值),目前用掉 5 个节点。

接下来范例程序又在 **deque** 的最前端插入两个新元素:

```
ideq.push_front(98);
ideq.push_front(97);
```

这一次,由于第一缓冲区有备用空间,`push_front()` 可以直接在备用空间上
构造新元素,如图 4-16 所示。

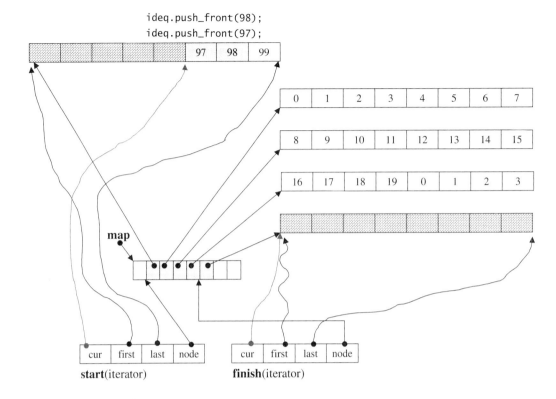

图 4-16　延续图 4-15 的状态，在最前端再加两个元素。由于第一缓冲区尚有备用空间，因此，直接取用备用空间来构造新元素即可。

　　图 4-12 至图 4-16 的连环图解，已经充分展示了 deque 容器的空间运用策略。让我们回头看看一个悬而未解的问题：什么时候 *map* 需要重新整治？这个问题的判断由 reserve_map_at_back() 和 reserve_map_at_front() 进行，实际操作则由 reallocate_map() 执行：

```
void reserve_map_at_back (size_type nodes_to_add = 1) {
  if (nodes_to_add + 1 > map_size - (finish.node - map))
    // 如果 map 尾端的节点备用空间不足
    // 符合以上条件则必须重换一个 map（配置更大的，拷贝原来的，释放原来的）
    reallocate_map(nodes_to_add, false);
}

void reserve_map_at_front (size_type nodes_to_add = 1) {
  if (nodes_to_add > start.node - map)
    // 如果 map 前端的节点备用空间不足
```

```
     // 符合以上条件则必须重换一个 map (配置更大的, 拷贝原来的, 释放原来的)
     reallocate_map(nodes_to_add, true);
  }

template <class T, class Alloc, size_t BufSize>
void deque<T, Alloc, BufSize>::reallocate_map(size_type nodes_to_add,
                                   bool add_at_front) {
  size_type old_num_nodes = finish.node - start.node + 1;
  size_type new_num_nodes = old_num_nodes + nodes_to_add;

  map_pointer new_nstart;
  if (map_size > 2 * new_num_nodes) {
    new_nstart = map + (map_size - new_num_nodes) / 2
                   + (add_at_front ? nodes_to_add : 0);
    if (new_nstart < start.node)
      copy(start.node, finish.node + 1, new_nstart);
    else
      copy_backward(start.node, finish.node + 1, new_nstart + old_num_nodes);
  }
  else {
    size_type new_map_size = map_size + max(map_size, nodes_to_add) + 2;
    // 配置一块空间, 准备给新 map 使用
    map_pointer new_map = map_allocator::allocate(new_map_size);
    new_nstart = new_map + (new_map_size - new_num_nodes) / 2
                    + (add_at_front ? nodes_to_add : 0);
    // 把原 map 内容拷贝过来
    copy(start.node, finish.node + 1, new_nstart);
    // 释放原 map
    map_allocator::deallocate(map, map_size);
    // 设定新 map 的起始地址与大小
    map = new_map;
    map_size = new_map_size;
  }

  // 重新设定迭代器 start 和 finish
  start.set_node(new_nstart);
  finish.set_node(new_nstart + old_num_nodes - 1);
}
```

4.4.6 deque 的元素操作

pop_back, pop_front, clear, erase, insert

deque 所提供的元素操作很多, 无法在有限的篇幅中一一讲解——其实也没有这种必要。以下我只挑选几个 member functions 作为示范说明。

前述测试程序曾经以泛型算法 find() 寻找 deque 的某个元素:

```
deque<int,alloc,32>::iterator itr;
itr = find(ideq.begin(), ideq.end(), 99);
```

当 find() 操作完成时，迭代器 itr 状态如图 4-17 所示。下面这两个操作输出相同的结果，印证我们对 deque 迭代器的认识。

```
cout << *itr << endl;                              // 99
cout << *(itr.cur) << endl;                        // 99
```

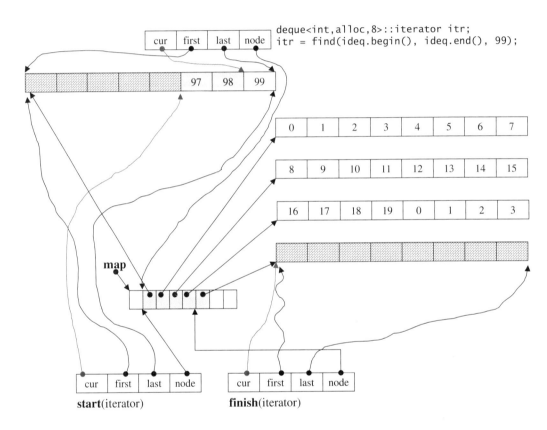

图 **4-17** 延续图 4-16 的状态，以 find() 寻找数值为 99 的元素。此函数将传回一个迭代器，指向第一个符合条件的元素。注意，该迭代器的四个字段都必须有正确的设定。

前一节已经展示过 push_back() 和 push_front() 的实现内容，现在我举对应的 pop_back() 和 pop_front() 为例。所谓 pop，是将元素拿掉。无论从 **deque** 的最前端或最尾端取元素，都需考虑在某种条件下，将缓冲区释放掉：

```cpp
void pop_back() {
  if (finish.cur != finish.first) {
    // 最后缓冲区有一个（或更多）元素
    --finish.cur;            // 调整指针，相当于排除了最后元素
    destroy(finish.cur);     // 将最后元素析构
  }
  else
    // 最后缓冲区没有任何元素
    pop_back_aux();          // 这里将进行缓冲的释放工作
}

// 只有当 finish.cur == finish.first 时才会被调用
template <class T, class Alloc, size_t BufSize>
void deque<T, Alloc, BufSize>::pop_back_aux() {
  deallocate_node(finish.first);       // 释放最后一个缓冲区
  finish.set_node(finish.node - 1);    // 调整 finish 的状态，使指向
  finish.cur = finish.last - 1;        // 上一个缓冲区的最后一个元素
  destroy(finish.cur);                 // 将该元素析构
}


void pop_front() {
  if (start.cur != start.last - 1) {
    // 第一缓冲区有两个（或更多）元素
    destroy(start.cur);      // 将第一元素析构
    ++start.cur;             // 调整指针，相当于排除了第一元素
  }
  else
    // 第一缓冲区仅有一个元素
    pop_front_aux();         // 这里将进行缓冲的释放工作
}

// 只有当 start.cur == start.last - 1 时才会被调用
template <class T, class Alloc, size_t BufSize>
void deque<T, Alloc, BufSize>::pop_front_aux() {
  destroy(start.cur);                  // 将第一缓冲区的第一个（也是最后
                                       // 一个、唯一一个）元素析构
  deallocate_node(start.first);        // 释放第一缓冲区
  start.set_node(start.node + 1);      // 调整 start 的状态，使指向
  start.cur = start.first;             // 下一个缓冲区的第一个元素
}
```

　　下面这个例子是 clear()，用来清除整个 deque。请注意，deque 的最初状态（无任何元素时）保有一个缓冲区，因此，clear() 完成之后回复初始状态，也一样要保留一个缓冲区：

```
// 注意，最终需要保留一个缓冲区。这是 deque 的策略，也是 deque 的初始状态
template <class T, class Alloc, size_t BufSize>
void deque<T, Alloc, BufSize>::clear() {
  // 以下针对头尾以外的每一个缓冲区（它们一定都是饱满的）
  for (map_pointer node = start.node + 1; node < finish.node; ++node) {
    // 将缓冲区内的所有元素析构。注意，调用的是 destroy() 第二版本、见 2.2.3 节
    destroy(*node, *node + buffer_size());
    // 释放缓冲区内存
    data_allocator::deallocate(*node, buffer_size());
  }

  if (start.node != finish.node) {    // 至少有头尾两个缓冲区
    destroy(start.cur, start.last);    // 将头缓冲区的目前所有元素析构
    destroy(finish.first, finish.cur); // 将尾缓冲区的目前所有元素析构
    // 以下释放尾缓冲区。注意，头缓冲区保留
    data_allocator::deallocate(finish.first, buffer_size());
  }
  else   // 只有一个缓冲区
    destroy(start.cur, finish.cur);    // 将此唯一缓冲区内的所有元素析构
    // 注意，并不释放缓冲区空间。这唯一的缓冲区将保留

  finish = start; // 调整状态
}
```

　　下面这个例子是 erase()，用来清除某个元素：

```
// 清除 pos 所指的元素。pos 为清除点
iterator erase(iterator pos) {
  iterator next = pos;
  ++next;
  difference_type index = pos - start; // 清除点之前的元素个数
  if (index < (size() >> 1)) {            // 如果清除点之前的元素比较少，
    copy_backward(start, pos, next);     // 就移动清除点之前的元素
    pop_front();                    // 移动完毕，最前一个元素冗余，去除之
  }
  else {                        // 清除点之后的元素比较少，
    copy(next, finish, pos);        // 就移动清除点之后的元素
    pop_back();                   // 移动完毕，最后一个元素冗余，去除之
  }
  return start + index;
}
```

下面这个例子是 `erase()`，用来清除 [first,last) 区间内的所有元素：

```cpp
template <class T, class Alloc, size_t BufSize>
deque<T, Alloc, BufSize>::iterator
deque<T, Alloc, BufSize>::erase(iterator first, iterator last) {
  if (first == start && last == finish) { // 如果清除区间就是整个 deque
    clear();                                  // 直接调用 clear() 即可
    return finish;
  }
  else {
    difference_type n = last - first;              // 清除区间的长度
    difference_type elems_before = first - start;  // 清除区间前方的元素个数
    if (elems_before < (size() - n) / 2) {         // 如果前方的元素比较少，
      copy_backward(start, first, last);       // 向后移动前方元素（覆盖清除区间）
      iterator new_start = start + n;          // 标记 deque 的新起点
      destroy(start, new_start);               // 移动完毕，将冗余的元素析构
      // 以下将冗余的缓冲区释放
      for (map_pointer cur = start.node; cur < new_start.node; ++cur)
        data_allocator::deallocate(*cur, buffer_size());
      start = new_start;    // 设定 deque 的新起点
    }
    else {    // 如果清除区间后方的元素比较少
      copy(last, finish, first);             // 向前移动后方元素（覆盖清除区间）
      iterator new_finish = finish - n;    // 标记 deque 的新尾点
      destroy(new_finish, finish);           // 移动完毕，将冗余的元素析构
      // 以下将冗余的缓冲区释放
      for (map_pointer cur = new_finish.node + 1; cur <= finish.node; ++cur)
        data_allocator::deallocate(*cur, buffer_size());
      finish = new_finish;  // 设定 deque 的新尾点
    }
    return start + elems_before;
  }
}
```

本节要说明的最后一个例子是 `insert`。**deque** 为这个功能提供了许多版本，最基础最重要的是以下版本，允许在某个点（之前）插入一个元素，并设定其值。

```cpp
// 在 position 处插入一个元素，其值为 x
iterator insert(iterator position, const value_type& x) {
  if (position.cur == start.cur) { // 如果插入点是 deque 最前端
    push_front(x);                   // 交给 push_front 去做
    return start;
  }
  else if (position.cur == finish.cur) { // 如果插入点是 deque 最尾端
    push_back(x);                        // 交给 push_back 去做
    iterator tmp = finish;
    --tmp;
```

```
      return tmp;
    }
    else {
      return insert_aux(position, x);        // 交给 insert_aux 去做
    }
  }

template <class T, class Alloc, size_t BufSize>
typename deque<T, Alloc, BufSize>::iterator
deque<T, Alloc, BufSize>::insert_aux(iterator pos, const value_type& x) {
  difference_type index = pos - start;    // 插入点之前的元素个数
  value_type x_copy = x;
  if (index < size() / 2) {              // 如果插入点之前的元素个数比较少
    push_front(front());                 // 在最前端加入与第一元素同值的元素
    iterator front1 = start;             // 以下标示记号，然后进行元素移动
    ++front1;
    iterator front2 = front1;
    ++front2;
    pos = start + index;
    iterator pos1 = pos;
    ++pos1;
    copy(front2, pos1, front1);          // 元素移动
  }
  else {                                 // 插入点之后的元素个数比较少
    push_back(back());                   // 在最尾端加入与最后元素同值的元素
    iterator back1 = finish;             // 以下标示记号，然后进行元素移动
    --back1;
    iterator back2 = back1;
    --back2;
    pos = start + index;
    copy_backward(pos, back2, back1);    // 元素移动
  }
  *pos = x_copy;  // 在插入点上设定新值
  return pos;
}
```

4.5 stack

4.5.1 stack 概述

stack 是一种先进后出（First In Last Out，FILO）的数据结构。它只有一个出口，形式如图 4-18 所示。stack 允许新增元素、移除元素、取得最顶端元素。但除了最顶端外，没有任何其它方法可以存取 stack 的其它元素。换言之，stack 不允许有遍历行为。

将元素推入 stack 的操作称为 *push*，将元素推出 stack 的操作称为 *pop*。

图 **4-18** stack 的结构

4.5.2 stack 定义完整列表

以某种既有容器作为底部结构，将其接口改变，使之符合 "先进后出" 的特性，形成一个 stack，是很容易做到的。deque 是双向开口的数据结构，若以 deque 为底部结构并封闭其头端开口，便轻而易举地形成了一个 stack。因此，SGI STL 便以 deque 作为缺省情况下的 stack 底部结构，stack 的实现因而非常简单，源代码十分简短，本处完整列出。

由于 stack 系以底部容器完成其所有工作，而具有这种 "修改某物接口，形成另一种风貌" 之性质者，称为 adapter（配接器），因此，STL stack 往往不被归类为 container（容器），而被归类为 container adapter。

```
template <class T, class Sequence = deque<T> >
class stack {
  // 以下的 __STL_NULL_TMPL_ARGS 会开展为 <>，见 1.9.1 节
  friend bool operator== __STL_NULL_TMPL_ARGS (const stack&, const stack&);
  friend bool operator< __STL_NULL_TMPL_ARGS (const stack&, const stack&);
public:
```

```
    typedef typename Sequence::value_type value_type;
    typedef typename Sequence::size_type size_type;
    typedef typename Sequence::reference reference;
    typedef typename Sequence::const_reference const_reference;
protected:
    Sequence c;        // 底层容器
public:
    // 以下完全利用 Sequence c 的操作，完成 stack 的操作
    bool empty() const { return c.empty(); }
    size_type size() const { return c.size(); }
    reference top() { return c.back(); }
    const_reference top() const { return c.back(); }
    // deque 是两头可进出，stack 是末端进，末端出（所以后进者先出）。
    void push(const value_type& x) { c.push_back(x); }
    void pop() { c.pop_back(); }
};

template <class T, class Sequence>
bool operator==(const stack<T, Sequence>& x, const stack<T, Sequence>& y)
{
  return x.c == y.c;
}

template <class T, class Sequence>
bool operator<(const stack<T, Sequence>& x, const stack<T, Sequence>& y)
{
  return x.c < y.c;
}
```

4.5.3   stack 没有迭代器

stack 所有元素的进出都必须符合 "先进后出" 的条件，只有 stack 顶端的元素，才有机会被外界取用。stack 不提供走访功能，也不提供迭代器。

4.5.4   以 list 作为 stack 的底层容器

除了 deque 之外，list 也是双向开口的数据结构。上述 stack 源代码中使用的底层容器的函数有 empty, size, back, push_back, pop_back，凡此种种，list 都具备。因此，若以 list 为底部结构并封闭其头端开口，一样能够轻易形成一个 stack。下面是做法示范。

```
// file : 4stack-test.cpp
#include <stack>
#include <list>
#include <iostream>
```

```
#include <algorithm>
using namespace std;

int main()
{
  stack<int,list<int> > istack;
  istack.push(1);
  istack.push(3);
  istack.push(5);
  istack.push(7);

  cout << istack.size() << endl;      // 4
  cout << istack.top() << endl;       // 7

  istack.pop(); cout << istack.top() << endl;  // 5
  istack.pop(); cout << istack.top() << endl;  // 3
  istack.pop(); cout << istack.top() << endl;  // 1
  cout << istack.size() << endl;      // 1
}
```

4.6 queue

4.6.1 queue 概述

queue 是一种先进先出（First In First Out，FIFO）的数据结构。它有两个出口，形式如图 4-19 所示。queue 允许新增元素、移除元素、从最底端加入元素、取得最顶端元素。但除了最底端可以加入、最顶端可以取出外，没有任何其它方法可以存取 queue 的其它元素。换言之，queue 不允许有遍历行为。

将元素推入 queue 的操作称为 *push*，将元素推出 queue 的操作称为 *pop*。

图 **4-19** queue 的结构

4.6.2　queue 定义完整列表

以某种既有容器为底部结构，将其接口改变，使其符合 "先进先出" 的特性，形成一个 queue，是很容易做到的。deque 是双向开口的数据结构，若以 deque 为底部结构并封闭其底端的出口和前端的入口，便轻而易举地形成了一个 queue。因此，SGI STL 便以 deque 作为缺省情况下的 queue 底部结构，queue 的实现因而非常简单，源代码十分简短，本处完整列出。

由于 queue 系以底部容器完成其所有工作，而具有这种 "修改某物接口，形成另一种风貌" 之性质者，称为 adapter（配接器），因此，STL queue 往往不被归类为 container（容器），而被归类为 container adapter。

```
template <class T, class Sequence = deque<T> >
class queue {
  // 以下的 __STL_NULL_TMPL_ARGS 会开展为 <>，见 1.9.1 节
  friend bool operator== __STL_NULL_TMPL_ARGS (const queue& x, const queue& y);
  friend bool operator< __STL_NULL_TMPL_ARGS (const queue& x, const queue& y);
public:
  typedef typename Sequence::value_type value_type;
  typedef typename Sequence::size_type size_type;
  typedef typename Sequence::reference reference;
  typedef typename Sequence::const_reference const_reference;
protected:
  Sequence c;        // 底层容器
public:
  // 以下完全利用 Sequence c 的操作，完成 queue 的操作
  bool empty() const { return c.empty(); }
  size_type size() const { return c.size(); }
  reference front() { return c.front(); }
  const_reference front() const { return c.front(); }
  reference back() { return c.back(); }
  const_reference back() const { return c.back(); }
  // deque 是两头可进出，queue 是末端进、前端出（所以先进者先出）
  void push(const value_type& x) { c.push_back(x); }
  void pop() { c.pop_front(); }
};

template <class T, class Sequence>
bool operator==(const queue<T, Sequence>& x, const queue<T, Sequence>& y)
{
  return x.c == y.c;
}
```

```
template <class T, class Sequence>
bool operator<(const queue<T, Sequence>& x, const queue<T, Sequence>& y)
{
  return x.c < y.c;
}
```

4.6.3 queue 没有迭代器

queue 所有元素的进出都必须符合 "先进先出"的条件，只有 queue 顶端的
元素，才有机会被外界取用。queue 不提供遍历功能，也不提供迭代器。

4.6.4 以 list 作为 queue 的底层容器

除了 deque 之外，list 也是双向开口的数据结构。上述 queue 源代码中使用
的底层容器的函数有 empty, size, front, back, push_front, push_back,
pop_front, pop_back，凡此种种，list 都具备。因此，若以 list 为底部结构
并封闭其某些接口，一样能够轻易形成一个 queue。下面是做法示范。

```
// file : 4queue-test.cpp
#include <queue>
#include <list>
#include <iostream>
#include <algorithm>
using namespace std;

int main()
{
  queue<int,list<int> > iqueue;
  iqueue.push(1);
  iqueue.push(3);
  iqueue.push(5);
  iqueue.push(7);

  cout << iqueue.size() << endl;      // 4
  cout << iqueue.front() << endl;     // 1

  iqueue.pop(); cout << iqueue.front() << endl;   // 3
  iqueue.pop(); cout << iqueue.front() << endl;   // 5
  iqueue.pop(); cout << iqueue.front() << endl;   // 7
  cout << iqueue.size() << endl;      // 1
}
```

4.7　heap（隐式表述，implicit representation）

4.7.1　heap 概述

　　heap 并不归属于 STL 容器组件，它是个幕后英雄，扮演 priority queue（4.8 节）的助手。顾名思义，priority queue 允许用户以任何次序将任何元素推入容器内，但取出时一定是从优先权最高（也就是数值最高）的元素开始取。binary max heap 正是具有这样的特性，适合作为 priority queue 的底层机制。

　　让我们做一点分析。如果使用 4.3 节的 list 作为 priority queue 的底层机制，元素插入操作可享常数时间。但是要找到 list 中的极值，却需要对整个 list 进行线性扫描。我们也可以改变做法，让元素插入前先经过排序这一关，使得 list 的元素值总是由小到大（或由大到小），但这么一来，收之东隅却失之桑榆：虽然取得极值以及元素删除操作达到最高效率，可元素的插入却只有线性表现。

　　比较麻辣的做法是以 binary search tree（如 5.1 节的 RB-tree）作为 priority queue 的底层机制。这么一来，元素的插入和极值的取得就有 O(logN) 的表现。但杀鸡用牛刀，未免小题大做，一来 binary search tree 的输入需要足够的随机性，二来 binary search tree 并不容易实现。priority queue 的复杂度，最好介于 queue 和 binary search tree 之间，才算适得其所。binary heap 便是这种条件下的适当候选人。

　　所谓 binary heap 就是一种 complete binary tree（完全二叉树）[2]，也就是说，整棵 binary tree 除了最底层的叶节点(s) 之外，是填满的，而最底层的叶节点(s) 由左至右又不得有空隙。图 4-20 所示的是一个 complete binary tree。

---

[2] 关于 tree 的种种，5.1 节会有更多介绍。

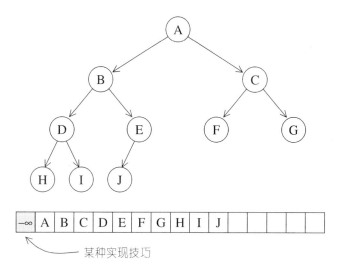

图 **4-20** 一个完全二叉树（complete binary tree）及其 array 表述式

complete binary tree 整棵树内没有任何节点漏洞，这带来一个极大的好处：我们可以利用 array 来储存所有节点。假设动用一个小技巧[3]，将 array 的 #0 元素保留（或设为无限大值或无限小值），那么当 complete binary tree 中的某个节点位于 array 的 i 处时，其左子节点必位于 array 的 2i 处，其右子节点必位于 array 的 2i+1 处，其父节点必位于 "i/2" 处（此处的 "/" 权且代表高斯符号，取其整数）。通过这么简单的位置规则，array 可以轻易实现出 complete binary tree。这种以 array 表述 tree 的方式，我们称为隐式表述法（implicit representation）。

这么一来，我们需要的工具就很简单了：一个 array 和一组 heap 算法（用来插入元素、删除元素、取极值，将某一整组数据排列成一个 heap）。array 的缺点是无法动态改变大小，而 heap 却需要这项功能，因此，以 vector（4.2 节）代替 array 是更好的选择。

根据元素排列方式，heap 可分为 max-heap 和 min-heap 两种，前者每个节点的键值（key）都大于或等于其子节点键值，后者的每个节点键值（key）都小于

---

3 SGI STL 提供的 heap 并未使用这一小技巧。计算左右子节点以及父节点的方式，因而略有不同。详见稍后的源代码及解说。

或等于其子节点键值。因此，max-heap 的最大值在根节点，并总是位于底层 array 或 vector 的起头处；min-heap 的最小值在根节点，亦总是位于底层 array 或 vector 的起头处。STL 供应的是 max-heap，因此，以下我说 heap 时，指的是 max-heap。

4.7.2　heap 算法

push_heap 算法

　　图 4-21 所示的是 push_heap 算法的实际操演情况。为了满足 complete binary tree 的条件，新加入的元素一定要放在最下一层作为叶节点，并填补在由左至右的第一个空格，也就是把新元素插入在底层 vector 的 end() 处。

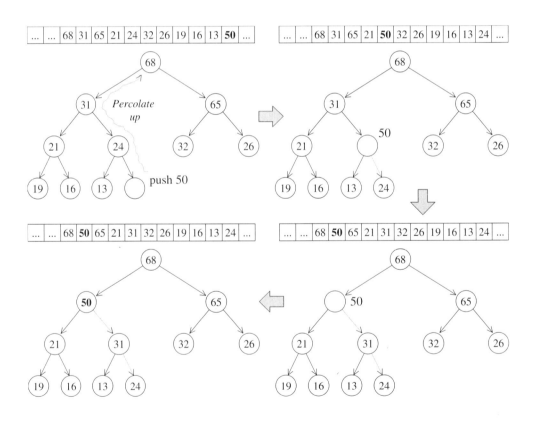

图 **4-21**　push_heap 算法

新元素是否适合于其现有位置呢？为满足 max-heap 的条件（每个节点的键值都大于或等于其子节点键值），我们执行一个所谓的 percolate up（上溯）程序：将新节点拿来与其父节点比较，如果其键值（*key*）比父节点大，就父子对换位置。如此一直上溯，直到不需对换或直到根节点为止。

下面便是 push_heap 算法的实现细节。该函数接受两个迭代器，用来表现一个 heap 底部容器（vector）的头尾，并且新元素已经插入到底部容器的最尾端。如果不符合这两个条件，push_heap 的执行结果未可预期。

```cpp
template <class RandomAccessIterator>
inline void push_heap(RandomAccessIterator first,
                      RandomAccessIterator last) {
  // 注意，此函数被调用时，新元素应已置于底部容器的最尾端
  __push_heap_aux(first, last, distance_type(first),
                  value_type(first));
}

template <class RandomAccessIterator, class Distance, class T>
inline void __push_heap_aux(RandomAccessIterator first,
                            RandomAccessIterator last, Distance*, T*) {
  __push_heap(first, Distance((last - first) - 1), Distance(0),
              T(*(last - 1)));
  // 以上系根据 implicit representation heap 的结构特性：新值必置于底部
  // 容器的最尾端，此即第一个洞号：(last-first)-1
}

// 以下这组 push_back()不允许指定 "大小比较标准"
template <class RandomAccessIterator, class Distance, class T>
void __push_heap(RandomAccessIterator first, Distance holeIndex,
                 Distance topIndex, T value) {
  Distance parent = (holeIndex - 1) / 2; // 找出父节点
  while (holeIndex > topIndex && *(first + parent) < value) {
    // 当尚未到达顶端，且父节点小于新值（于是不符合 heap 的次序特性）
    // 由于以上使用 operator<，可知 STL heap 是一种 max-heap（大者为父）。
    *(first + holeIndex) = *(first + parent); // 令洞值为父值
    holeIndex = parent; // percolate up：调整洞号，向上提升至父节点
    parent = (holeIndex - 1) / 2;      // 新洞的父节点
  }    // 持续至顶端，或满足 heap 的次序特性为止
  *(first + holeIndex) = value; // 令洞值为新值，完成插入操作
}
```

pop_heap 算法

图 4-22 所示的是 pop_heap 算法的实际操演情况。既然身为 max-heap，最大值必然在根节点。pop 操作取走根节点（其实是设至底部容器 vector 的尾端节点）后，为了满足 complete binary tree 的条件，必须割舍最下层最右边的叶节点，并将其值重新安插至 max-heap（因此有必要重新调整 heap 结构）。

为满足 max-heap 次序特性（每个节点的键值都大于或等于其子节点键值），我们执行所谓的 percolate down（下溯）程序：将空间节点和其较大子节点"对调"，并持续下放，直至叶节点为止。然后将前述被割舍之元素值设给这个"已到达叶层的空洞节点"，再对它执行一次 percolate up（上溯）程序，这便大功告成。

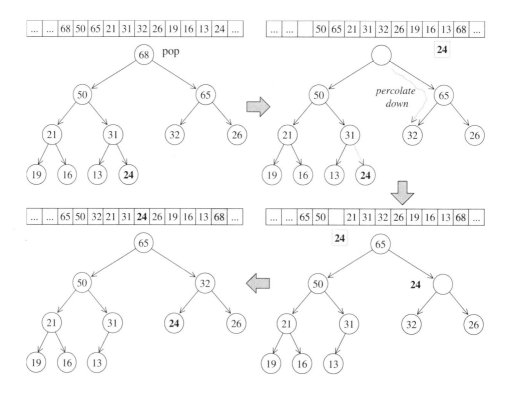

图 **4-22**　pop_heap 算法

下面便是 `pop_heap` 算法的实现细节。该函数接受两个迭代器，用来表现一个 heap 底部容器（vector）的头尾。如果不符合这个条件，`pop_heap` 的执行结果未可预期。

```cpp
template <class RandomAccessIterator>
inline void pop_heap(RandomAccessIterator first,
                     RandomAccessIterator last) {
  __pop_heap_aux(first, last, value_type(first));
}

template <class RandomAccessIterator, class T>
inline void __pop_heap_aux(RandomAccessIterator first,
                           RandomAccessIterator last, T*) {
  __pop_heap(first, last-1, last-1, T(*(last-1)),
             distance_type(first));
  // 以上，根据 implicit representation heap 的次序特性，pop 操作的结果
  // 应为底部容器的第一个元素。因此，首先设定欲调整值为尾值，然后将首值调至
  // 尾节点（所以以上将迭代器 result 设为 last-1）。然后重整 [first, last-1)
  // 使之重新成一个合格的 heap
}

// 以下这组 __pop_heap() 不允许指定 "大小比较标准"
template <class RandomAccessIterator, class T, class Distance>
inline void __pop_heap(RandomAccessIterator first,
                       RandomAccessIterator last,
                       RandomAccessIterator result,
                       T value, Distance*) {
  *result = *first; // 设定尾值为首值，于是尾值即为欲求结果，
                    // 可由客户端稍后再以底层容器之 pop_back() 取出尾值
  __adjust_heap(first, Distance(0), Distance(last - first), value);
  // 以上欲重新调整 heap，洞号为 0（亦即树根处），欲调整值为 value（原尾值）
}

// 以下这个 __adjust_heap() 不允许指定 "大小比较标准"
template <class RandomAccessIterator, class Distance, class T>
void __adjust_heap(RandomAccessIterator first, Distance holeIndex,
                   Distance len, T value) {
  Distance topIndex = holeIndex;
  Distance secondChild = 2 * holeIndex + 2;   // 洞节点之右子节点
  while (secondChild < len) {
    // 比较洞节点之左右两个子值，然后以 secondChild 代表较大子节点
    if (*(first + secondChild) < *(first + (secondChild - 1)))
      secondChild--;
    // Percolate down: 令较大子值为洞值，再令洞号下移至较大子节点处
    *(first + holeIndex) = *(first + secondChild);
    holeIndex = secondChild;
    // 找出新洞节点的右子节点
```

```
    secondChild = 2 * (secondChild + 1);
  }
  if (secondChild == len) { // 没有右子节点，只有左子节点
    // Percolate down：令左子值为洞值，再令洞号下移至左子节点处。
    *(first + holeIndex) = *(first + (secondChild - 1));
    holeIndex = secondChild - 1;
  }
  // 此时(可能)尚未满足次序特性。执行一次 percolate up 操作
  //
  读者回应：不可如此，试套 4.7.4 节范例即知。侯捷测试：验证后的确不行。
  __push_heap(first, holeIndex, topIndex, value);
}
```

注意，pop_heap 之后，最大元素只是被置放于底部容器的最尾端，尚未被取走。如果要取其值，可使用底部容器（**vector**）所提供的 back() 操作函数。如果要移除它，可使用底部容器（**vector**）所提供的 pop_back() 操作函数。

sort_heap 算法

既然每次 pop_heap 可获得 heap 中键值最大的元素，如果持续对整个 heap 做 pop_heap 操作，每次将操作范围从后向前缩减一个元素（因为 pop_heap 会把键值最大的元素放在底部容器的最尾端），当整个程序执行完毕时，我们便有了一个递增序列。图 4-23 所示的是 sort_heap 的实际操演情况。

下面是 sort_heap 算法的实现细节。该函数接受两个迭代器，用来表现一个 heap 底部容器（**vector**）的头尾。如果不符合这个条件，sort_heap 的执行结果未可预期。注意，排序过后，原来的 heap 就不再是一个合法的 heap 了。

```
// 以下这个 sort_heap() 不允许指定 “大小比较标准”
template <class RandomAccessIterator>
void sort_heap(RandomAccessIterator first,
               RandomAccessIterator last) {
  // 以下，每执行一次 pop_heap()，极值（在 STL heap 中为极大值）即被放在尾端。
  // 扣除尾端再执行一次 pop_heap()，次极值又被放在新尾端。一直下去，最后即得
  // 排序结果
  while (last - first > 1)
    pop_heap(first, last--); // 每执行 pop_heap() 一次，操作范围即退缩一格
}
```

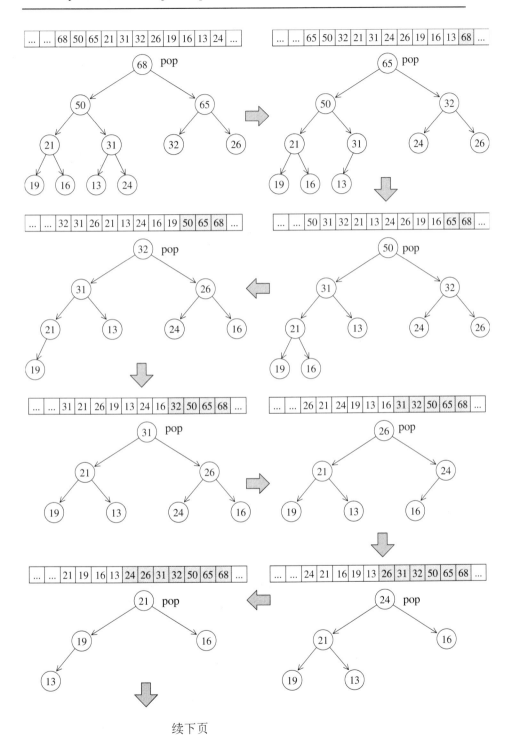

续下页

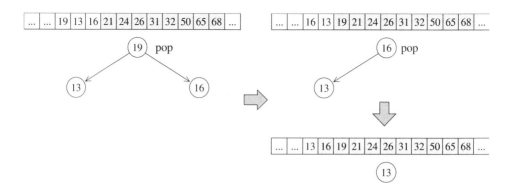

图 **4-23**　sort_heap 算法：不断对 heap 进行 pop 操作，便可达到排序效果

make_heap 算法

　　这个算法用来将一段现有的数据转化为一个 heap。其主要依据就是 4.7.1 节提到的 complete binary tree 的隐式表述（implicit representation）。

```
// 将 [first,last) 排列为一个 heap
template <class RandomAccessIterator>
inline void make_heap(RandomAccessIterator first,
                      RandomAccessIterator last) {
  __make_heap(first, last, value_type(first), distance_type(first));
}

// 以下这组 make_heap() 不允许指定“大小比较标准”
template <class RandomAccessIterator, class T, class Distance>
void __make_heap(RandomAccessIterator first,
                 RandomAccessIterator last, T*,
                 Distance*) {
  if (last - first < 2) return; // 如果长度为 0 或 1，不必重新排列
  Distance len = last - first;
  // 找出第一个需要重排的子树头部，以 parent 标示出。由于任何叶节点都不需执行
  // perlocate down，所以有以下计算。parent 命名不佳，名为 holeIndex 更好
  Distance parent = (len - 2)/2;

  while (true) {
    // 重排以 parent 为首的子树。len 是为了让 __adjust_heap() 判断操作范围
    __adjust_heap(first, parent, len, T(*(first + parent)));
    if (parent == 0) return;     // 走完根节点，就结束
    parent--;                    // （已重排之子树的）头部向前一个节点
  }
}
```

4.7.3 heap 没有迭代器

heap 的所有元素都必须遵循特别的（complete binary tree）排列规则，所以 heap 不提供遍历功能，也不提供迭代器。

4.7.4 heap 测试实例

```cpp
// file: 4heap-test.cpp
#include <vector>
#include <iostream>
#include <algorithm>  // heap algorithms
using namespace std;

int main()
{
  {
  // test heap（底层以 vector 完成）
  int ia[9] = {0,1,2,3,4,8,9,3,5};
  vector<int> ivec(ia, ia+9);

  make_heap(ivec.begin(), ivec.end());
  for(int i=0; i<ivec.size(); ++i)
    cout << ivec[i] << ' ';         // 9 5 8 3 4 0 2 3 1
  cout << endl;

  ivec.push_back(7);
  push_heap(ivec.begin(), ivec.end());
  for(int i=0; i<ivec.size(); ++i)
    cout << ivec[i] << ' ';         // 9 7 8 3 5 0 2 3 1 4
  cout << endl;

  pop_heap(ivec.begin(), ivec.end());
  cout << ivec.back() << endl;      // 9. return but no remove.
  ivec.pop_back();                  // remove last elem and no return

  for(int i=0; i<ivec.size(); ++i)
    cout << ivec[i] << ' ';         // 8 7 4 3 5 0 2 3 1
  cout << endl;

  sort_heap(ivec.begin(), ivec.end());
  for(int i=0; i<ivec.size(); ++i)
    cout << ivec[i] << ' ';         // 0 1 2 3 3 4 5 7 8
  cout << endl;
  }
```

```
{
// test heap (底层以 array 完成)
int ia[9] = {0,1,2,3,4,8,9,3,5};
make_heap(ia, ia+9);
// array 无法动态改变大小，因此不可以对满载的 array 进行 push_heap()操作。
// 因为那得先在 array 尾端增加一个元素。如果对一个满载的 array 执行
// push_heap()，该函数会将最后一个元素视为新增元素，并将其余元素视为一个
// 完整的 heep 结构（实际上它们的确是），因此执行后的结果等于原先的 heep

sort_heap(ia, ia+9);
for(int i=0; i<9; ++i)
  cout << ia[i] << ' ';           // 0 1 2 3 3 4 5 8 9
cout << endl;
// 经过排序之后的 heap，不再是个合法的 heap

// 重新再做一个 heap
make_heap(ia, ia+9);
pop_heap(ia, ia+9);
cout << ia[8] << endl;   // 9
}


{
// test heap (底层以 array 完成)
int ia[6] = {4,1,7,6,2,5};
make_heap(ia, ia+6);
for(int i=0; i<6; ++i)
  cout << ia[i] << ' ';           // 7 6 5 1 2 4
cout << endl;
}
}
```

4.8 priority_queue

4.8.1 priority_queue 概述

顾名思义,priority_queue 是一个拥有权值观念的 queue,它允许加入新元素、移除旧元素、审视元素值等功能。由于这是一个 queue,所以只允许在底端加入元素,并从顶端取出元素,除此之外别无其它存取元素的途径。

priority_queue带有权值观念,其内的元素并非依照被推入的次序排列,而是自动依照元素的权值排列(通常权值以实值表示)。权值最高者,排在最前面。

缺省情况下 priority_queue 系利用一个 max-heap 完成,后者是一个以 vector 表现的 complete binary tree(4.7 节)。max-heap 可以满足 priority_queue 所需要的 "依权值高低自动递减排序" 的特性。

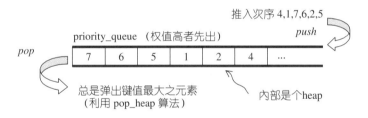

图 **4-24** priority queue

4.8.2 priority_queue 定义完整列表

由于 priority_queue 完全以底部容器为根据,再加上 heap 处理规则,所以其实现非常简单。缺省情况下是以 vector 为底部容器。源代码很简短,此处完整列出。

queue 以底部容器完成其所有工作。具有这种 "修改某物接口,形成另一种风貌" 之性质者,称为 adapter(配接器),因此,STL priority_queue 往往不被归类为 container(容器),而被归类为 container adapter。

```
template <class T, class Sequence = vector<T>,
          class Compare = less<typename Sequence::value_type> >
class priority_queue {
public:
  typedef typename Sequence::value_type value_type;
  typedef typename Sequence::size_type size_type;
  typedef typename Sequence::reference reference;
  typedef typename Sequence::const_reference const_reference;
protected:
  Sequence c;        // 底层容器
  Compare comp;      // 元素大小比较标准
public:
  priority_queue() : c() {}
  explicit priority_queue(const Compare& x) : c(), comp(x) {}
```

```
// 以下用到的 make_heap(), push_heap(), pop_heap() 都是泛型算法
// 注意，任一个构造函数都立刻于底层容器内产生一个 implicit representation heap
  template <class InputIterator>
  priority_queue(InputIterator first, InputIterator last, const Compare& x)
    : c(first, last), comp(x) { make_heap(c.begin(), c.end(), comp); }
  template <class InputIterator>
  priority_queue(InputIterator first, InputIterator last)
    : c(first, last) { make_heap(c.begin(), c.end(), comp); }

  bool empty() const { return c.empty(); }
  size_type size() const { return c.size(); }
  const_reference top() const { return c.front(); }
  void push(const value_type& x) {
    __STL_TRY {
      // push_heap 是泛型算法，先利用底层容器的 push_back() 将新元素
      // 推入末端，再重排 heap。见 C++ Primer p.1195
      c.push_back(x);
      push_heap(c.begin(), c.end(), comp); // push_heap 是泛型算法
    }
    __STL_UNWIND(c.clear());
  }
  void pop() {
    __STL_TRY {
      // pop_heap 是泛型算法，从 heap 内取出一个元素。它并不是真正将元素
      // 弹出，而是重排 heap，然后再以底层容器的 pop_back() 取得被弹出
      // 的元素。见 C++ Primer p.1195
      pop_heap(c.begin(), c.end(), comp);
      c.pop_back();
    }
    __STL_UNWIND(c.clear());
  }
};
```

4.8.3　priority_queue 没有迭代器

priority_queue 的所有元素，进出都有一定的规则，只有 queue 顶端的元素（权值最高者），才有机会被外界取用。priority_queue 不提供遍历功能，也不提供迭代器。

4.8.4　priority_queue 测试实例

```cpp
// file: 4pqueue-test.cpp
#include <queue>
#include <iostream>
#include <algorithm>
using namespace std;

int main()
{
  // test priority queue...
  int ia[9] = {0,1,2,3,4,8,9,3,5};
  priority_queue<int> ipq(ia, ia+9);
  cout << "size=" << ipq.size() << endl;        // size=9

  for(int i=0; i<ipq.size(); ++i)
    cout << ipq.top() << ' ';       // 9 9 9 9 9 9 9 9 9
  cout << endl;

  while(!ipq.empty()) {
    cout << ipq.top() << ' ';       // 9 8 5 4 3 3 2 1 0
    ipq.pop();
  }
  cout << endl;
}
```

4.9   slist

4.9.1   slist 概述

STL list 是个双向链表（double linked list）。SGI STL 另提供了一个单向链表（single linked list），名为 slist。这个容器并不在标准规格之内，不过多做一些剖析，多看多学一些实现技巧也不错，所以我把它纳入本书范围。

slist 和 list 的主要差别在于，前者的迭代器属于单向的 Forward Iterator，后者的迭代器属于双向的 Bidirectional Iterator。为此，slist 的功能自然也就受到许多限制。不过，单向链表所耗用的空间更小，某些操作更快，不失为另一种选择。

slist 和 list 共同具有的一个相同特色是，它们的插入（insert）、移除（erase）、接合（splice）等操作并不会造成原有的迭代器失效（当然啦，指向被移除元素的那个迭代器，在移除操作发生之后肯定是会失效的）。

注意，根据 STL 的习惯，插入操作会将新元素插入于指定位置之前，而非之后。然而作为一个单向链表，slist 没有任何方便的办法可以回头定出前一个位置，因此它必须从头找起。换句话说，除了 slist 起点处附近的区域之外，在其它位置上采用 insert 或 erase 操作函数，都属不智之举。这便是 slist 相较于 list 之下的大缺点。为此，slist 特别提供了 insert_after() 和 erase_after() 供灵活运用。

基于同样的（效率）考虑，slist 不提供 push_back()，只提供 push_front()。因此 slist 的元素次序会和元素插入进来的次序相反。

4.9.2   slist 的节点

slist 节点和其迭代器的设计，架构上比 list 复杂许多，运用了继承关系，因此在型别转换上有复杂的表现。这种设计方式在第 5 章 RB-tree 将再一次出现。图 4-25 概述了 slist 节点和其迭代器的设计架构。

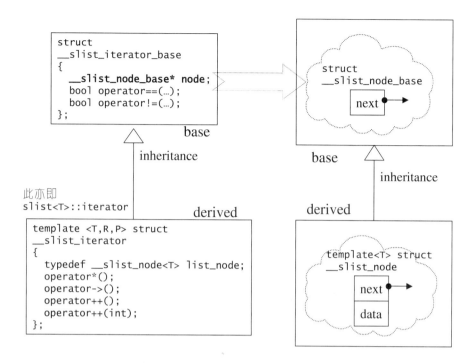

图 **4-25**   `slist` 的节点和迭代器的设计架构

```
// 单向链表的节点基本结构
struct __slist_node_base
{
  __slist_node_base* next;
};

// 单向链表的节点结构
template <class T>
struct __slist_node : public __slist_node_base
{
  T data;
};

// 全局函数: 已知某一节点, 插入新节点于其后
inline __slist_node_base* __slist_make_link(
        __slist_node_base* prev_node,
        __slist_node_base* new_node)
{
  // 令 new 节点的下一节点为 prev 节点的下一节点
  new_node->next = prev_node->next;
  prev_node->next = new_node;    // 令 prev 节点的下一节点指向 new 节点
  return new_node;
```

```
}

// 全局函数：单向链表的大小（元素个数）
inline size_t __slist_size(__slist_node_base* node)
{
  size_t result = 0;
  for ( ; node != 0; node = node->next)
    ++result;       // 一个一个累计
  return result;
}
```

4.9.3   slist 的迭代器

slist 迭代器可以以下图表示：

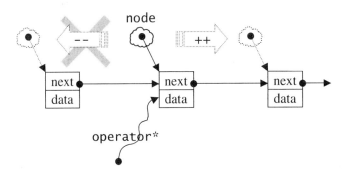

实际构造如下。请注意它和节点的关系（见图 4-25）。

```
// 单向链表的迭代器基本结构
struct __slist_iterator_base
{
  typedef size_t size_type;
  typedef ptrdiff_t difference_type;
  typedef forward_iterator_tag iterator_category;  // 注意，单向

  __slist_node_base* node; // 指向节点基本结构

  __slist_iterator_base(__slist_node_base* x) : node(x) {}

  void incr() { node = node->next; } // 前进一个节点

  bool operator==(const __slist_iterator_base& x) const {
    return node == x.node;
  }
  bool operator!=(const __slist_iterator_base& x) const {
    return node != x.node;
```

```
   }
};

// 单向链表的迭代器结构
template <class T, class Ref, class Ptr>
struct __slist_iterator : public __slist_iterator_base
{
  typedef __slist_iterator<T, T&, T*>                iterator;
  typedef __slist_iterator<T, const T&, const T*> const_iterator;
  typedef __slist_iterator<T, Ref, Ptr>              self;

  typedef T value_type;
  typedef Ptr pointer;
  typedef Ref reference;
  typedef __slist_node<T> list_node;

  __slist_iterator(list_node* x) : __slist_iterator_base(x) {}
  // 调用 slist<T>::end() 时会造成 __slist_iterator(0), 于是调用上述函数
  __slist_iterator() : __slist_iterator_base(0) {}
  __slist_iterator(const iterator& x) : __slist_iterator_base(x.node) {}

  reference operator*() const { return ((list_node*) node)->data; }
  pointer operator->() const { return &(operator*()); }

  self& operator++()
  {
    incr();   // 前进一个节点
    return *this;
  }
  self operator++(int)
  {
    self tmp = *this;
    incr();   // 前进一个节点
    return tmp;
  }

// 没有实现 operator--, 因为这是一个 forward iterator
};
```

　　注意，比较两个 slist 迭代器是否等同时（例如我们常在循环中比较某个迭代器是否等同于 slist.end()），由于 __slist_iterator 并未对 operator== 实施重载，所以会调用 __slist_iterator_base::operator==。根据其中之定义，我们知道，两个 slist 迭代器是否等同，视其 __slist_node_base* node 是否等同而定。

4.9.4　slist 的数据结构

下面是 slist 源代码摘要，我把焦点放在"单向链表之形成"的一些关键点上。

```cpp
template <class T, class Alloc = alloc>
class slist
{
public:
  typedef T value_type;
  typedef value_type* pointer;
  typedef const value_type* const_pointer;
  typedef value_type& reference;
  typedef const value_type& const_reference;
  typedef size_t size_type;
  typedef ptrdiff_t difference_type;

  typedef __slist_iterator<T, T&, T*>    iterator;
  typedef __slist_iterator<T, const T&, const T*> const_iterator;

private:
  typedef __slist_node<T> list_node;
  typedef __slist_node_base list_node_base;
  typedef __slist_iterator_base iterator_base;
  typedef simple_alloc<list_node, Alloc> list_node_allocator;

  static list_node* create_node(const value_type& x) {
    list_node* node = list_node_allocator::allocate();  // 配置空间
    __STL_TRY {
      construct(&node->data, x);        // 构造元素
      node->next = 0;
    }
    __STL_UNWIND(list_node_allocator::deallocate(node));
    return node;
  }

  static void destroy_node(list_node* node) {
    destroy(&node->data);           // 将元素析构
    list_node_allocator::deallocate(node);      // 释放空间
  }

private:
  list_node_base head;  // 头部。注意，它不是指针，是实物

public:
  slist() { head.next = 0; }
  ~slist() { clear(); }

public:
```

```
    iterator begin() { return iterator((list_node*)head.next); }
    iterator end() { return iterator(0); }
    size_type size() const { return __slist_size(head.next); }
    bool empty() const { return head.next == 0; }

    // 两个 slist 互换：只要将 head 交换互指即可
    void swap(slist& L)
    {
      list_node_base* tmp = head.next;
      head.next = L.head.next;
      L.head.next = tmp;
    }

public:
    // 取头部元素
    reference front() { return ((list_node*) head.next)->data; }

    // 从头部插入元素（新元素成为 slist 的第一个元素）
    void push_front(const value_type& x)  {
      __slist_make_link(&head, create_node(x));
    }

    // 注意，没有 push_back()

    // 从头部取走元素（删除之）。修改 head
    void pop_front() {
      list_node* node = (list_node*) head.next;
      head.next = node->next;
      destroy_node(node);
    }
...
};
```

4.9.5 slist 的元素操作

下面是一个小小的练习：

```
// file: 4slist-test.cpp
#include <slist>
#include <iostream>
#include <algorithm>
using namespace std;

int main()
{
  int i;
  slist<int> islist;
  cout << "size=" << islist.size() << endl;    // size=0
```

```
islist.push_front(9);
islist.push_front(1);
islist.push_front(2);
islist.push_front(3);
islist.push_front(4);
cout << "size=" << islist.size() << endl;      // size=5

slist<int>::iterator ite =islist.begin();
slist<int>::iterator ite2=islist.end();
for(; ite != ite2; ++ite)
   cout << *ite << ' ';                          // 4 3 2 1 9
cout << endl;

ite = find(islist.begin(), islist.end(), 1);
if (ite!=0)
  islist.insert(ite, 99);

cout << "size=" << islist.size() << endl;   // size=6
cout << *ite << endl;                        // 1

ite =islist.begin();
ite2=islist.end();
for(; ite != ite2; ++ite)
   cout << *ite << ' ';                          // 4 3 2 99 1 9
cout << endl;

ite = find(islist.begin(), islist.end(), 3);
if (ite!=0)
  cout << *(islist.erase(ite)) << endl;      // 2

ite =islist.begin();
ite2=islist.end();
for(; ite != ite2; ++ite)
   cout << *ite << ' ';                          // 4 2 99 1 9
cout << endl;
}
```

首先依次序把元素 9,1,2,3,4 插入到 slist，实际结构呈现如图 4-26。

接下来搜寻元素 1，并将新元素 99 插入进去，如图 4-27。注意，新元素被插入在插入点（元素 1）的前面而不是后面。

接下来搜寻元素 3，并将该元素移除，如图 4-28。

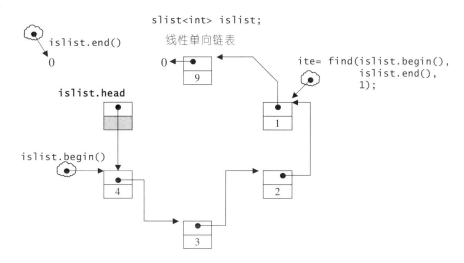

图 **4-26** 元素 9,1,2,3,4 依序插入到 slist 之后所形成的结构

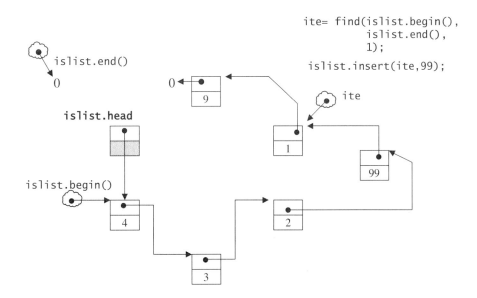

图 **4-27** 找到元素 1 并在该位置上安插 99 后，slist 的状态

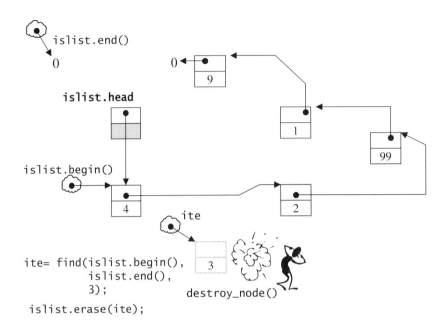

图 **4-28**   搜寻元素 3，并将该元素移除

　　如果你对于图 4-26、图 4-27、图 4-28 中的 `end()` 的画法感到奇怪，这里我要做一些说明。请注意，练习程序中一再以循环遍历整个 `slist`，并以迭代器是否等于 `slist.end()` 作为循环结束条件，这其中有一些容易疏忽的地方，我必须特别提醒你。当我们调用 `end()`，企图做出一个指向尾端（下一位置）的迭代器时，STL源代码是这么进行的：

```
iterator end() { return iterator(0); }
```

　　这会因为源代码中如下的定义：

```
typedef __slist_iterator<T, T&, T*> iterator;
```

而形成这样的结果：

```
__slist_iterator<T, T&, T*>(0);      // 产生一个暂时对象，引发 ctor
```

　　从而因为源代码中如下的定义：

```
__slist_iterator(list_node* x) : __slist_iterator_base(x) {}
```

而导致基础类的构造：

```
__slist_iterator_base(0);
```

并因为源代码中这样的定义：

```
struct __slist_iterator_base
{
  __slist_node_base* node;    // 指向节点基本结构
  __slist_iterator_base(__slist_node_base* x) : node(x) {}
  ...
};
```

而导致：

```
node(0);
```

　　因此，我在图 4-26、图 4-27、图 4-28 中皆以下图左侧的方式表现 end()，它和下图右侧的迭代器截然不同。

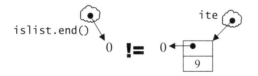

5

关联式容器
associative containers

　　容器，置物之所也，第 4 章一开始曾对此做了一些描述。所谓 STL 容器，即是将最常被运用的一些数据结构（data structures）实现出来，其涵盖种类有可能在每五年召开一次的 C++ 标准委员会议中不断增订。

　　根据"数据在容器中的排列"特性，容器可概分为序列式（sequence）和关联式（associative）两种，如图 5-1。第 4 章已经探讨过序列式容器，本章将探讨关联式容器。

　　标准的 STL 关联式容器分为 set（集合）和 map（映射表）两大类，以及这两大类的衍生体 multiset（多键集合）和 multimap（多键映射表）。这些容器的底层机制均以 RB-tree（红黑树）完成。RB-tree 也是一个独立容器，但并不开放给外界使用。

　　此外，SGI STL 还提供了一个不在标准规格之列的关联式容器：hash table（散列表）[1]，以及以此 hashtable 为底层机制而完成的 hash_set（散列集合）、hash_map（散列映射表）、hash_multiset（散列多键集合）、hash_multimap（散列多键映射表）。

---

[1] hash table（散列表）及其衍生容器相当重要。它们未被纳入 C++标准的原因是，提案太迟了。下一代 C++ 标准程序库很有可能会纳入它们。

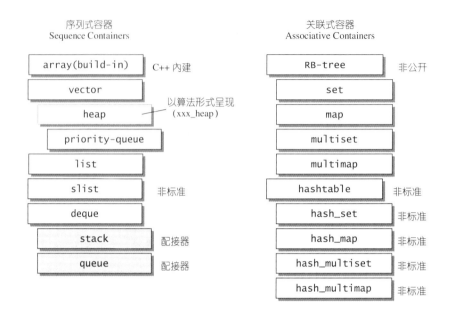

图 **5-1** SGI STL 的各种容器。本图以内缩方式来表达基层与衍生层的关系。这里所谓的衍生，并非继承（inheritance）关系，而是内含（containment）关系。例如 heap 内含一个 vector，priority-queue 内含一个 heap，stack 和 queue 都内含一个 deque，set/map/multiset/multimap 都内含一个 RB-tree，hash_x 都内含一个 hashtable。

关联式容器（associative containers）

所谓关联式容器，观念上类似关联式数据库（实际上则简单许多）：每笔数据（每个元素）都有一个键值（*key*）和一个实值（*value*）[2]。当元素被插入到关联式容器中时，容器内部结构（可能是 RB-tree，也可能是 hash-table）便依照其键值大小，以某种特定规则将这个元素放置于适当位置。关联式容器没有所谓头尾（只有最大元素和最小元素），所以不会有所谓 push_back()、push_front()、pop_back()、pop_front()、begin()、end() 这样的操作行为。

一般而言，关联式容器的内部结构是一个 balanced binary tree（平衡二叉树），以便获得良好的搜寻效率。balanced binary tree 有许多种类型，包括 AVL-tree、

---

2 set 的键值就是实值。map 的键值可以和实值分开，并形成一种映射关系，所以 map 被称为映射表，或称为字典（dictionary，取"字典之英文单字为键值索引"之象征）。

RB-tree、AA-tree，其中最被广泛运用于 STL 的是 RB-tree（红黑树）。为了探讨 STL 的关联式容器，我必须先探讨 RB-tree。

进入 RB-tree 主题之前，让我们先对 tree 的来龙去脉有个概念。以下讨论都和最终目标 RB-tree 有密切关联。这些讨论都只是提纲挈领，如果你需要更全面的知识，请阅读数据结构和算法方面的专著。

5.1　树的导览

树（tree），在计算机科学里，是一种十分基础的数据结构。几乎所有操作系统都将文件存放在树状结构里；几乎所有的编译器都需要实现一个表达式树（expression tree）；文件压缩所用的哈夫曼算法（Huffman's Algorithm）需要用到树状结构；数据库所使用的 B-tree 则是一种相当复杂的树状结构。

本章所要介绍的 RB-tree（红黑树）是一种被广泛运用、可提供良好搜寻效率的树状结构。

树由节点（nodes）和边（edges）构成，如图 5-2 所示。整棵树有一个最上端节点，称为根节点（root）。每个节点可以拥有具方向性的边（directed edges），用来和其它节点相连。相连节点之中，在上者称为父节点（parent），在下者称为子节点（child）。无子节点者称为叶节点（leaf）。子节点可以存在多个，如果最多只允许两个子节点，即所谓二叉树（binary tree）。不同的节点如果拥有相同的父节点，则彼此互为兄弟节点（siblings）。根节点至任何节点之间有唯一路径（path），路径所经过的边数，称为路径长度（length）。根节点至任一节点的路径长度，即所谓该节点的深度（depth）。根节点的深度永远是 0。某节点至其最深子节点（叶节点）的路径长度，称为该节点的高度（height）。整棵树的高度，便以根节点的高度来代表。节点 A → B 之间如果存在（唯一）一条路径，那么 A 称为 B 的祖代（ancestor），B 称为 A 的子代（descendant）。任何节点的大小（size）是指其所有子代（包括自己）的节点总数。

图 5-2 对这些术语做了一个总整理。

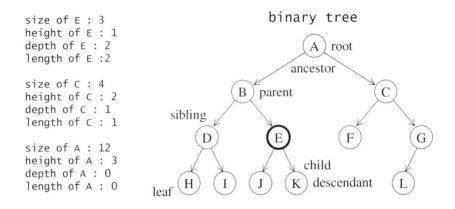

size of E : 3
height of E : 1
depth of E : 2
length of E :2

size of C : 4
height of C : 2
depth of C : 1
length of C : 1

size of A : 12
height of A : 3
depth of A : 0
length of A : 0

图 **5-2** 树状结构的相关术语整理。图中浅灰色术语是相对于节点 E 而言。

5.1.1　二叉搜索树（binary search tree）

　　所谓二叉树（binary tree），其意义是：“任何节点最多只允许两个子节点”。这两个子节点称为左子节点和右子节点。如果以递归方式来定义二叉树，我们可以说：“一个二叉树如果不为空，便是由一个根节点和左右两子树构成；左右子树都可能为空”。二叉树的运用极广，先前提到的编译器表达式树（expression tree）和哈夫曼编码树（Huffman coding tree）都是二叉树，如图 5-3 所示。

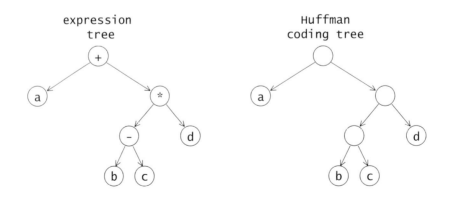

图 **5-3** 二叉树的应用

　　所谓二叉搜索树（binary search tree），可提供对数时间（logarithmic time）[3]的
元素插入和访问。二叉搜索树的节点放置规则是：任何节点的键值一定大于其左子
树中的每一个节点的键值，并小于其右子树中的每一个节点的键值[4]。因此，从根
节点一直往左走，直至无左路可走，即得最小元素；从根节点一直往右走，直至无
右路可走，即得最大元素。图 5-4 所示的就是一棵二叉搜索树。

　　要在一棵二叉搜索树中找出最大元素或最小元素，是一件极简单的事：就像上
述所言，一直往左走或一直往右走即是。比较麻烦的是元素的插入和移除。图 5-5
是二叉搜索树的元素插入操作图解。插入新元素时，可从根节点开始，遇键值较大
者就向左，遇键值较小者就向右，一直到尾端，即为插入点。

　　图 5-6 是二叉搜索树的元素移除操作图解。欲删除旧节点 A，情况可分两种。
如果 A 只有一个子节点，我们就直接将 A 的子节点连至 A 的父节点，并将 A 删
除。如果 A 有两个子节点，我们就以右子树内的最小节点取代 A。注意，右子树的
最小节点极易获得：从右子节点开始（视为右子树的根节点），一直向左走至底即
是。

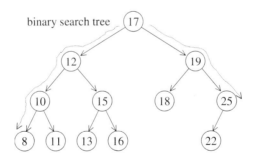

图 **5-4**　这是一棵二叉搜索树。任何节点的键值（*key*）一定大于其左子树中的每一
　　　　个节点的键值，并小于其右子树中的每一个节点的键值。图中节点内的数值代表键
　　　　值。

---

3 对数时间（logarithmic time）用来表示复杂度。详见第 6 章。

4 注意，键值（key）可能和实值（value）相同，也可能和实值不同。

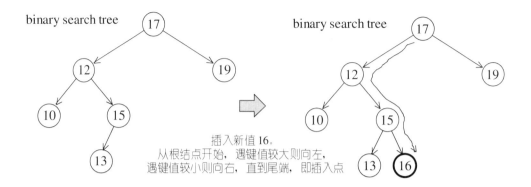

图 **5-5**　二叉搜索树的节点插入操作

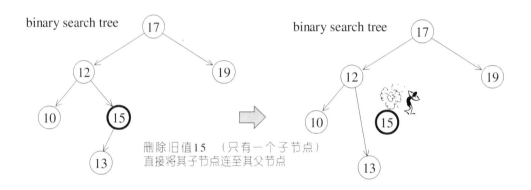

图 **5-6a**　二叉搜索树的节点删除操作之一（目标节点只有一个子节点）

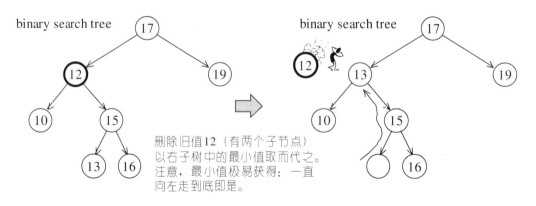

图 **5-6b**　二叉搜索树的节点删除操作之二（目标节点有两个子节点）

5.1.2 平衡二叉搜索树（balanced binary search tree）

也许因为输入值不够随机，也许因为经过某些插入或删除操作，二叉搜索树可能会失去平衡，造成搜寻效率低落的情况，如图 5-7 所示。

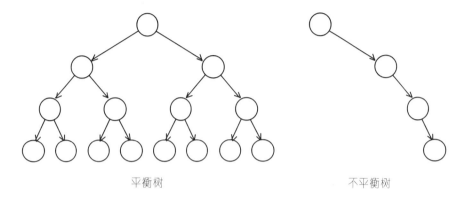

平衡树   不平衡树

图 **5-7** 树形的极度平衡与极度不平衡

所谓树形平衡与否，并没有一个绝对的测量标准。"平衡"的大致意义是：没有任何一个节点过深（深度过大）。不同的平衡条件，造就出不同的效率表现，以及不同的实现复杂度。有数种特殊结构如 AVL-tree、RB-tree、AA-tree，均可实现出平衡二叉搜索树，它们都比一般的（无法绝对维持平衡的）二叉搜索树复杂，因此，插入节点和删除节点的平均时间也比较长，但是它们可以避免极难应付的最坏（高度不平衡）情况，而且由于它们总是保持某种程度的平衡，所以元素的访问（搜寻）时间平均而言也就比较少。一般而言其搜寻时间可节省 25% 左右。

5.1.3 AVL tree（Adelson-Velskii-Landis tree）

AVL tree 是一个 "加上了额外平衡条件"的二叉搜索树。其平衡条件的建立是为了确保整棵树的深度为 O(logN)。直观上的最佳平衡条件是每个节点的左右子树有着相同的高度，但这未免太过严苛，我们很难插入新元素而又保持这样的平衡条件。AVL tree 于是退而求其次，要求任何节点的左右子树高度相差最多 1。这是一个较弱的条件，但仍能够保证 "对数深度（logarithmic depth）"平衡状态。

图 5-8 左侧所示的是一个 AVL tree，插入了节点 11 之后（图右），灰色节点违反 ATL tree 的平衡条件。由于只有 "插入点至根节点" 路径上的各节点可能改变平衡状态，因此，只要调整其中最深的那个节点，便可使整棵树重新获得平衡。

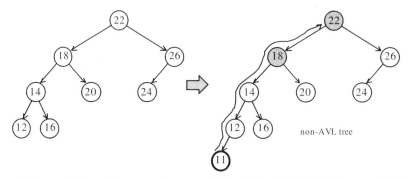

AVL tree: balanced binary search tree
任何节点的左右子树高度最多相差1

插入11之后，灰色节点违反AVL tree规则。由于只有插入点至根节点路径上的各节点可能改变平衡状态，因此，只要调整其中最深的那个，便可使整棵树重新平衡。

图 **5-8** 图左是 AVL tree。插入节点 11 后，图右灰色节点违反 ATL tree 条件

前面说过，只要调整 "插入点至根节点" 路径上，平衡状态被破坏之各节点中最深的那一个，便可使整棵树重新获得平衡。假设该最深节点为 X，由于节点最多拥有两个子节点，而所谓 "平衡被破坏" 意味着 X 的左右两棵子树的高度相差 2，因此我们可以轻易将情况分为四种（图 5-9）：

1. 插入点位于 X 的左子节点的左子树——左左。
2. 插入点位于 X 的左子节点的右子树——左右。
3. 插入点位于 X 的右子节点的左子树——右左。
4. 插入点位于 X 的右子节点的右子树——右右。

情况 1, 4 彼此对称，称为外侧（outside）插入，可以采用单旋转操作（single rotation）调整解决。情况 2, 3 彼此对称，称为内侧（inside）插入，可以采用双旋转操作（double rotation）调整解决。

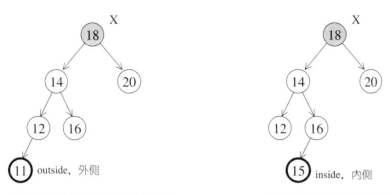

插入点在X左子节点的左子树(左左)
对称于：
插入点在X右子节点的右子树(右右)

插入点在X的左子节点的右子树(左右)
对称于：
插入点在X的右子节点的左子树(右左)

图 **5-9** AVL-tree 的四种 "平衡破坏" 情况

5.1.4 单旋转（Single Rotation）

在外侧插入状态中，k2 "插入前平衡，插入后不平衡"的唯一情况如图 5-10 左侧所示。A 子树成长了一层，致使它比 C 子树的深度多 2。B 子树不可能和 A 子树位于同一层，否则 k2 在插入前就处于不平衡状态了。B 子树也不可能和 C 子树位于同一层，否则第一个违反平衡条件的将是 k1 而不是 k2。

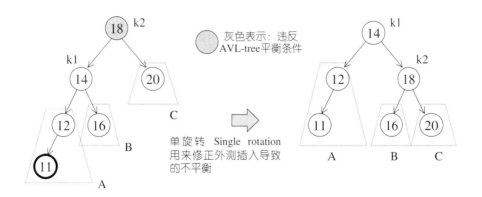

图 **5-10** 延续图 5-8 的状况，以 "单旋转" 修正外侧插入所导致的不平衡

为了调整平衡状态，我们希望将 A 子树提高一层，并将 C 子树下降一层 —— 这已经比 AVL-tree 所要求的平衡条件更进一步了。图 5-10 右侧即是调整后的情况。我们可以这么想象，把 k1 向上提起，使 k2 自然下滑，并将 B 子树挂到 k2 的左侧。这么做是因为，二叉搜索树的规则使我们知道，k2 > k1，所以 k2 必须成为新树形中的 k1 的右子节点。二叉搜索树的规则也告诉我们，B 子树的所有节点的键值都在 k1 和 k2 之间，所以新树形中的 B 子树必须落在 k2 的左侧。

以上所有调整操作都只需要将指针稍做搬移，就可迅速达成。完成后的新树形符合 AVL-tree 的平衡条件，不需再做调整。

图 5-10 所显示的是 "左左" 外侧插入。至于 "右右" 外侧插入，情况如出一辙。

5.1.5　双旋转（Double Rotation）

图 5-11 左侧为内侧插入所造成的不平衡状态。单旋转无法解决这种情况。第一，我们不能再以 k3 为根节点，其次，我们不能将 k3 和 k1 做一次单旋转，因为旋转之后还是不平衡（你不妨自行画图试试）。唯一的可能是以 k2 为新的根节点，这使得（根据二叉搜索树的规则）k1 必须成为 k2 的左子节点，k3 必须成为 k2 的右子节点，而这么一来也就完全决定了四个子树的位置。新的树形满足 AVL-tree 的平衡条件，并且，就像单旋转的情况一样，它恢复了节点插入之前的高度，因此保证不再需要任何调整。

为什么称这种调整为双旋转呢？因为它可以利用两次单旋转完成，见图 5-12。

以上所有调整操作都只需要将指针稍做搬移，就可迅速达成。完成之后的新树形符合 AVL-tree 的平衡条件，不需再做调整。

图 5-11 显示的是 "左右" 内侧插入。至于 "右左" 内侧插入，情况如出一辙。

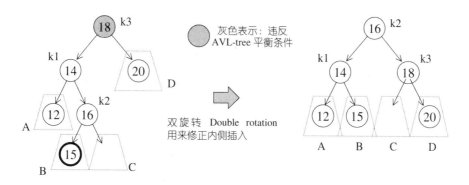

图 **5-11** 延续图 5-8 的状况，以双旋转修正因内侧插入而导致的不平衡。

本图显示的是 "左右"内侧插入。至于 "右左"内侧插入，情况如出一辙。

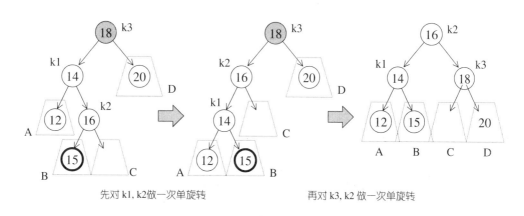

图 **5-12** 双旋转（如图 5-11）可由两次单旋转合并而成。这对编程带来不少方便。

RB-tree 是另一个被广泛使用的平衡二叉搜索树，也是 SGI STL 唯一实现的一种搜寻树，作为关联式容器（associated containers）的底部机制之用。RB-tree 的平衡条件虽然不同于 AVL-tree，但同样运用了单旋转和双旋转修正操作。下一节我将详细介绍 RB-tree。

5.2 RB-tree（红黑树）

AVL-tree 之外，另一个颇具历史并被广泛运用的平衡二叉搜索树是 RB-tree
（红黑树）。所谓 RB-tree，不仅是一个二叉搜索树，而且必须满足以下规则：

1. 每个节点不是红色就是黑色（图中深色底纹代表黑色，浅色底纹代表红色，
   下同）。

2. 根节点为黑色。

3. 如果节点为红，其子节点必须为黑。

4. 任一节点至 NULL（树尾端）的任何路径，所含之黑节点数必须相同。

根据规则 4，新增节点必须为红；根据规则 3，新增节点之父节点必须为黑。
当新节点根据二叉搜索树的规则到达其插入点，却未能符合上述条件时，就必须调
整颜色并旋转树形。见图 5-13 说明。

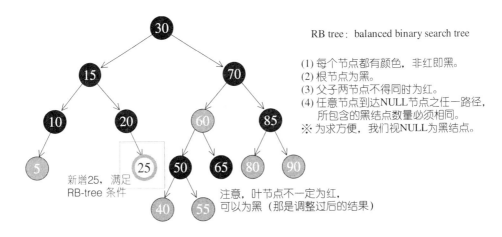

RB tree：balanced binary search tree

(1) 每个节点都有颜色，非红即黑。
(2) 根节点为黑。
(3) 父子两节点不得同时为红。
(4) 任意节点到达NULL节点之任一路径，
    所包含的黑结点数量必须相同。
※ 为求方便，我们视NULL为黑结点。

新增25，满足
RB-tree 条件

注意，叶节点不一定为红，
可以为黑（那是调整过后的结果）

根据规则(4)，新节点必须为红，根据规则(3)，新节点之父节点必须为黑。
当新节点根据二叉搜索树(binary search tree)的规则到达其插入点，
却未能符合上述条件时，就必须调整颜色并旋转树形。

图 **5-13** RB-tree 的条件与实例

5.2.1 插入节点

现在让我们延续图 5-13 的状态，插入一些新节点，看看会产生什么变化。我要举出四种不同的典型。

假设我为图 5-13 的 RB-tree 分别插入 3, 8, 35, 75，根据二叉搜索树的规则，这四个新节点的落脚处应该如图 5-14 所示。啊，是的，它们都破坏了 RB-tree 的规则，因此我们必须调整树形，也就是旋转树形并改变节点颜色。

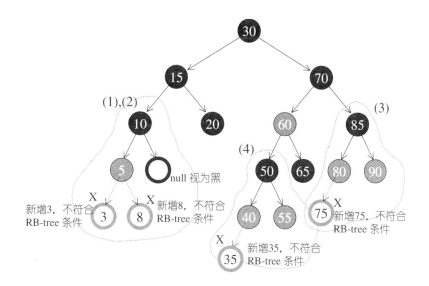

图 **5-14** 为 RB-tree 插入四个新节点：3, 8, 35, 75。新增节点必为红色，暂以空心粗框表示。不论插入 3, 8, 35, 75 之中的哪一个节点，都会破坏 RB-tree 的规则，致使我们必须旋转树形并调整节点的颜色。

为了方便讨论，让我先为某些特殊节点定义一些代名。以下讨论都将沿用这些代名。假设新节点为 X，其父节点为 P，祖父节点为 G，伯父节点（父节点之兄弟节点）为 S，曾祖父节点为 GG。现在，根据二叉搜索树的规则，新节点 X 必为叶节点。根据红黑树规则 4，**X** 必为红。若 **P** 亦为红（这就违反了规则 3，必须调整树形），则 **G** 必为黑（因为原为 RB-tree，必须遵循规则 3）。于是，根据 X 的插入位置及外围节点（S 和 GG）的颜色，有了以下四种考虑。

● 状况 1：S 为黑且 X 为外侧插入。对此情况，我们先对 P,G 做一次单旋转，并更改 P,G 颜色，即可重新满足红黑树的规则 3。见图 5-15a。

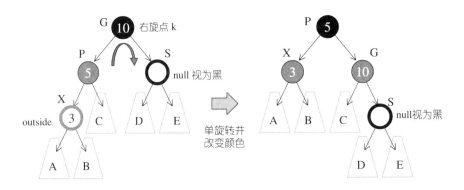

图 **5-15a** S 为黑且 X 为外侧插入。先对 P,G 做一次单旋转，
再更改 P,G 颜色，即可重新满足红黑树规则 3。

注意，此时可能产生不平衡状态(高度相差 1 以上)。例如图中的 A 和 B 为 null，D 或 E 不为 null。这倒没关系，因为 RB-tree 的平衡性本来就比 AVL-tree 弱。然而 RB-tree 通常能够导致良好的平衡状态。是的，经验告诉我们，RB-tree 的搜寻平均效率和 AVL-tree 几乎相等。

● 状况 2：S 为黑且 X 为内侧插入。对此情况，我们必须先对 P, X 做一次单旋转并更改 G, X 颜色，再将结果对 G 做一次单旋转，即可再次满足红黑树规则 3。见图 5-15b。

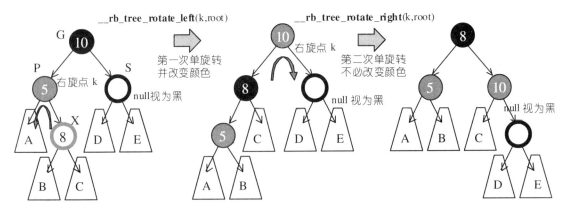

图 **5-15b** 最上方所示为 SGI `<stl_tree.h>` 所提供的函数，用于左旋或右旋。

● 状况 3：S 为红且 X 为外侧插入。对此情况，先对 P 和 G 做一次单旋转，并改变 X 的颜色。此时如果 GG 为黑，一切搞定，如图 5-15c。但如果 GG 为红，则问题就比较大些，唔…见状况 4。

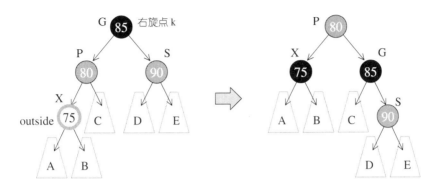

图 **5-15c** RB-tree 元素插入状况 3

● 状况 4：S 为红且 X 为外侧插入。对此情况，先对 P 和 G 做一次单旋转，并改变 X 的颜色。此时如果 GG 亦为红，还得持续往上做，直到不再有父子连续为红的情况。

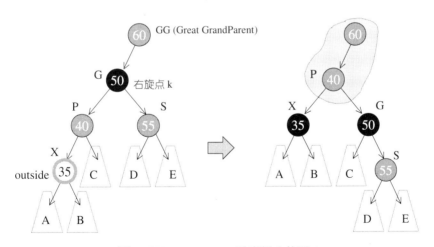

图 **5-15d** RB-tree 元素插入状况 4

5.2.2 一个由上而下的程序

为了避免状况 4 "父子节点皆为红色"的情况持续向 RB-tree 的上层结构发展，形成处理时效上的瓶颈，我们可以施行一个由上而下的程序（top-down procedure）：假设新增节点为 A，那么就延着 A 的路径，只要看到有某节点 X 的两个子节点皆为红色，就把 X 改为红色，并把两个子节点改为黑色，如图 5-15e 所示。

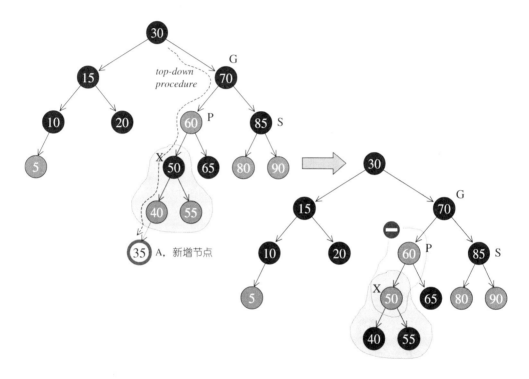

图 **5-15e** 沿着 X 的路径，由上而下修正节点颜色。

但是如果 X 的父节点 P 亦为红色（注意，此时 S 绝不可能为红），就得像状况 1 一样地做一次单旋转并改变颜色，或是像状况 2 一样地做一次双旋转并改变颜色。

在此之后，节点 35 的插入就很单纯了：要么直接插入，要么插入后（若 X 节点为红）再一次旋转（单双皆可能）即可，如图 5-15f 所示。

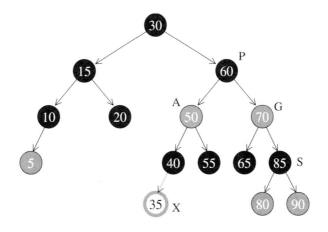

图 **5-15f**　延续图 5-15e 右侧状态，对 G, P 做一次右旋转，并改变颜色。

5.2.3　RB-tree 的节点设计

　　RB-tree 有红黑二色，并且拥有左右子节点，我们很容易就可以勾勒出其结构风貌。下面是 SGI STL 的实现源代码。为了有更大的弹性，节点分为两层，稍后图 5-17 将显示节点双层结构和迭代器双层结构的关系。

　　从以下的 minimum() 和 maximum() 函数可清楚看出，RB-tree 作为一个二叉搜索树，其极值是多么容易找到。由于 RB-tree 的各种操作时常需要上溯其父节点，所以特别在数据结构中安排了一个 parent 指针。

```
typedef bool __rb_tree_color_type;
const __rb_tree_color_type __rb_tree_red = false;  // 红色为 0
const __rb_tree_color_type __rb_tree_black = true; // 黑色为 1

struct __rb_tree_node_base
{
  typedef __rb_tree_color_type color_type;
  typedef __rb_tree_node_base* base_ptr;

  color_type color;      // 节点颜色，非红即黑
  base_ptr parent;       // RB 树的许多操作，必须知道父节点
  base_ptr left;         // 指向左节点
  base_ptr right;        // 指向右节点

  static base_ptr minimum(base_ptr x)
  {
```

```
    while (x->left != 0) x = x->left;      // 一直向左走，就会找到最小值，
    return x;                              // 这是二叉搜索树的特性
  }

  static base_ptr maximum(base_ptr x)
  {
    while (x->right != 0) x = x->right;    // 一直向右走，就会找到最大值，
    return x;                              // 这是二叉搜索树的特性
  }
};

template <class Value>
struct __rb_tree_node : public __rb_tree_node_base
{
  typedef __rb_tree_node<Value>* link_type;
  Value value_field;   // 节点值
};
```

下面是 RB-tree 的节点图标，其中将 __rb_tree_node::value_field 填为 10：

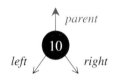

5.2.4　RB-tree 的迭代器

要成功地将 RB-tree 实现为一个泛型容器，迭代器的设计是一个关键。首先我们要考虑它的类别（category），然后要考虑它的前进（increment）、后退（decrement）、提领（dereference）、成员访问（member access）等操作。

为了更大的弹性，SGI 将 RB-tree 迭代器实现为两层，这种设计理念和 4.9 节的 slist 类似。图 5-16 所示的便是双层节点结构和双层迭代器结构之间的关系，其中主要意义是：__rb_tree_node 继承自 __rb_tree_node_base，__rb_tree_iterator 继承自 __rb_tree_base_iterator。有了这样的认识，我们就可以将迭代器稍做转型，然后解开 RB-tree 的所有奥秘[5]，追踪其一切状态。

---

[5] 因为不论是 rb-tree 的节点或迭代器，都是以 struct 完成，而 struct 的所有成员都是 public，可被外界自由取用。

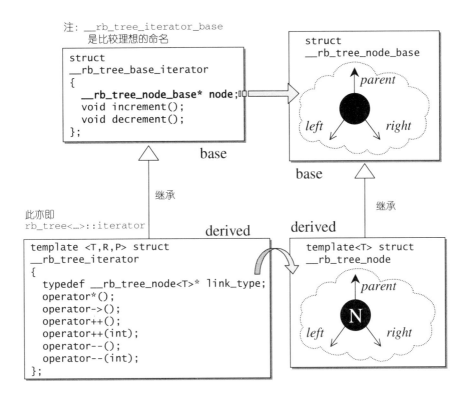

图 **5-16** RB-tree 的节点和迭代器之间的关系。

这种双层架构和 4.9 节的 slist 极相似，请参考图 4-25。

　　RB-tree 迭代器属于双向迭代器，但不具备随机定位能力，其提领操作和成员访问操作与 list 十分近似，较为特殊的是其前进和后退操作。注意，RB-tree 迭代器的前进操作 operator++() 调用了基层迭代器的 increment()，RB-tree 迭代器的后退操作 operator--() 则调用了基层迭代器的 decrement()。前进或后退的举止行为完全依据二叉搜索树的节点排列法则，再加上实现上的某些特殊技巧。我加注于这两个函数内的说明，适足以说明其操作原则。至于实现上的特殊技巧（针对根节点），稍后另有说明。

```
// 基层迭代器
struct __rb_tree_base_iterator
{
  typedef __rb_tree_node_base::base_ptr base_ptr;
  typedef bidirectional_iterator_tag iterator_category;
```

```cpp
typedef ptrdiff_t difference_type;

base_ptr node;  // 它用来与容器之间产生一个连结关系 (make a reference)

// 以下其实可实现于 operator++ 内，因为再无他处会调用此函数了
void increment()
{
  if (node->right != 0) {      // 如果有右子节点。状况(1)
    node = node->right;        // 就向右走
    while (node->left != 0)    // 然后一直往左子树走到底
      node = node->left;       // 即是解答
  }
  else {                       // 没有右子节点。状况(2)
    base_ptr y = node->parent; // 找出父节点
    while (node == y->right) { // 如果现行节点本身是个右子节点，
      node = y;                // 就一直上溯，直到 "不为右子节点" 止
      y = y->parent;
    }
    if (node->right != y)      // 若此时的右子节点不等于此时的父节点
      node = y;                // 状况(3) 此时的父节点即为解答
                               // 否则此时的 node 为解答。状况(4)
  }
  // 注意，以上判断 "若此时的右子节点不等于此时的父节点"，是为了应付一种
  // 特殊情况：我们欲寻找根节点的下一节点，而恰巧根节点无右子节点
  // 当然，以上特殊做法必须配合 RB-tree 根节点与特殊之 header 之间的
  // 特殊关系
}

// 以下其实可实现于 operator-- 内，因为再无他处会调用此函数了
void decrement()
{
  if (node->color == __rb_tree_red &&   // 如果是红节点，且
      node->parent->parent == node)     // 父节点的父节点等于自己，
    node = node->right;                  // 状况(1) 右子节点即为解答
  // 以上情况发生于 node 为 header 时（亦即 node 为 end() 时）
  // 注意，header 之右子节点即 mostright，指向整棵树的 max 节点
  else if (node->left != 0) {   // 如果有左子节点。状况(2)
    base_ptr y = node->left;    // 令 y 指向左子节点
    while (y->right != 0)       // 当 y 有右子节点时
      y = y->right;             // 一直往右子节点走到底
    node = y;                   // 最后即为答案
  }
  else {                        // 既非根节点，亦无左子节点
    base_ptr y = node->parent;  // 状况(3) 找出父节点
    while (node == y->left) {   // 当现行节点身为左子节点
      node = y;                 // 一直交替往上走，直到现行节点
      y = y->parent;           // 不为左子节点
    }
    node = y;                   // 此时之父节点即为答案
```

```
    }
  }
};

// RB-tree 的正规迭代器
template <class Value, class Ref, class Ptr>
struct __rb_tree_iterator : public __rb_tree_base_iterator
{
  typedef Value value_type;
  typedef Ref reference;
  typedef Ptr pointer;
  typedef __rb_tree_iterator<Value, Value&, Value*>     iterator;
  typedef __rb_tree_iterator<Value, const Value&, const Value*> const_iterator;
  typedef __rb_tree_iterator<Value, Ref, Ptr>   self;
  typedef __rb_tree_node<Value>* link_type;

  __rb_tree_iterator() {}
  __rb_tree_iterator(link_type x) { node = x; }
  __rb_tree_iterator(const iterator& it) { node = it.node; }

  reference operator*() const { return link_type(node)->value_field; }
#ifndef __SGI_STL_NO_ARROW_OPERATOR
  pointer operator->() const { return &(operator*()); }
#endif /* __SGI_STL_NO_ARROW_OPERATOR */

  self& operator++() { increment(); return *this; }
  self operator++(int) {
    self tmp = *this;
    increment();
    return tmp;
  }

  self& operator--() { decrement(); return *this; }
  self operator--(int) {
    self tmp = *this;
    decrement();
    return tmp;
  }
};
```

在 __rb_tree_base_iterator 的 increment() 和 decrement() 两函数中，较令人费解的是前者的状况 4 和后者的状况 1（见源代码注释标示），它们分别发生于图 5-17 所展示的状态下。

当迭代器指向根节点而后者无右子节点时，
若对迭代器进行++操作，会进入
__rb_tree_base_iterator::increment() 的状况
(2),(4)。

当迭代器为 end() 时，若对它进行 操作，会进入
__rb_tree_base_iterator::decrement() 的状况 (1)。

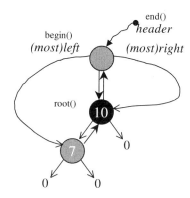

图 **5-17** increment() 和 decrement() 两函数中较令人费解的状况 4 和状况 1。
其中的 header 是实现上的特殊技巧，见稍后说明。

5.2.5　RB-tree 的数据结构

　　下面是 rb-tree 的定义。你可以看到其中定义有专属的空间配置器，每次用
来配置一个节点大小，也可以看到各种型别定义，用来维护整棵 RB-tree 的三笔数
据（其中有个仿函数，functor，用来表现节点的大小比较方式），以及一些 member
functions 的定义或声明。

```
template <class Key, class Value, class KeyOfValue, class Compare,
          class Alloc = alloc>
class rb_tree {
protected:
  typedef void* void_pointer;
  typedef __rb_tree_node_base* base_ptr;
  typedef __rb_tree_node<Value> rb_tree_node;
  typedef simple_alloc<rb_tree_node, Alloc> rb_tree_node_allocator;
  typedef __rb_tree_color_type color_type;
public:
  // 注意，没有定义 iterator (不，定义在后面!)
  typedef Key key_type;
  typedef Value value_type;
  typedef value_type* pointer;
  typedef const value_type* const_pointer;
  typedef value_type& reference;
  typedef const value_type& const_reference;
  typedef rb_tree_node* link_type;
  typedef size_t size_type;
  typedef ptrdiff_t difference_type;
protected:
```

```
link_type get_node() { return rb_tree_node_allocator::allocate(); }
void put_node(link_type p) { rb_tree_node_allocator::deallocate(p); }

link_type create_node(const value_type& x) {
  link_type tmp = get_node();              // 配置空间
  __STL_TRY {
    construct(&tmp->value_field, x);       // 构造内容
  }
  __STL_UNWIND(put_node(tmp));
  return tmp;
}

link_type clone_node(link_type x) {        // 复制一个节点（的值和色）
  link_type tmp = create_node(x->value_field);
  tmp->color = x->color;
  tmp->left = 0;
  tmp->right = 0;
  return tmp;
}

void destroy_node(link_type p) {
  destroy(&p->value_field);     // 析构内容
  put_node(p);                  // 释放内存
}

protected:
  // RB-tree 只以三笔数据表现
  size_type node_count;  // 追踪记录树的大小（节点数量）
  link_type header;      // 这是实现上的一个技巧
  Compare key_compare;   // 节点间的键值大小比较准则。应该会是个 function object

  // 以下三个函数用来方便取得 header 的成员
  link_type& root() const { return (link_type&) header->parent; }
  link_type& leftmost() const { return (link_type&) header->left; }
  link_type& rightmost() const { return (link_type&) header->right; }

  // 以下六个函数用来方便取得节点 x 的成员
  static link_type& left(link_type x)
    { return (link_type&)(x->left); }
  static link_type& right(link_type x)
    { return (link_type&)(x->right); }
  static link_type& parent(link_type x)
    { return (link_type&)(x->parent); }
  static reference value(link_type x)
    { return x->value_field; }
  static const Key& key(link_type x)
    { return KeyOfValue()(value(x)); }
  static color_type& color(link_type x)
    { return (color_type&)(x->color); }
```

```
// 以下六个函数用来方便取得节点 x 的成员
static link_type& left(base_ptr x)
  { return (link_type&)(x->left); }
static link_type& right(base_ptr x)
  { return (link_type&)(x->right); }
static link_type& parent(base_ptr x)
  { return (link_type&)(x->parent); }
static reference value(base_ptr x)
  { return ((link_type)x)->value_field; }
static const Key& key(base_ptr x)
  { return KeyOfValue()(value(link_type(x)));}
static color_type& color(base_ptr x)
  { return (color_type&)(link_type(x)->color); }

// 求取极大值和极小值。node class 有实现此功能，交给它们完成即可
static link_type minimum(link_type x) {
  return (link_type) __rb_tree_node_base::minimum(x);
}
static link_type maximum(link_type x) {
  return (link_type) __rb_tree_node_base::maximum(x);
}

public:
  typedef __rb_tree_iterator<value_type, reference, pointer> iterator;

private:
  iterator __insert(base_ptr x, base_ptr y, const value_type& v);
  link_type __copy(link_type x, link_type p);
  void __erase(link_type x);
  void init() {
    header = get_node();    // 产生一个节点空间，令 header 指向它
    color(header) = __rb_tree_red; // 令 header 为红色，用来区分 header
                            // 和 root, 在 iterator.operator-- 之中
    root() = 0;
    leftmost() = header;    // 令 header 的左子节点为自己
    rightmost() = header;   // 令 header 的右子节点为自己
  }

public:
                            // allocation/deallocation
  rb_tree(const Compare& comp = Compare())
    : node_count(0), key_compare(comp) { init(); }

  ~rb_tree() {
    clear();
    put_node(header);
  }
  rb_tree<Key, Value, KeyOfValue, Compare, Alloc>&
```

```
  operator=(const rb_tree<Key, Value, KeyOfValue, Compare, Alloc>& x);

public:
                              // accessors:
  Compare key_comp() const { return key_compare; }
  iterator begin() { return leftmost(); }  // RB 树的起头为最左（最小）节点处
  iterator end() { return header; }  // RB 树的终点为 header 所指处
  bool empty() const { return node_count == 0; }
  size_type size() const { return node_count; }
  size_type max_size() const { return size_type(-1); }

public:
                              // insert/erase
  // 将 x 插入到 RB-tree 中（保持节点值独一无二）
  pair<iterator,bool> insert_unique(const value_type& x);
  // 将 x 插入到 RB-tree 中（允许节点值重复）。
  iterator insert_equal(const value_type& x);
...
};
```

5.2.6 RB-tree 的构造与内存管理

下面是 RB-tree 所定义的专属空间配置器 rb_tree_node_allocator，每次可恰恰配置一个节点。它所使用的 simple_alloc<> 定义于第二章：

```
template <class Key, class Value, class KeyOfValue, class Compare,
          class Alloc = alloc>
class rb_tree {
protected:
  typedef __rb_tree_node<Value> rb_tree_node;
  typedef simple_alloc<rb_tree_node, Alloc> rb_tree_node_allocator;
...
};
```

先前所列的程序片段也显示了数个节点相关函数，如 get_node(), put_node(), create_node(), clone_node(), destroy_node()。

RB-tree 的构造方式有两种，一种是以现有的 RB-tree 复制一个新的 RB-tree，另一种是产生一棵空空如也的树，如下所示：

```
rb_tree<int, int, identity<int>, less<int> > itree;⁶
```

这行程序代码分别指定了节点的键值、实值、大小比较标准… 然后调用
RB-tree 的 default constructor：

```
rb_tree(const Compare& comp = Compare())
  : node_count(0), key_compare(comp) { init(); }
```

其中的 init() 是实现技巧上的一个关键点：

```
private:
  void init() {
    header = get_node();    // 产生一个节点空间，令 header 指向它
    color(header) = __rb_tree_red; // 令 header 为红色，用来区分 header
                              // 和 root（在 iterator.operator++ 中）
    root() = 0;
    leftmost() = header;    // 令 header 的左子节点为自己
    rightmost() = header;   // 令 header 的右子节点为自己
  }
```

我们知道，树状结构的各种操作，最需注意的就是边界情况的发生，也就是走
到根节点时要有特殊的处理。为了简化处理，SGI STL 特别为根节点再设计一个父
节点，名为 header，并令其初始状态如图 5-18 所示。

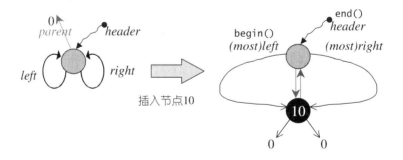

注意，header和root互为对方的父节点，这是一种实现技巧

图 **5-18**　图左是 RB-tree 的初始状态，图右为加入第一个节点后的状态。

---

6 注意，RB-tree 并未明列于 STL 标准规格之中，我们能够这么用，是因为我们现在
已经相当了解 SGI STL。

接下来，每当插入新节点时，不但要依照 RB-tree 的规则来调整，并且维护 header 的正确性，使其父节点指向根节点，左子节点指向最小节点，右子节点指向最大节点。节点的插入所带来的影响，是下一小节的描述重点。

5.2.7 RB-tree 的元素操作

本节主要只谈元素（节点）的插入和搜寻。RB-tree 提供两种插入操作：insert_unique() 和 insert_equal()，前者表示被插入节点的键值（*key*）在整棵树中必须独一无二（因此，如果树中已存在相同的键值，插入操作就不会真正进行），后者表示被插入节点的键值在整棵树中可以重复，因此，无论如何插入都会成功（除非空间不足导致配置失败）。这两个函数都有数个版本，以下以最简单的版本（单一参数，用以表现将被插入的节点实值（*value*））作为说明对象。注意，虽然只指定实值，但 RB-tree 一开始即要求用户必须明确设定所谓的 KeyOfValue 仿函数，因此，从实值（*value*）中取出键值（*key*）是毫无问题的。

元素插入操作 insert_equal( )

```
// 插入新值；节点键值允许重复
// 注意，返回值是一个 RB-tree 迭代器，指向新增节点
template <class Key, class Value, class KeyOfValue, class Compare, class Alloc>
typename rb_tree<Key, Value, KeyOfValue, Compare, Alloc>::iterator
rb_tree<Key, Value, KeyOfValue, Compare, Alloc>::insert_equal(const Value& v)
{
  link_type y = header;
  link_type x = root();       // 从根节点开始
  while (x != 0) {            // 从根节点开始，往下寻找适当的插入点
    y = x;
    x = key_compare(KeyOfValue()(v), key(x)) ? left(x) : right(x);
    // 以上，遇 "大" 则往左，遇 "小于或等于" 则往右
  }
  return __insert(x, y, v);
  // 以上，x 为新值插入点，y 为插入点之父节点，v 为新值
}
```

元素插入操作 insert_unique( )

```
// 插入新值：节点键值不允许重复，若重复则插入无效
// 注意，返回值是个 pair，第一元素是个 RB-tree 迭代器，指向新增节点，
// 第二元素表示插入成功与否
template <class Key, class Value, class KeyOfValue,
          class Compare, class Alloc>
pair<typename rb_tree<Key, Value, KeyOfValue, Compare, Alloc>::iterator,
     bool>
rb_tree<Key, Value, KeyOfValue, Compare, Alloc>::
    insert_unique(const Value& v)
{
  link_type y = header;
  link_type x = root();      // 从根节点开始
  bool comp = true;
  while (x != 0) {                    // 从根节点开始，往下寻找适当的插入点
    y = x;
    comp = key_compare(KeyOfValue()(v), key(x));  // v 键值小于目前节点之键值？
    x = comp ? left(x) : right(x);    // 遇 "大" 则往左，遇 "小于或等于" 则往右
  }
  // 离开 while 循环之后，y 所指即插入点之父节点（此时的它必为叶节点）

  iterator j = iterator(y);    // 令迭代器 j 指向插入点之父节点 y
  if (comp)   // 如果离开 while 循环时 comp 为真（表示遇 "大"，将插入于左侧）
    if (j == begin())    // 如果插入点之父节点为最左节点
      return pair<iterator,bool>(__insert(x, y, v), true);
      // 以上，x 为插入点，y 为插入点之父节点，v 为新值
    else // 否则（插入点之父节点不为最左节点）
      --j;     // 调整 j，回头准备测试...
  if (key_compare(key(j.node), KeyOfValue()(v)))
    // 新键值不与既有节点之键值重复，于是以下执行安插操作
    return pair<iterator,bool>(__insert(x, y, v), true);
    // 以上，x 为新值插入点，y 为插入点之父节点，v 为新值

  // 进行至此，表示新值一定与树中键值重复，那么就不该插入新值
  return pair<iterator,bool>(j, false);
}
```

真正的插入执行程序 __insert( )

```
template <class Key, class Value, class KeyOfValue,
          class Compare, class Alloc>
typename rb_tree<Key, Value, KeyOfValue, Compare, Alloc>::iterator
rb_tree<Key, Value, KeyOfValue, Compare, Alloc>::
    __insert(base_ptr x_, base_ptr y_, const Value& v) {
// 参数 x_ 为新值插入点，参数 y_ 为插入点之父节点，参数 v 为新值
  link_type x = (link_type) x_;
  link_type y = (link_type) y_;
```

```
    link_type z;

    // key_compare 是键值大小比较准则。应该会是个 function object
    if (y == header || x != 0 || key_compare(KeyOfValue()(v), key(y))) {
      z = create_node(v);   // 产生一个新节点
      left(y) = z;          // 这使得当 y 即为 header 时，leftmost() = z
      if (y == header) {
        root() = z;
        rightmost() = z;
      }
      else if (y == leftmost())   // 如果 y 为最左节点
        leftmost() = z;           // 维护 leftmost()，使它永远指向最左节点
    }
    else {
      z = create_node(v);         // 产生一个新节点
      right(y) = z;               // 令新节点成为插入点之父节点 y 的右子节点
      if (y == rightmost())
        rightmost() = z;          // 维护 rightmost()，使它永远指向最右节点
    }
    parent(z) = y;        // 设定新节点的父节点
    left(z) = 0;          // 设定新节点的左子节点
    right(z) = 0;         // 设定新节点的右子节点
                          // 新节点的颜色将在 __rb_tree_rebalance() 设定（并调整）
    __rb_tree_rebalance(z, header->parent);// 参数一为新增节点，参数二为 root
    ++node_count;         // 节点数累加
    return iterator(z); // 返回一个迭代器，指向新增节点
  }
```

调整 RB-tree（旋转及改变颜色）

任何插入操作，于节点插入完毕后，都要做一次调整操作，将树的状态调整到符合 RB-tree 的要求。__rb_tree_rebalance() 是具备如此能力的一个全局函数：

```
// 全局函数
// 重新令树形平衡（改变颜色及旋转树形）
// 参数一为新增节点，参数二为 root
inline void
__rb_tree_rebalance(__rb_tree_node_base* x, __rb_tree_node_base*& root)
{
  x->color = __rb_tree_red;       // 新节点必为红
  while (x != root && x->parent->color == __rb_tree_red) { // 父节点为红
    if (x->parent == x->parent->parent->left) { // 父节点为祖父节点之左子节点
      __rb_tree_node_base* y = x->parent->parent->right;// 令 y 为伯父节点
      if (y && y->color == __rb_tree_red) {       // 伯父节点存在，且为红
        x->parent->color = __rb_tree_black;       // 更改父节点为黑
        y->color = __rb_tree_black;               // 更改伯父节点为黑
        x->parent->parent->color = __rb_tree_red; // 更改祖父节点为红
        x = x->parent->parent;
```

```
    }
    else {  // 无伯父节点，或伯父节点为黑
      if (x == x->parent->right) { // 如果新节点为父节点之右子节点
        x = x->parent;
        __rb_tree_rotate_left(x, root); // 第一参数为左旋点
      }
      x->parent->color = __rb_tree_black;    // 改变颜色
      x->parent->parent->color = __rb_tree_red;
      __rb_tree_rotate_right(x->parent->parent, root); // 第一参数为右旋点
    }
  }
  else {    // 父节点为祖父节点之右子节点
    __rb_tree_node_base* y = x->parent->parent->left; // 令 y 为伯父节点
    if (y && y->color == __rb_tree_red) {        // 有伯父节点，且为红
      x->parent->color = __rb_tree_black;        // 更改父节点为黑
      y->color = __rb_tree_black;                // 更改伯父节点为黑
      x->parent->parent->color = __rb_tree_red;  // 更改祖父节点为红
      x = x->parent->parent;      // 准备继续往上层检查
    }
    else {  // 无伯父节点，或伯父节点为黑
      if (x == x->parent->left) {   // 如果新节点为父节点之左子节点
        x = x->parent;
        __rb_tree_rotate_right(x, root);        // 第一参数为右旋点
      }
      x->parent->color = __rb_tree_black;       // 改变颜色
      x->parent->parent->color = __rb_tree_red;
      __rb_tree_rotate_left(x->parent->parent, root); // 第一参数为左旋点
    }
  }
 } // while 结束
 root->color = __rb_tree_black;        // 根节点永远为黑
}
```

这个树形调整操作，就是 5.2.2 节所说的那个 "由上而下的程序"。从源代码
清楚可见，某些时候只需调整节点颜色，某些时候要做单旋转，某些时候要做双旋转
（两次单旋转）；某些时候要左旋，某些时候要右旋。下面是左旋函数和右旋函数：

```
// 全局函数
// 新节点必为红节点。如果插入处之父节点亦为红节点，就违反红黑树规则，此时可能
// 需做树形旋转（及颜色改变，在程序它处）
inline void
__rb_tree_rotate_left(__rb_tree_node_base* x,
                       __rb_tree_node_base*& root)
{
  // x 为旋转点
  __rb_tree_node_base* y = x->right; // 令 y 为旋转点的右子节点
  x->right = y->left;
  if (y->left !=0)
```

```
    y->left->parent = x;          // 别忘了回马枪设定父节点
  y->parent = x->parent;

  // 令 y 完全顶替 x 的地位（必须将 x 对其父节点的关系完全接收过来）
  if (x == root)                    // x 为根节点
    root = y;
  else if (x == x->parent->left)    // x 为其父节点的左子节点
    x->parent->left = y;
  else                              // x 为其父节点的右子节点
    x->parent->right = y;
  y->left = x;
  x->parent = y;
}
```

```
// 全局函数
// 新节点必为红节点。如果插入处之父节点亦为红节点，就违反红黑树规则，此时必须
// 做树形旋转（及颜色改变，在程序其它处）
inline void
__rb_tree_rotate_right(__rb_tree_node_base* x,
                       __rb_tree_node_base*& root)
{
  // x 为旋转点
  __rb_tree_node_base* y = x->left;  // y 为旋转点的左子节点
  x->left = y->right;
  if (y->right != 0)
    y->right->parent = x;    // 别忘了回马枪设定父节点
  y->parent = x->parent;

  // 令 y 完全顶替 x 的地位（必须将 x 对其父节点的关系完全接收过来）
  if (x == root)                    // x 为根节点
    root = y;
  else if (x == x->parent->right)   // x 为其父节点的右子节点
    x->parent->right = y;
  else                              // x 为其父节点的左子节点
    x->parent->left = y;
  y->right = x;
  x->parent = y;
}
```

　　下面是客户端程序连续插入数个元素到 **RB-tree** 中并加以测试的过程：

```
// file: 5rbtree-test.cpp
rb_tree<int, int, identity<int>, less<int> > itree;
  cout << itree.size() << endl;      // 0
```

```
// 以下注释中所标示的函数名称，是我修改 <stl_tree.h>7，令三个函数
// 打印出函数名称而后得
itree.insert_unique(10);        // __rb_tree_rebalance
itree.insert_unique(7);         // __rb_tree_rebalance
itree.insert_unique(8);         // __rb_tree_rebalance
                                     //  __rb_tree_rotate_left
                                     //  __rb_tree_rotate_right
itree.insert_unique(15);        // __rb_tree_rebalance
itree.insert_unique(5);         // __rb_tree_rebalance
itree.insert_unique(6);         // __rb_tree_rebalance
                                     //  __rb_tree_rotate_left
                                     //  __rb_tree_rotate_right
itree.insert_unique(11);        // __rb_tree_rebalance
                                     //  __rb_tree_rotate_right
                                     //  __rb_tree_rotate_left
itree.insert_unique(13);        // __rb_tree_rebalance
itree.insert_unique(12);        // __rb_tree_rebalance
                                     //  __rb_tree_ rotate_right
cout << itree.size() << endl;   // 9
for(; ite1 != ite2; ++ite1)
    cout << *ite1 << ' ';  // 5 6 7 8 10 11 12 13 15
cout << endl;

// 测试颜色和operator++ (亦即 __rb_tree_iterator_base::increment)
rb_tree<int, int, identity<int>, less<int> >::iterator
  ite1=itree.begin();
rb_tree<int, int, identity<int>, less<int> >::iterator
  ite2=itree.end();
__rb_tree_base_iterator rbtite;8

for(; ite1 != ite2; ++ite1) {
    rbtite = __rb_tree_base_iterator(ite1);
    // 以上，向上转型 up-casting，永远没问题。见《多型与虚拟 2/e》第三章
    cout << *ite1 << '(' << rbtite.node->color << ") ";
}
cout << endl;
// 结果: 5(0) 6(1) 7(0) 8(1) 10(1) 11(0) 12(0) 13(1) 15(0)
```

图 5-19 是上述程序操作的完整图标，一步一步展现 RB-tree 的成长与调整。

---

7 注意，如果你要像我一样，修改 SGI STL 源代码，请注意备份并谨慎行事。

8 __rb_tree_base_iterator 是 SGI STL 内部使用的东西。此处为了测试（为了直接取得节点颜色），所以在程序中取用之。当然这是完全合法的，不需修改任何 STL 源代码。

元素的搜寻

RB-tree 是一个二叉搜索树，元素的搜寻正是其拿手项目。以下是 RB-tree
提供的 find 函数：

```cpp
// 寻找 RB 树中是否有键值为 k 的节点
template <class Key, class Value, class KeyOfValue, class Compare, class Alloc>
typename rb_tree<Key, Value, KeyOfValue, Compare, Alloc>::iterator
rb_tree<Key, Value, KeyOfValue, Compare, Alloc>::find(const Key& k) {
  link_type y = header;      // Last node which is not less than k.
  link_type x = root();      // Current node.

  while (x != 0)
    // 以下，key_compare 是节点键值大小比较准则。应该会是个 function object。
    if (!key_compare(key(x), k))
      // 进行到这里，表示 x 键值大于 k。遇到大值就向左走
      y = x, x = left(x);    // 注意语法！
    else
      // 进行到这里，表示 x 键值小于 k。遇到小值就向右走
      x = right(x);

  iterator j = iterator(y);
  return (j == end() || key_compare(k, key(j.node))) ? end() : j;
}
```

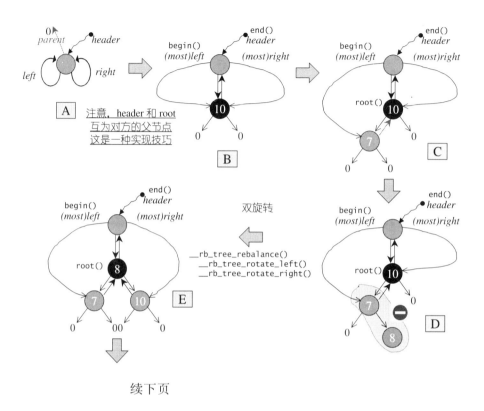

A 注意，header 和 root
互为对方的父节点
这是一种实现技巧

双旋转

__rb_tree_rebalance()
__rb_tree_rotate_left()
__rb_tree_rotate_right()

续下页

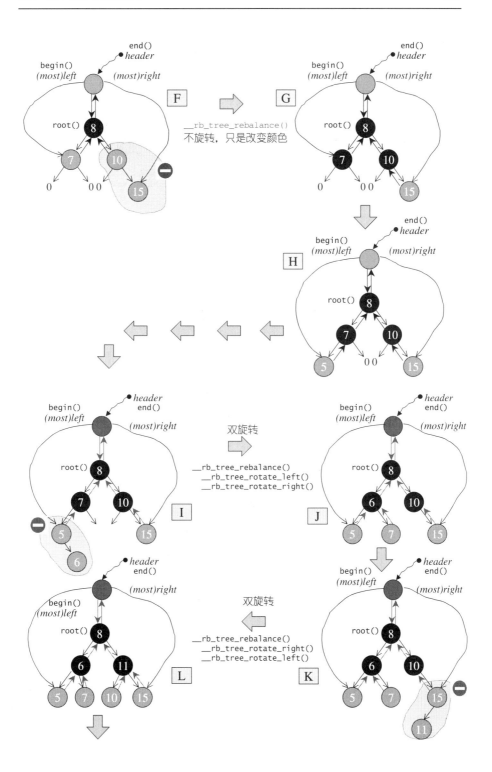

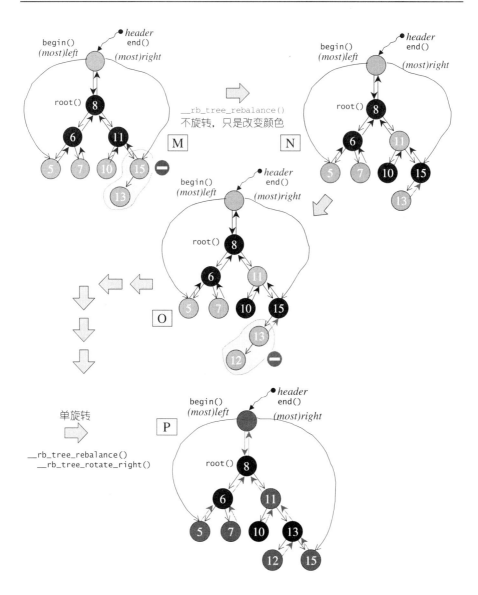

图 **5-19** 依序将 10,7,8,15,5,6,11,13,12 插入至 RB-tree，一步一步的成长与调整。
此图根据前述之 5rbtree-test.cpp 实例绘制而成。

5.3 set

set 的特性是，所有元素都会根据元素的键值自动被排序。set 的元素不像 map 那样可以同时拥有实值（*value*）和键值（*key*），set 元素的键值就是实值，实值就是键值。set 不允许两个元素有相同的键值。

我们可以通过 set 的迭代器改变 set 的元素值吗？不行，因为 set 元素值就是其键值，关系到 set 元素的排列规则。如果任意改变 set 元素值，会严重破坏 set 组织。稍后你会在 set 源代码之中看到，set<T>::iterator 被定义为底层 RB-tree 的 const_iterator，杜绝写入操作。换句话说，set iterators 是一种 constant iterators（相对于 mutable iterators）。

set 拥有与 list 相同的某些性质：当客户端对它进行元素新增操作（insert）或删除操作（erase）时，操作之前的所有迭代器，在操作完成之后都依然有效。当然，被删除的那个元素的迭代器必然是个例外。

STL 特别提供了一组 set/multiset 相关算法，包括交集 set_intersection、联集 set_union、差集 set_difference、对称差集 set_symmetric_difference，详见 6.5 节。

由于 RB-tree 是一种平衡二叉搜索树,自动排序的效果很不错,所以标准的 STL set 即以 RB-tree 为底层机制**9**。又由于 set 所开放的各种操作接口，RB-tree 也都提供了，所以几乎所有的 set 操作行为，都只是转调用 RB-tree 的操作行为而已。

下面是 set 的源代码摘录,其中的注释几乎说明了一切,本节不再另做文字解释。

```
template <class Key,
          class Compare = less<Key>,      // 缺省情况下采用递增排序
          class Alloc = alloc>
class set {
public:
  // typedefs:
```

---

9 SGI 另提供一种以 hash-table 为底层机制的 set，称为 hash_set，详见 5.8 节。

```
  typedef Key key_type;
  typedef Key value_type;
  // 注意，以下 key_compare 和 value_compare 使用同一个比较函数
  typedef Compare key_compare;
  typedef Compare value_compare;
private:
  // 注意，以下的 identity 定义于 <stl_function.h>，参见第 7 章，其定义为:
  /*
    template <class T>
    struct identity : public unary_function<T, T> {
      const T& operator()(const T& x) const { return x; }
    };
  */
  typedef rb_tree<key_type, value_type,
                  identity<value_type>, key_compare, Alloc> rep_type;
  rep_type t;  // 采用红黑树（RB-tree）来表现 set
public:
  typedef typename rep_type::const_pointer pointer;
  typedef typename rep_type::const_pointer const_pointer;
  typedef typename rep_type::const_reference reference;
  typedef typename rep_type::const_reference const_reference;
  typedef typename rep_type::const_iterator iterator;
  // 注意上一行，iterator 定义为 RB-tree 的 const_iterator，这表示 set 的
  // 迭代器无法执行写入操作。这是因为 set 的元素有一定次序安排
  // 不允许用户在任意处进行写入操作
  typedef typename rep_type::const_iterator const_iterator;
  typedef typename rep_type::const_reverse_iterator reverse_iterator;
  typedef typename rep_type::const_reverse_iterator const_reverse_iterator;
  typedef typename rep_type::size_type size_type;
  typedef typename rep_type::difference_type difference_type;

  // allocation/deallocation
  // 注意，set 一定使用 RB-tree 的 insert_unique() 而非 insert_equal()
  // multiset 才使用 RB-tree 的 insert_equal()
  // 因为 set 不允许相同键值存在，multiset 才允许相同键值存在
  set() : t(Compare()) {}
  explicit set(const Compare& comp) : t(comp) {}

  template <class InputIterator>
  set(InputIterator first, InputIterator last)
    : t(Compare()) { t.insert_unique(first, last); }

  template <class InputIterator>
  set(InputIterator first, InputIterator last, const Compare& comp)
    : t(comp) { t.insert_unique(first, last); }

  set(const set<Key, Compare, Alloc>& x) : t(x.t) {}
  set<Key, Compare, Alloc>& operator=(const set<Key, Compare, Alloc>& x) {
    t = x.t;
```

```
    return *this;
  }

  // 以下所有的 set 操作行为，RB-tree 都已提供，所以 set 只要传递调用即可

  // accessors:
  key_compare key_comp() const { return t.key_comp(); }
  // 以下注意，set 的 value_comp() 事实上为 RB-tree 的 key_comp()
  value_compare value_comp() const { return t.key_comp(); }
  iterator begin() const { return t.begin(); }
  iterator end() const { return t.end(); }
  reverse_iterator rbegin() const { return t.rbegin(); }
  reverse_iterator rend() const { return t.rend(); }
  bool empty() const { return t.empty(); }
  size_type size() const { return t.size(); }
  size_type max_size() const { return t.max_size(); }
  void swap(set<Key, Compare, Alloc>& x) { t.swap(x.t); }

  // insert/erase
  typedef pair<iterator, bool> pair_iterator_bool;
  pair<iterator,bool> insert(const value_type& x) {
    pair<typename rep_type::iterator, bool> p = t.insert_unique(x);
    return pair<iterator, bool>(p.first, p.second);
  }
  iterator insert(iterator position, const value_type& x) {
    typedef typename rep_type::iterator rep_iterator;
    return t.insert_unique((rep_iterator&)position, x);
  }
  template <class InputIterator>
  void insert(InputIterator first, InputIterator last) {
    t.insert_unique(first, last);
  }
  void erase(iterator position) {
    typedef typename rep_type::iterator rep_iterator;
    t.erase((rep_iterator&)position);
  }
  size_type erase(const key_type& x) {
    return t.erase(x);
  }
  void erase(iterator first, iterator last) {
    typedef typename rep_type::iterator rep_iterator;
    t.erase((rep_iterator&)first, (rep_iterator&)last);
  }
  void clear() { t.clear(); }

  // set operations:
  iterator find(const key_type& x) const { return t.find(x); }
  size_type count(const key_type& x) const { return t.count(x); }
  iterator lower_bound(const key_type& x) const {
```

```
        return t.lower_bound(x);
    }
    iterator upper_bound(const key_type& x) const {
      return t.upper_bound(x);
    }
    pair<iterator,iterator> equal_range(const key_type& x) const {
      return t.equal_range(x);
    }
    // 以下的 __STL_NULL_TMPL_ARGS 被定义为 <>，详见 1.9.1 节
    friend bool operator== __STL_NULL_TMPL_ARGS (const set&, const set&);
    friend bool operator<  __STL_NULL_TMPL_ARGS (const set&, const set&);
};

template <class Key, class Compare, class Alloc>
inline bool operator==(const set<Key, Compare, Alloc>& x,
                       const set<Key, Compare, Alloc>& y) {
  return x.t == y.t;
}

template <class Key, class Compare, class Alloc>
inline bool operator<(const set<Key, Compare, Alloc>& x,
                      const set<Key, Compare, Alloc>& y) {
  return x.t < y.t;
}
```

　　下面是一个小小的 set 测试程序：

```
// file: 5set-test.cpp
#include <set>
#include <iostream>
using namespace std;

int main()
{
  int i;
  int ia[5] = { 0,1,2,3,4};
  set<int> iset(ia, ia+5);

  cout << "size=" << iset.size() << endl;          // size=5
  cout << "3 count=" << iset.count(3) << endl;     // 3 count=1
  iset.insert(3);
  cout << "size=" << iset.size() << endl;          // size=5
  cout << "3 count=" << iset.count(3) << endl;     // 3 count=1
  iset.insert(5);
  cout << "size=" << iset.size() << endl;          // size=6
  cout << "3 count=" << iset.count(3) << endl;     // 3 count=1
  iset.erase(1);
  cout << "size=" << iset.size() << endl;          // size=5
```

```
cout << "3 count=" << iset.count(3) << endl;      // 3 count=1
cout << "1 count=" << iset.count(1) << endl;      // 1 count=0

set<int>::iterator ite1=iset.begin();
set<int>::iterator ite2=iset.end();
for(; ite1 != ite2; ++ite1)
    cout << *ite1;
cout << endl;                                     // 0 2 3 4 5


// 使用 STL 算法 find() 来搜寻元素，可以有效运作，但不是好办法
ite1 = find(iset.begin(), iset.end(), 3);
if (ite1 != iset.end())
    cout << "3 found" << endl;                    // 3 found

ite1 = find(iset.begin(), iset.end(), 1);
if (ite1 == iset.end())
    cout << "1 not found" << endl;                // 1 not found

// 面对关联式容器，应该使用其所提供的 find 函数来搜寻元素，会比
// 使用 STL 算法 find() 更有效率。因为 STL 算法 find() 只是循序搜寻
ite1 = iset.find(3);
if (ite1 != iset.end())
    cout << "3 found" << endl;                    // 3 found

ite1 = iset.find(1);
if (ite1 == iset.end())
    cout << "1 not found" << endl;                // 1 not found

// 企图通过迭代器来改变 set 元素，是不被允许的
*ite1 = 9;   // error, assignment of read-only location
}
```

5.4　map

　　map 的特性是，所有元素都会根据元素的键值自动被排序。map 的所有元素都是 pair，同时拥有实值（*value*）和键值（*key*）。pair 的第一元素被视为键值，第二元素被视为实值。map 不允许两个元素拥有相同的键值。下面是<stl_pair.h>中的 pair 定义：

```
template <class T1, class T2>
struct pair {
  typedef T1 first_type;
  typedef T2 second_type;

  T1 first;        // 注意，它是 public
  T2 second;       // 注意，它是 public
```

```
    pair() : first(T1()), second(T2()) {}
    pair(const T1& a, const T2& b) : first(a), second(b) {}
};
```

我们可以通过 map 的迭代器改变 map 的元素内容吗？如果想要修正元素的键值，答案是不行，因为 map 元素的键值关系到 map 元素的排列规则。任意改变 map 元素键值将会严重破坏 map 组织。但如果想要修正元素的实值，答案是可以，因为 map 元素的实值并不影响 map 元素的排列规则。因此，map iterators 既不是一种 constant iterators，也不是一种 mutable iterators。

map 拥有和 list 相同的某些性质：当客户端对它进行元素新增操作（insert）或删除操作（erase）时，操作之前的所有迭代器，在操作完成之后都依然有效。当然，被删除的那个元素的迭代器必然是个例外。

由于 RB-tree 是一种平衡二叉搜索树，自动排序的效果很不错，所以标准的 STL map 即以 RB-tree 为底层机制[10]。又由于 map 所开放的各种操作接口，RB-tree 也都提供了，所以几乎所有的 map 操作行为，都只是转调用 RB-tree 的操作行为而已。

图 5-20 说明 map 的架构。下页是 map 源代码摘录，其中注释说明了一切。

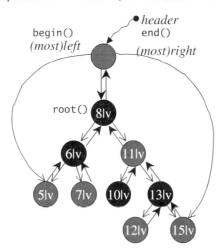

图 **5-20**   SGI STL map 以红黑树为底层机制，每个节点的内容是一个 pair
　　　　pair 的第一元素被视为键值（key），第二元素被视为实值（value）

---

10 SGI 另提供一种以 hash table 为底层机制的 map，称为 hash_map，详见 5.9 节。

```
    // 注意，以下 Key 为键值（key）型别，T 为实值（value）型别

template <class Key, class T,
          class Compare = less<Key>,        // 缺省采用递增排序
          class Alloc = alloc>
class map {
public:

  // typedefs:
  typedef Key key_type;        // 键值型别
  typedef T data_type;         // 数据（实值）型别
  typedef T mapped_type;       //
  typedef pair<const Key, T> value_type; // 元素型别（键值/实值）
  typedef Compare key_compare;   // 键值比较函数

  // 以下定义一个 functor，其作用就是调用 “元素比较函数”
  class value_compare
    : public binary_function<value_type, value_type, bool> {
  friend class map<Key, T, Compare, Alloc>;
  protected :
    Compare comp;
    value_compare(Compare c) : comp(c) {}
  public:
    bool operator()(const value_type& x, const value_type& y) const {
      return comp(x.first, y.first);
    }
  };

private:
  // 以下定义表述型别（representation type）。以 map 元素型别（一个 pair）
  // 的第一型别，作为 RB-tree 节点的键值型别
  typedef rb_tree<key_type, value_type,
                  select1st<value_type>, key_compare, Alloc> rep_type;
  rep_type t;   // 以红黑树（RB-tree）表现 map
public:
  typedef typename rep_type::pointer pointer;
  typedef typename rep_type::const_pointer const_pointer;
  typedef typename rep_type::reference reference;
  typedef typename rep_type::const_reference const_reference;
  typedef typename rep_type::iterator iterator;
  // 注意上一行，map 并不像 set 一样将 iterator 定义为 RB-tree 的
  // const_iterator。因为它允许用户通过其迭代器修改元素的实值（value）
  typedef typename rep_type::const_iterator const_iterator;
  typedef typename rep_type::reverse_iterator reverse_iterator;
  typedef typename rep_type::const_reverse_iterator const_reverse_iterator;
  typedef typename rep_type::size_type size_type;
  typedef typename rep_type::difference_type difference_type;

  // allocation/deallocation
```

```
// 注意， map 一定使用底层 RB-tree 的 insert_unique() 而非 insert_equal()
// multimap 才使用 insert_equal()
// 因为 map 不允许相同键值存在，multimap 才允许相同键值存在

map() : t(Compare()) {}
explicit map(const Compare& comp) : t(comp) {}

template <class InputIterator>
map(InputIterator first, InputIterator last)
  : t(Compare()) { t.insert_unique(first, last); }

template <class InputIterator>
map(InputIterator first, InputIterator last, const Compare& comp)
  : t(comp) { t.insert_unique(first, last); }

map(const map<Key, T, Compare, Alloc>& x) : t(x.t) {}
map<Key, T, Compare, Alloc>& operator=(const map<Key, T, Compare, Alloc>& x)
{
  t = x.t;
  return *this;
}

// accessors:
// 以下所有的 map 操作行为，RB-tree 都已提供，map 只要转调用即可

key_compare key_comp() const { return t.key_comp(); }
value_compare value_comp() const { return value_compare(t.key_comp()); }
iterator begin() { return t.begin(); }
const_iterator begin() const { return t.begin(); }
iterator end() { return t.end(); }
const_iterator end() const { return t.end(); }
reverse_iterator rbegin() { return t.rbegin(); }
const_reverse_iterator rbegin() const { return t.rbegin(); }
reverse_iterator rend() { return t.rend(); }
const_reverse_iterator rend() const { return t.rend(); }
bool empty() const { return t.empty(); }
size_type size() const { return t.size(); }
size_type max_size() const { return t.max_size(); }
// 注意以下 下标（subscript）操作符
T& operator[](const key_type& k) {
  return (*((insert(value_type(k, T()))).first)).second;
}
void swap(map<Key, T, Compare, Alloc>& x) { t.swap(x.t); }

// insert/erase

// 注意以下 insert 操作返回的型别
pair<iterator,bool> insert(const value_type& x) {
  return t.insert_unique(x); }
```

```
    iterator insert(iterator position, const value_type& x) {
      return t.insert_unique(position, x);
    }
    template <class InputIterator>
    void insert(InputIterator first, InputIterator last) {
      t.insert_unique(first, last);
    }

    void erase(iterator position) { t.erase(position); }
    size_type erase(const key_type& x) { return t.erase(x); }
    void erase(iterator first, iterator last) { t.erase(first, last); }
    void clear() { t.clear(); }

    // map operations:

    iterator find(const key_type& x) { return t.find(x); }
    const_iterator find(const key_type& x) const { return t.find(x); }
    size_type count(const key_type& x) const { return t.count(x); }
    iterator lower_bound(const key_type& x) {return t.lower_bound(x); }
    const_iterator lower_bound(const key_type& x) const {
      return t.lower_bound(x);
    }
    iterator upper_bound(const key_type& x) {return t.upper_bound(x); }
    const_iterator upper_bound(const key_type& x) const {
      return t.upper_bound(x);
    }

    pair<iterator,iterator> equal_range(const key_type& x) {
      return t.equal_range(x);
    }
    pair<const_iterator,const_iterator> equal_range(const key_type& x) const {
      return t.equal_range(x);
    }
    friend bool operator== __STL_NULL_TMPL_ARGS (const map&, const map&);
    friend bool operator< __STL_NULL_TMPL_ARGS (const map&, const map&);
};

template <class Key, class T, class Compare, class Alloc>
inline bool operator==(const map<Key, T, Compare, Alloc>& x,
                       const map<Key, T, Compare, Alloc>& y) {
  return x.t == y.t;
}

template <class Key, class T, class Compare, class Alloc>
inline bool operator<(const map<Key, T, Compare, Alloc>& x,
                      const map<Key, T, Compare, Alloc>& y) {
  return x.t < y.t;
}
```

下面是一个小小的测试程序：

```cpp
// file: 5map-test.cpp
#include <map>
#include <iostream>
#include <string>
using namespace std;

int main()
{
  map<string, int> simap;        // 以 string 为键值，以 int 为实值
  simap[string("jjhou")]  = 1;   // 第 1 对内容是 ("jjhou", 1)
  simap[string("jerry")]  = 2;   // 第 2 对内容是 ("jerry", 2)
  simap[string("jason")]  = 3;   // 第 3 对内容是 ("jason", 3)
  simap[string("jimmy")]  = 4;   // 第 4 对内容是 ("jimmy", 4)

  pair<string, int> value(string("david"),5);
  simap.insert(value);

  map<string, int>::iterator simap_iter = simap.begin();
  for (; simap_iter != simap.end(); ++simap_iter)
    cout << simap_iter->first << ' '
         << simap_iter->second << endl;
                                      // david 5
                                      // jason 3
                                      // jerry 2
                                      // jimmy 4
                                      // jjhou 1

  int number = simap[string("jjhou")];
  cout << number << endl;          // 1

  map<string, int>::iterator ite1;

  // 面对关联式容器，应该使用其所提供的 find 函数来搜寻元素，会比
  // 使用 STL 算法 find() 更有效率。因为 STL 算法 find() 只是循序搜寻
  ite1 = simap.find(string("mchen"));
  if (ite1 == simap.end())
     cout << "mchen not found" << endl;    // mchen not found

  ite1 = simap.find(string("jerry"));
  if (ite1 != simap.end())
     cout << "jerry found" << endl;        // jerry found

  ite1->second = 9;   // 可以通过 map 迭代器修改 "value"(not key)
  int number2 = simap[string("jerry")];
  cout << number2 << endl;                 // 9
}
```

我想针对其中使用的 insert() 函数及 subscript（下标）操作符做一些说明。
首先是 insert() 函数：

```
// 注意以下 insert 操作返回的型别
pair<iterator,bool> insert(const value_type& x)
  { return t.insert_unique(x); }
```

此式将工作直接转给底层机制 RB-tree 的 insert_unique() 去执行，原也
不必多说。要注意的是其返回值型别是一个 pair，由一个迭代器和一个 bool 值
组成，后者表示插入成功与否，成功的话前者即指向被插入的那个元素。

至于 subscript（下标）操作符，用法有两种，可能作为左值运用（内容可被
修改），也可能作为右值运用（内容不可被修改），例如：

```
map<string, int> simap;        // 以 string 为键值，以 int 为实值
simap[string("jjhou")] = 1;   // 左值运用
...
int number = simap[string("jjhou")]; // 右值运用
```

左值或右值都适用的关键在于，返回值采用 **by reference** 传递形式[11]。

无论如何，subscript 操作符的工作，都得先根据键值找出其实值，再做打算。
下面是其实际操作：

```
template <class Key, class T,
          class Compare = less<Key>,
          class Alloc = alloc>
class map {
public:
// typedefs:
  typedef Key key_type;        // 键值型别
  typedef pair<const Key, T> value_type; // 元素型别（键值/实值）
  ...
public:
  T& operator[](const key_type& k) {
    return (*((insert(value_type(k, T()))).first)).second;  // (A)
  }
  ...
};
```

上述 (A) 式真是复杂，让我细说分明。首先，根据键值和实值做出一个元素，

---

11 可参考 [Meyers96] 条款 30: *proxy classes.*

由于实值未知，所以产生一个与实值型别相同的暂时对象[12] 替代：

```
value_type(k, T())
```

再将该元素插入到 map 里面去：

```
insert(value_type(k, T()))
```

插入操作返回一个 pair，其第一元素是个迭代器，指向插入妥当的新元素，或指向插入失败点（键值重复）的旧元素。注意，如果下标操作符作为左值运用（通常表示要填加新元素），我们正好以此 "实值待填" 的元素将位置卡好；如果下标操作符作为右值运用（通常表示要根据键值取其实值），此时的插入操作所返回的 pair 的第一元素（是个迭代器）恰指向键值符合的旧元素。

现在我们取插入操作所返回的 pair 的第一元素：

```
(insert(value_type(k, T()))).first
```

这第一元素是个迭代器，指向被插入的元素。现在，提领该迭代器：

```
*((insert(value_type(k, T()))).first)
```

获得一个 map 元素，是一个由键值和实值组成的 pair。取其第二元素，即为实值：

```
(*((insert(value_type(k, T()))).first)).second;
```

注意，这个实值以 by reference 方式传递，所以它作为左值或右值都可以。这便是 (A) 式的最后形式。

---

12 这种语法不常见到，但在 STL 的运用中（尤其是 functor）却很频繁。详见第 7 章。

5.5 multiset

multiset 的特性以及用法和 set 完全相同，唯一的差别在于它允许键值重复，因此它的插入操作采用的是底层机制 RB-tree 的 insert_equal() 而非 insert_unique()。下面是 multiset 的源代码提要，只列出了与 set 不同之处：

```
template <class Key, class Compare = less<Key>, class Alloc = alloc>
class multiset {
public:
  // typedefs:
  ... (与 set 相同)

  // allocation/deallocation
  // 注意，multiset 一定使用 insert_equal() 而不使用 insert_unique()
  // set 才使用 insert_unique()

  template <class InputIterator>
  multiset(InputIterator first, InputIterator last)
    : t(Compare()) { t.insert_equal(first, last); }
  template <class InputIterator>
  multiset(InputIterator first, InputIterator last, const Compare& comp)
    : t(comp) { t.insert_equal(first, last); }
  ... (其它与 set 相同)

  // insert/erase
  iterator insert(const value_type& x) {
    return t.insert_equal(x);
  }
  iterator insert(iterator position, const value_type& x) {
    typedef typename rep_type::iterator rep_iterator;
    return t.insert_equal((rep_iterator&)position, x);
  }

  template <class InputIterator>
  void insert(InputIterator first, InputIterator last) {
    t.insert_equal(first, last);
  }
  ... (其它与 set 相同)
```

5.6　multimap

　　multimap 的特性以及用法与 map 完全相同，唯一的差别在于它允许键值重复，因此它的插入操作采用的是底层机制 RB-tree 的 insert_equal() 而非 insert_unique()。下面是 multimap 的源代码提要，只列出了与 map 不同之处：

```
template <class Key, class T, class Compare = less<Key>, class Alloc = alloc>
class multimap {
public:
// typedefs:
  ... （与 set 相同）

  // allocation/deallocation
  // 注意，multimap 一定使用 insert_equal() 而不使用 insert_unique()
  // map 才使用 insert_unique()

  template <class InputIterator>
  multimap(InputIterator first, InputIterator last)
    : t(Compare()) { t.insert_equal(first, last); }

  template <class InputIterator>
  multimap(InputIterator first, InputIterator last, const Compare& comp)
    : t(comp) { t.insert_equal(first, last); }
  ... （其它与 map 相同）

  // insert/erase

  iterator insert(const value_type& x) { return t.insert_equal(x); }
  iterator insert(iterator position, const value_type& x) {
    return t.insert_equal(position, x);
  }
  template <class InputIterator>
  void insert(InputIterator first, InputIterator last) {
    t.insert_equal(first, last);
  }
  ... （其它与 map 相同）
```

5.7　hashtable

　　5.1.1 节介绍了所谓的二叉搜索树，5.1.2 节介绍了所谓的平衡二叉搜索树，5.2 节则是十分详细地介绍了一种被广泛运用的平衡二叉搜索树：RB-tree（红黑树）。RB-tree 不仅在树形的平衡上表现不错，在效率表现和实现复杂度上也保持相当的"平衡"☺，所以运用甚广，也因此成为 STL set 和 map 的标准底层机制。

　　二叉搜索树具有对数平均时间（logarithmic average time）的表现，但这样的表现构造在一个假设上：输入数据有足够的随机性。这一节要介绍一种名为 hash table（散列表）的数据结构，这种结构在插入、删除、搜寻等操作上也具有 "常数平均时间"的表现，而且这种表现是以统计为基础，不需仰赖输入元素的随机性。

5.7.1　hashtable 概述

　　hash table 可提供对任何有名项（named item）的存取操作和删除操作。由于操作对象是有名项，所以 hashtable 也可被视为一种字典结构（dictionary）。这种结构的用意在于提供常数时间之基本操作，就像 stack 或 queue 那样。乍听之下这几乎是不可能的任务，因为制约条件如此之少，而元素个数增加，搜寻操作必定耗费更多时间。

　　倒也不尽然。

　　举个例子，如果所有的元素都是 16-bits 且不带正负号的整数，范围 0~65535，那么简单地运用一个 array 就可以满足上述期望。首先配置一个 array A，拥有 65536 个元素，索引号码 0~65535，初值全部为 0，如图 5-21。每一个元素值代表相应元素的出现次数。如果插入元素 i，我们就执行 A[i]++，如果删除元素 i，我们就执行 A[i]--，如果搜寻元素 i，我们就检查 A[i] 是否为 0。以上的每一个操作都是常数时间。这种解法的额外负担（overhead）是 array 的空间和初始化时间。

hashing 5
hashing 8
hashing 3
hashing 8
hashing 58
hashing 65535
hashing 65534

　　#0　#1　#2　#3　#4　#5　#6　#7　#8　#9 ... #58　#59　#60 ...　　　　#65535

图 **5-21**　如果所有的元素都是 16-bits 且不带正负号的整数，我们可以一个拥有
65536 个元素的 array A，初值全部为 0，每个元素值代表相应元素的出现次数。
于是，不论是插入、删除、搜寻，每个操作都在常数时间内完成。

　　这个解法存在两个现实问题。第一，如果元素是 32-bits 而非 16-bits，我们所
准备的 array A 的大小就必须是 2^{32} = 4GB，这就大得不切实际了。第二，如果元素
型态是字符串（或其它）而非整数，将无法被拿来作为 array 的索引。

　　第二个问题（关于索引）不难解决。就像数值 1234 是由阿拉伯数字 1,2,3,4
构成一样，字符串 "jjhou" 是由字符 'j','j','h','o','u' 构成。那么，既然
数值 1234 是 $1*10^3+2*10^2+3*10^1+4*10^0$，我们也可以把字符编码，每个字符
以一个 7-bits 数值来表示（也就是 ASCII 编码），从而将字符串 "jjhou" 表现为：

'j'*128^4 + 'j'*128^3 + 'h'*128^2+ 'o'*128^1 + 'u'*128^0

　　于是先前的 array 实现法就可适用于 "元素型别为字符串" 的情况了。但这
并不实用，因为这会产生出非常巨大的数值。"jjhou" 的索引值将是：

$106*128^4 + 106*128^3 + 104*128^2+ 111*128^1 + 117*128^0$ = 28678174709

　　这太不切实际了。更长的字符串会导致更大的索引值! 这就回归到第一个问题：
array 的大小。

　　如何避免使用一个大得荒谬的 array 呢? 办法之一就是使用某种映射函数，
将大数映射为小数。负责将某一元素映射为一个 "大小可接受之索引"，这样的

函数称为 hash function（散列函数）。例如，假设 X 是任意整数，TableSize 是 array
大小，则 X%TableSize 会得到一个整数，范围在 0 ~ TableSize-1 之间，恰可
作为表格（也就是 array）的索引。

　　使用 hash function 会带来一个问题：可能有不同的元素被映射到相同的位置
（亦即有相同的索引）。这无法避免，因为元素个数大于 array 容量。这便是所
谓的"碰撞（collision）"问题。解决碰撞问题的方法有许多种，包括线性探测（linear
probing）、二次探测（quadratic probing）、开链（separate chaining）…等做法。每
一种方法都很容易，导出的效率各不相同——与 array 的填满程度有很大的关连。

线性探测（linear probing）

　　首先让我们认识一个名词：负载系数（**loading factor**），意指元素个数除以
表格大小。负载系数永远在 0~1 之间——除非采用开链（separate chaining）策略，
后述。

　　当 hash function 计算出某个元素的插入位置，而该位置上的空间已不再可用
时，我们应该怎么办？最简单的办法就是循序往下一一寻找（如果到达尾端，就绕
到头部继续寻找），直到找到一个可用空间为止。只要表格（亦即 array）足够大，
总是能够找到一个安身立命的空间，但是要花多少时间就很难说了。进行元素搜寻
操作时，道理也相同，如果 hash function 计算出来的位置上的元素值与我们的搜寻
目标不符，就循序往下一一寻找，直到找到吻合者，或直到遇上空格元素。至于元
素的删除，必须采用惰性删除（lazy deletion）[13]，也就是只标记删除记号，实际删
除操作则待表格重新整理（rehashing）时再进行——这是因为 hash table 中的每一
个元素不仅表述它自己，也关系到其它元素的排列。

　　图 5-22 是线性探测的一个实例。

---

[13] 请参考 [meyers96] item17: *Consider using lazy evaluation.*

Linear Probing

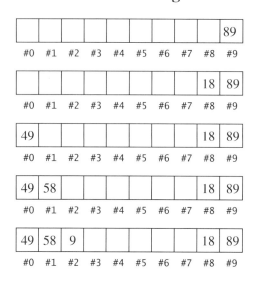

hashing 89
hashing 18
hashing 49
hashing 58
hashing 9

图 **5-22** 线性探测（linear probing）。依序插入 5 个元素，array 的变化。

　　欲分析线性探测的表现，需要两个假设：(1) 表格足够大；(2) 每个元素都够独立。在此假设之下，最坏的情况是线性巡访整个表格，平均情况则是巡访一半表格，这已经和我们所期望的常数时间天差地远了，而实际情况犹更糟糕。问题出在上述第二个假设太过于天真。

　　拿实际例子来说，接续图 5-22 的最后状态，除非新元素经过 hash function 的计算之后直接落在位置 #4 ~ #7，否则位置 #4 ~ #7 永远不可能被运用，因为位置 #3 永远是第一考虑。换句话说，新元素不论是 8,9,0,1,2,3 中的哪一个，都会落在位置 #3 上。新元素如果是 4 或 5，或 6，或 7，才会各自落在位置 #4，或 #5，或 #6，或 #7 上。这很清楚地突显了一个问题：平均插入成本的成长幅度，远高于负载系数的成长幅度。这样的现象在 hashing 过程中称为主集团（**primary clustering**）。此时的我们手上有的是一大团已被用过的方格，插入操作极有可能在主集团所形成的泥泞中奋力爬行，不断解决碰撞问题，最后才射门得分，但是却又助长了主集团的泥泞面积。

二次探测（quadratic probing）

二次探测主要用来解决主集团（primary clustering）的问题。其命名由来是因为解决碰撞问题的方程式 `F(i) = i`^{2} 是个二次方程式。更明确地说，如果 hash function 计算出新元素的位置为 `H`，而该位置实际上已被使用，那么我们就依序尝试 $H+1^2, H+2^2, H+3^2, H+4^2, …, H+i^2$，而不是像线性探测那样依序尝试 `H+1`, `H+2`, `H+3`, `H+4`, …, `H+i`。图 5-23 所示的是二次探测的一个实例。

Quadratic Probing

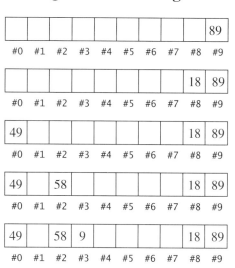

图 **5-23** 二次探测（quadratic probing）。依序插入 5 个元素，array 的变化。

二次探测带来一些疑问：

- 线性探测法每次探测的都必然是一个不同的位置，二次探测法是否能够保证如此？二次探测法是否能够保证如果表格之中没有 X，那么我们插入 X 一定能够成功？
- 线性探测法的运算过程极其简单，二次探测法则显然复杂得多。这是否会在执行效率上带来太多的负面影响？
- 不论线性探测或二次探测，当负载系数过高时，表格是否能够动态成长？

幸运的是，如果我们假设表格大小为质数（prime），而且永远保持负载系数在 0.5 以下（也就是说超过 0.5 就重新配置并重新整理表格），那么就可以确定每插入一个新元素所需要的探测次数不多于 2。

至于实现复杂度的问题，一般总是这样考虑：赚的比花的多，才值得去做。我们受累增加了探测次数，所获得的利益好歹总得多过二次函数计算所多花的时间，不能吃肥走瘦[14]，得不偿失。线性探测所需要的是一个加法（加 1）、一个测试（看是否需要绕转回头），以及一个偶需为之的减法（用以绕转回头）。二次探测需要的则是一个加法（从 i-1 到 i）、一个乘法（计算 i^2）、另一个加法，以及一个 mod 运算。看起来很有得不偿失之嫌。然而这中间却有一些小技巧，可以去除耗时的乘法和除法：

```
Hᵢ  = H₀ + i²(mod M)
Hᵢ₋₁ = H₀ + (i-1)²(mod M)
```

整理可得：

```
Hᵢ - Hᵢ₋₁ = i² - (i-1)²(mod M)
Hᵢ = Hᵢ₋₁ + 2i-1(mod M)
```

因此，如果我们能够以前一个 H 值来计算下一个 H 值，就不需要执行二次方所需要的乘法了。虽然还是需要一个乘法，但那是乘以 2，可以位移位（bit shift）快速完成。至于 mod 运算，也可证明并非真有需要（本处略）。

最后一个问题是 array 的成长。欲扩充表格，首先必须找出下一个新的而且够大（大约两倍）的质数，然后必须考虑表格重建（*rehashing*）的成本——是的，不可能只是原封不动地拷贝而已，我们必须检验旧表格中的每一个元素，计算其在新表格中的位置，然后再插入到新表格中。

二次探测可以消除主集团（primary clustering），却可能造成次集团（**secondary clustering**）：两个元素经 hash function 计算出来的位置若相同，则插入时所探测的位置也相同，形成某种浪费。消除次集团的办法当然也有，例如复式散列（**double hashing**）。

---

14 吃肥走瘦是台湾俚语，意指走大老远路去吃一顿，所吃的还不够走路消耗的哩。

虽然目前还没有对二次探测有数学上的分析，不过，以上所有考虑加加减减起来，总体而言，二次探测仍然值得投资。

开链（separate chaining）

另一种与二次探测法分庭抗礼的，是所谓的开链（**separate chaining**）法。这种做法是在每一个表格元素中维护一个 list；hash function 为我们分配某一个 list，然后我们在那个 list 身上执行元素的插入、搜寻、删除等操作。虽然针对 list 而进行的搜寻只能是一种线性操作，但如果 list 够短，速度还是够快。

使用开链手法，表格的负载系数将大于 1。SGI STL 的 hash table 便是采用这种做法，稍后便有详细的实现介绍。

5.7.2   hashtable 的桶子（buckets）与节点（nodes）

图 5-24 是以开链法（separate chaining）完成 hash table 的图形表述。为了解说 SGI STL 源代码，我遵循 SGI 的命名，称 hash table 表格内的元素为桶子（bucket），此名称的大约意义是，表格内的每个单元，涵盖的不只是个节点（元素），甚且可能是一 "桶" 节点。

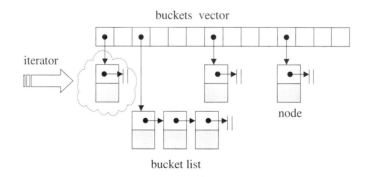

图 **5-24**   以开链（separate chaining）法完成的 hash table。SGI 即采此法。

下面是 hash table 的节点定义：

```
template <class Value>
struct __hashtable_node
{
```

```
    __hashtable_node* next;
    Value val;
};
```

这是一个 __hashtable_node object

注意，bucket 所维护的 linked list，并不采用 STL 的 list 或 slist，而是自行维护上述的 hash table node。至于 buckets 聚合体，则以 vector（4.2 节）完成，以便有动态扩充能力。稍后在 hash table 的定义式中我们可以清楚看到这一点。

5.7.3　hashtable 的迭代器

以下是 hash table 迭代器的定义：

```
template <class Value, class Key, class HashFcn,
          class ExtractKey, class EqualKey, class Alloc>
struct __hashtable_iterator {
  typedef hashtable<Value, Key, HashFcn, ExtractKey, EqualKey, Alloc>
        hashtable;
  typedef __hashtable_iterator<Value, Key, HashFcn,
                               ExtractKey, EqualKey, Alloc>
        iterator;
  typedef __hashtable_const_iterator<Value, Key, HashFcn,
                                     ExtractKey, EqualKey, Alloc>
        const_iterator;
  typedef __hashtable_node<Value> node;

  typedef forward_iterator_tag iterator_category;
  typedef Value value_type;
  typedef ptrdiff_t difference_type;
  typedef size_t size_type;
  typedef Value& reference;
  typedef Value* pointer;

  node* cur;       // 迭代器目前所指之节点
  hashtable* ht;   // 保持对容器的连结关系（因为可能需要从 bucket 跳到 bucket）

  __hashtable_iterator(node* n, hashtable* tab) : cur(n), ht(tab) {}
  __hashtable_iterator() {}
  reference operator*() const { return cur->val; }
  pointer operator->() const { return &(operator*()); }
  iterator& operator++();
  iterator operator++(int);
```

```
bool operator==(const iterator& it) const { return cur == it.cur; }
bool operator!=(const iterator& it) const { return cur != it.cur; }
};
```

注意，hasttable 迭代器必须永远维系着与整个 "buckets vector" 的关系，并记录目前所指的节点。其前进操作是首先尝试从目前所指的节点出发，前进一个位置（节点），由于节点被安置于 list 内，所以利用节点的 next 指针即可轻易达成前进操作。如果目前节点正巧是 list 的尾端，就跳至下一个 bucket 身上，那正是指向下一个 list 的头部节点。

```
template <class V, class K, class HF, class ExK, class EqK, class A>
__hashtable_iterator<V, K, HF, ExK, EqK, A>&
__hashtable_iterator<V, K, HF, ExK, EqK, A>::operator++()
{
  const node* old = cur;
  cur = cur->next;     // 如果存在，就是它。否则进入以下 if 流程
  if (!cur) {
    // 根据元素值，定位出下一个 bucket。其起头处就是我们的目的地
    size_type bucket = ht->bkt_num(old->val);
    while (!cur && ++bucket < ht->buckets.size())  // 注意，operator++
      cur = ht->buckets[bucket];
  }
  return *this;
}

template <class V, class K, class HF, class ExK, class EqK, class A>
inline __hashtable_iterator<V, K, HF, ExK, EqK, A>
__hashtable_iterator<V, K, HF, ExK, EqK, A>::operator++(int)
{
  iterator tmp = *this;
  ++*this;   // 调用 operator++()
  return tmp;
}
```

请注意，hashtable 的迭代器没有后退操作（operator--()），hashtable 也没有定义所谓的逆向迭代器（reverse iterator）。

5.7.4 hashtable 的数据结构

下面是 hashtable 的定义摘要，其中可见 buckets 聚合体以 vector 完成，以利动态扩充：

```
template <class Value, class Key, class HashFcn,
          class ExtractKey, class EqualKey, class Alloc = alloc>
class hashtable;

// ...

template <class Value, class Key, class HashFcn,
        class ExtractKey, class EqualKey,
        class Alloc>    // 先前声明时，已给予 Alloc 默认值 alloc
class hashtable {
public:
  typedef HashFcn hasher;       // 为 template 型别参数重新定义一个名称
  typedef EqualKey key_equal;   // 为 template 型别参数重新定义一个名称
  typedef size_t    size_type;

private:
  // 以下三者都是 function objects。<stl_hash_fun.h> 中定义有数个
  // 标准型别（如 int,c-style string 等）的 hasher
  hasher hash;
  key_equal equals;
  ExtractKey get_key;

  typedef __hashtable_node<Value> node;
  typedef simple_alloc<node, Alloc> node_allocator;

  vector<node*,Alloc> buckets;  // 以 vector 完成
  size_type num_elements;

public:
  // bucket 个数即 buckets vector 的大小
  size_type bucket_count() const { return buckets.size(); }
...
};
```

hashtable 的模板参数相当多，包括：

- Value：节点的实值型别。

- Key：节点的键值型别。

- HashFcn：hash function 的函数型别。

- ExtractKey：从节点中取出键值的方法（函数或仿函数）。

- EqualKey：判断键值相同与否的方法（函数或仿函数）。
- Alloc：空间配置器，缺省使用 `std::alloc`。

如果对 STL 的运用缺乏深厚的功力，不太容易给出正确的参数。稍后我会以一个小小的测试程序告诉大家如何在客户端应用程序中直接使用 hashtable。5.7.7 节的 <stl_hash_fun.h> 定义有数个现成的 hash functions，全都是仿函数（仿函数请见第 7 章）。注意，先前谈及概念时，我们说 hash function 是计算元素位置（如今应该说是 bucket 位置）的函数，SGI 将这项任务赋予 `bkt_num()`，由它调用 hash function 取得一个可以执行 modulus（取模）运算的值。稍后执行这项 "计算元素位置" 的任务时，我会再提醒你一次。

虽然开链法（separate chaining）并不要求表格大小必须为质数，但 SGI STL 仍然以质数来设计表格大小，并且先将 28 个质数（逐渐呈现大约两倍的关系）计算好，以备随时访问，同时提供一个函数，用来查询在这 28 个质数之中，"最接近某数并大于某数" 的质数：

```
// 注意：假设 long 至少有 32 bits
static const int __stl_num_primes = 28;
static const unsigned long __stl_prime_list[__stl_num_primes] =
{
  53,         97,          193,         389,        769,
  1543,       3079,        6151,        12289,      24593,
  49157,      98317,       196613,      393241,     786433,
  1572869,    3145739,     6291469,     12582917,   25165843,
  50331653,   100663319,   201326611,   402653189,  805306457,
  1610612741, 3221225473ul, 4294967291ul
};

// 以下找出上述 28 个质数之中，最接近并大于或等于 n 的那个质数
inline unsigned long __stl_next_prime(unsigned long n)
{
  const unsigned long* first = __stl_prime_list;
  const unsigned long* last = __stl_prime_list + __stl_num_primes;
  const unsigned long* pos = lower_bound(first, last, n);
  // 以上，lower_bound() 是泛型算法，见第 6 章
  // 使用 lower_bound()，序列需先排序。没问题，上述数组已排序
  return pos == last ? *(last - 1) : *pos;
}

// 总共可以有多少 buckets. 以下是 hast_table 的一个 member function
size_type max_bucket_count() const
 .{ return __stl_prime_list[__stl_num_primes - 1]; }
   // 其值将为 4294967291
```

5.7.5　hashtable 的构造与内存管理

上一节 hashtable 定义式中展现了一个专属的节点配置器：

```
typedef simple_alloc<node, Alloc> node_allocator;
```

下面是节点配置函数与节点释放函数：

```
node* new_node(const value_type& obj)
{
  node* n = node_allocator::allocate();
  n->next = 0;
  __STL_TRY {
    construct(&n->val, obj);
    return n;
  }
  __STL_UNWIND(node_allocator::deallocate(n));
}


void delete_node(node* n)
{
  destroy(&n->val);
  node_allocator::deallocate(n);
}
```

当我们初始构造一个拥有 50 个节点的 hash table 如下：

```
// <value, key, hash-func, extract-key, equal-key, allocator>
// 注意: hash table 没有供应 default constructor
  hashtable<int, int, hash<int>, identity<int>, equal_to<int>, alloc>
    iht(50, hash<int>(), equal_to<int>());

  cout<< iht.size() << endl;              // 0
  cout<< iht.bucket_count() << endl;      // 53. STL 提供的第一个质数
```

上述定义调用以下构造函数：

```
hashtable(size_type n,
          const HashFcn&   hf,
          const EqualKey&  eql)
  : hash(hf), equals(eql), get_key(ExtractKey()), num_elements(0)
{
  initialize_buckets(n);
}


void initialize_buckets(size_type n)
{
  const size_type n_buckets = next_size(n);
  // 举例: 传入 50，返回 53。以下首先保留 53 个元素空间，然后将其全部填 0
```

```
      buckets.reserve(n_buckets);
      buckets.insert(buckets.end(), n_buckets, (node*) 0);
      num_elements = 0;
   }
```

其中的 next_size() 返回最接近 n 并大于或等于 n 的质数：

size_type **next_size**(size_type n) const { return __stl_next_prime(n); }

然后为 buckets vector 保留空间，设定所有 buckets 的初值为 0 (null 指针)。

插入操作（insert）与表格重整（resize）

当客户端开始插入元素（节点）时：

```
iht.insert_unique(59);
iht.insert_unique(63);
iht.insert_unique(108);
```

hash table 内将会进行以下操作：

```
// 插入元素，不允许重复
pair<iterator, bool> insert_unique(const value_type& obj)
{
   resize(num_elements + 1);    // 判断是否需要重建表格，如需要就扩充
   return insert_unique_noresize(obj);
}
```

```
// 以下函数判断是否需要重建表格。如果不需要，立刻回返。如果需要，就动手…
template <class V, class K, class HF, class Ex, class Eq, class A>
void hashtable<V, K, HF, Ex, Eq, A>::resize(size_type num_elements_hint)
{
   // 以下，"表格重建与否"的判断原则颇为奇特，是拿元素个数（把新增元素计入后）和
   // bucket vector 的大小来比。如果前者大于后者，就重建表格
   // 由此可判知，每个 bucket (list) 的最大容量和 buckets vector 的大小相同
   const size_type old_n = buckets.size();
   if (num_elements_hint > old_n) {    // 确定真的需要重新配置
     const size_type n = next_size(num_elements_hint);    // 找出下一个质数
     if (n > old_n) {
       vector<node*, A> tmp(n, (node*) 0); // 设立新的 buckets
       __STL_TRY {
         // 以下处理每一个旧的 bucket
         for (size_type bucket = 0; bucket < old_n; ++bucket) {
           node* first = buckets[bucket]; // 指向节点所对应之串行的起始节点
           // 以下处理每一个旧 bucket 所含（串行）的每一个节点
           while (first) {    // 串行还没结束时
             // 以下找出节点落在哪一个新 bucket 内
             size_type new_bucket = bkt_num(first->val, n);
             // 以下四个操作颇为微妙
```

```
      // (1) 令旧 bucket 指向其所对应之串行的下一个节点（以便迭代处理）
      buckets[bucket] = first->next;
      // (2)(3) 将当前节点插入到新 bucket 内，成为其对应串行的第一个节点
      first->next = tmp[new_bucket];
      tmp[new_bucket] = first;
      // (4) 回到旧 bucket 所指的待处理串行，准备处理下一个节点
      first = buckets[bucket];
      }
    }
    buckets.swap(tmp);  // vector::swap。新旧两个 buckets 对调
    // 注意，对调两方如果大小不同，大的会变小，小的会变大
    // 离开时释放 local tmp 的内存
   }
  }
 }
}
```

```
// 在不需重建表格的情况下插入新节点。键值不允许重复
template <class V, class K, class HF, class Ex, class Eq, class A>
pair<typename hashtable<V, K, HF, Ex, Eq, A>::iterator, bool>
hashtable<V, K, HF, Ex, Eq, A>::insert_unique_noresize(const value_type& obj)
{
  const size_type n = bkt_num(obj);  // 决定 obj 应位于 #n bucket
  node* first = buckets[n];  // 令 first 指向 bucket 对应之串行头部

  // 如果 buckets[n] 已被占用，此时 first 将不为 0，于是进入以下循环，
  // 走过 bucket 所对应的整个链表
  for (node* cur = first; cur; cur = cur->next)
    if (equals(get_key(cur->val), get_key(obj)))
      // 如果发现与链表中的某键值相同，就不插入，立刻返回
      return pair<iterator, bool>(iterator(cur, this), false);

  // 离开以上循环（或根本未进入循环）时，first 指向 bucket 所指链表的头部节点
  node* tmp = new_node(obj);      // 产生新节点
  tmp->next = first;
  buckets[n] = tmp;               // 令新节点成为链表的第一个节点
  ++num_elements;                 // 节点个数累加 1
  return pair<iterator, bool>(iterator(tmp, this), true);
}
```

前述的 resize() 函数中，如有必要，就得做表格重建工作。操作分解如下，
并示于图 5-25 中。

```
// (1) 令旧 bucket 指向其所对应之链表的下一个节点（以便迭代处理）
buckets[bucket] = first->next;
// (2)(3) 将当前节点插入到新 bucket 内，成为其对应链表的第一个节点
first->next = tmp[new_bucket];
tmp[new_bucket] = first;
// (4) 回到旧 bucket 所指的待处理链表，准备处理下一个节点
```

```
first = buckets[bucket];
```

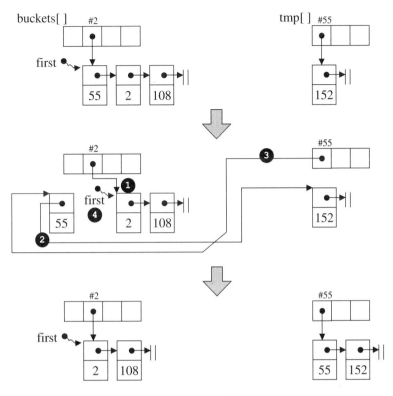

图 **5-25** 表格重建操作分解。本图所表现的是 hashtable<T>::resize() 内的
行为，图左的 buckets[] 是旧有的 buckets，图右的 tmp[] 是新建的 buckets。最
后会将新旧两个 buckets 对调，使 buckets[] 有了新风貌而 tmp[] 还诸系统。

　　如果客户端执行的是另一种节点插入行为（不再是 insert_unique，而是
insert_equal）：

```
iht.insert_equal(59);
iht.insert_equal(59);
```

进行的操作如下：

```
// 插入元素，允许重复
iterator insert_equal(const value_type& obj)
{
  resize(num_elements + 1);    // 判断是否需要重建表格，如需要就扩充
  return insert_equal_noresize(obj);
}
```

```
// 在不需重建表格的情况下插入新节点。键值允许重复
template <class V, class K, class HF, class Ex, class Eq, class A>
typename hashtable<V, K, HF, Ex, Eq, A>::iterator
hashtable<V, K, HF, Ex, Eq, A>::insert_equal_noresize(const value_type& obj)
{
  const size_type n = bkt_num(obj);  // 决定 obj 应位于 #n bucket
  node* first = buckets[n];  // 令 first 指向 bucket 对应之链表头部

  // 如果 buckets[n] 已被占用，此时 first 将不为 0，于是进入以下循环，
  // 走过 bucket 所对应的整个链表
  for (node* cur = first; cur; cur = cur->next)
    if (equals(get_key(cur->val), get_key(obj))) {
      // 如果发现与链表中的某键值相同，就马上插入，然后返回
      node* tmp = new_node(obj);        // 产生新节点
      tmp->next = cur->next;            // 将新节点插入于目前位置之后
      cur->next = tmp;
      ++num_elements;                   // 节点个数累加 1
      return iterator(tmp, this);       // 返回一个迭代器，指向新增节点
    }

  // 进行至此，表示没有发现重复的键值
  node* tmp = new_node(obj);         // 产生新节点
  tmp->next = first;                 // 将新节点插入于链表头部
  buckets[n] = tmp;
  ++num_elements;                    // 节点个数累加 1
  return iterator(tmp, this);        // 返回一个迭代器，指向新增节点
}
```

判知元素的落脚处（bkt_num）

　　本节程序代码在许多地方都需要知道某个元素值落脚于哪一个 bucket 之内。这本来是 hash function 的责任，SGI 把这个任务包装了一层，先交给 bkt_num() 函数，再由此函数调用 hash function，取得一个可以执行 modulus（取模）运算的数值。为什么要这么做？因为有些元素型别无法直接拿来对 hashtable 的大小进行模运算，例如字符字符串 const char*，这时候我们需要做一些转换。下面是 bkt_num() 函数，5.7.7 列有 SGI 内建的所有 hash functions。

```
// 版本 1：接受实值（value）和 buckets 个数
size_type bkt_num(const value_type& obj, size_t n) const
{
  return bkt_num_key(get_key(obj), n);  // 调用版本 4
}

// 版本 2：只接受实值（value）
```

```
size_type bkt_num(const value_type& obj) const
{
  return bkt_num_key(get_key(obj));      // 调用版本 3
}

// 版本 3：只接受键值
size_type bkt_num_key(const key_type& key) const
{
  return bkt_num_key(key, buckets.size());   // 调用版本 4
}

// 版本 4：接受键值和 buckets 个数
size_type bkt_num_key(const key_type& key, size_t n) const
{
  return hash(key) % n;   // SGI 的所有内建的 hash() 列于 5.7.7 节
}
```

复制（copy_from）和整体删除（clear）

由于整个 hash table 由 vector 和 linked-list 组合而成，因此，复制和整体删除，都需要特别注意内存的释放问题。下面是 hashtable 提供的两个相关函数：

```
template <class V, class K, class HF, class Ex, class Eq, class A>
void hashtable<V, K, HF, Ex, Eq, A>::clear()
{
  // 针对每一个 bucket.
  for (size_type i = 0; i < buckets.size(); ++i) {
    node* cur = buckets[i];
    // 将 bucket list 中的每一个节点删除掉
    while (cur != 0) {
      node* next = cur->next;
      delete_node(cur);
      cur = next;
    }
    buckets[i] = 0;      // 令 bucket 内容为 null 指针
  }
  num_elements = 0;      // 令总节点个数为 0

  // 注意, buckets vector 并未释放掉空间, 仍保有原来大小
}

template <class V, class K, class HF, class Ex, class Eq, class A>
void hashtable<V, K, HF, Ex, Eq, A>::copy_from(const hashtable& ht)
{
  // 先清除己方的 buckets vector. 这操作是调用 vector::clear. 将整个容器清空
  buckets.clear();
  // 为己方的 buckets vector 保留空间, 使与对方相同
  // 如果己方空间大于对方, 就不动, 如果己方空间小于对方, 就会增大
```

```
buckets.reserve(ht.buckets.size());
// 从己方的 buckets vector 尾端开始，插入 n 个元素，其值为 null 指针
// 注意，此时 buckets vector 为空，所以所谓尾端，就是起头处
buckets.insert(buckets.end(), ht.buckets.size(), (node*) 0);
__STL_TRY {
  // 针对 buckets vector
  for (size_type i = 0; i < ht.buckets.size(); ++i) {
    // 复制 vector 的每一个元素 (是个指针，指向 hashtable 节点)
    if (const node* cur = ht.buckets[i]) {
      node* copy = new_node(cur->val);
      buckets[i] = copy;

      // 针对同一个 bucket list，复制每一个节点
      for (node* next = cur->next; next; cur = next, next = cur->next) {
        copy->next = new_node(next->val);
        copy = copy->next;
      }
    }
  }
  num_elements = ht.num_elements;  // 重新登录节点个数 (hashtable 的大小)
}
__STL_UNWIND(clear());
}
```

5.7.6　hashtable 运用实例

先前说明 hash table 的实现源代码时，已经零零散散地示范了一些客户端
程序。下面是一个完整的实例。

```
// file: 5hashtable-test.cpp
//注意: 客户端程序不能直接含人 <stl_hashtable.h>，应该含人有用到 hashtable
// 的容器头文件，例如 <hash_set.h> 或 <hash_map.h>
#include <hash_set>  // for hashtable
#include <iostream>
using namespace std;

int main()
{
  // hash-table
  // <value, key, hash-func, extract-key, equal-key, allocator>
  // note: hash-table has no default ctor
  hashtable<int,
            int,
            hash<int>,
            identity<int>,
            equal_to<int>,
            alloc>
```

```
   iht(50,hash<int>(),equal_to<int>());  // 指定保留 50 个 buckets

cout<< iht.size() << endl;                   // 0
cout<< iht.bucket_count() << endl;           // 53. 这是 STL 供应的第一个质数
cout<< iht.max_bucket_count() << endl;  // 4294967291
                                             // 这是 STL 供应的最后一个质数
iht.insert_unique(59);
iht.insert_unique(63);
iht.insert_unique(108);
iht.insert_unique(2);
iht.insert_unique(53);
iht.insert_unique(55);
cout<< iht.size() << endl;     // 6.  此即 hashtable<T>::num_elements

// 以下声明一个 hashtable 迭代器
hashtable<int,
          int,
          hash<int>,
          identity<int>,
          equal_to<int>,
          alloc>
    ::iterator ite = iht.begin();

// 以迭代器遍历 hashtable，将所有节点的值打印出来
for(int i=0; i< iht.size(); ++i, ++ite)
  cout << *ite << ' ';                // 53 55 2 108 59 63
cout << endl;

// 遍历所有 buckets，如果其节点个数不为 0，就打印出节点个数
for(int i=0; i< iht.bucket_count(); ++i) {
  int n = iht.elems_in_bucket(i);
  if (n != 0)
    cout << "bucket[" << i << "] has " << n << " elems." << endl;
}
// bucket[0] has 1 elems.
// bucket[2] has 3 elems.
// bucket[6] has 1 elems.
// bucket[10] has 1 elems.

// 为了验证 "bucket(list) 的容量就是 buckets vector 的大小"（这是从
// hashtable<T>::resize() 得知的结果），我刻意将元素加到 54 个，
// 看看是否发生 "表格重建（re-hashing）"
for(int i=0; i<=47; i++)
    iht.insert_equal(i);
cout<< iht.size() << endl;               // 54. 元素（节点）个数
cout<< iht.bucket_count() << endl;       // 97. buckets 个数
// 遍历所有 buckets，如果其节点个数不为 0，就打印出节点个数
for(int i=0; i< iht.bucket_count(); ++i) {
  int n = iht.elems_in_bucket(i);
```

```
   if (n != 0)
      cout << "bucket[" << i << "] has " << n << " elems." << endl;
}
// 打印结果: bucket[2] 和 bucket[11] 的节点个数为 2,
// 其余的 bucket[0]~bucket[47] 的节点个数均为 1
// 此外, bucket[53],[55],[59],[63] 的节点个数均为 1

// 以迭代器遍历 hashtable, 将所有节点的值打印出来
ite = iht.begin();
for(int i=0; i< iht.size(); ++i, ++ite)
   cout << *ite << ' ';   //
cout << endl;
// 0 1 2 2 3 4 5 6 7 8 9 10 11 108 12 13 14 15 16 17 18 19 20 21
// 22 23 24 25 26 27 28 29 30 31 32 33 34 35 36 37 38 39 40 41 42
// 43 44 45 46 47 53 55 59 63

cout << *(iht.find(2)) << endl;  // 2
cout << iht.count(2) << endl;     // 2
}
```

这个程序详细测试出 hash table 的节点排列状态与表格重整结果。一开始我保留 50 个节点，由于最接近的 STL 质数为 53，所以 buckets vector 保留的是 53 个 buckets，每个 buckets（指针，指向一个 hash table 节点）的初值为 0。接下来，循序加入 6 个元素：59, 63, 108, 2, 53, 55，于是 hash table 变成图 5-26 所示的样子。

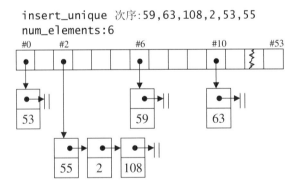

图 **5-26** 插入 6 个元素后，hash table 的状态

接下来，我再插入 48 个元素，使总元素达到 54 个，超过当时的 buckets vector 的大小，符合表格重建条件（这是从 hashtable<T>::resize() 函数中得知的），于是 hash table 变成了图 5-27 所示的模样。

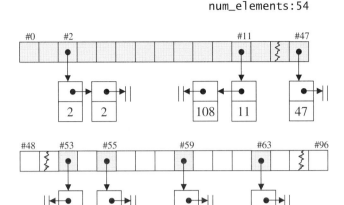

size:97
num_elements:54

图 **5-27**   hash table 重整结果。注意，bucket #2 和 bucket #11 的节点个数都
是 2，其余的灰色 buckets，节点个数都是 1。白色 buckets 表示节点个数为 0。灰
色和白色只是为了方便表示，因为如果把节点全画出来，画面过挤摆不下。图中的
bucket #47 和 bucket #48 应该连续，也是因为画面的关系，分为两段显示。

　　程序最后分别使用了 hash table 提供的 find 和 count 函数，搜寻键值为 2
的元素，以及计算键值为 2 的元素个数。请注意，键值相同的元素，一定落在同一
个 bucket list 之中。下面是 find 和 count 的源代码：

```
iterator find(const key_type& key)
{
  size_type n = bkt_num_key(key);  // 首先寻找落在哪一个 bucket 内
  node* first;
  // 以下，从 bucket list 的头开始，一一比对每个元素的键值。比对成功就跳出
  for ( first = buckets[n];
        first && !equals(get_key(first->val), key);
        first = first->next)
    {}
  return iterator(first, this);
}

size_type count(const key_type& key) const
{
  const size_type n = bkt_num_key(key); // 首先寻找落在哪一个 bucket 内
  size_type result = 0;
```

```
// 以下，从 bucket list 的头开始，一一比对每个元素的键值。比对成功就累加 1。
for (const node* cur = buckets[n]; cur; cur = cur->next)
  if (equals(get_key(cur->val), key))
    ++result;
return result;
}
```

5.7.7　hash functions

<stl_hash_fun.h> 定义有数个现成的 hash functions，全都是仿函数（第 7 章）。先前谈及概念时，我们说 hash function 是计算元素位置的函数，SGI 将这项任务赋予了先前提过的 bkt_num()，再由它来调用这里提供的 hash function，取得一个可以对 hashtable 进行模运算的值。针对 char, int, long 等整数型别，这里大部分的 hash functions 什么也没做，只是忠实返回原值。但对于字符字符串（const char*），就设计了一个转换函数如下：

```
// 以下定义于 <stl_hash_fun.h>
template <class Key> struct hash { };

inline size_t __stl_hash_string(const char* s)
{
  unsigned long h = 0;
  for ( ; *s; ++s)
    h = 5*h + *s;

  return size_t(h);
}

// 以下所有的 __STL_TEMPLATE_NULL，在 <stl_config.h> 中皆被定义为
template<>，详见 1.9.1 节

__STL_TEMPLATE_NULL struct hash<char*>
{
  size_t operator()(const char* s) const { return __stl_hash_string(s); }
};
__STL_TEMPLATE_NULL struct hash<const char*>
{
  size_t operator()(const char* s) const { return __stl_hash_string(s); }
};
__STL_TEMPLATE_NULL struct hash<char> {
  size_t operator()(char x) const { return x; }
};
__STL_TEMPLATE_NULL struct hash<unsigned char> {
  size_t operator()(unsigned char x) const { return x; }
};
__STL_TEMPLATE_NULL struct hash<signed char> {
```

```
  size_t operator()(unsigned char x) const { return x; }
};
__STL_TEMPLATE_NULL struct hash<short> {
  size_t operator()(short x) const { return x; }
};
__STL_TEMPLATE_NULL struct hash<unsigned short> {
  size_t operator()(unsigned short x) const { return x; }
};
__STL_TEMPLATE_NULL struct hash<int> {
  size_t operator()(int x) const { return x; }
};
__STL_TEMPLATE_NULL struct hash<unsigned int> {
  size_t operator()(unsigned int x) const { return x; }
};
__STL_TEMPLATE_NULL struct hash<long> {
  size_t operator()(long x) const { return x; }
};
__STL_TEMPLATE_NULL struct hash<unsigned long> {
  size_t operator()(unsigned long x) const { return x; }
};
```

由此观之，SGI hashtable 无法处理上述所列各项型别以外的元素，例如 string, double, float。欲处理这些型别, 用户必须自行为它们定义 hash function。下面是直接以 SGI hashtable 处理 string 所获得的错误现象：

```
#include <hash_set>  // for hashtable and hash_set
#include <iostream>
#include <string>
using namespace std;

int main()
{
  // hash-table
  // <value, key, hash-func, extract-key, equal-key, allocator>
  // note: hashtable has no default ctor
  hashtable<string, string, hash<string>, identity<string>,
            equal_to<string>, alloc>
    iht(50,hash<string>(),equal_to<string>());

  cout<< iht.size() << endl;            // 0
  cout<< iht.bucket_count() << endl;    // 53
  iht.insert_unique(string("jjhou"));   // error

  // hashtable 无法处理的型别, hash_set 当然也无法处理
  hash_set<string> shs;
  hash_set<double> dhs;

  shs.insert(string("jjhou"));  // error
```

```
    dhs.insert(15.0);                   // error
  }
```

5.8 hash_set

虽然 STL 只规范复杂度与接口，并不规范实现方法，但 STL set 多半以
RB-tree 为底层机制。SGI 则是在 STL 标准规格之外另又提供了一个所谓的
hash_set，以 hashtable 为底层机制。由于 hash_set 所供应的操作接口，
hashtable 都提供了，所以几乎所有的 hash_set 操作行为，都只是转调用
hashtable 的操作行为而已。

运用 set，为的是能够快速搜寻元素。这一点，不论其底层是 RB-tree 或是
hashtable，都可以达成任务。但是请注意，RB-tree 有自动排序功能而 hashtable
没有，反应出来的结果就是，set 的元素有自动排序功能而 hash_set 没有。

set 的元素不像 map 那样可以同时拥有实值（*value*）和键值（*key*），set 元
素的键值就是实值，实值就是键值。这一点在 hash_set 中也是一样的。

hash_set 的使用方式，与 set 完全相同。

下面是 hash_set 的源代码摘录，其中的注释几乎说明了一切，本节不再另
做文字解释。

请注意，5.7.5 节最后谈到，hashtable 有一些无法处理的型别（除非用户为
那些型别撰写 hash function）。凡是 hashtable 无法处理者，hash_set 也无法
处理。

```
template <class Value,
          class HashFcn = hash<Value>,
          class EqualKey = equal_to<Value>,
          class Alloc = alloc>
class hash_set
{
private:
  // 以下使用的 identity<> 定义于 <stl_function.h> 中
  typedef hashtable<Value, Value, HashFcn, identity<Value>,
                    EqualKey, Alloc> ht;
  ht rep;      // 底层机制以 hash table 完成
```

```cpp
public:
  typedef typename ht::key_type key_type;
  typedef typename ht::value_type value_type;
  typedef typename ht::hasher hasher;
  typedef typename ht::key_equal key_equal;

  typedef typename ht::size_type size_type;
  typedef typename ht::difference_type difference_type;
  typedef typename ht::const_pointer pointer;
  typedef typename ht::const_pointer const_pointer;
  typedef typename ht::const_reference reference;
  typedef typename ht::const_reference const_reference;

  typedef typename ht::const_iterator iterator;
  typedef typename ht::const_iterator const_iterator;

  hasher hash_funct() const { return rep.hash_funct(); }
  key_equal key_eq() const { return rep.key_eq(); }

public:
  // 缺省使用大小为 100 的表格。将被 hash table 调整为最接近且较大之质数
  hash_set() : rep(100, hasher(), key_equal()) {}
  explicit hash_set(size_type n) : rep(n, hasher(), key_equal()) {}
  hash_set(size_type n, const hasher& hf) : rep(n, hf, key_equal()) {}
  hash_set(size_type n, const hasher& hf, const key_equal& eql)
    : rep(n, hf, eql) {}

  // 以下，插入操作全部使用 insert_unique()，不允许键值重复
  template <class InputIterator>
  hash_set(InputIterator f, InputIterator l)
    : rep(100, hasher(), key_equal()) { rep.insert_unique(f, l); }
  template <class InputIterator>
  hash_set(InputIterator f, InputIterator l, size_type n)
    : rep(n, hasher(), key_equal()) { rep.insert_unique(f, l); }
  template <class InputIterator>
  hash_set(InputIterator f, InputIterator l, size_type n,
        const hasher& hf)
    : rep(n, hf, key_equal()) { rep.insert_unique(f, l); }
  template <class InputIterator>
  hash_set(InputIterator f, InputIterator l, size_type n,
        const hasher& hf, const key_equal& eql)
    : rep(n, hf, eql) { rep.insert_unique(f, l); }

public:
  // 所有操作几乎都有 hash table 对应版本。传递调用就行
  size_type size() const { return rep.size(); }
  size_type max_size() const { return rep.max_size(); }
  bool empty() const { return rep.empty(); }
```

```
    void swap(hash_set& hs) { rep.swap(hs.rep); }
    friend bool operator== __STL_NULL_TMPL_ARGS (const hash_set&,
                                                 const hash_set&);

    iterator begin() const { return rep.begin(); }
    iterator end() const { return rep.end(); }

public:
  pair<iterator, bool> insert(const value_type& obj)
    {
      pair<typename ht::iterator, bool> p = rep.insert_unique(obj);
      return pair<iterator, bool>(p.first, p.second);
    }
  template <class InputIterator>
  void insert(InputIterator f, InputIterator l) { rep.insert_unique(f,l); }
  pair<iterator, bool> insert_noresize(const value_type& obj)
  {
    pair<typename ht::iterator, bool> p = rep.insert_unique_noresize(obj);
    return pair<iterator, bool>(p.first, p.second);
  }

  iterator find(const key_type& key) const { return rep.find(key); }

  size_type count(const key_type& key) const { return rep.count(key); }

  pair<iterator, iterator> equal_range(const key_type& key) const
    { return rep.equal_range(key); }

  size_type erase(const key_type& key) {return rep.erase(key); }
  void erase(iterator it) { rep.erase(it); }
  void erase(iterator f, iterator l) { rep.erase(f, l); }
  void clear() { rep.clear(); }

public:
  void resize(size_type hint) { rep.resize(hint); }
  size_type bucket_count() const { return rep.bucket_count(); }
  size_type max_bucket_count() const { return rep.max_bucket_count(); }
  size_type elems_in_bucket(size_type n) const
    { return rep.elems_in_bucket(n); }
};

template <class Value, class HashFcn, class EqualKey, class Alloc>
inline bool operator==(const hash_set<Value, HashFcn, EqualKey, Alloc>& hs1,
                   const hash_set<Value, HashFcn, EqualKey, Alloc>& hs2)
{
  return hs1.rep == hs2.rep;
}
```

下面这个例子，取材自 [Austern98] 16.2.5 节。我特别在程序最后新加一段遍历操作，为的是验证 **hash_set** 内的元素并无任何特定排序，但是这样的安排不尽合理，稍后我有进一步的说明。程序中对于 **hash_set** 的 EqualKey 必须有特别的设计，不能沿用缺省的 equal_to<T>，因为此例之中的元素是 C 字符串（C style charactors string），而 C 字符串的相等与否，必须一个字符一个字符地比较（可使用 C 标准函数 strcmp()），不能直接以 const char* 做比较。

```cpp
// file: 5hastset-test.cpp
#include <iostream>
#include <hash_set>
#include <cstring>
using namespace std;

struct eqstr
{
  bool operator()(const char* s1, const char* s2) const
  {
    return strcmp(s1, s2) == 0;
  }
};

void lookup(const hash_set<const char*, hash<const char*>, eqstr>& Set,
            const char* word)
{
  hash_set<const char*, hash<const char*>, eqstr>::const_iterator it
    = Set.find(word);
  cout << "  " << word << ": "
       << (it != Set.end() ? "present" : "not present")
       << endl;
}

int main()
{
  hash_set<const char*, hash<const char*>, eqstr> Set;
  Set.insert("kiwi");
  Set.insert("plum");
  Set.insert("apple");
  Set.insert("mango");
  Set.insert("apricot");
  Set.insert("banana");

  lookup(Set, "mango");     //   mango: present
  lookup(Set, "apple");     //   apple: present
  lookup(Set, "durian");    //   durian: not present
```

```
hash_set<const char*, hash<const char*>, eqstr>::iterator ite1
    = Set.begin();
hash_set<const char*, hash<const char*>, eqstr>::iterator ite2
    = Set.end();
for(; ite1 != ite2; ++ite1)
    cout << *ite1 << ' ';    // banana plum mango apple kiwi apricot
}
```

　　最后执行结果虽然显示 hash_set 内的字符串并没有排序，但这其实不是一个良好的测试，因为即使有排序，也是以元素型别 const char* 为排序对象，而非对 const char* 所代表的字符串进行排序。要测试 hash_set 是否排序，最好是以 int 作为元素型别，如下：

```
hash_set<int> Set;
Set.insert(59);
Set.insert(63);
Set.insert(108);
Set.insert(2);
Set.insert(53);
Set.insert(55);

hash_set<int>::iterator ite1 = Set.begin();
hash_set<int>::iterator ite2 = Set.end();
for(; ite1 != ite2; ++ite1)
    cout << *ite1 << ' ';  // 2 53 55 59 63 108
cout << endl;
```

　　奇怪了，为什么也有排序呢？hash_set 的底层不就是一个 hashtable 吗？先前 5.7.6 节的例子也是以相同的次序将相同的 6 个整数插入到 hashtable 内，获得的结果为什么和这里不同？

　　这真是一个令人迷惑的问题。答案是，5.7.6 节的 hashtable 大小被指定为 50（根据 SGI 的设计，采用质数 53），而这里所使用的 hash_set 缺省情况下指定 hashtable 的大小为 100（根据 SGI 的设计，采用质数 193），由于 buckets 够多，才造成排序假象。如果以下面这样的次序输入这些数值：

```
hash_set<int> Set;  // 底层 hashtable 缺省大小为 100
Set.insert(3);      // 实际大小为 193
Set.insert(196);
Set.insert(1);
Set.insert(389);
Set.insert(194);
Set.insert(387);
```

```
hash_set<int>::iterator ite1 = Set.begin();
hash_set<int>::iterator ite2 = Set.end();
for(; ite1 != ite2; ++ite1)
    cout << *ite1 << ' ';          // 387 194 1 389 196 3
```

就呈现出未排序的状态了。此时底层的 hashtable 构造如下：

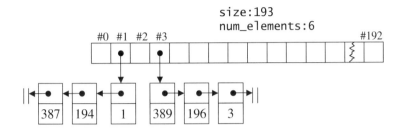

5.9 hash_map

SGI 在 STL 标准规格之外，另提供了一个所谓的 hash_map，以 hashtable 为底层机制。由于 hash_map 所供应的操作接口，hashtable 都提供了，所以几乎所有的 hash_map 操作行为，都只是转调用 hashtable 的操作行为而已。

运用 map，为的是能够根据键值快速搜寻元素。这一点，不论其底层是 RB-tree 或是 hashtable，都可以达成任务。但是请注意，RB-tree 有自动排序功能而 hashtable 没有，反应出来的结果就是，map 的元素有自动排序功能而 hash_map 没有。

map 的特性是，每一个元素都同时拥有一个实值（*value*）和一个键值（*key*）。这一点在 hash_map 中也是一样的。hash_map 的使用方式，和 map 完全相同。

下面是 hash_map 的源代码摘录，其中的注释几乎说明了一切，本节不再另做文字解释。

请注意，5.7.5 节最后谈到，hashtable 有一些无法处理的型别（除非用户为那些型别撰写 hash function）。凡是 hashtable 无法处理者，hash_map 也无法处理。

```
// 以下的 hash<> 是个 function object，定义于 <stl_hash_fun.h> 中
```

```
// 例：hash<int>::operator()(int x) const { return x; }
template <class Key,
          class T,
          class HashFcn = hash<Key>,
          class EqualKey = equal_to<Key>,
          class Alloc = alloc>
class hash_map
{
private:
  // 以下使用的 select1st<> 定义于 <stl_function.h> 中
  typedef hashtable<pair<const Key, T>, Key, HashFcn,
                    select1st<pair<const Key, T> >, EqualKey, Alloc> ht;
  ht rep;      // 底层机制以 hash table 完成

public:
  typedef typename ht::key_type key_type;
  typedef T data_type;
  typedef T mapped_type;
  typedef typename ht::value_type value_type;
  typedef typename ht::hasher hasher;
  typedef typename ht::key_equal key_equal;

  typedef typename ht::size_type size_type;
  typedef typename ht::difference_type difference_type;
  typedef typename ht::pointer pointer;
  typedef typename ht::const_pointer const_pointer;
  typedef typename ht::reference reference;
  typedef typename ht::const_reference const_reference;

  typedef typename ht::iterator iterator;
  typedef typename ht::const_iterator const_iterator;

  hasher hash_funct() const { return rep.hash_funct(); }
  key_equal key_eq() const { return rep.key_eq(); }

public:
  // 缺省使用大小为 100 的表格。将由 hash table 调整为最接近且较大之质数
  hash_map() : rep(100, hasher(), key_equal()) {}
  explicit hash_map(size_type n) : rep(n, hasher(), key_equal()) {}
  hash_map(size_type n, const hasher& hf) : rep(n, hf, key_equal()) {}
  hash_map(size_type n, const hasher& hf, const key_equal& eql)
    : rep(n, hf, eql) {}

  // 以下，插入操作全部使用 insert_unique()，不允许键值重复
  template <class InputIterator>
  hash_map(InputIterator f, InputIterator l)
    : rep(100, hasher(), key_equal()) { rep.insert_unique(f, l); }
  template <class InputIterator>
  hash_map(InputIterator f, InputIterator l, size_type n)
```

```
    : rep(n, hasher(), key_equal()) { rep.insert_unique(f, l); }
  template <class InputIterator>
  hash_map(InputIterator f, InputIterator l, size_type n,
         const hasher& hf)
    : rep(n, hf, key_equal()) { rep.insert_unique(f, l); }
  template <class InputIterator>
  hash_map(InputIterator f, InputIterator l, size_type n,
         const hasher& hf, const key_equal& eql)
    : rep(n, hf, eql) { rep.insert_unique(f, l); }

public:
  // 所有操作几乎都有 hash table 对应版本。传递调用就行
  size_type size() const { return rep.size(); }
  size_type max_size() const { return rep.max_size(); }
  bool empty() const { return rep.empty(); }
  void swap(hash_map& hs) { rep.swap(hs.rep); }
  friend bool
  operator== __STL_NULL_TMPL_ARGS (const hash_map&, const hash_map&);

  iterator begin() { return rep.begin(); }
  iterator end() { return rep.end(); }
  const_iterator begin() const { return rep.begin(); }
  const_iterator end() const { return rep.end(); }

public:
  pair<iterator, bool> insert(const value_type& obj)
    { return rep.insert_unique(obj); }
  template <class InputIterator>
  void insert(InputIterator f, InputIterator l) { rep.insert_unique(f,l); }
  pair<iterator, bool> insert_noresize(const value_type& obj)
    { return rep.insert_unique_noresize(obj); }

  iterator find(const key_type& key) { return rep.find(key); }
  const_iterator find(const key_type& key) const { return rep.find(key); }

  T& operator[](const key_type& key) {
    return rep.find_or_insert(value_type(key, T())).second;
  }

  size_type count(const key_type& key) const { return rep.count(key); }

  pair<iterator, iterator> equal_range(const key_type& key)
    { return rep.equal_range(key); }
  pair<const_iterator, const_iterator> equal_range(const key_type& key) const
    { return rep.equal_range(key); }

  size_type erase(const key_type& key) {return rep.erase(key); }
  void erase(iterator it) { rep.erase(it); }
  void erase(iterator f, iterator l) { rep.erase(f, l); }
```

```
    void clear() { rep.clear(); }

public:
  void resize(size_type hint) { rep.resize(hint); }
  size_type bucket_count() const { return rep.bucket_count(); }
  size_type max_bucket_count() const { return rep.max_bucket_count(); }
  size_type elems_in_bucket(size_type n) const
    { return rep.elems_in_bucket(n); }
};

template <class Key, class T, class HashFcn, class EqualKey, class Alloc>
inline bool operator==(const hash_map<Key, T, HashFcn, EqualKey, Alloc>& hm1,
                       const hash_map<Key, T, HashFcn, EqualKey, Alloc>& hm2)
{
  return hm1.rep == hm2.rep;
}
```

　　下面这个例子，取材自 [Austern98] 16.2.6 节。我特别在程序最后新加了一段
遍历操作，为的是验证 **hash_map** 内的元素并无任何特定排序。程序中对于
hash_map 的 EqualKey 必须有特别的设计，不能沿用缺省的 equal_to<T>，因为
此例之中的元素是字符串，而字符串的相等与否，必须一个字符一个字符地比较（可
使用 C 标准函数 strcmp()），不能直接以 const char* 做比较。

```
// file : 5hashmap-test.cpp
#include <iostream>
#include <hash_map>
#include <cstring>
using namespace std;

struct eqstr
{
  bool operator()(const char* s1, const char* s2) const {
    return strcmp(s1, s2) == 0;
  }
};

int main()
{
  hash_map<const char*, int, hash<const char*>, eqstr> days;

  days["january"] = 31;
  days["february"] = 28;
  days["march"] = 31;
  days["april"] = 30;
  days["may"] = 31;
  days["june"] = 30;
```

```
days["july"] = 31;
days["august"] = 31;
days["september"] = 30;
days["october"] = 31;
days["november"] = 30;
days["december"] = 31;

cout << "september -> " << days["september"] << endl;  // 30
cout << "june      -> " << days["june"] << endl;        // 30
cout << "february -> " << days["february"] << endl;     // 28
cout << "december -> " << days["december"] << endl;     // 31

hash_map<const char*, int, hash<const char*>, eqstr>::iterator
  ite1 = days.begin();
hash_map<const char*, int, hash<const char*>, eqstr>::iterator
  ite2 = days.end();
for(; ite1 != ite2; ++ite1)
   cout << ite1->first << ' ';
// september june july may january february december march
// april november october august
}
```

5.10   hash_multiset

hash_multiset 的特性与 multiset 完全相同，唯一的差别在于它的底层机制是 hashtable。也因此，hash_multiset 的元素并不会被自动排序。

hash_multiset 和 hash_set 实现上的唯一差别在于，前者的元素插入操作采用底层机制 hashtable 的 insert_equal()，后者则是采用 insert_unique()。

下面是 hash_multiset 的源代码摘要，其中的注释几乎说明了一切，本节不再另做文字解释。

请注意，5.7.5 节最后谈到，hashtable 有一些无法处理的型别（除非用户为那些型别撰写 hash function）。凡是 hashtable 无法处理者，hash_multiset 也无法处理。

```
template <class Value,
          class HashFcn = hash<Value>,
          class EqualKey = equal_to<Value>,
          class Alloc = alloc>
class hash_multiset
{
```

```
private:
  typedef hashtable<Value, Value, HashFcn, identity<Value>,
                    EqualKey, Alloc> ht;
  ht rep;

public:
  typedef typename ht::key_type key_type;
  typedef typename ht::value_type value_type;
  typedef typename ht::hasher hasher;
  typedef typename ht::key_equal key_equal;

  typedef typename ht::size_type size_type;
  typedef typename ht::difference_type difference_type;
  typedef typename ht::const_pointer pointer;
  typedef typename ht::const_pointer const_pointer;
  typedef typename ht::const_reference reference;
  typedef typename ht::const_reference const_reference;

  typedef typename ht::const_iterator iterator;
  typedef typename ht::const_iterator const_iterator;

  hasher hash_funct() const { return rep.hash_funct(); }
  key_equal key_eq() const { return rep.key_eq(); }

public:
  // 缺省使用大小为 100 的表格。将被 hash table 调整为最接近且较大之质数
  hash_multiset() : rep(100, hasher(), key_equal()) {}
  explicit hash_multiset(size_type n) : rep(n, hasher(), key_equal()) {}
  hash_multiset(size_type n, const hasher& hf) : rep(n, hf, key_equal()) {}
  hash_multiset(size_type n, const hasher& hf, const key_equal& eql)
    : rep(n, hf, eql) {}

  // 以下，插入操作全部使用 insert_equal()，允许键值重复
  template <class InputIterator>
  hash_multiset(InputIterator f, InputIterator l)
    : rep(100, hasher(), key_equal()) { rep.insert_equal(f, l); }
  template <class InputIterator>
  hash_multiset(InputIterator f, InputIterator l, size_type n)
    : rep(n, hasher(), key_equal()) { rep.insert_equal(f, l); }
  template <class InputIterator>
  hash_multiset(InputIterator f, InputIterator l, size_type n,
           const hasher& hf)
    : rep(n, hf, key_equal()) { rep.insert_equal(f, l); }
  template <class InputIterator>
  hash_multiset(InputIterator f, InputIterator l, size_type n,
           const hasher& hf, const key_equal& eql)
    : rep(n, hf, eql) { rep.insert_equal(f, l); }

public:
```

```cpp
// 所有操作几乎都有 hash table 的对应版本，传递调用即可
size_type size() const { return rep.size(); }
size_type max_size() const { return rep.max_size(); }
bool empty() const { return rep.empty(); }
void swap(hash_multiset& hs) { rep.swap(hs.rep); }
friend bool operator== __STL_NULL_TMPL_ARGS (const hash_multiset&,
                                             const hash_multiset&);

iterator begin() const { return rep.begin(); }
iterator end() const { return rep.end(); }

public:
  iterator insert(const value_type& obj) { return rep.insert_equal(obj); }
  template <class InputIterator>
  void insert(InputIterator f, InputIterator l) { rep.insert_equal(f,l); }
  iterator insert_noresize(const value_type& obj)
    { return rep.insert_equal_noresize(obj); }

  iterator find(const key_type& key) const { return rep.find(key); }

  size_type count(const key_type& key) const { return rep.count(key); }

  pair<iterator, iterator> equal_range(const key_type& key) const
    { return rep.equal_range(key); }

  size_type erase(const key_type& key) {return rep.erase(key); }
  void erase(iterator it) { rep.erase(it); }
  void erase(iterator f, iterator l) { rep.erase(f, l); }
  void clear() { rep.clear(); }

public:
  void resize(size_type hint) { rep.resize(hint); }
  size_type bucket_count() const { return rep.bucket_count(); }
  size_type max_bucket_count() const { return rep.max_bucket_count(); }
  size_type elems_in_bucket(size_type n) const
    { return rep.elems_in_bucket(n); }
};

template <class Val, class HashFcn, class EqualKey, class Alloc>
inline bool operator==(const hash_multiset<Val, HashFcn, EqualKey, Alloc>& hs1,
                   const hash_multiset<Val, HashFcn, EqualKey, Alloc>& hs2)
{
  return hs1.rep == hs2.rep;
}
```

hash_multiset 的使用方式，与 hash_set 完全相同。

5.11 hash_multimap

hash_multimap 的特性与 multimap 完全相同，唯一的差别在于它的底层机制是 hashtable。也因此，hash_multimap 的元素并不会被自动排序。

hash_multimap 和 hash_map 实现上的唯一差别在于，前者的元素插入操作采用底层机制 hashtable 的 insert_equal()，后者则是采用 insert_unique()。

下面是 hash_multimap 的源代码摘要，其中的注释几乎说明了一切，本节不再另做文字解释。

请注意，5.7.5 节最后谈到，hashtable 有一些无法处理的型别（除非用户为那些型别撰写 hash function）。凡是 hashtable 无法处理者，hash_multimap 也无法处理。

```
template <class Key,
          class T,
          class HashFcn = hash<Key>,
          class EqualKey = equal_to<Key>,
          class Alloc = alloc>
class hash_multimap
{
private:
  typedef hashtable<pair<const Key, T>, Key, HashFcn,
                    select1st<pair<const Key, T> >, EqualKey, Alloc> ht;
  ht rep;

public:
  typedef typename ht::key_type key_type;
  typedef T data_type;
  typedef T mapped_type;
  typedef typename ht::value_type value_type;
  typedef typename ht::hasher hasher;
  typedef typename ht::key_equal key_equal;

  typedef typename ht::size_type size_type;
  typedef typename ht::difference_type difference_type;
  typedef typename ht::pointer pointer;
  typedef typename ht::const_pointer const_pointer;
  typedef typename ht::reference reference;
  typedef typename ht::const_reference const_reference;

  typedef typename ht::iterator iterator;
```

```
        typedef typename ht::const_iterator const_iterator;

        hasher hash_funct() const { return rep.hash_funct(); }
        key_equal key_eq() const { return rep.key_eq(); }

public:
    // 缺省使用大小为 100 的表格。将被 hash table 调整为最接近且较大之质数
    hash_multimap() : rep(100, hasher(), key_equal()) {}
    explicit hash_multimap(size_type n) : rep(n, hasher(), key_equal()) {}
    hash_multimap(size_type n, const hasher& hf) : rep(n, hf, key_equal()) {}
    hash_multimap(size_type n, const hasher& hf, const key_equal& eql)
        : rep(n, hf, eql) {}

// 以下，插入操作全部使用 insert_equal()，允许键值重复
    template <class InputIterator>
    hash_multimap(InputIterator f, InputIterator l)
        : rep(100, hasher(), key_equal()) { rep.insert_equal(f, l); }
    template <class InputIterator>
    hash_multimap(InputIterator f, InputIterator l, size_type n)
        : rep(n, hasher(), key_equal()) { rep.insert_equal(f, l); }
    template <class InputIterator>
    hash_multimap(InputIterator f, InputIterator l, size_type n,
                  const hasher& hf)
        : rep(n, hf, key_equal()) { rep.insert_equal(f, l); }
    template <class InputIterator>
    hash_multimap(InputIterator f, InputIterator l, size_type n,
                  const hasher& hf, const key_equal& eql)
        : rep(n, hf, eql) { rep.insert_equal(f, l); }

public:
    // 所有操作几乎都有 hash table 的对应版本，传递调用即可
    size_type size() const { return rep.size(); }
    size_type max_size() const { return rep.max_size(); }
    bool empty() const { return rep.empty(); }
    void swap(hash_multimap& hs) { rep.swap(hs.rep); }
    friend bool
    operator== __STL_NULL_TMPL_ARGS (const hash_multimap&, const hash_multimap&);

    iterator begin() { return rep.begin(); }
    iterator end() { return rep.end(); }
    const_iterator begin() const { return rep.begin(); }
    const_iterator end() const { return rep.end(); }

public:
    iterator insert(const value_type& obj) { return rep.insert_equal(obj); }
    template <class InputIterator>
    void insert(InputIterator f, InputIterator l) { rep.insert_equal(f,l); }
    iterator insert_noresize(const value_type& obj)
        { return rep.insert_equal_noresize(obj); }
```

```cpp
  iterator find(const key_type& key) { return rep.find(key); }
  const_iterator find(const key_type& key) const { return rep.find(key); }

  size_type count(const key_type& key) const { return rep.count(key); }

  pair<iterator, iterator> equal_range(const key_type& key)
    { return rep.equal_range(key); }
  pair<const_iterator, const_iterator> equal_range(const key_type& key) const
    { return rep.equal_range(key); }

  size_type erase(const key_type& key) {return rep.erase(key); }
  void erase(iterator it) { rep.erase(it); }
  void erase(iterator f, iterator l) { rep.erase(f, l); }
  void clear() { rep.clear(); }

public:
  void resize(size_type hint) { rep.resize(hint); }
  size_type bucket_count() const { return rep.bucket_count(); }
  size_type max_bucket_count() const { return rep.max_bucket_count(); }
  size_type elems_in_bucket(size_type n) const
    { return rep.elems_in_bucket(n); }
};

template <class Key, class T, class HF, class EqKey, class Alloc>
inline bool operator==(const hash_multimap<Key, T, HF, EqKey, Alloc>& hm1,
                 const hash_multimap<Key, T, HF, EqKey, Alloc>& hm2)
{
  return hm1.rep == hm2.rep;
}
```

hash_multimap 的使用方式，与 hash_map 完全相同。

6

算法
algorithms

再好的编程技巧，也无法让一个笨拙的算法起死回生。

选择了错误的算法，便注定了失败的命运。

6.1　算法概观

算法，问题之解法也。

以有限的步骤，解决逻辑或数学上的问题，这一专门科目我们称为算法（Algorithms）。大学信息相关教育里面，与编程最有直接关系的科目，首推算法与数据结构（Data Structures，亦即 STL 中的容器，本书 4,5 两章已介绍）。STL 算法即是将最常被运用的算法规范出来，其涵盖区间有可能在每五年一次的 C++ 标准委员会中不断增订。

广义而言，我们所写的每个程序都是一个算法，其中的每个函数也都是一个算法，毕竟它们都用来解决或大或小的逻辑问题或数学问题。唯有用来解决特定问题（例如排序、查找、最短路径、三点共线…），并且获得数学上的效能分析与证明，这样的算法才具有可复用性。本章探讨的便是被收记录于 STL 之中，极具复用价值的 70 余个 STL 算法，包括赫赫有名的排序（sorting）、查找（searching）、排列组合（permutation）算法，以及用于数据移动、复制、删除、比较、组合、运算等等的算法。

特定的算法往往搭配特定的数据结构。例如 binary search tree（二叉查找树）

和 RB-tree（红黑树，5.2 节）便是为了解决查找问题而发展出来的特殊数据结构，hash table（散列表，5.7 节）拥有快速查找的能力。又例如 max-heap（或 min-heap）可以协助完成所谓的 heap sort（堆排序）。几乎可以说，特定的数据结构是为了实现某种特定的算法。这一类"与特定数据结构相关"的算法，被本书（及 STL）归类于第 5 章"关系型容器"（associated containers）之列。本章所讨论的，是可施行于"无太多特殊条件限制"之空间中的某一段元素区间的算法。

6.1.1 算法分析与复杂度表示 O( )

当我们发现（发明）一个可以解决问题的算法时，下一个重要步骤就是决定该算法所耗用的资源，包括空间和时间。这个操作称为算法分析（algorithm analysis）。可以这么说，如果一个算法得耗用数 GB 的内存空间才能获得令人满意的效率，这种算法没有用——至少在目前的计算机架构下没有实用价值。

一般而言，算法的执行时间和其所要处理的数据量有关，两者之间存在某种函数关系，可能是一次（线性，linear）、二次（quadratic）、三次（cubic）或对数（logarithm）关系。当数据量很小时，多项式函数的每一项都可能对结果带来相当程度的影响，但是当数据量够大（这是我们应该关注的情况）时，只有最高次方的项目才具主导地位。

下面是三个复杂度各异的问题：

1. 最小元素问题：求取 array 中的最小元素。
2. 最短距离问题：求取 X-Y 平面上的 N 个点中，距离最近的两个点。
3. 三点共线问题：决定 X-Y 平面上的 N 个点中，是否有任何三点共线。

最小元素问题的解法一定必须两两元素比对，逐一进行。N 个元素需要 N 次比对，所以数据量和执行时间呈线性关系。"最短距离"问题所需计算的元素对（pairs）共有 N(N-1)/2!，所以大数据量和执行时间呈二次关系[1]。 "三点共线"问题要计算的元素对（pairs）共有 N(N-1)(N-2)/3!，所以大数据量和执行时间呈三次关

---

[1] 有一个聪明的算法可以将它降低为一次关系。

系[2]。

上述三种复杂度，以所谓的 Big-Oh 标记法表示为 $O(N)$, $O(N^2)$, $O(N^3)$。这种标记法的定义如下：

> 如果有任何正值常数 c 和 N_0，使得当 $N \geq N_0$ 时，$T(N) \leq cF(N)$，那么我们便可将 $T(N)$ 的复杂度表示为 $O(F(N))$ [3]。

Big-Oh 并非唯一的复杂度标记法，另外还有诸如 Big-Omega, Big-Theta, Little-Oh 等标记法，各有各的优缺点。一般而言，Big-Oh 标记法最被普遍使用。哦，是的，它并不适合用来标记小数据量下的情况。

以下三个问题出现一种新的复杂度形式：

4. 需要多少 bits 才能表现出 N 个连续整数？

5. 从 X = 1 开始，每次将 X 扩充两倍，需要多少次扩充才能使 $X \geq N$？

6. 从 X = N 开始，每次将 X 缩减一半，需要多少次缩减才能使 $X \leq 1$？

就问题 4 而言，B 个 bits 可表现出 2^B 个不同的整数，因此欲表现 N 个连续整数，需满足方程式 $2^B \geq N$，亦即 $B \geq \log N$。

问题 5 称为 "持续加倍问题"，必须满足方程式 $2^K \geq N$，此式同问题 4，因此解答相同。问题 6 称为 "持续减半问题"，与问题 5 意义相同，只不过方向相反，因此解答相同。

如果有一个算法，花费固定时间（常数时间，$O(1)$）将问题的规模降低某个固定比例（通常是 1/2），基于上述问题 6 的解答，我们便说此算法的复杂度是 $O(\log N)$。注意，问题规模的降低比例如何，并不会带来影响，因为它会反应在对数的底上，而底对于 Big-Oh 标记法是没有影响的（任何算法专论书籍，都应该有其证明）。

---

2 有一个聪明的算法可以将它降低为二次关系。目前学术界还在研究更好的算法。

3 注意，在此定义之下，意味着数据量必须足够大，而且最高次方的常系数和较低次方的项，都不应该出现在 Big-Oh 标记法中。

算法的复杂度，可以作为我们衡量算法效率的标准。

6.1.2　STL 算法总览

图 6-1 将所有的 STL 算法（以及一些非标准的 SGI STL 算法）的名称、用途、
文件分布等等，依算法名称的字母顺序列表。表格之中凡是不在 STL 标准规格之
列的 SGI 专属算法，都以 * 加以标示。

（以下 "质变" 栏意指 *mutating*，意思是 "会改变其操作对象之内容"）

算法名称	算法用途	质变?	所在文件
accumulate	元素累计	否	\<stl_numeric.h\>
adjacent_difference	相邻元素的差额	是 if in-place	\<stl_numeric.h\>
adjacent_find	查找相邻而重复（或符合某条件）的元素	否	\<stl_algo.h\>
binary_search	二分查找	否	\<stl_algo.h\>
Copy	复制	是 if in-place	\<stl_algobase.h\>
Copy_backward	逆向复制	是 if in-place	\<stl_algobase.h\>
Copy_n *	复制 n 个元素	是 if in-place	\<stl_algobase.h\>
count	计数	否	\<stl_algo.h\>
count_if	在特定条件下计数	否	\<stl_algo.h\>
equal	判断两个区间相等与否	否	\<stl_algobase.h\>
equal_range	试图在有序区间中寻找某值（返回一个上下限区间）	否	\<stl_algo.h\>
fill	改填元素值	是	\<stl_algobase.h\>
fill_n	改填元素值，n 次	是	\<stl_algobase.h\>
find	循序查找	否	\<stl_algo.h\>
find_if	循序查找符合特定条件者	否	\<stl_algo.h\>
find_end	查找某个子序列的最后一次出现点	否	\<stl_algo.h\>
find_first_of	查找某些元素的首次出现点	否	\<stl_algo.h\>
for_each	对区间内的每一个元素施行某操作	否	\<stl_algo.h\>

算法名称	算法用途	质变?	所在文件
generate	以特定操作之运算结果填充特定区间内的元素	是	`<stl_algo.h>`
generate_n	以特定操作之运算结果填充 n 个元素内容	是	`<stl_algo.h>`
includes	是否涵盖于某序列之中	否	`<stl_algo.h>`
inner_product	内积	否	`<stl_numeric.h>`
inplace_merge	合并并就地替换（覆写上去）	是	`<stl_algo.h>`
Iota *	在某区间填入某指定值的递增序列	是	`<stl_numeric.h>`
is_heap *	判断某区间是否为一个 heap	否	`<stl_algo.h>`
is_sorted *	判断某区间是否已排序	否	`<stl_algo.h>`
iter_swap	元素互换	是	`<stl_algobase.h>`
lexicographical_compare	以字典顺序进行比较	否	`<stl_numeric.h>`
lower_bound	"将指定元素插入区间之内而不影响区间之原本排序"的最低位置	否	`<stl_algo.h>`
max	最大值	否	`<stl_algobase.h>`
max_element	最大值所在位置	否	`<stl_algo.h>`
merge	合并两个序列	是 if in-place	`<stl_algo.h>`
min	最小值	否	`<stl_algobase.h>`
min_element	最小值所在位置	否	`<stl_algo.h>`
mismatch	找出不匹配点	否	`<stl_algobase.h>`
next_permutation	获得下一个排列组合	是	`<stl_algo.h>`
nth_element	重新安排序列中的第 n 个元素的左右两端	是	`<stl_algo.h>`
partial_sort	局部排序	是	`<stl_algo.h>`
partial_sort_copy	局部排序并复制到他处	是 if in-place	`<stl_algo.h>`
partial_sum	局部求和	是 if in-place	`<stl_numeric.h>`
partition	分割	是	`<stl_algo.h>`

算法名称	算法用途	质变?	所在文件
prev_permutation	获得前一个排列组合	是	`<stl_algo.h>`
power *	幂次方。表达式可指定	否	`<stl_numeric.h>`
random_shuffle	随机重排元素	是	`<stl_algo.h>`
random_sample *	随机取样	是 if in-place	`<stl_algo.h>`
random_sample_n *	随机取样	是 if in-place	`<stl_algo.h>`
remove	删除某类元素（但不删除）	是	`<stl_algo.h>`
remove_copy	删除某类元素并将结果 复制到另一个容器	是	`<stl_algo.h>`
remove_if	有条件地删除某类元素	是	`<stl_algo.h>`
remove_copy_if	有条件地删除某类元素并 将结果复制到另一个容器	是	`<stl_algo.h>`
replace	替换某类元素	是	`<stl_algo.h>`
replace_copy	替换某类元素，并将结果 复制到另一个容器	是	`<stl_algo.h>`
replace_if	有条件地替换	是	`<stl_algo.h>`
replace_copy_if	有条件地替换，并将结果 复制到另一个容器	是	`<stl_algo.h>`
reverse	反转元素次序	是	`<stl_algo.h>`
reverse_copy	反转元素次序并将结果 复制到另一个容器	是	`<stl_algo.h>`
rotate	旋转	是	`<stl_algo.h>`
rotate_copy	旋转，并将结果复制到另 一个容器	是	`<stl_algo.h>`
search	查找某个子序列	否	`<stl_algo.h>`
search_n	查找"连续发生 n 次"的 子序列	否	`<stl_algo.h>`
set_difference	差集	是 if in-place	`<stl_algo.h>`
set_intersection	交集	是 if in-place	`<stl_algo.h>`
set_symmetric_ difference	对称差集	是 if in-place	`<stl_algo.h>`
set_union	并集	是 if in-place	`<stl_algo.h>`

算法名称	算法用途	质变?	所在文件
sort	排序	是	\<stl_algo.h\>
stable_partition	分割并保持元素的相对次序	是	\<stl_algo.h\>
stable_sort	排序并保持等值元素的 相对次序	是	\<stl_algo.h\>
swap	交换（对调）	是	\<stl_algobase.h\>
swap_ranges	交换（指定区间）	是	\<stl_algo.h\>
transform	以两个序列为基础，交互 作用产生第三个序列	是	\<stl_algo.h\>
unique	将重复的元素折叠缩编， 使成唯一	是	\<stl_algo.h\>
unique_copy	将重复的元素折叠缩编， 使成唯一，并复制到他处	是 if in-place	\<stl_algo.h\>
upper_bound	"将指定元素插入区间之内 而不影响区间之原本排序" 的最高位置	否	\<stl_algo.h\>
make_heap	制造一个 heap	是	\<stl_heap.h\>
pop_heap	从 heap 取出一个元素	是	\<stl_heap.h\>
push_heap	将一个元素推进 heap 内	是	\<stl_heap.h\>
sort_heap	对 heap 排序	是	\<stl_heap.h\>

图 **6-1**　STL 算法总览

6.1.3　质变算法 mutating algorithms——会改变操作对象之值

　　所有的 STL 算法都作用在由迭代器 [first,last) 所标示出来的区间上。所谓 "质变算法"，是指运算过程中会更改区间内（迭代器所指）的元素内容。诸如拷贝（copy）、互换（swap）、替换（replace）、填写（fill）、删除（remove）、排列组合（permutation）、分割（partition）、随机重排（random shuffling）、排序（sort）等算法，都属此类。如果你将这类算法运用于一个常数区间上，例如：

```
int ia[] = { 22,30,30,17,33,40,17,23,22,12,20 };
vector<int> iv(ia, ia+sizeof(ia)/sizeof(int));

vector<int>::const_iterator cite1 = iv.begin();
```

The Annotated STL Sources

```
vector<int>::const_iterator cite2 = iv.end();

sort(cite1, cite2);
```

　　针对上述的 `sort` 操作，编译器会丢给你一大堆错误信息。

6.1.4　非质变算法 nonmutating algorithms——不改变操作对象之值

　　所有的 STL 算法都作用在由迭代器 `[first,last)` 所标示出来的区间上。所谓 "非质变算法"，是指运算过程中不会更改区间内（迭代器所指）的元素内容。诸如查找（find）、匹配（search）、计数（count）、巡访（for_each）、比较（equal, mismatch）、寻找极值（max, min）等算法，都属此类。但是如果你在 `for_each`（巡访每个元素）算法身上应用一个会改变元素内容的仿函数（functor），例如：

```
template <class T>
struct plus2 {
  void operator()(T& x) const
    { x += 2; }
};

  int ia[] = { 22,30,30,17,33,40,17,23,22,12,20 };
  vector<int> iv(ia, ia+sizeof(ia)/sizeof(int));

  for_each(iv.begin(), iv.end(), plus2<int>());
```

那么当然元素会被改变。

6.1.5　STL 算法的一般形式

　　所有泛型算法的前两个参数都是一对迭代器（iterators），通常称为 `first` 和 `last`，用以标示算法的操作区间。STL 习惯采用前闭后开区间（或称左涵盖区间）表示法，写成 `[first,last)`，表示区间涵盖 `first` 至 `last`（不含 `last`）之间的所有元素。当 `first==last` 时，上述所表现的便是一个空区间。

　　这个 `[first,last)` 区间的必要条件是，必须能够经由 increment（累加）操作符的反复运用，从 `first` 到达 `last`。编译器本身无法强求这一点。如果这个条件不成立，会导致未可预期的结果。

　　根据行进特性，迭代器可分为 5 类（见图 3-2）。每一个 STL 算法的声明，都表现出它所需要的最低程度的迭代器类型。例如 `find()` 需要一个 InputIterator，这是它的最低要求，但它也可以接受更高类型的迭代器，如 ForwardIterator，BidirectionalIterator 或 RandomAccessIterator，因为，由图 3-2 观之，不论 ForwardIterator 或 BidirectionalIterator 或 RandomAccessIterator 也都是一种 InputIterator。但如果你交给 `find()` 一个 OutputIterator，会导致错误。

将无效的迭代器传给某个算法，虽然是一种错误，却不保证能够在编译时期就被捕捉出来，因为所谓"迭代器类型"并不是真实的型别，它们只是 function template 的一种型别参数（type parameters）。

许多 STL 算法不只支持一个版本。这一类算法的某个版本采用缺省运算行为，另一个版本提供额外参数，接受外界传入一个仿函数（functor），以便采用其他策略。例如 `unique()` 缺省情况下使用 equality 操作符来比较两个相邻元素，但如果这些元素的型别并未供应 equality 操作符，或如果用户希望定义自己的 equality 操作符，便可以传一个仿函数（functor）给另一版本的 `unique()`。有些算法干脆将这样的两个版本分为两个不同名称的实体，附从的那个总是以 `_if` 作为尾词，例如 `find_if()`。另一个例子是 `replace()`，使用内建的 equality 操作符进行比对操作，`replace_if()` 则以接收到的仿函数（functor）进行比对行为。

质变算法（mutating algorithms，6.1.3 节）通常提供两个版本：一个是 in-place（就地进行）版，就地改变其操作对象；另一个是 copy（另地进行）版，将操作对象的内容复制一份副本，然后在副本上进行修改并返回该副本。copy 版总是以 `_copy` 作为函数名称尾词，例如 `replace()` 和 `replace_copy()`。并不是所有质变算法都有 copy 版，例如 `sort()` 就没有。如果我们希望以这类"无 copy 版本"之质变算法施行于某一段区间元素的副本身上，我们必须自行制作并传递那一份副本。

所有的数值（numeric）算法，包括 `adjacent_difference()`, `accumulate()`, `inner_product()`, `partial_sum()` 等等，都实现于 SGI `<stl_numeric.h>` 之中，这是个内部文件，STL 规定用户必须包含的是上层的 `<numeric>`。其他 STL 算法都实现于 SGI 的 `<stl_algo.h>` 和 `<stl_algobase.h>` 文件中，也都是内部文

件；欲使用这些算法，必须先包含上层相关头文件 `<algorithm>`。

6.2   算法的泛化过程

将一个叙述完整的算法转化为程序代码，是任何训练有素的程序员胜任愉快的工作。这些工作有的极其简单（例如循序查找），有的稍微复杂（例如快速排序法），有的十分繁复（例如红黑树之建立与元素存取），但基本上都不应该形成任何难以跨越的障碍。

然而，如何将算法独立于其所处理的数据结构之外，不受数据结构的羁绊，思想层面就不是那么简单了。如何设计一个算法，使它适用于任何（或大多数）数据结构呢？换个说法，我们如何在即将处理的未知的数据结构（也许是 array，也许是 vector，也许是 list，也许是 deque…）上，正确地实现所有操作呢？

关键在于，只要把操作对象的型别加以抽象化，把操作对象的标示法和区间目标的移动行为抽象化，整个算法也就在一个抽象层面上工作了。整个过程称为算法的泛型化（generalized），简称泛化。

让我们看看算法泛化的一个实例。以简单的循序查找为例，假设我们要写一个 find() 函数，在 array 中寻找特定值。面对整数 array，我们的直觉反应是：

```
int* find(int* arrayHead, int arraySize, int value)
{
    for (int i=0; i<arraySize; ++i)
        if (arrayHead[i] == value)
            break;

    return &(arrayHead[i]);
}
```

该函数在某个区间内查找 value。返回的是一个指针，指向它所找到的第一个符合条件的元素；如果没有找到，就返回最后一个元素的下一位置（地址）。

"最后元素的下一位置"称为 end。返回 end 以表示 "查找无结果"似乎是个可笑的做法。为什么不返回 null？因为，一如稍后即将见到的，end 指针可以对其他种类的容器带来泛型效果，这是 null 所无法达到的。是的，从小我们就被教导，使用 array 时千万不要超越其区间，但事实上一个指向 array 元素的指针，不但可以合法地指向 array 内的任何位置，也可以指向 array 尾端以外的任何位置。只不过当指针指向 array 尾端以外的位置时，它只能用来与其他 array 指针相比较，不能提领（*dereference*）其值。现在，你可以这样使用 find() 函数：

```
const int arraySize = 7;
int ia[arraySize] = { 0,1,2,3,4,5,6 };
int* end = ia + arraySize;   // 最后元素的下一位置

int* ip = find(ia, sizeof(ia)/sizeof(int), 4);
if (ip == end)                 // 两个 array 指针相比较
   cout << "4 not found" << endl;
else
   cout << "4 found. " << *ip << endl;
```

find() 的这种做法暴露了容器太多的实现细节（例如 arraySize），也因此太过依附特定容器。为了让 find() 适用于所有类型的容器，其操作应该更抽象化些。让 find() 接受两个指针作为参数，标示出一个操作区间，就是很好的做法：

```
int* find(int* begin, int* end, int value)
{
  while (begin != end && *begin != value)
    ++begin;

  return begin;
}
```

这个函数在 "前闭后开" 区间 [begin,end) 内（不含 end；end 指向 array 最后元素的下一位置）查找 value，并返回一个指针，指向它所找到的第一个符合条件的元素；如果没有找到，就返回 end。现在，你可以这样使用 find() 函数：

```
const int arraySize = 7;
int ia[arraySize] = { 0,1,2,3,4,5,6 };
int* end = ia + arraySize;

int* ip = find(ia, end, 4);
if (ip == end)
   cout << "4 not found" << endl;
else
   cout << "4 found. " << *ip << endl;
```

find() 函数也可以很方便地用来查找 array 的子区间：

```
int* ip = find(ia+2, ia+5, 3);
if (ip == end)
```

```
      cout << "3 not found" << endl;
   else
      cout << "3 found. " << *ip << endl;
```

由于 find() 函数之内并无任何操作是针对特定的整数 array 而发的，所以我们可将它改成一个 template：

```
template<typename T>  // 关键词 typename 也可改为关键词 class
T* find(T* begin, T* end, const T& value)
{
   // 注意，以下用到了 operator!=, operator*, operator++.
   while (begin != end && *begin != value)
      ++begin;

   // 注意，以下返回操作会引发 copy 行为
   return begin;
}
```

请注意数值的传递由 pass-by-value 改为 pass-by-reference-to-const，因为如今所传递的 value，其型别可为任意；于是对象一大，传递成本便会提升，这是我们不愿见到的。pass-by-reference 可完全避免这些成本[4]。

这样的 find() 很好，几乎适用于任何容器——只要该容器允许指针指入，而指针们又都支持以下四种 find() 函数中出现的操作行为：

- inequality（判断不相等）操作符
- dereferencelm（提领，取值）操作符
- prefix increment（前置式递增）操作符
- copy（复制）行为（以便产生函数的返回值）

C++ 有一个极大的优点便是，几乎所有东西都可以改写为程序员自定义的形式或行为。是的，上述这些操作符或操作行为都可以被重载（*overloaded*），既是如此，何必将 find 限制为只能使用指针呢？何不让支持以上四种行为的、行为很像指针的"某种对象"都可以被 find() 使用呢？如此一来，find() 函数便可以从原生（*native*）指针的思想框框中跳脱出来。如果我们以一个原生指针指向某个 list，则对该指针进行 "++" 操作并不能使它指向下一个串行节点。但如果我们

---

4 参见《Effective C++》条款 22。

设计一个 class，拥有原生指针的行为，并使其"++"操作指向 list 的下一个节点，那么 find() 就可以施行于 list 容器身上了。

这便是迭代器（iterator，第三章）的观念。迭代器是一种行为类似指针的对象，换句话说，是一种 smart pointers[5]。现在我将 find() 函数内的指针以迭代器取代，重新写过：

```
template<class Iterator, class T>
Iterator find(Iterator begin, Iterator end, const T& value)
{
   while (begin != end && *begin != value)
      ++begin;

   return begin;
}
```

这便是一个完全泛型化的 find() 函数。你可以在任何 C++ 标准库的某个头文件里看到它，长相几乎一模一样。SGI STL 把它放在 <stl_algo.h> 之中。

有了这样的观念与准备，再来看 STL 各式各样的泛型算法，就轻松多了。以下列出（几乎）所有 STL 算法的源代码，并列有用途说明与操作示范，这些说明参考自 [Lippman98], [Austern98], [ISO98]。每一个算法的运用范例，另可参考 [Lippman98] 附录 A，[Austern98] 11,12,13 章。

以下源代码列表中特别运用灰色底纹，标示出每一个算法的接口规格。

---

5 请参考 **[Meyers96]** 条款 22

6.3   数值算法 <stl_numeric.h>

这一节介绍的算法，统称为数值（numeric）算法。STL 规定，欲使用它们，客户端必须包含表头 <numeric>。SGI 将它们实现于 <stl_numeric.h> 文件中。

6.3.1   运用实例

观察这些算法的源代码之前，先示范其用法，是一个比较好的学习方式。以下程序展示本节所介绍的每一个算法的用途。例中使用 ostream_iterator 作为输出工具，第 8 章会深入介绍它，目前请想象它是一个绑定到屏幕的迭代器；只要将任何型别吻合条件的数据丢往这个迭代器，便会显示于屏幕上，而这一迭代器会自动跳到下一个可显示位置。

```cpp
// file: 6numeric.cpp
#include <numeric>
#include <vector>
#include <functional>
#include <iostream>
#include <iterator>    // ostream_iterator
using namespace std;

int main()
{
  int ia[5] = { 1,2,3,4,5 };
  vector<int> iv(ia, ia+5);

  cout << accumulate(iv.begin(), iv.end(), 0) << endl;
  // 15, i.e. 0 + 1 + 2 + 3 + 4 + 5

  cout << accumulate(iv.begin(), iv.end(), 0, minus<int>()) << endl;
  // -15, i.e. 0 - 1 - 2 - 3 - 4 - 5

  cout << inner_product(iv.begin(), iv.end(), iv.begin(), 10) << endl;
  // 65, i.e. 10 + 1*1 + 2*2 + 3*3 + 4*4 + 5*5

  cout << inner_product(iv.begin(), iv.end(), iv.begin(), 10,
                  minus<int>(), plus<int>()) << endl;
  // -20, i.e. 10 - 1+1 - 2+2 - 3+3 - 4+4 - 5+5

  // 以下这个迭代器将绑定到 cout，作为输出用
  ostream_iterator<int> oite(cout, " ");

  partial_sum(iv.begin(), iv.end(), oite);
```

```
// 1 3 6 10 15  (第 n 个新元素是前 n 个旧元素的相加总计)

partial_sum(iv.begin(), iv.end(), oite, minus<int>());
// 1 -1 -4 -8 -13  (第 n 个新元素是前 n 个旧元素的运算总计)

adjacent_difference(iv.begin(), iv.end(), oite);
// 1 1 1 1 1 (#1 元素照录, #n 新元素等于 #n 旧元素 - #n-1 旧元素)

adjacent_difference(iv.begin(), iv.end(), oite, plus<int>());
// 1 3 5 7 9 (#1 元素照录, #n 新元素等于 op(#n 旧元素, #n-1 旧元素))

cout << power(10,3) << endl;              // 1000, i.e. 10*10*10
cout << power(10,3, plus<int>()) << endl; // 30, i.e. 10+10+10

int n=3;
iota(iv.begin(), iv.end(), n);     // 在指定区间内填入 n,n+1,n+2...
for (int i=0; i<iv.size(); ++i)
  cout << iv[i] << ' ';            // 3 4 5 6 7
}
```

6.3.2 accumulate

```
// 版本 1
template <class InputIterator, class T>
T accumulate(InputIterator first, InputIterator last, T init) {
  for ( ; first != last; ++first)
    init = init + *first;   // 将每个元素值累加到初值 init 身上
  return init;
}

// 版本 2
template <class InputIterator, class T, class BinaryOperation>
T accumulate(InputIterator first, InputIterator last, T init,
             BinaryOperation binary_op) {
  for ( ; first != last; ++first)
    init = binary_op(init, *first);  //  对每一个元素执行二元操作
  return init;
}
```

算法 accumulate 用来计算 init 和 [first,last) 内所有元素的总和。注意，你一定得提供一个初始值 init，这么做的原因之一是当 [first,last) 为空区间时仍能获得一个明确定义的值。如果希望计算 [first,last) 中所有数值的总和，应该将 init 设为 0。

式中的二元操作符不必满足交换律（commutative）和结合律（associative）。

是的，accumulate 的行为顺序有明确的定义：先将 init 初始化，然后针对 [first,last) 区间中的每一个迭代器 i，依序执行 init = init + *i（第一版本）或 init = binary_op(init, *i)（第二版本）。

6.3.3   adjacent_difference

```
// 版本 1
template <class InputIterator, class OutputIterator>
OutputIterator adjacent_difference(InputIterator first, InputIterator last,
                                   OutputIterator result) {
  if (first == last) return result;
  *result = *first;    // 首先记录第一个元素
  return __adjacent_difference(first, last, result, value_type(first));

  // 侯捷认为（并经实证），不需像上行那样传递调用，可改用以下写法（整个函数）：
  // if (first == last) return result;
  // *result = *first;
  // iterator_traits<InputIterator>::value_type value = *first;
  // while (++first != last) {  // 走过整个区间
  //   ...以下同 __adjacent_difference() 的对应内容
  //
  // 这样的观念和做法，适用于本文件所有函数。以后不再赘述
}

template <class InputIterator, class OutputIterator, class T>
OutputIterator __adjacent_difference(InputIterator first, InputIterator last,
                                     OutputIterator result, T*) {
  T value = *first;
  while (++first != last) {        // 走过整个区间
    T tmp = *first;
    *++result = tmp - value;       // 将相邻两元素的差额（后-前），赋值给目的端
    value = tmp;
  }
  return ++result;
}

// 版本 2
template <class InputIterator, class OutputIterator, class BinaryOperation>
OutputIterator adjacent_difference(InputIterator first, InputIterator last,
                                   OutputIterator result,
                                   BinaryOperation binary_op) {
  if (first == last) return result;
  *result = *first;    // 首先记录第一个元素
  return __adjacent_difference(first, last, result, value_type(first),
                               binary_op);
}
```

```
template <class InputIterator, class OutputIterator, class T,
          class BinaryOperation>
OutputIterator __adjacent_difference(InputIterator first, InputIterator last,
                                     OutputIterator result, T*,
                                     BinaryOperation binary_op) {
  T value = *first;
  while (++first != last) {        // 走过整个区间
    T tmp = *first;
    *++result = binary_op(tmp, value); // 将相邻两元素的运算结果，赋值给目的端
    value = tmp;
  }
  return ++result;
}
```

　　算法 adjacent_difference 用来计算 [first,last) 中相邻元素的差额。也就是说，它将 *first 赋值给 *result，并针对 [first+1,last) 内的每个迭代器 i，将 *i - *(i-1) 之值赋值给 *(result+(i-first))。

　　注意，你可以采用就地（in place）运算方式，也就是令 result 等于 first。是的，在这种情况下它是一个质变算法（mutating algorithm）。

　　"储存第一元素之值，然后储存后继元素之差值"这种做法很有用，因为这么一来便有足够的信息可以重建输入区间的原始内容。如果加法与减法的定义一如常规定义，那么 adjacent_difference 与 partial_sum（稍后介绍）互为逆运算。这意思是，如果对区间值 1,2,3,4,5 执行 adjacent_difference，获得结果为 1,1,1,1,1，再对此结果执行 partial_sum，便会获得原始区间值 1,2,3,4,5。

　　第一版本使用 operator- 来计算差额，第二版本采用外界提供的二元仿函数。第一个版本针对 [first+1,last) 中的每个迭代器 i，将 *i - *(i-1) 赋值给 *(result+(i-first))，第二个版本则是将 binary_op(*i, *(i-1)) 的运算结果赋值给 *(result+(i-first))。

6.3.4　inner_product

```
// 版本 1
template <class InputIterator1, class InputIterator2, class T>
T inner_product(InputIterator1 first1, InputIterator1 last1,
                InputIterator2 first2, T init) {
```

```
  // 以第一序列之元素个数为据，将两个序列都走一遍
  for ( ; first1 != last1; ++first1, ++first2)
    init = init + (*first1 * *first2); // 执行两个序列的一般内积
  return init;
}

// 版本 2
template <class InputIterator1, class InputIterator2, class T,
          class BinaryOperation1, class BinaryOperation2>
T inner_product(InputIterator1 first1, InputIterator1 last1,
                InputIterator2 first2, T init, BinaryOperation1 binary_op1,
                BinaryOperation2 binary_op2) {
  // 以第一序列之元素个数为据，将两个序列都走一遍
  for ( ; first1 != last1; ++first1, ++first2)
    // 以外界提供的仿函数来取代第一版本中的 operator* 和 operator+
    init = binary_op1(init, binary_op2(*first1, *first2));
  return init;
}
```

　　算法 inner_product 能够计算 [first1, last1) 和 [first2, first2 + (last1 - first1)) 的一般内积（generalized inner product）。注意，你一定得提供初值 init。这么做的原因之一是当 [first,last) 为空时，仍可获得一个明确定义的结果。如果你想计算两个 vectors 的一般内积，应该将 init 设为 0。

　　第一个版本会将两个区间的内积结果加上 init。也就是说，先将结果初始化为 init，然后针对 [first1,last1) 的每一个迭代器 i，由头至尾依序执行 result = result + (*i) * *(first2+(i-first1))。

　　第二版本与第一版本的唯一差异是以外界提供之仿函数来取代 operator+ 和 operator*。也就是说，首先将结果初始化为 init，然后针对 [first1,last1) 的每一个迭代器 i，由头至尾依序执行 result = binary_op1(result, binary_op2(*i, *(first2+(i-first1))))。

　　式中所用的二元仿函数不必满足交换律（commutative）和结合律（associative）。inner_product 所有运算行为的顺序都有明确设定。

6.3.5 partial_sum

```
// 版本 1
template <class InputIterator, class OutputIterator>
OutputIterator partial_sum(InputIterator first, InputIterator last,
                           OutputIterator result) {
  if (first == last) return result;
  *result = *first;
  return __partial_sum(first, last, result, value_type(first));
}


template <class InputIterator, class OutputIterator, class T>
OutputIterator __partial_sum(InputIterator first, InputIterator last,
                             OutputIterator result, T*) {
  T value = *first;
  while (++first != last) {
    value = value + *first;        // 前 n 个元素的总和
    *++result = value;             // 指定给目的端
  }
  return ++result;
}


// 版本 2
template <class InputIterator, class OutputIterator, class BinaryOperation>
OutputIterator partial_sum(InputIterator first, InputIterator last,
                           OutputIterator result, BinaryOperation binary_op) {
  if (first == last) return result;
  *result = *first;
  return __partial_sum(first, last, result, value_type(first), binary_op);
}


template <class InputIterator, class OutputIterator, class T,
          class BinaryOperation>
OutputIterator __partial_sum(InputIterator first, InputIterator last,
                             OutputIterator result, T*,
                             BinaryOperation binary_op) {
  T value = *first;
  while (++first != last) {
    value = binary_op(value, *first);    // 前 n 个元素的总计
    *++result = value;                   // 指定给目的端
  }
  return ++result;
}
```

　　算法 partial_sum 用来计算局部总和。它会将 *first 赋值给 *result，将 *first 和 *(first+1) 的和赋值给 *(result+1)，依此类推。注意，result

可以等于 first，这使我们得以完成就地（in place）计算。在这种情况下它是一个
质变算法（mutating algorithm）。

运算中的总和首先初始为 *first，然后赋值给 *result。对于
[first+1,last) 中每个迭代器 i，从头至尾依序执行 sum = sum + *i（第一版
本）或 sum=binary_op(sum,*i)（第二版本），然后再将 sum 赋值给 *(result
+ (i - first))。此式所用之二元仿函数不必满足交换律（commutative）和结合
律（associative）。所有运算行为的顺序都有明确设定。

本算法返回输出区间的最尾端位置：result+(last-first)。

如果加法与减法的定义一如常规定义，那么 partial_sum 与先前介绍过的
adjacent_difference 互为逆运算。这里的意思是，如果对区间值 1,2,3,4,5 执行
partial_sum，获得结果为 1,3,6,10,15，再对此结果执行 adjacent_difference，
便会获得原始区间值 1,2,3,4,5。

6.3.6　power

这个算法由 SGI 专属，并不在 STL 标准之列。它用来计算某数的 n 幂次方。
这里所谓的 n 幂次是指自己对自己进行某种运算，达 n 次。运算类型可由外界指定；
如果指定为乘法，那就是乘幂。

```
// 版本一，乘幂
template <class T, class Integer>
inline T power(T x, Integer n) {
  return power(x, n, multiplies<T>());      // 指定运算型式为乘法
}

// 版本二，幂次方。如果指定为乘法运算，则当 n >= 0 时返回 x^n
// 注意，"MonoidOperation" 必须满足结合律（associative），
//      但不需满足交换律（commutative）
template <class T, class Integer, class MonoidOperation>
T power(T x, Integer n, MonoidOperation op) {
  if (n == 0)
    return identity_element(op);          // 取出 “证同元素”identity element
  else {                                  // 所谓 “证同元素”，见 7.3 节
    while ((n & 1) == 0) {
      n >>= 1;
      x = op(x, x);
```

```
        -
    }

    T result = x;
    n >>= 1;
    while (n != 0) {
      x = op(x, x);
      if ((n & 1) != 0)
        result = op(result, x);
      n >>= 1;
    }
    return result;
  }
}
```

6.3.7　iota

　　这个算法由 SGI 专属，并不在 STL 标准之列。它用来设定某个区间的内容，使其内的每一个元素从指定的 value 值开始，呈现递增状态。它改变了区间内容，所以是一种质变算法（mutating algorithm）。

```
// 侯捷: iota 是什么的缩写?
// 函数意义: 在 [first,last) 区间内填入 value, value+1, value+2...
template <class ForwardIterator, class T>
void iota(ForwardIterator first, ForwardIterator last, T value) {
  while (first != last) *first++ = value++;
}
```

6.4　基本算法 <stl_algobase.h>

　　STL 标准规格中并没有区分基本算法或复杂算法，然而 SGI 却把常用的一些算法定义于 <stl_algobase.h> 之中，其它算法定义于 <stl_algo.h> 中。以下一一列举这些所谓的基本算法。

6.4.1　运用实例

　　观察这些算法的源代码之前，先示范其用法，是一个比较好的学习方式。以下程序展示本节介绍的每一个算法的用途（但不含 copy, copy_backward 的用法，这两者另有范例程序）。本例使用 for_each 搭配一个自制的仿函数（functor）display作为输出工具，关于仿函数，第 7 章会深入介绍它，目前请想象它是一个有着函数行径（也就是说，会被 function call 操作符调用起来）的东西。至于 for_each，将在

6.7.1 节介绍，目前请想象它是一个可以将整个指定区间遍历一遍的循环。

```cpp
// file: 6algobase.cpp
#include <algorithm>
#include <vector>
#include <functional>
#include <iostream>
#include <iterator>
#include <string>
using namespace std;

template <class T>
struct display {
  void operator()(const T& x) const
    { cout << x << ' '; }
};

int main()
{
  int ia[9] = { 0,1,2,3,4,5,6,7,8 };
  vector<int> iv1(ia, ia+5);
  vector<int> iv2(ia, ia+9);

  // {0,1,2,3,4} v.s {0,1,2,3,4,5,6,7,8};
  cout << *(mismatch(iv1.begin(), iv1.end(), iv2.begin()).first);  // ?
  cout << *(mismatch(iv1.begin(), iv1.end(), iv2.begin()).second); // 5
  // 以上判断两个区间的第一个不匹配点。返回一个由两个迭代器组成的 pair,
  // 其中第一个迭代器指向第一区间的不匹配点，第二个迭代器指向第二区间的不匹配点
  // 上述写法很危险，应该先判断迭代器是否不等于容器的 end()，然后才可以做输出操作

  // 如果两个序列在 [first,last) 区间内相等，equal() 返回 true
  // 如果第二序列的元素比较多，多出来的元素不予考虑
  cout << equal(iv1.begin(), iv1.end(), iv2.begin());   // 1, true

  cout << equal(iv1.begin(), iv1.end(), &ia[3]);        // 0, false
  // {0,1,2,3,4} 不等于 {3,4,5,6,7}

  cout << equal(iv1.begin(), iv1.end(), &ia[3], less<int>());  // 1
  // {0,1,2,3,4} 小于 {3,4,5,6,7}

  fill(iv1.begin(), iv1.end(), 9);               // 区间区间内全部填 9
  for_each(iv1.begin(), iv1.end(), display<int>());   // 9 9 9 9 9

  fill_n(iv1.begin(), 3, 7);      // 从迭代器所指位置开始，填 3 个 7
  for_each(iv1.begin(), iv1.end(), display<int>());   // 7 7 7 9 9

  vector<int>::iterator ite1 = iv1.begin();     // (指向 7)
  vector<int>::iterator ite2 = ite1;
  advance(ite2, 3);                             // (指向 9)
```

```
iter_swap(ite1, ite2);                    // 将两个迭代器所指元素对调
cout << *ite1 << ' ' << *ite2 << endl;              // 9 7
for_each(iv1.begin(), iv1.end(), display<int>());   // 9 7 7 7 9

// 以下取两值之大者
cout << max(*ite1, *ite2) << endl;        // 9
// 以下取两值之小者
cout << min(*ite1, *ite2) << endl;        // 7

// 千万不要错写成以下那样。那意思是，取两个迭代器（本身）之大者（或小者），
// 然后再打印其所指之值。注意，迭代器本身的大小，对用户没有意义
cout << *max(ite1, ite2) << endl;         // 7
cout << *min(ite1, ite2) << endl;         // 9

// 此刻状态，iv1: {9 7 7 7 9}, iv2: {0 1 2 3 4 5 6 7 8}
swap(*iv1.begin(), *iv2.begin());  // 将两数值对调
for_each(iv1.begin(), iv1.end(), display<int>());   // 0 7 7 7 9
for_each(iv2.begin(), iv2.end(), display<int>());   // 9 1 2 3 4 5 6 7 8

// 准备两个字符串数组
string stra1[] = { "Jamie", "JJHou", "Jason" };
string stra2[] = { "Jamie", "JJhou", "Jerry" };

cout << lexicographical_compare(stra1, stra1+2, stra2, stra2+2);
// 1 (stra1 小于 stra2)

cout << lexicographical_compare(stra1, stra1+2, stra2, stra2+2,
        greater<string>());
// 0 (stra1 不大于 stra2)
}
```

6.4.2 equal, fill, fill_n, iter_swap, lexicographical_compare, max, min, mismatch, swap

这一小节列出定义于 <stl_algobase.h> 头文件中的所有算法，copy(),copy_backward() 除外，因为这两个函数复杂许多，在效率方面有诸多考虑，我把它们安排在另外的小节。

equal

如果两个序列在 [first,last) 区间内相等，equal() 返回 true。如果第二序列的元素比较多，多出来的元素不予考虑。因此，如果我们希望保证两个序列

完全相等，必须先判断其元素个数是否相同：

```
if ( vec1.size() == vec2.size() &&
    equal( vec1.begin(), vec1.end(), vec2.begin() );
```

抑或使用容器所提供的 equality 操作符，例如 vec1==vec2。如果第二序列的
元素比第一序列少，这个算法内部进行迭代行为时，会超越序列的尾端，造成不可
预测的结果。第一版本缺省采用元素型别所提供的 equality 操作符来进行大小比
较，第二版本允许我们指定仿函数 pred 作为比较依据。

```
template <class InputIterator1, class InputIterator2>
inline bool equal(InputIterator1 first1, InputIterator1 last1,
                  InputIterator2 first2) {
  // 以下，将序列一走过一遍。序列二亦步亦趋
  // 如果序列一的元素个数多过序列二的元素个数，就糟糕了
  for ( ; first1 != last1; ++first1, ++first2)
    if (*first1 != *first2)        // 只要对应元素不相等
      return false;                // 就结束并返回 false
  return true;                     // 至此，全部相等，返回 true
}

template <class InputIterator1, class InputIterator2,
          class BinaryPredicate>
inline bool equal(InputIterator1 first1, InputIterator1 last1,
                  InputIterator2 first2, BinaryPredicate binary_pred) {
  for ( ; first1 != last1; ++first1, ++first2)
    if (!binary_pred(*first1, *first2))
      return false;
  return true;
}
```

fill

将 [first, last) 内的所有元素改填新值。

```
template <class ForwardIterator, class T>
void fill(ForwardIterator first, ForwardIterator last, const T& value) {
  for ( ; first != last; ++first)      // 迭代走过整个区间
    *first = value;                    // 设定新值
}
```

fill_n

将 [first, last) 内的前 n 个元素改填新值，返回的迭代器指向被填入的最
后一个元素的下一位置。

```
template <class OutputIterator, class Size, class T>
OutputIterator fill_n(OutputIterator first, Size n, const T& value) {
  for ( ; n > 0; --n, ++first)          // 经过 n 个元素
    *first = value;                     // 设定新值
  return first;
}
```

如果 n 超越了容器的现有大小，会造成什么结果？例如：

```
int ia[3]={0,1,2};
vector<int> iv(ia, ia+3);

fill_n(iv.begin(), 5, 7);
```

我们很容易就可以从 fill_n() 的源代码知道，由于每次迭代进行的是 assignment 操作，是一种覆写（overwrite）操作，所以一旦操作区间超越了容器大小，就会造成不可预期的结果。解决办法之一是，利用 inserter() 产生一个具有插入（insert）而非覆写（overwrite）能力的迭代器。inserter() 可产生一个用来修饰迭代器的配接器（iterator adapter），见 8.3.1 节。用法如下：

```
int ia[3]={0,1,2};
vector<int> iv(ia, ia+3);                   // 0 1 2
fill_n(inserter(iv, iv.begin()), 5, 7);     // 7 7 7 7 7 0 1 2
```

iter_swap

将两个 ForwardIterators 所指的对象对调。如下图：

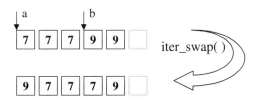

```
template <class ForwardIterator1, class ForwardIterator2>
inline void iter_swap(ForwardIterator1 a, ForwardIterator2 b) {
  __iter_swap(a, b, value_type(a));  // 注意第三参数的型别！
}
```

```
template <class ForwardIterator1, class ForwardIterator2, class T>
inline void __iter_swap(ForwardIterator1 a, ForwardIterator2 b, T*) {
  T tmp = *a;
  *a = *b;
  *b = tmp;
```

```
}
```

iter_swap() 是 "迭代器之 value type" 派上用场的一个好例子。是的，该函数
必须知道迭代器的 value type，才能够据此声明一个对象，用来暂时存放迭代器所
指对象。为此，上述源代码特别设计了一个双层构造，第一层调用第二层，并多出
一个额外的参数 value_type(a)。这么一来，第二层就有 value type 可以用了。乍
见之下你可能会对这个额外参数在调用端和接受端的型别感到讶异，调用端是
value_type(a)，接受端却是 T*。只要找出 value_type() 的定义瞧瞧，就一点
也不奇怪了：

```
// 以下定义于 <stl_iterator.h>
template <class Iterator>
inline typename iterator_traits<Iterator>::value_type*
value_type(const Iterator&) {
  return static_cast<typename iterator_traits<Iterator>::value_type*>(0);
}
```

这种双层构造在 SGI STL 源代码中十分普遍。其实这并非必要，直接这么写
就行：

```
template <class ForwardIterator1, class ForwardIterator2>
inline void iter_swap(ForwardIterator1 a, ForwardIterator2 b) {
  typename iterator_traits<ForwardIterator1>::value_type tmp = *a;
  *a = *b;
  *b = tmp;
}
```

lexicographical_compare

以 "字典排列方式" 对两个序列 [first1,last1) 和 [first2,last2) 进行
比较。比较操作针对两序列中的对应位置上的元素进行，并持续直到 (1) 某一组对
应元素彼此不相等；(2) 同时到达 last1 和 last2（当两序列的大小相同）；(3) 到
达 last1 或 last2（当两序列的大小不同）。

当这个函数在对应位置上发现第一组不相等的元素时，有下列几种可能：

● 如果第一序列的元素较小，返回 true。否则返回 false。

● 如果到达 last1 而尚未到达 last2，返回 true。

● 如果到达 last2 而尚未到达 last1，返回 false。

● 如果同时到达 last1 和 last2（换句话说所有元素都匹配），返回 false；

也就是说，第一序列以字典排列方式（lexicographically）而言不小于第二序列。

举个例子，给予以下两个序列：

```
string stra1[] = { "Jamie", "JJHou", "Jason" };
string stra2[] = { "Jamie", "JJhou", "Jerry" };
```

这个算法面对第一组元素对，判断其为相等，但面对第二组元素对，判断其为不等。就字符串而言，"JJHou" 小于 "JJhou"，因为 'H' 在字典排列次序上小于 'h'（注意，并非 "大写"字母就比较 "大"，不信的话看看你的字典。事实上大写字母的 ASCII 码比小写字母的 ASCII 码小）。于是这个算法在第二组 "元素对"停了下来，不再比较第三组 "元素对"。比较结果是 true。

第二版本允许你指定一个仿函数 comp 作为比较操作之用，取代元素型别所提供的 less-than（小于）操作符。

```
template <class InputIterator1, class InputIterator2>
bool lexicographical_compare(InputIterator1 first1, InputIterator1 last1,
                             InputIterator2 first2, InputIterator2 last2) {
  // 以下，任何一个序列到达尾端，就结束。否则两序列就相应元素一一进行比对
  for ( ; first1 != last1 && first2 != last2; ++first1, ++first2) {
    if (*first1 < *first2) // 第一序列元素值小于第二序列的相应元素值
      return true;
    if (*first2 < *first1) // 第二序列元素值小于第一序列的相应元素值
      return false;
    // 如果不符合以上两条件，表示两值相等，那就进行下一组相应元素值的比对
  }
  // 进行到这里，如果第一序列到达尾端而第二序列尚有余额，那么第一序列小于第二序列
  return first1 == last1 && first2 != last2;
}

template <class InputIterator1, class InputIterator2, class Compare>
bool lexicographical_compare(InputIterator1 first1, InputIterator1 last1,
                             InputIterator2 first2, InputIterator2 last2,
                             Compare comp) {
  for ( ; first1 != last1 && first2 != last2; ++first1, ++first2) {
    if (comp(*first1, *first2))
      return true;
    if (comp(*first2, *first1))
      return false;
  }
  return first1 == last1 && first2 != last2;
}
```

　　为了增进效率，SGI 还设计了一个特化版本，用于原生指针 const unsigned char*：

```
inline bool
lexicographical_compare(const unsigned char* first1,
                        const unsigned char* last1,
                        const unsigned char* first2,
                        const unsigned char* last2)
{
  const size_t len1 = last1 - first1;    // 第一序列长度
  const size_t len2 = last2 - first2;    // 第二序列长度
  // 先比较相同长度的一段。memcmp() 速度极快
  const int result = memcmp(first1, first2, min(len1, len2));
  // 如果不相上下，则长度较长者被视为比较大
  return result != 0 ? result < 0 : len1 < len2;
}
```

　　其中 memcmp() 是 C 标准函数，正是以 unsigned char 的方式来比较两序
列中一一对应的每一个 bytes。除了这个版本，SGI 还提供另一个特化版本，用于
原生指针 const char*，形式同上，我就不列出其源代码了。

max

　　取两个对象中的较大值。有两个版本，版本一使用对象型别 T 所提供的
greater-than 操作符来判断大小，版本二使用仿函数 comp 来判断大小。

```
template <class T>
inline const T& max(const T& a, const T& b) {
  return a < b ? b : a;
}
```

```
template <class T, class Compare>
inline const T& max(const T& a, const T& b, Compare comp) {
  return comp(a, b) ? b : a;    // 由 comp 决定 "大小比较" 标准
}
```


min

　　取两个对象中的较小值。有两个版本，版本一使用对象型别 T 所提供的
less-than 操作符来判断大小，版本二使用仿函数 comp 来判断大小。

```
template <class T>
inline const T& min(const T& a, const T& b) {
  return b < a ? b : a;
}
```

```
template <class T, class Compare>
inline const T& min(const T& a, const T& b, Compare comp) {
  return comp(b, a) ? b : a;      // 由 comp 决定 "大小比较" 标准
}
```

mismatch

　　用来平行比较两个序列，指出两者之间的第一个不匹配点。返回一对迭代器[6]，分别指向两序列中的不匹配点，如下图。如果两序列的所有对应元素都匹配，返回的便是两序列各自的 last 迭代器。缺省情况下是以 equality 操作符来比较元素；但第二版本允许用户指定比较操作。如果第二序列的元素个数比第一序列多，多出来的元素忽略不计。如果第二序列的元素个数比第一序列少，会发生未可预期的行为。

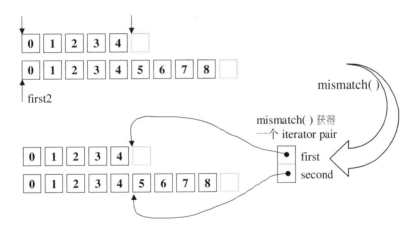

```
template <class InputIterator1, class InputIterator2>
pair<InputIterator1, InputIterator2> mismatch(
                        InputIterator1 first1,
                        InputIterator1 last1,
                        InputIterator2 first2) {
  // 以下，如果序列一走完，就结束
  // 以下，如果序列一和序列二的对应元素相等，就结束
  // 显然，序列一的元素个数必须多过序列二的元素个数，否则结果无可预期
  while (first1 != last1 && *first1 == *first2) {
    ++first1;
    ++first2;
```

---

6 任何一 "对" 东西，都可以用 pair 来表达。pair 是 *C++ Standard* 规范的一个 class template。

```
    }
    return pair<InputIterator1, InputIterator2>(first1, first2);
}

template <class InputIterator1, class InputIterator2,
          class BinaryPredicate>
pair<InputIterator1, InputIterator2> mismatch(
                            InputIterator1 first1,
                            InputIterator1 last1,
                            InputIterator2 first2,
                            BinaryPredicate binary_pred) {
    while (first1 != last1 && binary_pred(*first1, *first2)) {
        ++first1;
        ++first2;
    }
    return pair<InputIterator1, InputIterator2>(first1, first2);
}
```

swap

该函数用来交换（对调）两个对象的内容。

```
template <class T>
inline void swap(T& a, T& b) {
    T tmp = a;
    a = b;
    b = tmp;
}
```

6.4.3   copy —— 强化效率无所不用其极

不论是对客端程序或对 STL 内部而言，copy() 都是一个常常被调用的函数。由于 copy 进行的是复制操作，而复制操作不外乎运用 assignment operator 或 copy constructor（copy 算法用的是前者），但是某些元素型别拥有的是 trivial assignment operator，因此，如果能够使用内存直接复制行为（例如 C 标准函数 memmove 或 memcpy），便能够节省大量时间。为此，SGI STL 的 copy 算法用尽各种办法，包括函数重载（function overloading）、型别特性（type traits）、偏特化（partial specialization）等编程技巧，无所不用其极地加强效率。图 6-2 表示整个 copy() 操作的脉络。配合稍后出现的源代码，可收一目了然之效。

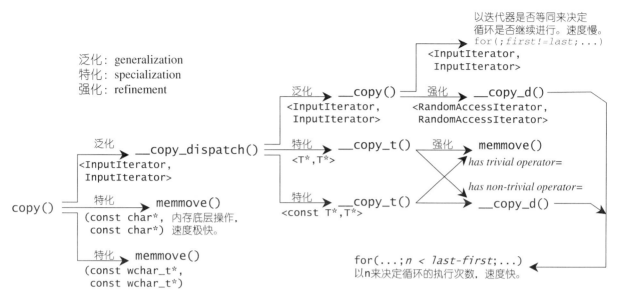

图 **6-2** SGI STL 的 copy 算法的完整脉络

  copy 算法可将输入区间[first,last)内的元素复制到输出区间[result, result+(last-first))内。也就是说，它会执行赋值操作 *result = *first, *(result+1) = *(first+1)，… 依 此 类 推 。 返 回 一 个 迭 代 器 ： result+(last-first)。copy 对其 template 参数所要求的条件非常宽松。其输入区间只需由 InputIterators 构成即可，输出区间只需由 OutputIterator 构成即可。这意味着你可以使用 copy 算法，将任何容器的任何一段区间的内容，复制到任何容器的任何一段区间上，如图 6-3 所示。

  对于每个从 0 到 last-first（不含）的整数 n，copy 执行赋值操作 *(result+n) = *(first+n)。赋值操作是向前（亦即累加 n）推进的[7]。

---

7 根据 [Austern98] 的说法，如果输入区间和输出区间重叠，赋值顺序需要多加讨论。当 result 位于 [first,last) 之内时，也就是说，如果输出区间的起头与输入区间重叠，我们便不能使用 copy。但如果输出区间的尾端与输入区间重叠，就可以使用 copy。copy_backward 的限制恰恰相反。如果两个区间完全不重叠，当然毫无疑问两个算法都可以用。如果 result 是个 ostream_iterator（8.3.3 节）或其它某种 "语意视赋值顺序而定" 的迭代器，那么赋值顺序一样会成为一个需要讨论的问题。

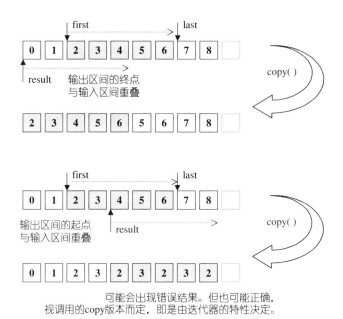

图 **6-3**　copy 算法，需特别注意区间重叠的情况

　　如果输入区间和输出区间完全没有重叠，当然毫无问题，否则便需特别注意。为什么图 6-3 第二种情况（可能）会产生错误？从稍后即将显示的源代码可知，copy 算法是一一进行元素的赋值操作，如果输出区间的起点位于输入区间内，copy 算法便（可能）会在输入区间的（某些）元素尚未被复制之前，就覆盖其值，导致错误结果。在这里我一再使用 "可能" 这个字眼，是因为，如果 copy 算法根据其所接收的迭代器的特性决定调用 memmove() 来执行任务，就不会造成上述错误，因为 memmove() 会先将整个输入区间的内容复制下来，没有被覆盖的危险。

　　下面是对图 6-3 的测试。

```
// file : 6copy-overlap.cpp
#include <iostream>
#include <algorithm>
#include <deque>        // deque 拥有 RandomAccessIterator
using namespace std;

template <class T>
struct display {
  void operator()(const T& x)
```

```
   { cout << x << ' '; }
};

int main()
{
  {
  int ia[]={0,1,2,3,4,5,6,7,8};

  // 以下，输出区间的终点与输入区间重叠，没问题
  copy(ia+2, ia+7, ia);
  for_each(ia, ia+9, display<int>());   // 2 3 4 5 6 5 6 7 8
  cout << endl;
  }
  {
  int ia[]={0,1,2,3,4,5,6,7,8};

  // 以下，输出区间的起点与输入区间重叠，可能会有问题
  copy(ia+2, ia+7, ia+4);
  for_each(ia, ia+9, display<int>());   // 0 1 2 3 2 3 4 5 6
  cout << endl;
  // 本例结果正确，因为调用的 copy 算法使用 memmove() 执行实际复制操作
  }
  {
  int ia[]={0,1,2,3,4,5,6,7,8};
  deque<int> id(ia, ia+9);

  deque<int>::iterator first = id.begin();
  deque<int>::iterator last  = id.end();
  ++++first;                      // advance(first, 2);
  cout << *first << endl;         // 2
  ----last;                       // advance(last, -2);
  cout << *last << endl;          // 7

  deque<int>::iterator result = id.begin();
  cout << *result << endl;        // 0

  // 以下，输出区间的终点与输入区间重叠，没问题
  copy(first, last, result);
  for_each(id.begin(), id.end(), display<int>());   // 2 3 4 5 6 5 6 7 8
  cout << endl;
  }
  {
  int ia[]={0,1,2,3,4,5,6,7,8};
  deque<int> id(ia, ia+9);

  deque<int>::iterator first = id.begin();
  deque<int>::iterator last  = id.end();
  ++++first;                      // advance(first, 2);
  cout << *first << endl;         // 2
```

```
----last;                           // advance(last, -2);
cout << *last << endl;              // 7

deque<int>::iterator result = id.begin();
advance(result, 4);
cout << *result << endl;            // 4

// 以下，输出区间的起点与输入区间重叠，可能会有问题
copy(first, last, result);
for_each(id.begin(), id.end(), display<int>());   // 0 1 2 3 2 3 2 3 2
cout << endl;
// 本例结果错误，因为调用的 copy 算法不再使用 memmove() 执行实际复制操作
    }
  }
```

请注意，如果你以 vector 取代上述的 deque 进行测试，复制结果将是正确
的，因为 vector 迭代器其实是个原生指针（native pointer），见 4.2.3 节，导致调
用的 copy 算法以 memmove() 执行实际复制操作。

copy 更改的是 [result,result+(last-first)) 中的迭代器所指对象，而
非更改迭代器本身。它会为输出区间内的元素赋予新值，而不是产生新的元素。它
不能改变输出区间的迭代器个数。换句话说，copy 不能直接用来将元素插入空容
器中。

如果你想要将元素插入（而非赋值）序列之内，要么明白使用序列容器的
insert 成员函数，要么使用 copy 算法并搭配 insert_iterator（8.3.1 节）。

现在我们来看看 copy 算法庞大的实现细节。下面是冰山一角，也是唯一的对
外接口：

```
// 完全泛化版本
template <class InputIterator, class OutputIterator>
inline OutputIterator copy(InputIterator first, InputIterator last,
                           OutputIterator result)
{
  return __copy_dispatch<InputIterator,OutputIterator>()
          (first, last, result);
}
```

下面两个是多载函数，针对原生指针(可视为一种特殊的迭代器)const char*
和 const wchar_t*，进行内存直接拷贝操作：

```
// 特殊版本(1)。重载形式
inline char* copy(const char* first, const char* last, char* result) {
  memmove(result, first, last - first);
  return result + (last - first);
}

// 特殊版本(2)。重载形式
inline wchar_t* copy(const wchar_t* first, const wchar_t* last,
                     wchar_t* result) {
  memmove(result, first, sizeof(wchar_t) * (last - first));
  return result + (last - first);
}
```

　　copy() 函数的泛化版本中调用了一个 __copy_dispatch() 函数，此函数有
一个完全泛化版本和两个偏特化版本：

```
// 完全泛化版本
template <class InputIterator, class OutputIterator>
struct __copy_dispatch
{
  OutputIterator operator()(InputIterator first, InputIterator last,
                            OutputIterator result) {
    return __copy(first, last, result, iterator_category(first));
  }
};

// 偏特化版本 (1)，两个参数都是 T* 指针形式
template <class T>
struct __copy_dispatch<T*, T*>
{
  T* operator()(T* first, T* last, T* result) {
    typedef typename __type_traits<T>::has_trivial_assignment_operator t;
    return __copy_t(first, last, result, t());
  }
};

// 偏特化版本 (2)，第一个参数为 const T* 指针形式，第二参数为 T* 指针形式
template <class T>
struct __copy_dispatch<const T*, T*>
{
  T* operator()(const T* first, const T* last, T* result) {
    typedef typename __type_traits<T>::has_trivial_assignment_operator t;
    return __copy_t(first, last, result, t());
  }
};
```

　　这里必须兵分两路来探讨。首先，__copy_dispatch() 的完全泛化版根据迭

代器种类的不同，调用了不同的 __copy()，为的是不同种类的迭代器所使用的循环条件不同，有快慢之别。

```
// InputIterator 版本
template <class InputIterator, class OutputIterator>
inline OutputIterator __copy(InputIterator first, InputIterator last,
                            OutputIterator result, input_iterator_tag)
{
  // 以迭代器等同与否，决定循环是否继续。速度慢
  for ( ; first != last; ++result, ++first)
    *result = *first;        // assignment operator
  return result;
}

// RandomAccessIterator 版本
template <class RandomAccessIterator, class OutputIterator>
inline OutputIterator
__copy(RandomAccessIterator first, RandomAccessIterator last,
       OutputIterator result, random_access_iterator_tag)
{
  // 又划分出一个函数，为的是其它地方也可能用到
  return __copy_d(first, last, result, distance_type(first));
}

template <class RandomAccessIterator, class OutputIterator, class Distance>
inline OutputIterator
__copy_d(RandomAccessIterator first, RandomAccessIterator last,
         OutputIterator result, Distance*)
{
  // 以 n 决定循环的执行次数。速度快
  for (Distance n = last - first; n > 0; --n, ++result, ++first)
    *result = *first;        // assignment operator
  return result;
}
```

　　这是 __copy_dispatch() 完全泛化版的故事。现在回到前述兵分两路之处，看看它的两个偏特化版本。这两个偏特化版是在 "参数为原生指针形式" 的前提下，希望进一步探测 "指针所指之物是否具有 *trivial* assignment operator（平凡赋值操作符）"。这一点对效率的影响不小，因为这里的复制操作是由 assignment 操作符负责，如果指针所指对象拥有 *non-trivial* assignment operator，复制操作就一定得通过它来进行。但如果指针所指对象拥有的是 *trivial* assignment operator，复制操作可以不通过它，直接以最快速的内存对拷方式（memmove()）完成。C++ 语言本身无法让你侦测某个对象的型别是否具有 *trivial* assignment operator，但是 SGI

STL 采用所谓的 `__type_traits<>` 编程技巧来弥补(见 3.7 节)。注意,通过"增加一层间接性"的手法,我们便得以区分两个不同的 `__copy_t()`:

```
// 以下版本适用于 "指针所指之对象具备 trivial assignment operator"
template <class T>
inline T* __copy_t(const T* first, const T* last, T* result,
                   __true_type) {
  memmove(result, first, sizeof(T) * (last - first));
  return result + (last - first);
}

// 以下版本适用于 "指针所指之对象具备 non-trivial assignment operator"
template <class T>
inline T* __copy_t(const T* first, const T* last, T* result,
                   __false_type) {
  // 原生指针毕竟是一种 RandomAccessIterator, 所以交给 __copy_d() 完成
  return __copy_d(first, last, result, (ptrdiff_t*) 0);
}
```

以上就是 copy() 的故事。一个无所不用其极地强化执行效率的故事。

现在我再来做个测试,传给 copy() 各种不同形式的迭代器,看看它会调用哪个(或哪些)函数。首先,这得修改 SGI STL 源代码,才能在函数被调用时输出函数名称。修改源代码是件冒险的工作,除非你胆子够大。啊,艺高人胆大,对于已经摸熟 SGI STL 源代码的我们,修改它不是不可能的任务。但务必先做万全准备,将<stl_algobase.h> 备份起来,以便日后回复原状。接下来,在上述每一个 copy 相关函数中输出一个字符串,代表函数名称。下面是测试程序:

```
// file : 6copy-test.cpp
//  读者请注意, 该程序在你的平台上不会有相同的执行效果, 除非你也修改了你的 STL
#include <iostream>  // for cout
#include <algorithm>  // for copy()
#include <vector>
#include <deque>
#include <list>
#include "6string.h" // class String, by J.J.Hou
using namespace std;

class C
{
public:
  C() : _data(3) { }
  // there is a trivial assignment operator
```

```
private:
  int _data;
};

int main()
{
  // 测试 1
  const char ccs[5] = {'a','b','c','d','e'};   // 数据来源
  char ccd[5];                                 // 数据去处
  copy(ccs, ccs+5, ccd);
  // 调用的版本是 copy(const char*)

  // 测试 2
  const wchar_t cwcs[5] = {'a','b','c','d','e'};   // 数据来源
  wchar_t cwcd[5];                                 // 数据去处
  copy(cwcs, cwcs+5, cwcd);
  // 调用的版本是 copy(const wchar_t*)

  // 测试 3
  int ia[5] = {0,1,2,3,4};
  copy(ia, ia+5, ia);     // 注意，数据来源和数据去处相同。这是允许的
  // 调用的版本是
  // copy()
  //   __copy_dispatch(T*, T*)
  //     __copy_t(__true_type)

  // 测试 4
  // 注：list 迭代器被归类为 InputIterator
  list<int> ilists(ia, ia+5);   // 数据来源
  list<int> ilistd(5);          // 数据去处
  copy(ilists.begin(), ilists.end(), ilistd.begin());
  // 调用的版本是
  // copy()
  //   __copy_dispatch()
  //     __copy(input_iterator)

  // 测试 5
  // 注：vector 迭代器被归类为原生指针（native pointer）
  vector<int> ivecs(ia, ia+5);       // 数据来源
  // 以上会产生输出信息，原因见稍后正文说明。此处对输出信息暂略不显
  vector<int> ivecd(5);              // 数据去处
  copy(ivecs.begin(), ivecs.end(), ivecd.begin());
  // copy()
  //   __copy_dispatch(T*, T*)
  //     __copy_t(__true_type)
  //
  // 以上是合理的吗？难道不该是这样吗？
  // copy()
  //   __copy_dispatch()
```

```
//      __copy(random_access_iterator)
//          __copy_d()
// 见稍后正文探讨

// 测试 6
// class C 具备 trivial operator=
C c[5];
vector<C> Cvs(c, c+5);          // 数据来源
// 以上会产生输出信息，原因见稍后正文说明。此处对输出信息暂略不显
vector<C> Cvd(5);               // 数据去处
copy(Cvs.begin(), Cvs.end(), Cvd.begin());
// copy()
//   __copy_dispatch(T*, T*)    这合理吗? 不是 random_access_iterator 吗?
//     __copy_t(__false_type)   这合理吗? 不该是 __true_type 吗?
//        __copy_d()

// 测试 7
// 注: deque 迭代器被归类为 random access iterator
deque<C> Cds(c, c+5);           // 数据来源
deque<C> Cdd(5);                // 数据去处
copy(Cds.begin(), Cds.end(), Cdd.begin());
// copy()
//   __copy_dispatch()
//     __copy(random_access_iterator)
//        __copy_d()

// 测试 8
// 注: class String 定义于 "6string.h" 内，拥有 non-trivial operator=
// 其源代码并未列于书中
vector<String> strvs(5);        // 数据来源
vector<String> strvd(5);        // 数据去处
strvs[0] = "jjhou";
strvs[1] = "grace";
strvs[2] = "david";
strvs[3] = "jason";
strvs[4] = "jerry";
copy(strvs.begin(), strvs.end(), strvd.begin());
// copy()
//   __copy_dispatch(T*, T*)    这合理吗? 不是 random_access_iterator 吗?
//     __copy_t(__false_type)   合理, String 确实是 __false_type
//        __copy_d()

// 测试 9
// 注: deque 迭代器被归类为 random access iterator
deque<String> strds(5);         // 数据来源
deque<String> strdd(5);         // 数据去处
strds.push_back("jjhou");
strds.push_back("grace");
strds.push_back("david");
```

```
    strds.push_back("jason");
    strds.push_back("jerry");
    copy(strds.begin(), strds.end(), strdd.begin());
    // copy()
    //   __copy_dispatch()
    //     __copy(random_access_iterator)
    //       __copy_d()
}
```

以上的执行结果想必引起你数个疑惑：

● 测试 5 一开始的 constructor 为什么会制造输出信息？

● 测试 6 一开始的 constructor 为什么也会制造输出信息？

● 测试 5, 6, 8 完成 copy() 操作后，为什么不是走 random access iterator 的
  方向，而是走 T* 的方向？

● 测试 6 的元素型别具备 *trivial* operator=，为何却走 __false_type 的方向？

　　前两个问题的解答是一样的：它们所调用的 vector ctor 调用了 copy()：

```
// 测试 5
vector<int> ivecs(ia, ia+5);
// 以下是输出信息
// copy()
//   __copy_dispatch(T*, T*)
//     __copy_t(__true_type)
//
// 说明：构造一个 vector 却产生上述三行输出。追踪 vector ctor，我们发现：
// vector<T>::vector(first, last)
// -> vector<T>::range_initialize(first, last, forward_iterator_tag),
//  -> vector<T>::allocate_and_copy(n, first, last)
//   -> ::uninitialized_copy(first, last, result)
//     -> ::__uninitialized_copy(first, last, result, value_type(result))
//       -> ::__uninitialized_copy_aux(first, last, result, is_POD())
//         -> ::copy(first, last, result)
```

　　第三个问题的解答是：我们以为 vector 的迭代器是 random access iterator，
没想到它事实上是个 T*。这虽然令人错愕，但如果你对 4.2.3 节还有点印象，至少
不会错愕到跌下马来。4.2.3 节的 vector 定义如下：

```
template <class T, class Alloc = alloc>  // 缺省使用 alloc 为配置器
class vector {
public:
  typedef T value_type;
  typedef value_type* iterator;      // vector 的迭代器是原生指针
  ...
```

```
};
```

是的，vector 迭代器其实是原生指针。这就怪不得 copy() 一旦面对 vector
迭代器，就往 T* 的方向走去了。

最后一个问题是，既然 class C 具备了 *trivial* operator=，为什么它被判断为
一个 __false_type 呢？这是因为编译器之中，有能力验证 "用户自定义型别"
之型别特性者极少（Silicon Graphics N32 或 N64 编译器就可以），
<type_traits.h> 内只针对 C++ 的标量型别（scalar types）做了型别特性记录（见
3.7 节）。因此程序中所有的用户自定义型别，都被编译器视为拥有 *non-trivial*
ctor/dtor/operator=。如果我们确知某个 class 具备的是 *trivial*
ctor/dtor/operator=，例如本例的 class C，我们就得自己动手为它做特性设定，才
能保证编译器知道它的身份。

要自己动手为某个型别做特性设定，可借用 <type_traits.h>（见 3.7 节）
中的 __type_traits<T>，针对 class C 做一个特化版本如下：

```
// 编译器无力判别 class C 的特性 ("traits")，我们自己来设定。
// 当编译器支持 partial specialization, __STL_TEMPLATE_NULL 被定义为
// template<>，见 <stl_config.h>
__STL_TEMPLATE_NULL struct __type_traits<C> {
  typedef __false_type  has_trivial_default_constructor;
  typedef __true_type   has_trivial_copy_constructor;
  typedef __true_type   has_trivial_assignment_operator;
  typedef __true_type   has_trivial_destructor;
  typedef __false_type  is_POD_type;
  // 以上每一个定义都必须完成。
};
```

加上这样的设定之后，测试 6 的 copy() 操作的输出信息为：

```
// copy()
//   __copy_dispatch(T*, T*)   合理，因为 vector 的迭代器是原生指针
//     __copy_t(__true_type)   编译器现在知道了，class C 是 __true_type
```

6.4.4 copy_backward

```
template <class BidirectionalIterator1, class BidirectionalIterator2>
inline BidirectionalIterator2 copy_backward(BidirectionalIterator1 first,
                                            BidirectionalIterator1 last,
                                            BidirectionalIterator2 result);
```

　　这个算法的考虑以及实现上的技巧与 copy() 十分类似，源代码我就不列出了。其操作示意于图 6-4，将 [first,last) 区间内的每一个元素，以逆行的方向复制到以 result-1 为起点，方向亦为逆行的区间上。换句话说，copy_backward 算法会执行赋值操作 *(result-1) = *(last-1), *(result-2) = *(last-2),…依此类推。返回一个迭代器：result-(last-first)。copy_backward 所接受的迭代器必须是 BidirectionalIterators，才能够 "倒行逆施"。你可以使用 copy_backward 算法，将任何容器的任何一段区间的内容，复制到任何容器的任何一段区间上。如果输入区间和输出区间完全没有重叠，当然毫无问题，否则便需特别注意，如图 6-4。

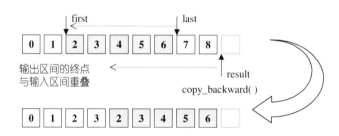

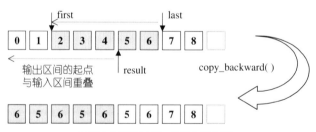

图 **6-4** copy_backward 算法的操作示意图

下面是对图 6-4 的测试。

```
// file : 6copy-backward-overlap.cpp
#include <iostream>
#include <algorithm>
#include <deque>          // deque 拥有 RandomAccessIterator
using namespace std;

template <class T>
struct display {
  void operator()(const T& x)
    { cout << x << ' '; }
};

int main()
{
  {
  int ia[]={0,1,2,3,4,5,6,7,8};

  // 以下，输出区间的终点（就逆向而言）与输入区间重叠，没问题
  copy_backward(ia+2, ia+7, ia+9);
  for_each(ia, ia+9, display<int>());   // 0 1 2 3 2 3 4 5 6
  cout << endl;
  }
  {
  int ia[]={0,1,2,3,4,5,6,7,8};

  // 以下，输出区间的起点（就逆向而言）与输入区间重叠，可能会有问题
  copy_backward(ia+2, ia+7, ia+5);
  for_each(ia, ia+9, display<int>());   // 2 3 4 5 6 5 6 7 8
  cout << endl;
  // 本例结果正确，因为调用的 copy 算法使用 memmove() 执行实际复制操作
  }
  {
  int ia[]={0,1,2,3,4,5,6,7,8};
  deque<int> id(ia, ia+9);

  deque<int>::iterator first = id.begin();
  deque<int>::iterator last  = id.end();
  ++++first;                     // advance(first, 2);
  cout << *first << endl;        // 2
  ----last;                      // advance(last, -2);
  cout << *last << endl;         // 7

  deque<int>::iterator result = id.end();

  // 以下，输出区间的终点（就逆向而言）与输入区间重叠，没问题
  copy_backward(first, last, result);
  for_each(id.begin(), id.end(), display<int>());   // 0 1 2 3 2 3 4 5 6
```

```
cout << endl;
}
{
int ia[]={0,1,2,3,4,5,6,7,8};
deque<int> id(ia, ia+9);

deque<int>::iterator first = id.begin();
deque<int>::iterator last  = id.end();
++++first;                      // advance(first, 2);
cout << *first << endl;         // 2
----last;                       // advance(last, -2);
cout << *last << endl;          // 7

deque<int>::iterator result = id.begin();
advance(result, 5);
cout << *result << endl;        // 5

// 以下，输出区间的起点（就逆向而言）与输入区间重叠，可能会有问题
copy_backward(first, last, result);
for_each(id.begin(), id.end(), display<int>());   // 6 5 6 5 6 5 6 7 8
cout << endl;
// 本例结果错误，因为调用的 copy 算法不再使用 memmove() 执行实际复制操作
}
}
```

6.5 set 相关算法

STL 一共提供了四种与 set（集合）相关的算法，分别是并集（union）、交集（intersection）、差集（difference）、对称差集（symmetric difference）。

所谓 set，可细分为数学上的定义和 STL 的定义两种，数学上的 set 允许元素重复而未经排序，例如 {1,1,4,6,3}，STL 的定义（也就是 set 容器，见 5.3 节）则要求元素不得重复，并且经过排序，例如 {1,3,4,6}。本节的四个算法所接受的 set，必须是有序区间（*sorted range*），元素值得重复出现。换句话说，它们可以接受 STL 的 set／multiset 容器作为输入区间。

SGI STL 另外提供有 hash_set／hash_multiset 两种容器，以 hashtable 为底层机制（见 5.8 节、5.10 节），其内的元素并未呈现排序状态，所以虽然名称之中也有 set 字样，却不可以应用于本节的四个算法。

本节四个算法都至少有四个参数，分别表现两个 set 区间。以下所有说明都以

S1 代表第一区间 [first1,last1)，以 S2 代表第二区间 [first2,last2)。每一个 set 算法都提供两个版本（但稍后展示的源代码只列出第一版本），第二版本允许用户指定 "a < b" 的意义，因为这些算法判断两个元素是否相等的依据，完全靠 "小于" 运算。是的，知道何谓 "小于"，就可以推导出何谓 "等于"。

以下程序测试四个 set 相关算法。欲使用它们，必须包含 <algorithm>。

```cpp
// file: 6set-algorithms.cpp
#include <set>          // multiset
#include <iostream>
#include <algorithm>
#include <iterator>     // ostream_iterator
using namespace std;

template <class T>
struct display {
  void operator()(const T& x)
    { cout << x << ' '; }
};

int main()
{
  int ia1[6] = {1, 3, 5, 7, 9, 11};
  int ia2[7] = {1, 1, 2, 3, 5, 8, 13};

  multiset<int> S1(ia1, ia1+6);
  multiset<int> S2(ia2, ia2+7);

  for_each(S1.begin(), S1.end(), display<int>());
  cout << endl;
  for_each(S2.begin(), S2.end(), display<int>());
  cout << endl;

  multiset<int>::iterator first1 = S1.begin();
  multiset<int>::iterator last1  = S1.end();
  multiset<int>::iterator first2 = S2.begin();
  multiset<int>::iterator last2  = S2.end();

  cout << "Union of S1 and S2: ";
  set_union(first1, last1, first2, last2,
            ostream_iterator<int>(cout, " "));
  cout << endl;

  first1 = S1.begin();
  first2 = S2.begin();
  cout << "Intersection of S1 and S2: ";
```

```
set_intersection(first1, last1, first2, last2,
                 ostream_iterator<int>(cout, " "));
cout << endl;

first1 = S1.begin();
first2 = S2.begin();
cout << "Difference of S1 and S2 (S1-S2): ";
set_difference(first1, last1, first2, last2,
               ostream_iterator<int>(cout, " "));
cout << endl;

first1 = S1.begin();
first2 = S2.begin();
cout << "Symmetric difference of S1 and S2: ";
set_symmetric_difference(first1, last1, first2, last2,
                         ostream_iterator<int>(cout, " "));
cout << endl;

first1 = S2.begin();
first2 = S1.begin();
last1  = S2.end();
last2  = S1.end();
cout << "Difference of S2 and S1 (S2-S1): ";
set_difference(first1, last1, first2, last2,
               ostream_iterator<int>(cout, " "));
cout << endl;
}
```

　　执行结果如下：

```
1 3 5 7 9 11
1 1 2 3 5 8 13
Union of S1 and S2: 1 1 2 3 5 7 8 9 11 13
Intersection of S1 and S2: 1 3 5
Difference of S1 and S2 (S1-S2): 7 9 11
Symmetric difference of S1 and S2: 1 2 7 8 9 11 13
Difference of S2 and S1 (S2-S1): 1 2 8 13
```

　　请注意，当集合（set）允许重复元素的存在时，并集、交集、差集、对称差集的定义，都与直观定义有些微的不同。例如上述的并集结果，我们会直观以为是 {1, 2, 3, 5, 7, 8, 9, 11, 13}，而上述的对称差集结果，我们会直观以为是 {2, 7, 8, 9, 11, 13}，这都是未考虑重复元素的结果。以下各小节对此会有详细说明。

6.5.1 set_union

算法 set_union 可构造 S1、S2 之并集。也就是说，它能构造出集合 S1 ∪ S2，此集合内含 S1 或 S2 内的每一个元素。S1、S2 及其并集都是以排序区间表示。返回值为一个迭代器，指向输出区间的尾端。

由于 S1 和 S2 内的每个元素都不需唯一，因此，如果某个值在 S1 出现 n 次，在 S2 出现 m 次，那么该值在输出区间中会出现 max(m,n) 次，其中 n 个来自 S1，其余来自 S2。在 **STL set** 容器内，m ≤ 1 且 n ≤ 1。

set_union 是一种稳定（*stable*）操作，意思是输入区间内的每个元素的相对顺序都不会改变。set_union 有两个版本，差别在于如何定义某个元素小于另一个元素。第一版本使用 operator< 进行比较，第二版本采用仿函数 comp 进行比较。

```cpp
// 并集，求存在于[first1,last1) 或存在于 [first2,last2) 的所有元素
// 注意, set 是一种 sorted range。这是以下算法的前提
// 版本一
template <class InputIterator1, class InputIterator2, class OutputIterator>
OutputIterator set_union(InputIterator1 first1, InputIterator1 last1,
                         InputIterator2 first2, InputIterator2 last2,
                         OutputIterator result) {
  // 当两个区间都尚未到达尾端时, 执行以下操作…
  while (first1 != last1 && first2 != last2) {
    // 在两区间内分别移动迭代器。首先将元素值较小者（假设为 A 区）记录于目标区,
    // 然后移动 A 区迭代器使之前进; 同时间之另一个区迭代器不动。然后进行新一次
    // 的比大小、记录小值、迭代器移动…直到两区中有一区到达尾端。如果元素相等,
    // 取 S1 者记录于目标区, 并同时移动两个迭代器
    if (*first1 < *first2) {
      *result = *first1;
      ++first1;
    }
    else if (*first2 < *first1) {
      *result = *first2;
      ++first2;
    }
    else { // *first2 == *first1
      *result = *first1;
      ++first1;
      ++first2;
    }
    ++result;
```

```
    }

    // 只要两区之中有一区到达尾端，就结束上述的 while 循环
    // 以下将尚未到达尾端的区间的所有剩余元素拷贝到目的端
    // 此刻的 [first1,last1) 和[first2,last2)之中至少有一个是空白区间
    return copy(first2, last2, copy(first1, last1, result));
}
```

　　set_union 之进行逻辑已经在源代码注释中说明得十分清楚。图 6-5a 所示的
是其一步一步的分析图解。

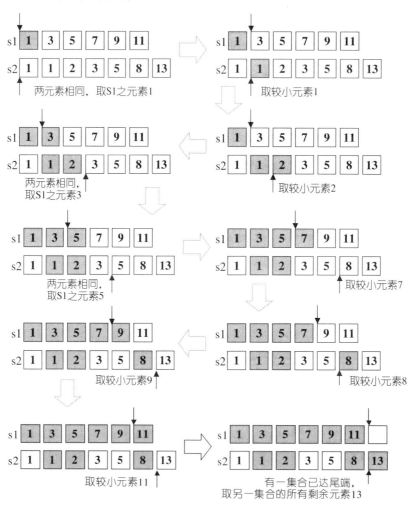

图 **6-5a**　　set_union 之步进分析

6.5.2　set_intersection

算法 set_intersection 可构造 S1、S2 之交集。也就是说，它能构造出集合 S1∩S2，此集合内含同时出现于 S1 和 S2 内的每一个元素。S1、S2 及其交集都是以排序区间表示。返回值为一个迭代器，指向输出区间的尾端。

由于 S1 和 S2 内的每个元素都不需唯一，因此，如果某个值在 S1 出现 n 次，在 S2 出现 m 次，那么该值在输出区间中会出现 min(m,n) 次，并且全部来自 S1。在 STL **set** 容器内，m ≤ 1 且 n ≤ 1。

set_intersection 是一种稳定（*stable*）操作，意思是输出区间内的每个元素的相对顺序都和 S1 内的相对顺序相同。它有两个版本，差别在于如何定义某个元素小于另一个元素。第一版本使用 operator< 进行比较，第二版本采用仿函数 comp 进行比较。

```
// 交集，求存在于[first1,last1) 且存在于 [first2,last2) 的所有元素
// 注意，set 是一种 sorted range。这是以下算法的前提
// 版本一
template <class InputIterator1, class InputIterator2, class OutputIterator>
OutputIterator set_intersection(InputIterator1 first1, InputIterator1 last1,
                                InputIterator2 first2, InputIterator2 last2,
                                OutputIterator result) {
  // 当两个区间都尚未到达尾端时，执行以下操作…
  while (first1 != last1 && first2 != last2)
    // 在两区间内分别移动迭代器，直到遇有元素值相同，暂停，将该值记录于目标区，
    // 再继续移动迭代器… 直到两区之中有一区到达尾端
    if (*first1 < *first2)
      ++first1;
    else if (*first2 < *first1)
      ++first2;
    else {    // *first2 == *first1
      *result = *first1;
      ++first1;
      ++first2;
      ++result;
    }
  return result;
}
```

set_intersection 之进行逻辑已经在源代码注释中说明得十分清楚。图6-5b 所示的是其一步一步的分析图解。

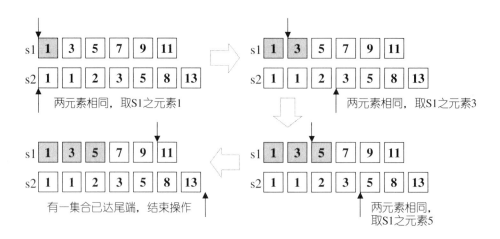

图 **6-5b** `set_intersection` 之步进分析

6.5.3 set_difference

算法 `set_difference` 可构造 S1、S2 之差集。也就是说，它能构造出集合
S1 – S2，此集合内含 "出现于 S1 但不出现于 S2" 的每一个元素。S1、S2 及其
交集都是以排序区间表示。返回值为一个迭代器，指向输出区间的尾端。

由于 S1 和 S2 内的每个元素都不需唯一，因此如果某个值在 S1 出现 n 次，
在 S2 出现 m 次，那么该值在输出区间中会出现 `max(n-m,0)` 次，并且全部来自
S1。在 STL **set** 容器内，m ≤ 1 且 n ≤ 1。

`set_difference` 是一种稳定（*stable*）操作，意思是输出区间内的每个元素
的相对顺序都和 S1 内的相对顺序相同。它有两个版本，差别在于如何定义某个元
素小于另一个元素。第一版本使用 operator< 进行比较，第二版本采用仿函数 comp
进行比较。

```
// 差集，求存在于[first1,last1) 且不存在于 [first2,last2) 的所有元素
// 注意，set 是一种 sorted range。这是以下算法的前提
// 版本一
template <class InputIterator1, class InputIterator2, class OutputIterator>
OutputIterator set_difference(InputIterator1 first1, InputIterator1 last1,
                              InputIterator2 first2, InputIterator2 last2,
                              OutputIterator result) {
  // 当两个区间都尚未到达尾端时，执行以下操作…
  while (first1 != last1 && first2 != last2)
```

```
// 在两区间内分别移动迭代器。当第一区间的元素等于第二区间的元素（表示此值
// 同时存在于两区间），就让两区间同时前进；当第一区间的元素大于第二区间的元素，
// 就让第二区间前进；有了这两种处理，就保证当第一区间的元素小于第二区间的
// 元素时，第一区间的元素只存在于第一区间中，不存在于第二区间，于是将它
// 记录于目标区
if (*first1 < *first2) {
  *result = *first1;
  ++first1;
  ++result;
}
else if (*first2 < *first1)
  ++first2;
else {   // *first2 == *first1
  ++first1;
  ++first2;
}
return copy(first1, last1, result);
}
```

set_difference 之进行逻辑已经在源代码注释中说明得十分清楚。图 6-5c 所示的是其一步一步的分析图解。

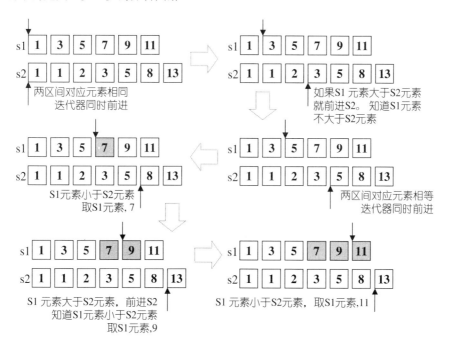

图 **6-5c** set_difference 之步进分析

6.5.4   set_symmetric_difference

算法 `set_symmetric_difference` 可构造 S1、S2 之对称差集。也就是说，它能构造出集合 (S1-S2) ∪ (S2-S1)，此集合内含 "出现于 S1 但不出现于 S2" 以及 "出现于 S2 但不出现于 S1" 的每一个元素。S1、S2 及其交集都是以排序区间表示。返回值为一个迭代器，指向输出区间的尾端。

由于 S1 和 S2 内的每个元素都不需唯一，因此如果某个值在 S1 出现 n 次，在 S2 出现 m 次，那么该值在输出区间中会出现 |n-m| 次。如果 n > m，输出区间内的最后 n-m 个元素将由 S1 复制而来，如果 n < m 则输出区间内的最后 m-n 个元素将由 S2 复制而来。在 STL **set** 容器内，m ≤ 1 且 n ≤ 1。

`set_ symmetric_difference` 是一种稳定（*stable*）操作，意思是输入区间内的元素相对顺序不会被改变。它有两个版本，差别在于如何定义某个元素小于另一个元素。第一版本使用 operator< 进行比较，第二版本采用仿函数 comp。

```
// 对称差集，求存在于[first1,last1) 且不存在于 [first2,last2) 的所有元素，
// 以及存在于[first2,last2) 且不存在于 [first1,last1) 的所有元素
// 注意，上述定义只有在 "元素值独一无二" 的情况下才成立。如果将 set 一般化，
// 允许出现重复元素，那么 set-symmetric-difference 的定义应该是：
// 如果某值在[first1,last1) 出现n 次，在 [first2,last2) 出现m 次，
// 那么它在 result range 中应该出现 abs(n-m) 次
// 注意，set 是一种 sorted range。这是以下算法的前提
// 版本一
template <class InputIterator1, class InputIterator2, class OutputIterator>
OutputIterator set_symmetric_difference(InputIterator1 first1,
                                        InputIterator1 last1,
                                        InputIterator2 first2,
                                        InputIterator2 last2,
                                        OutputIterator result) {
  // 当两个区间都尚未到达尾端时，执行以下操作…
  while (first1 != last1 && first2 != last2)
    // 在两区间内分别移动迭代器。当两区间内的元素相等，就让两区同时前进；
    // 当两区间内的元素不等，就记录较小值于目标区，并令较小值所在区间前进
    if (*first1 < *first2) {
      *result = *first1;
      ++first1;
      ++result;
    }
    else if (*first2 < *first1) {
      *result = *first2;
      ++first2;
```

```
        ++result;
    }
    else {    // *first2 == *first1
        ++first1;
        ++first2;
    }
    return copy(first2, last2, copy(first1, last1, result));
}
```

set_symmetric_difference 之进行逻辑已经在源代码注释中说明得十分清楚。图 6-5d 所示的是其一步一步的分析图解。

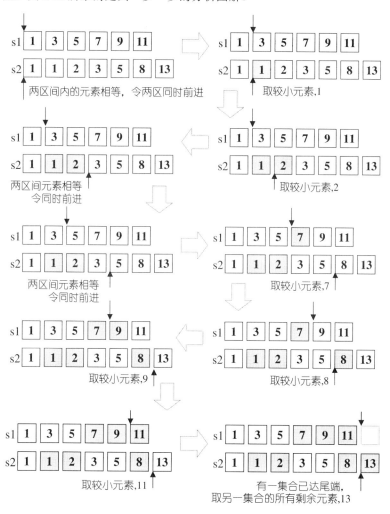

图 **6-5d** set_symmetric_difference 之步进分析

6.6   heap 算法

四个 heap 相关算法已于 4.7.2 节的 `<stl_heap.h>` 介绍过：make_heap()，pop_heap()，push_heap()，sort_heap()。喔，是的，当然，你猜对了，SGI STL 算法所在的头文件 `<stl_algo.h>` 内包含了 `<stl_heap.h>`：

```
#include <stl_heap.h> // make_heap,push_heap,pop_heap,sort_heap
```

6.7   其它算法

定义于 SGI `<stl_algo.h>` 内的所有算法，除了 set / heap 相关算法已于前两节介绍过，其余都安排在这一节。其中有很单纯的循环遍历，也有很复杂的快速排序。运作逻辑相对单纯者，被我安排在 6.7.1 小节，其它相对比较复杂者，每个算法各安排一个小节。

6.7.1   单纯的数据处理

这一小节所列的算法，都只进行单纯的数据移动、线性查找、计数、循环遍历、逐一对元素施行指定运算等操作。它们的运作逻辑都相对单纯，直观而易懂。我把对它们的说明直接写成源代码注释，必要时另加图片示意。

深入源代码之前，先观察每一个算法的表现，是个比较好的学习方式。以下程序示范本节每一个算法的用法。程序中有时使用 STL 内建的仿函数（functors，如 less, greater, equeal_to）和配接器（adapters，如 bind2nd），有时使用自定义的仿函数（如 display, even_by_two）；仿函数相关技术请参考 1.9.6 节和第 7 章，配接器相关技术请参考第 8 章。

```cpp
// file: 6-7-1.cpp
#include <algorithm>
#include <vector>
#include <functional>
#include <iostream>
using namespace std;

template <class T>
struct display {        // 这是一个仿函数。请参考 1.9.6 节与第 7 章
  void operator()(const T& x) const
    { cout << x << ' '; }
```

```
};

struct even {                    // 这是一个仿函数。请参考1.9.6节与第7章
  bool operator()(int x) const
    { return x%2 ? false : true; }
};

class even_by_two {      // 这是一个仿函数。请参考1.9.6节与第7章
public:
  int operator()() const
    { return _x += 2; }
private:
  static int _x;
};

int even_by_two::_x = 0;

int main()
{
  int ia[] = { 0,1,2,3,4,5,6,6,6,7,8 };
  vector<int> iv(ia, ia+sizeof(ia)/sizeof(int));

  // 找出 iv 之中相邻元素值相等的第一个元素
  cout << *adjacent_find(iv.begin(), iv.end())
      << endl;  // 6

  // 找出 iv 之中相邻元素值相等的第一个元素
  cout << *adjacent_find(iv.begin(), iv.end(), equal_to<int>())
      << endl;  // 6

  // 找出 iv 之中元素值为 6 的元素个数
  cout << count(iv.begin(), iv.end(), 6)
      << endl;       // 3

  // 找出 iv 之中小于 7 的元素个数
  cout << count_if(iv.begin(), iv.end(), bind2nd(less<int>(),7))
      << endl;       // 9

  // 找出 iv 之中元素值为 4 的第一个元素的所在位置的值
  cout << *find(iv.begin(), iv.end(), 4)
      << endl;       // 4

  // 找出 iv 之中大于 2 的第一个元素的所在位置的值
  cout << *find_if(iv.begin(), iv.end(), bind2nd(greater<int>(),2))
      << endl;       // 3

  // 找出 iv 之中子序列 iv2 所出现的最后一个位置 (再往后 3 个位置的值)
  vector<int> iv2(ia+6, ia+8);        // {6,6}
  cout << *(find_end(iv.begin(), iv.end(), iv2.begin(), iv2.end())+3)
```

```
            << endl;          // 8

// 找出 iv 之中子序列 iv2 所出现的第一个位置（再往后 3 个位置的值）
cout << *(find_first_of(iv.begin(), iv.end(), iv2.begin(), iv2.end())+3)
            << endl;          // 7

// 迭代遍历整个 iv 区间，对每一个元素施行 display 操作（不得改变元素内容）
for_each(iv.begin(), iv.end(), display<int>());
cout << endl;            // iv: 0 1 2 3 4 5 6 6 6 7 8

// 以下错误：generate 的第三个参数（仿函数）本身不得有任何参数
// generate(iv.begin(), iv.end(), bind2nd(plus<int>(),3));  // error
// 以下，迭代遍历整个 iv2 区间，对每个元素施行 even_by_two 操作（得改变元素内容）
generate(iv2.begin(), iv2.end(), even_by_two());
for_each(iv2.begin(), iv2.end(), display<int>());
cout << endl;            // iv2: 2 4

// 迭代遍历指定区间（起点与长度），对每个元素施行 even_by_two 操作（得改变元素值）
generate_n(iv.begin(), 3, even_by_two());
for_each(iv.begin(), iv.end(), display<int>());
cout << endl;    // iv: 6 8 10 3 4 5 6 6 6 7 8

// 删除（但不删除）元素 6。尾端可能有残余数据（可另以容器之 erase 函数去除
之）
remove(iv.begin(), iv.end(), 6);
for_each(iv.begin(), iv.end(), display<int>());
cout << endl;    // iv: 8 10 3 4 5 7 8 6 6 7 8（灰色表残余数据）

// 删除（但不删除）元素 6。结果置于另一区间
vector<int> iv3(12);
remove_copy(iv.begin(), iv.end(), iv3.begin(), 6);
for_each(iv3.begin(), iv3.end(), display<int>());
cout << endl;    // iv3: 8 10 3 4 5 7 8 7 8 0 0 0（灰色表残余数据）

// 删除（但不删除）小于 6 的元素。尾端可能有残余数据
remove_if(iv.begin(), iv.end(), bind2nd(less<int>(),6));
for_each(iv.begin(), iv.end(), display<int>());
cout << endl;    // iv: 8 10 7 8 6 6 7 8 6 7 8（灰色表残余数据）

// 删除（但不删除）小于 7 的元素。结果置于另一区间
remove_copy_if(iv.begin(), iv.end(), iv3.begin(), bind2nd(less<int>(),7));
for_each(iv3.begin(), iv3.end(), display<int>());
cout << endl;    // iv3: 8 10 7 8 7 8 7 8 8 0 0 0（灰色表残余数据）

// 将所有的元素值 6，改为元素值 3
replace(iv.begin(), iv.end(), 6, 3);
for_each(iv.begin(), iv.end(), display<int>());
cout << endl;    // iv: 8 10 7 8 3 3 7 8 3 7 8
```

The Annotated STL Sources

```
// 将所有的元素值 3，改为元素值 5。结果置于另一区间
replace_copy(iv.begin(), iv.end(), iv3.begin(), 3, 5);
for_each(iv3.begin(), iv3.end(), display<int>());
cout << endl;   // iv3: 8 10 7 8 5 5 7 8 5 7 8 0

// 将所有小于 5 的元素值，改为元素值 2
replace_if(iv.begin(), iv.end(), bind2nd(less<int>(),5), 2);
for_each(iv.begin(), iv.end(), display<int>());
cout << endl;   // iv: 8 10 7 8 2 2 7 8 2 7 8

// 将所有等于 8 的元素值，改为元素值 9。结果置于另一区间
replace_copy_if(iv.begin(), iv.end(), iv3.begin(),
                bind2nd(equal_to<int>(),8), 9);
for_each(iv3.begin(), iv3.end(), display<int>());
cout << endl;   // iv3: 9 10 7 9 2 2 7 9 2 7 9 0

// 逆向重排每一个元素
reverse(iv.begin(), iv.end());
for_each(iv.begin(), iv.end(), display<int>());
cout << endl;   // iv: 8 7 2 8 7 2 2 8 7 10 8

// 逆向重排每一个元素。结果置于另一区间
reverse_copy(iv.begin(), iv.end(), iv3.begin());
for_each(iv3.begin(), iv3.end(), display<int>());
cout << endl;   // iv3: 8 10 7 8 2 2 7 8 2 7 8 0

// 旋转（互换元素）[first,middle) 和 [middle,last)
rotate(iv.begin(), iv.begin()+4, iv.end());
for_each(iv.begin(), iv.end(), display<int>());
cout << endl;   // iv: 7 2 2 8 7 10 8 8 7 2 8

// 旋转（互换元素）[first,middle) 和 [middle,last)，结果置于另一区间
rotate_copy(iv.begin(), iv.begin()+5, iv.end(), iv3.begin());
for_each(iv3.begin(), iv3.end(), display<int>());
cout << endl;   // iv3: 10 8 8 7 2 8 7 2 2 8 7 0

// 查找某个子序列的第一次出现地点
int ia2[3] = {2,8};
vector<int> iv4(ia2, ia2+2); // iv4: {2,8}
cout << *search(iv.begin(), iv.end(), iv4.begin(), iv4.end())
     << endl;  // 2

// 查找连续出现 2 个 8 的子序列起点
cout << *search_n(iv.begin(), iv.end(), 2, 8) << endl; // 8

// 查找连续出现 3 个小于 8 的子序列起点
cout << *search_n(iv.begin(), iv.end(), 3, 8, less<int>()) << endl;   // 7

// 将两个区间内的元素互换。第二区间的元素个数不应小于第一区间的元素个数
```

The Annotated STL Sources

```
swap_ranges(iv4.begin(), iv4.end(), iv.begin());
for_each(iv.begin(), iv.end(), display<int>());
cout << endl;   // iv: 2 8 2 8 7 10 8 8 7 2 8
for_each(iv4.begin(), iv4.end(), display<int>());  // iv4: 7 2
cout << endl;

// 改变区间的值，全部减 2
transform(iv.begin(), iv.end(), iv.begin(), bind2nd(minus<int>(), 2));
for_each(iv.begin(), iv.end(), display<int>());
cout << endl;   // iv: 0 6 0 6 5 8 6 6 5 0 6

// 改变区间的值，令第二区间的元素值加到第一区间的对应元素身上
// 第二区间的元素个数不应小于第一区间的元素个数
transform(iv.begin(), iv.end(), iv.begin(), iv.begin(), plus<int>());
for_each(iv.begin(), iv.end(), display<int>());
cout << endl;   // iv: 0 12 0 12 10 16 12 12 10 0 12

//*******************

vector<int> iv5(ia, ia+sizeof(ia)/sizeof(int));
vector<int> iv6(ia+4, ia+8);
vector<int> iv7(15);
for_each(iv5.begin(), iv5.end(), display<int>());
cout << endl;        // iv5: 0 1 2 3 4 5 6 6 6 7 8
for_each(iv6.begin(), iv6.end(), display<int>());
cout << endl;        // iv6: 4 5 6 6

cout << *max_element(iv5.begin(), iv5.end()) << endl;   // 8
cout << *min_element(iv5.begin(), iv5.end()) << endl;   // 0

// 判断是否 iv6 内的所有元素都出现于 iv5 中
// 注意：两个序列都必须是 sorted ranges
cout << includes(iv5.begin(), iv5.end(), iv6.begin(), iv6.end())
     << endl; // 1 (true)

// 将两个序列合并为一个序列
// 注意：两个序列都必须是 sorted ranges，获得的结果也是 sorted
merge(iv5.begin(), iv5.end(), iv6.begin(), iv6.end(), iv7.begin());
for_each(iv7.begin(), iv7.end(), display<int>());
cout << endl;        // iv7: 0 1 2 3 4 4 5 5 6 6 6 6 6 7 8

// 符合条件的元素放在容器前段，不符合的元素放在后段
// 不保证保留原相对次序
partition(iv7.begin(), iv7.end(), even());
for_each(iv7.begin(), iv7.end(), display<int>());
cout << endl;        // iv7: 0 8 2 6 4 4 6 6 6 5 5 3 7 1

// 去除 "连续而重复" 的元素
// 注意：获得的结果可能有残余数据
```

```
unique(iv5.begin(), iv5.end());
for_each(iv5.begin(), iv5.end(), display<int>());
cout << endl;          // iv5: 0 1 2 3 4 5 6 7 8 7 8 (灰色为残余数据)

// 去除 "连续而重复" 的元素，将结果置于另一处
// 注意：获得的结果可能有残余数据
unique_copy(iv5.begin(), iv5.end(), iv7.begin());
for_each(iv7.begin(), iv7.end(), display<int>());
cout << endl;          // iv7: 0 1 2 3 4 5 6 7 8 7 8 5 3 7 1 (灰色为残余数据)
}
```

adjacent_find

找出第一组满足条件的相邻元素。这里所谓的条件，在版本一中是指 "两元素相等"，在版本二中允许用户指定一个二元运算，两个操作数分别是相邻的第一元素和第二元素。

```
// 查找相邻的重复元素。版本一
template <class ForwardIterator>
ForwardIterator adjacent_find(ForwardIterator first, ForwardIterator last) {
  if (first == last) return last;
  ForwardIterator next = first;
  while(++next != last) {
    if (*first == *next) return first;  // 如果找到相邻的元素值相同，就结束
    first = next;
  }
  return last;
}

// 查找相邻的重复元素。版本二
template <class ForwardIterator, class BinaryPredicate>
ForwardIterator adjacent_find(ForwardIterator first, ForwardIterator last,
                              BinaryPredicate binary_pred) {
  if (first == last) return last;
  ForwardIterator next = first;
  while(++next != last) {
    // 如果找到相邻的元素符合外界指定条件，就结束
    // 以下，两个操作数分别是相邻的第一元素和第二元素
    if (binary_pred(*first, *next)) return first;
    first = next;
  }
  return last;
}
```

count

运用 equality 操作符，将 `[first,last)` 区间内的每一个元素拿来和指定值
`value` 比较，并返回与 `value` 相等的元素个数。

```
template <class InputIterator, class T>
typename iterator_traits<InputIterator>::difference_type
count(InputIterator first, InputIterator last, const T& value) {
  // 以下声明一个计数器 n
  typename iterator_traits<InputIterator>::difference_type n = 0;
  for ( ; first != last; ++first)      // 整个区间走一遍
    if (*first == value)               // 如果元素值和 value 相等
      ++n;                             // 计数器累加 1
  return n;
}
```

请注意，count() 有一个早期版本，规格如下。它和上述标准版本的主要差
异是，计数器由参数提供：

```
// 这是旧版的 count()
template <class InputIterator, class T, class Size>
void count(InputIterator first, InputIterator last,
           const T& value, Size& n) {
  for ( ; first != last; ++first)      // 整个区间走一遍
    if (*first == value)               // 如果元素值和 value 相等
      ++n;                             // 计数器累加 1
}
```

count_if

将指定操作（一个仿函数）pred 实施于 `[first,last)` 区间内的每一个元素
身上，并将"造成 pred 之计算结果为 true"的所有元素的个数返回。

```
template <class InputIterator, class Predicate>
typename iterator_traits<InputIterator>::difference_type
count_if(InputIterator first, InputIterator last, Predicate pred) {
  // 以下声明一个计数器 n
  typename iterator_traits<InputIterator>::difference_type n = 0;
  for ( ; first != last; ++first)      // 整个区间走一遍
    if (pred(*first))                  // 如果元素带入 pred 的运算结果为 true
      ++n;                             // 计数器累加 1
  return n;
}
```

请注意，count_if() 有一个早期版本，规格如下。它和上述标准版本的主要
差异是，计数器由参数提供：

```
// 这是旧版的 count_if()
template <class InputIterator, class Predicate, class Size>
void count_if(InputIterator first, InputIterator last,
              Predicate pred, Size& n) {
  for ( ; first != last; ++first)      // 整个区间走一遍
    if (pred(*first))                   // 如果元素带入 pred 的运算结果为 true
      ++n;                              // 计数器累加 1
}
```

find

根据 equality 操作符，循序查找 [first,last) 内的所有元素，找出第一个匹配 "等同（equality）条件"者。如果找到，就返回一个 InputIterator 指向该元素，否则返回迭代器 last。

```
template <class InputIterator, class T>
InputIterator find(InputIterator first, InputIterator last,
                   const T& value) {
  while (first != last && *first != value) ++first;
  return first;
}
```

find_if

根据指定的 pred 运算条件（以仿函数表示），循序查找 [first,last) 内的所有元素，找出第一个令 pred 运算结果为 true 者。如果找到就返回一个 InputIterator 指向该元素，否则返回迭代器 last。

```
template <class InputIterator, class Predicate>
InputIterator find_if(InputIterator first, InputIterator last,
                      Predicate pred) {
  while (first != last && !pred(*first)) ++first;
  return first;
}
```

find_end

在序列一 [first1,last1) 所涵盖的区间中，查找序列二 [first2,last2) 的最后一次出现点。如果序列一之内不存在 "完全匹配序列二"的子序列，便返回迭代器 last1。此算法有两个版本，版本一使用元素型别所提供的 equality 操作符，版本二允许用户指定某个二元运算（以仿函数呈现），作为判断元素相等与否的依据。以下只列出版本一的源代码。

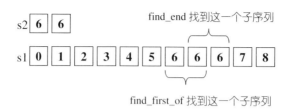

图 **6-6a** `find_end` 算法和 `find_first_of` 算法

　　由于这个算法查找的是 "最后一次出现地点"，如果我们有能力逆向查找，
题目就变成了 "首次出现地点"，那对设计者而言当然比较省力。逆向查找的关
键在于迭代器的双向移动能力，因此，SGI 将算法设计为双层架构，一般称呼此种
上层函数为 dispatch function（分派函数、派送函数）:

```
// 版本一
template <class ForwardIterator1, class ForwardIterator2>
inline ForwardIterator1
find_end(ForwardIterator1 first1, ForwardIterator1 last1,
         ForwardIterator2 first2, ForwardIterator2 last2)
{
  typedef typename iterator_traits<ForwardIterator1>::iterator_category
          category1;
  typedef typename iterator_traits<ForwardIterator2>::iterator_category
          category2;

  // 以下根据两个区间的类属，调用不同的下层函数
  return __find_end(first1, last1, first2, last2, category1(), category2());
}
```

　　这是一种常见的技巧，令函数传递调用过程中产生迭代器类型（iterator
category）的临时对象[8]，再利用编译器的参数推导机制（argument deduction），自
动调用某个对应函数。此例之对应函数有两个候选者:

```
// 以下是 forward iterators 版
template <class ForwardIterator1, class ForwardIterator2>
ForwardIterator1 __find_end(ForwardIterator1 first1, ForwardIterator1 last1,
                            ForwardIterator2 first2, ForwardIterator2 last2,
                            forward_iterator_tag, forward_iterator_tag)
{
```

---

[8] 型别名称之后直接加上一对小括号，便会产生一个临时对象。

```
  if (first2 == last2)        // 如果查找目标是空的，
    return last1;             // 返回 last1，表示该 "空子序列" 的最后出现点
  else {
    ForwardIterator1 result = last1;
    while (1) {
      // 以下利用 search() 查找某个子序列的首次出现点。找不到的话返回 last1
      ForwardIterator1 new_result = search(first1, last1, first2, last2);
      if (new_result == last1)   // 没找到
        return result;
      else {
        result = new_result;       // 调动一下标兵，准备下一个查找行动
        first1 = new_result;
        ++first1;
      }
    }
  }
}


// 以下是 bidirectional iterators 版（可以逆向查找）
template <class BidirectionalIterator1, class BidirectionalIterator2>
BidirectionalIterator1
__find_end(BidirectionalIterator1 first1, BidirectionalIterator1 last1,
           BidirectionalIterator2 first2, BidirectionalIterator2 last2,
           bidirectional_iterator_tag, bidirectional_iterator_tag)
{
  // 由于查找的是 "最后出现地点"，因此反向查找比较快。利用 reverse_iterator.
  // reverse_iterator 见本书第 8 章
  typedef reverse_iterator<BidirectionalIterator1> reviter1;
  typedef reverse_iterator<BidirectionalIterator2> reviter2;

  reviter1 rlast1(first1);
  reviter2 rlast2(first2);
  // 查找时，将序列一和序列二统统逆转方向
  reviter1 rresult = search(reviter1(last1), rlast1,
                            reviter2(last2), rlast2);

  if (rresult == rlast1)    // 没找到
    return last1;
  else {                              // 找到了
    BidirectionalIterator1 result = rresult.base(); // 转回正常（非逆向）迭代器
    advance(result, -distance(first2, last2)); // 调整回到子序列的起头处
    return result;
  }
}
```

　　为什么最后要将逆向迭代器转回正向迭代器，而不直接移动逆向迭代器呢？因为正向迭代器和逆向迭代器之间有奇妙的 "实体关系" 和 "逻辑关系"，详见 8.3.2 节。

find_first_of

本算法以[first2,last2)区间内的某些元素作为查找目标，寻找它们在
[first1,last1) 区间内的第一次出现地点。举个例子，假设我们希望找出字符序
列 synesthesia 的第一个元音，我们可以定义第二序列为 aeiou。此算法会返回一个
ForwardIterator，指向元音序列中任一元素首次出现于第一序列的地点，此例将指
向字符序列的第一个 e。如果第一序列并未内含第二序列的任何元素，返回的将是
last1。本算法第一个版本使用元素型别所提供的 **equality** 操作符，第二个版本允
许用户指定一个二元运算 pred。

```cpp
// 版本一
template <class InputIterator, class ForwardIterator>
InputIterator find_first_of(InputIterator first1, InputIterator last1,
                            ForwardIterator first2, ForwardIterator last2)
{
  for ( ; first1 != last1; ++first1) // 遍访序列一
    // 以下，根据序列二的每个元素
    for (ForwardIterator iter = first2; iter != last2; ++iter)
      if (*first1 == *iter) // 如果序列一的元素等于序列二的元素
        return first1;      // 找到了，结束
  return last1;
}

// 版本二
template <class InputIterator, class ForwardIterator, class BinaryPredicate>
InputIterator find_first_of(InputIterator first1, InputIterator last1,
                            ForwardIterator first2, ForwardIterator last2,
                            BinaryPredicate comp)
{
  for ( ; first1 != last1; ++first1) // 遍访序列一
    // 以下，根据序列二的每个元素
    for (ForwardIterator iter = first2; iter != last2; ++iter)
      if (comp(*first1, *iter)) // 如果序列一和序列二的元素满足 comp 条件
        return first1;          // 找到了，结束
  return last1;
}
```

for_each

将仿函数 f 施行于 [first,last) 区间内的每一个元素身上。f 不可以改变
元素内容，因为 first 和 last 都是 InputIterators，不保证接受赋值行为
（assignment）。如果想要一一修改元素内容，应该使用算法 transform()。f 可

返回一个值，但该值会被忽略。

```
template <class InputIterator, class Function>
Function for_each(InputIterator first, InputIterator last, Function f) {
  for ( ; first != last; ++first)
    f(*first);      // 调用仿函数 f 的 function call 操作符。返回值被忽略
  return f;
}
```

generate

将仿函数 gen 的运算结果填写在 [first,last) 区间内的所有元素身上。所谓填写，用的是迭代器所指元素之 assignment 操作符。

```
template <class ForwardIterator, class Generator>
void generate(ForwardIterator first, ForwardIterator last, Generator gen) {
  for ( ; first != last; ++first)    // 整个序列区间
    *first = gen();
}
```

generate_n

将仿函数 gen 的运算结果填写在从迭代器 first 开始的 n 个元素身上。所谓填写，用的是迭代器所指元素的 assignment 操作符。

```
template <class OutputIterator, class Size, class Generator>
OutputIterator generate_n(OutputIterator first, Size n, Generator gen) {
  for ( ; n > 0; --n, ++first)   // 只限 n 个元素
    *first = gen();
  return first;
}
```

includes（应用于有序区间）

判断序列二 S2 是否 "涵盖于" 序列一 S1。S1 和 S2 都必须是有序集合，其中的元素都可重复（不必唯一）。所谓涵盖，意思是 "S2 的每一个元素都出现于 S1"。由于判断两个元素是否相等，必须以 *less* 或 *greater* 运算为依据（当 S1 元素不小于 S2 元素且 S2 元素不小于 S1 元素，两者即相等；或说当 S1 元素不大于 S2 元素且 S2 元素不大于 S1 元素，两者即相等），因此配合着两个序列 S1 和 S2 的排序方式（递增或递减），includes 算法可供用户选择采用 less 或 greater 进行两元素的大小比较（comparison）。

　　换句话说,如果 S1 和 S2 是递增排序(以 `operator<` 执行比较操作),`includes`
算法应该这么使用:

```
includes(S1.begin(), S1.end(), S2.begin(), S2.end());
```

这和下一行完全相同:

```
includes(S1.begin(), S1.end(), S2.begin(), S2.end(), less<int>());
```

　　然而如果 S1 和 S2 是递减排序(以 `operator>` 执行比较操作),`includes` 算
法应该这么使用:

```
includes(S1.begin(), S1.end(), S2.begin(), S2.end(), greater<int>());
```

　　注意,S1 或 S2 内的元素都可以重复,这种情况下所谓 "S1 内含一个 S2 子
集合"的定义是:假设某元素在 S2 出现 `n` 次,在 S1 出现 `m` 次,那么如果 `m<n`,
此算法会返回 `false`。

　　图 6-6b 展示 `includes` 算法的工作原理。

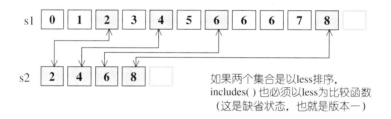

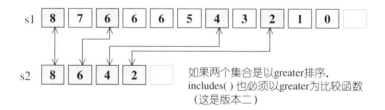

图 **6-6b** 　`includes` 算法的工作原理示意图

　　下面是 `includes` 算法的两个版本的源代码:

```
// 版本一。判断区间二的每个元素值是否都存在于区间一
// 前提: 区间一和区间二都是 sorted ranges
template <class InputIterator1, class InputIterator2>
bool includes(InputIterator1 first1, InputIterator1 last1,
              InputIterator2 first2, InputIterator2 last2) {
  while (first1 != last1 && first2 != last2) // 两个区间都尚未走完
    if (*first2 < *first1)          // 序列二的元素小于序列一的元素
      return false;                 //   "涵盖"的情况必然不成立。结束执行
    else if(*first1 < *first2)       // 序列二的元素大于序列一的元素
      ++first1;                     // 序列一前进 1
    else                            // *first1 == *first2
      ++first1, ++first2;           // 两序列各自前进 1

  return first2 == last2;  // 有一个序列走完了，判断最后一关
}
```

```
// 版本二。判断序列一内是否有个子序列，其与序列二的每个对应元素都满足二元运算 comp
// 前提: 序列一和序列二都是 sorted ranges
template <class InputIterator1, class InputIterator2, class Compare>
bool includes(InputIterator1 first1, InputIterator1 last1,
              InputIterator2 first2, InputIterator2 last2, Compare comp) {
  while (first1 != last1 && first2 != last2)  // 两个区间都尚未走完
    if (comp(*first2, *first1))       // comp(S2 元素, S1 元素) 为真
      return false;                   //   "涵盖"的情况必然不成立。结束执行
    else if(comp(*first1, *first2))    // comp(S1 元素, S2 元素) 为真
      ++first1;                       // S1 前进 1
    else                              // *first1 == *first2
      ++first1, ++first2;             // S1, S2 各自前进 1

  return first2 == last2;             // 有一个序列走完了，判断最后一关
}
```

从版本二可知，如果你传入一个二元运算 comp，却不能使以下的 case3 代表 "两元素相等":

```
if (comp(*first2, *first1))       // cas1
  ...
else if(comp(*first1, *first2))  // case2
  ...
else                              // case3
```

这个 comp 将会造成整个 includes 算法语意错误。但同时我也要提醒你，comp 的型别是 Compare，既不是 BinaryPredicate，也不是 BinaryOperation，所以并非随便一个二元运算就可拿来作为 comp 的参数。从这里我们得到一个教训，是的，虽然从语法上来说 Compare 只是一个 template 参数（从这个观点看，它叫什么名称都一样），但它（乃至于整个 STL 的符号命名）有其深刻涵义。

max_element

这个算法返回一个迭代器，指向序列之中数值最大的元素。其工作原理至为简单，下面是两个版本的源代码：

```cpp
// 版本一
template <class ForwardIterator>
ForwardIterator max_element(ForwardIterator first, ForwardIterator last) {
  if (first == last) return first;
  ForwardIterator result = first;
  while (++first != last)
    if (*result < *first) result = first; // 如果目前元素比较大，就登记起来
  return result;
}

// 版本二
template <class ForwardIterator, class Compare>
ForwardIterator max_element(ForwardIterator first, ForwardIterator last,
                            Compare comp) {
  if (first == last) return first;
  ForwardIterator result = first;
  while (++first != last)
    if (comp(*result, *first)) result = first;
  return result;
}
```

merge （应用于有序区间）

将两个经过排序的集合 S1 和 S2，合并起来置于另一段空间。所得结果也是一个有序（*sorted*）序列。返回一个迭代器，指向最后结果序列的最后一个元素的下一位置。图 6-6c 展示 merge 算法的工作原理。下面是 merge 算法的两个版本的源代码：

```cpp
// 版本一
template <class InputIterator1, class InputIterator2, class OutputIterator>
OutputIterator merge(InputIterator1 first1, InputIterator1 last1,
                     InputIterator2 first2, InputIterator2 last2,
                     OutputIterator result) {
  while (first1 != last1 && first2 != last2) { // 两个序列都尚未走完
    if (*first2 < *first1) {     // 序列二的元素比较小
      *result = *first2;         // 登记序列二的元素
      ++first2;                  // 序列二前进 1
    }
    else {                       // 序列二的元素不比较小
      *result = *first1;         // 登记序列一的元素
```

```
      ++first1;                           // 序列一前进 1
    }
    ++result;
  }
  // 最后剩余元素以 copy 复制到目的端。以下两个序列一定至少有一个为空
  return copy(first2, last2, copy(first1, last1, result));
}

// 版本二
template <class InputIterator1, class InputIterator2, class OutputIterator,
          class Compare>
OutputIterator merge(InputIterator1 first1, InputIterator1 last1,
                     InputIterator2 first2, InputIterator2 last2,
                     OutputIterator result, Compare comp) {
  while (first1 != last1 && first2 != last2) { // 两个序列都尚未走完
    if (comp(*first2, *first1)) {       // 比较两序列的元素
      *result = *first2;                // 登记序列二的元素
      ++first2;                         // 序列二前进 1
    }
    else {
      *result = *first1;                // 登记序列一的元素
      ++first1;                         // 序列一前进 1
    }
    ++result;
  }
  // 最后剩余元素以 copy 复制到目的端。以下两个序列一定至少有一个为空
  return copy(first2, last2, copy(first1, last1, result));
}
```

s1 | 0 | 1 | 2 | 3 | 4 | 5 | 6 | 6 | 6 | 7 | 8 | |

result
| 0 | 1 | 2 | 3 | 4 | 4 | 5 | 5 | 6 | 6 | 6 | 6 | 6 | 7 | 8 | |

s2 | 4 | 5 | 6 | 6 | |

如果两个集合是以less排序，
merge( )也必须以 less为比较函数
（这是缺省状态，亦即版本一）

s1 | 8 | 7 | 6 | 6 | 6 | 5 | 4 | 3 | 2 | 1 | 0 | |

result
| 8 | 7 | 6 | 6 | 6 | 6 | 6 | 5 | 5 | 4 | 4 | 3 | 2 | 1 | 0 | |

s2 | 6 | 6 | 5 | 4 | |

如果两个集合是以greater排序，
merge( )也必须以 greater为比较函数
（这是版本二）

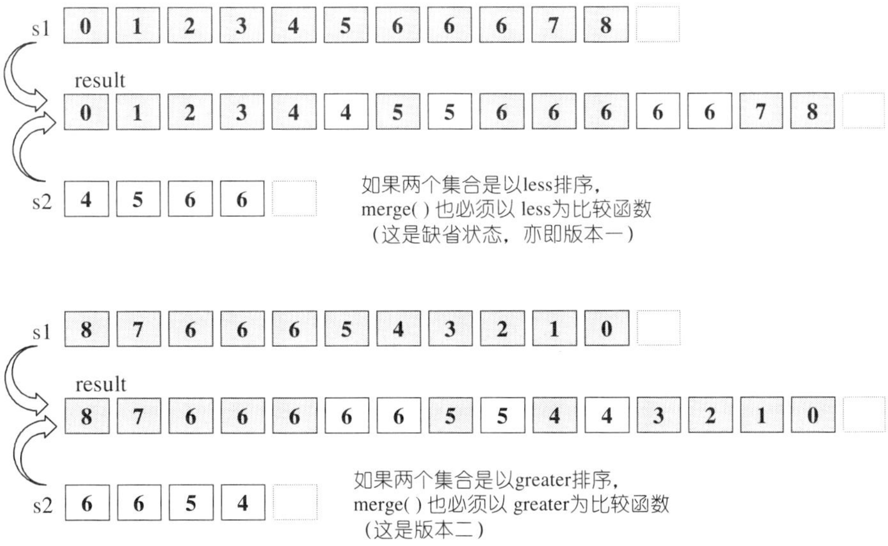

图 **6-6c** merge 算法的工作原理示意

min_element

这个算法返回一个迭代器，指向序列之中数值最小的元素。其工作原理至为简单，下面是两个版本的源代码：

```
// 版本一
template <class ForwardIterator>
ForwardIterator min_element(ForwardIterator first, ForwardIterator last) {
  if (first == last) return first;
  ForwardIterator result = first;
  while (++first != last)
    if (*first < *result) result = first; // 如果目前元素比较小，就登记起来
  return result;
}

// 版本二
template <class ForwardIterator, class Compare>
ForwardIterator min_element(ForwardIterator first, ForwardIterator last,
                            Compare comp) {
  if (first == last) return first;
  ForwardIterator result = first;
  while (++first != last)
    if (comp(*first, *result)) result = first;
  return result;
}
```

partition

partition 会将区间 [first,last) 中的元素重新排列。所有被一元条件运算 pred 判定为 true 的元素，都会被放在区间的前段，被判定为 false 的元素，都会被放在区间的后段。这个算法并不保证保留元素的原始相对位置。如果需要保留原始相对位置，应使用 stable_partition。

下面是 partition 算法的源代码。其工作原理见图 6-6d。

```
// 所有被 pred 判定为 true 的元素，都被放到前段
// 被 pred 判定为 falise 的元素，都被放到后段
// 不保证保留原相对位置。(not stable)
template <class BidirectionalIterator, class Predicate>
BidirectionalIterator partition(BidirectionalIterator first,
                                BidirectionalIterator last,
                                Predicate pred) {
  while (true) {
    while (true)
      if (first == last)              // 头指针等于尾指针
```

```
      return first;          // 所有操作结束
    else if (pred(*first))   // 头指针所指的元素符合不移动条件
      ++first;               // 不移动；头指针前进 1
    else                     // 头指针所指元素符合移动条件
      break;                 // 跳出循环
  --last;                    // 尾指针回溯 1
  while (true)
    if (first == last)       // 头指针等于尾指针
      return first;          // 所有操作结束
    else if (!pred(*last))   // 尾指针所指的元素符合不移动条件
      --last;                // 不移动；尾指针回溯 1
    else                     // 尾指针所指元素符合移动条件
      break;                 // 跳出循环
  iter_swap(first, last);    // 头尾指针所指元素彼此交换
  ++first;                   // 头指针前进 1，准备下一个外循环迭代
  }
}
```

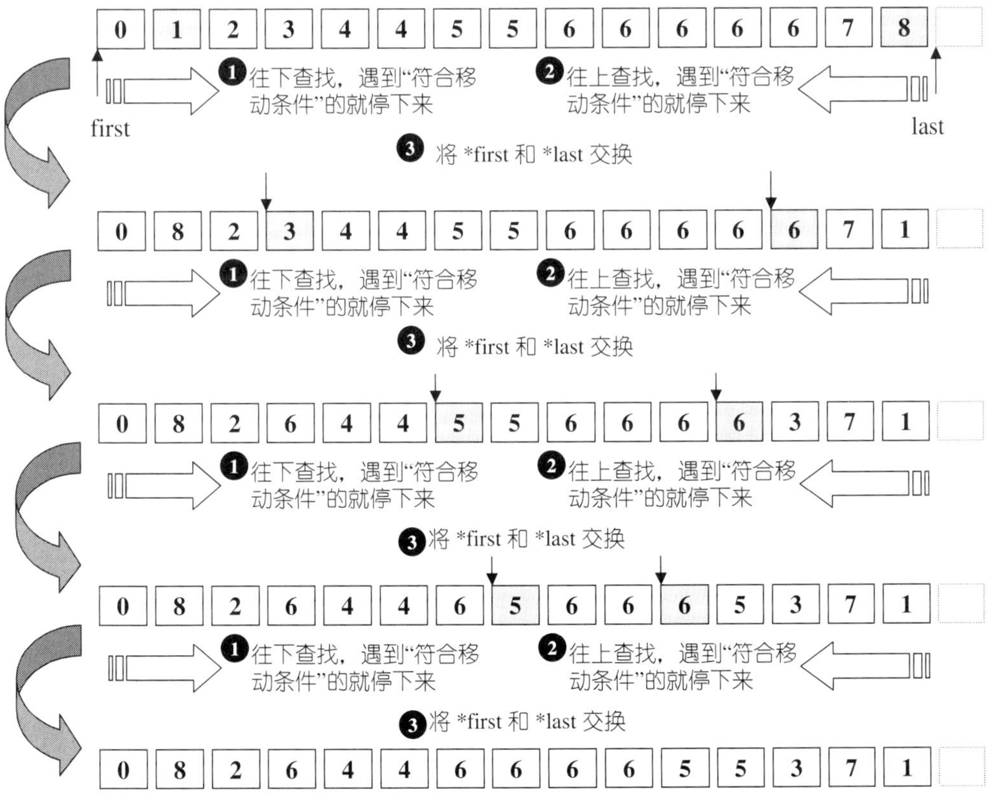

图 **6-6d** partition 算法的工作原理。本例所谓的移动条件
（亦即所选用的 pred），是一个 "判断数值是否为偶数" 的仿函数。

remove 移除（但不删除）

移除 `[first,last)` 之中所有与 `value` 相等的元素。这一算法并不真正从容器中删除那些元素（换句话说容器大小并未改变），而是将每一个不与 `value` 相等（也就是我们并不打算移除）的元素轮番赋值给 `first` 之后的空间。返回值 ForwardIterator 标示出重新整理后的最后元素的下一位置。例如序列 {0,1,0,2,0,3,0,4}，如果我们执行 `remove()`，希望移除所有 0 值元素，执行结果将是 {**1,2,3,4**,0,3,0,4}。每一个与 0 不相等的元素，1,2,3,4，分别被拷贝到第一、二、三、四个位置上。第四个位置以后不动，换句话说是第四个位置之后是这一算法留下的残余数据。返回值 ForwardIterator 指向第五个位置。如果要删除那些残余数据，可将返回的迭代器交给区间所在之容器的 `erase()` member function。注意，array 不适合使用 `remove()` 和 `remove_if()`，因为 array 无法缩小尺寸，导致残余数据永远存在。对 array 而言，较受欢迎的算法是 `remove_copy()` 和 `remove_copy_if()`。

```
template <class ForwardIterator, class T>
ForwardIterator remove(ForwardIterator first, ForwardIterator last,
                       const T& value) {
  first = find(first, last, value); // 利用循序查找法找出第一个相等元素
  ForwardIterator next = first;     // 以 next 标示出来
  // 以下利用 "remove_copy()允许新旧容器重叠" 的性质，进行移除操作
  // 并将结果指定置于原容器中
  return first == last ? first : remove_copy(++next, last, first, value);
}
```

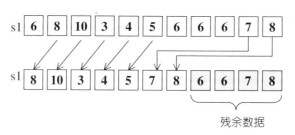

图 **6-6e** 移除（`remove`）所有数值为 6 的元素。如果运算结果置于另一个区间（而非如本图在同一个 s1 区间上）即是 `remove_copy` 算法。

稍后图 6-6f 对 `remove` 算法的程序操作另有良好的说明——尽管该图是针对更一般化的 `pred` 条件，而非本处的 "相等（equality）条件"。

remove_copy

移除 [first,last) 区间内所有与 value 相等的元素。它并不真正从容器中删除那些元素 (换句话说, 原容器没有任何改变), 而是将结果复制到一个以 result 标示起始位置的容器身上。新容器可以和原容器重叠, 但如果对新容器实际给值时, 超越了旧容器的大小, 会产生无法预期的结果。返回值 OutputIterator 指出被复制的最后元素的下一位置。

```
template <class InputIterator, class OutputIterator, class T>
OutputIterator remove_copy(InputIterator first, InputIterator last,
                           OutputIterator result, const T& value) {
  for ( ; first != last; ++first)
    if (*first != value) {        // 如果不相等
      *result = *first;           //   就赋值给新容器
      ++result;                   //   新容器前进一个位置
    }
  return result;
}
```

remove_if

移除 [first,last) 区间内所有被仿函数 pred 核定为 true 的元素。它并不真正从容器中删除那些元素 (换句话说, 容器大小并未改变, 请参考 remove())。每一个不符合 pred 条件的元素都会被轮番赋值给 first 之后的空间。返回值 ForwardIterator 标示出重新整理后的最后元素的下一位置。此算法会留有一些残余数据, 如果要删除那些残余数据, 可将返回的迭代器交给区间所在之容器的 erase() member function。注意, **array** 不适合使用 remove() 和 remove_if(), 因为 **array** 无法缩小尺寸, 导致残余数据永远存在。对 **array** 而言, 较受欢迎的算法是 remove_copy() 和 remove_copy_if()。

```
template <class ForwardIterator, class Predicate>
ForwardIterator remove_if(ForwardIterator first, ForwardIterator last,
                          Predicate pred) {
  first = find_if(first, last, pred); // 利用循序查找法找出第一个匹配者
  ForwardIterator next = first;        // 以 next 标记出来
  // 以下利用 "remove_copy_if() 允许新旧容器重叠" 的性质, 做删除操作
  // 并将结果放到原容器中
  return first == last ? first : remove_copy_if(++next, last, first, pred);
}
```

图 6-6f 对以上程序操作有良好的说明。

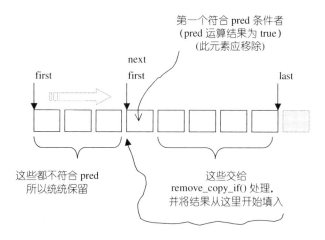

图 **6-6f** `remove_if` 操作示意

remove_copy_if

移除 [first,last] 区间内所有被仿函数 `pred` 评估为 `true` 的元素。它并不真正从容器中删除那些元素（换句话说原容器没有任何改变），而是将结果复制到一个以 `result` 标示起始位置的容器身上。新容器可以和原容器重叠，但如果针对新容器实际给值时，超越了旧容器的大小，会产生无法预期的结果。返回值 OutputIterator 指出被复制的最后元素的下一位置。

```
template <class InputIterator, class OutputIterator, class Predicate>
OutputIterator remove_copy_if(InputIterator first, InputIterator last,
                              OutputIterator result, Predicate pred) {
  for ( ; first != last; ++first)
    if (!pred(*first)) {      // 如果 pred 核定为 false,
      *result = *first;       //    就赋值给新容器（保留，不删除）
      ++result;               //    新容器前进一个位置
    }
  return result;
}
```

replace

将 [first, last) 区间内的所有 old_value 都以 new_value 取代。

```cpp
template <class ForwardIterator, class T>
void replace(ForwardIterator first, ForwardIterator last,
             const T& old_value,
             const T& new_value) {
  // 将区间内的所有 old_value 都以 new_value 取代
  for ( ; first != last; ++first)
    if (*first == old_value) *first = new_value;
}
```

replace_copy

行为与 replace() 类似，唯一不同的是新序列会被复制到 result 所指的容器中。返回值 OutputIterator 指向被复制的最后一个元素的下一位置。原序列没有任何改变。

```cpp
template <class InputIterator, class OutputIterator, class T>
OutputIterator replace_copy(InputIterator first, InputIterator last,
                            OutputIterator result, const T& old_value,
                            const T& new_value) {
  for ( ; first != last; ++first, ++result)
    // 如果旧序列上的元素等于 old_value，就放 new_value 到新序列中
    // 否则就将元素拷贝一份放进新序列中
    *result = *first == old_value ? new_value : *first;
  return result;
}
```

replace_if

将 [first, last) 区间内所有 "被 pred 评估为 true" 的元素，都以 new_value 取而代之。

```cpp
template <class ForwardIterator, class Predicate, class T>
void replace_if(ForwardIterator first, ForwardIterator last,
                Predicate pred,
                const T& new_value) {
  for ( ; first != last; ++first)
    if (pred(*first)) *first = new_value;
}
```

replace_copy_if

行为与 `replace_if()` 类似，但是新序列会被复制到 `result` 所指的区间内。
返回值 OutputIterator 指向被复制的最后一个元素的下一位置。原序列无任何改变。

```cpp
template <class Iterator, class OutputIterator, class Predicate, class T>
OutputIterator replace_copy_if(Iterator first, Iterator last,
                               OutputIterator result, Predicate pred,
                               const T& new_value) {
  for ( ; first != last; ++first, ++result)
    // 如果旧序列上的元素被 pred 评估为 true，就放 new_value 到新序列中，
    // 否则就将元素拷贝一份放进新序列中
    *result = pred(*first) ? new_value : *first;
  return result;
}
```

reverse

将序列[first,last) 的元素在原容器中颠倒重排。例如序列 {0,1,1,3,5} 颠
倒重排后为 {5,3,1,1,0}。迭代器的双向或随机定位能力，影响了这个算法的效率，
所以设计为双层架构（呵呵，老把戏了）：

```cpp
// 分派函数 (dispatch function)
template <class BidirectionalIterator>
inline void reverse(BidirectionalIterator first, BidirectionalIterator last) {
  __reverse(first, last, iterator_category(first));
}

// reverse 的 bidirectional iterator 版
template <class BidirectionalIterator>
void __reverse(BidirectionalIterator first, BidirectionalIterator last,
               bidirectional_iterator_tag) {
  while (true)
    if (first == last || first == --last)
      return;
    else
      iter_swap(first++, last);
}

// reverse 的 random access iterator 版
template <class RandomAccessIterator>
void __reverse(RandomAccessIterator first, RandomAccessIterator last,
               random_access_iterator_tag) {
  // 以下，头尾两两互换，然后头部累进一个位置，尾部累退一个位置。两者交错时即停止
  // 注意，只有 random iterators 才能做以下的 first < last 判断
  while (first < last) iter_swap(first++, --last);
}
```

reverse_copy

行为类似 reverse(),但产生出来的新序列会被置于以 result 指出的容器中。返回值 OutputIterator 指向新产生的最后元素的下一位置。原序列没有任何改变。

```
template <class BidirectionalIterator, class OutputIterator>
OutputIterator reverse_copy(BidirectionalIterator first,
                            BidirectionalIterator last,
                            OutputIterator result) {
  while (first != last) {   // 整个序列走一遍
    --last;                 // 尾端前移一个位置
    *result = *last;        // 将尾端所指元素复制到 result 所指位置
    ++result;               // result 前进一个位置
  }
  return result;
}
```

rotate

将[first,middle)内的元素和 [middle,last)内的元素互换。middle 所指的元素会成为容器的第一个元素。如果有个数字序列 {1,2,3,4,5,6,7},对元素 3 做旋转操作,会形成{3,4,5,6,7,1,2}。看起来这和 swap_ranges() 功能颇为近似,但swap_ranges() 只能交换两个长度相同的区间,rotate()可以交换两个长度不同的区间,如图 6-6g 所示。

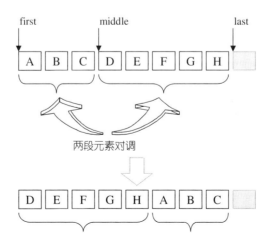

图 **6-6g** rotate 操作示意

迭代器的移动能力，影响了这个算法的效率，所以设计为双层架构（呵呵，老把戏）：

```
// 分派函数 (dispatch function)
template <class ForwardIterator>
inline void rotate(ForwardIterator first, ForwardIterator middle,
                   ForwardIterator last) {
  if (first == middle || middle == last) return;
  __rotate(first, middle, last, distance_type(first),
           iterator_category(first));
}
```

　　下面是根据不同的迭代器类型而完成的三个旋转操作：

```
// rotate 的 forward iterator 版，操作示意如图 6-6h
template <class ForwardIterator, class Distance>
void __rotate(ForwardIterator first, ForwardIterator middle,
              ForwardIterator last, Distance*, forward_iterator_tag) {
  for (ForwardIterator i = middle; ;) {
    iter_swap(first, i);      // 前段、后段的元素一一交换
    ++first;                  // 双双前进 1
    ++i;
    // 以下判断是前段[first, middle)先结束还是后段[middle,last)先结束
    if (first == middle) {    // 前段结束了
      if (i == last) return;  // 如果后段同时也结束，整个就结束了
      middle = i;             // 否则调整，对新的前、后段再作交换
    }
    else if (i == last)       // 后段先结束
      i = middle;             // 调整，准备对新的前、后段再作交换
  }
}
```

```
// rotate 的 bidirectional iterator 版，操作示意如图 6-6i。
template <class BidirectionalIterator, class Distance>
void __rotate(BidirectionalIterator first, BidirectionalIterator middle,
              BidirectionalIterator last, Distance*,
              bidirectional_iterator_tag) {
  reverse(first, middle);
  reverse(middle, last);
  reverse(first, last);
}
```

```
// rotate 的 random access iterator 版
template <class RandomAccessIterator, class Distance>
void __rotate(RandomAccessIterator first, RandomAccessIterator middle,
              RandomAccessIterator last, Distance*,
              random_access_iterator_tag) {
  // 以下迭代器的相减操作，只适用于 random access iterators
  // 取全长和前段长度的最大公因子
```

```
    Distance n = __gcd(last - first, middle - first);
    while (n--)
      __rotate_cycle(first, last, first + n, middle - first,
                     value_type(first));
  }
```

```
// 最大公因子，利用辗转相除法
// __gcd() 应用于 __rotate() 的 random access iterator 版
template <class EuclideanRingElement>
EuclideanRingElement __gcd(EuclideanRingElement m, EuclideanRingElement n)
{
  while (n != 0) {
    EuclideanRingElement t = m % n;
    m = n;
    n = t;
  }
  return m;
}
```

```
template <class RandomAccessIterator, class Distance, class T>
void __rotate_cycle(RandomAccessIterator first, RandomAccessIterator last,
                    RandomAccessIterator initial, Distance shift, T*) {
  T value = *initial;
  RandomAccessIterator ptr1 = initial;
  RandomAccessIterator ptr2 = ptr1 + shift;
  while (ptr2 != initial) {
    *ptr1 = *ptr2;
    ptr1 = ptr2;
    if (last - ptr2 > shift)
      ptr2 += shift;
    else
      ptr2 = first + (shift - (last - ptr2));
  }
  *ptr1 = value;
}
```

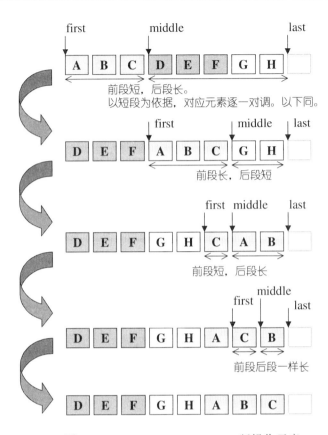

图 **6-6h** `rotate` forward iterator 版操作示意

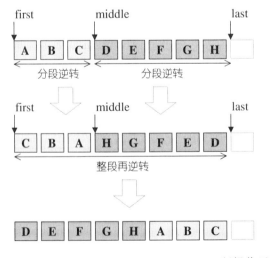

图 **6-6i** `rotate` bidirectional iterator 版操作示意

rotate_copy

　　行为类似 `rotate()`，但产生出来的新序列会被置于 `result` 所指出的容器中。返回值 OutputIterator 指向新产生的最后元素的下一位置。原序列没有任何改变。

　　由于它不需要就地（in-place）在原容器中调整内容，实现上也就简单得多。旋转操作其实只是两段元素彼此交换，所以只要先把后段复制到新容器的前端，再把前段接续复制到新容器，即可。

```
template <class ForwardIterator, class OutputIterator>
OutputIterator rotate_copy(ForwardIterator first, ForwardIterator middle,
                           ForwardIterator last, OutputIterator result) {
  return copy(first, middle, copy(middle, last, result));
}
```

search

　　在序列一 `[first1,last1)` 所涵盖的区间中，查找序列二 `[first2,last2)` 的首次出现点。如果序列一内不存在与序列二完全匹配的子序列，便返回迭代器 last1。版本一使用元素型别所提供的 equality 操作符，版本二允许用户指定某个二元运算（以仿函数呈现），作为判断相等与否的依据。以下只列出版本一的源代码。

```
// 查找子序列首次出现地点
// 版本一
template <class ForwardIterator1, class ForwardIterator2>
inline ForwardIterator1 search(ForwardIterator1 first1,
                               ForwardIterator1 last1,
                               ForwardIterator2 first2,
                               ForwardIterator2 last2)
{
  return __search(first1, last1, first2, last2, distance_type(first1),
             distance_type(first2));
}

template <class ForwardIterator1, class ForwardIterator2, class Distance1,
          class Distance2>
ForwardIterator1 __search(ForwardIterator1 first1, ForwardIterator1 last1,
                          ForwardIterator2 first2, ForwardIterator2 last2,
                          Distance1*, Distance2*) {
  Distance1 d1 = 0;
  distance(first1, last1, d1);
  Distance2 d2 = 0;
  distance(first2, last2, d2);
```

```
   if (d1 < d2) return last1;  // 如果第二序列大于第一序列, 不可能成为其子序列

   ForwardIterator1 current1 = first1;
   ForwardIterator2 current2 = first2;

   while (current2 != last2)        // 遍历整个第二序列
     if (*current1 == *current2) {  // 如果这个元素相同
       ++current1;                  // 调整, 以便比对下一个元素
       ++current2;
     }
     else {                         // 如果这个元素不等
       if (d1 == d2)                //    如果两序列一样长
         return last1;              //    表示不可能成功了
       else {                       // 两序列不一样长 (至此肯定是序列一大于序列二)
         current1 = ++first1;       //    调整第一序列的标兵,
         current2 = first2;         //    准备在新起点上再找一次
         --d1;                      // 已经排除了序列一的一个元素, 所以序列一的长度要减 1
       }
     }
   return first1;
 }
```

search_n

在序列 `[first,last)` 所涵盖的区间中, 查找 “连续 count 个符合条件之元素” 所形成的子序列, 并返回一个迭代器指向该子序列起始处。如果找不到这样的子序列, 就返回迭代器 `last`。上述所谓的 “某条件”, 在 search_n 版本一指的是相等条件 “equality”, 在 search_n 版本二指的是用户指定的某个二元运算（以仿函数呈现）。

例如, 面对序列 {10, 8, 8, 7, 2, 8, 7, 2, 2, 8, 7, 0}, 查找 “连续两个 8”所形成的子序列起点, 可以这么写:

```
iter1 = search_n(iv.begin(), iv.end(), 2, 8);
```

查找 “连续三个小于 8 的元素”所形成的子序列起点, 可以这么写:

```
iter2 = search_n(iv.begin(), iv.end(), 3, 8, less<int>());
```

图 6-6j 展示其执行结果。

图 **6-6j** search_n 能够找出 "符合某条件之连续 n 个元素" 的起始点

下面是 search_n 的源代码，其工作原理如图 6-6k 所示。

```cpp
// 版本一
// 查找 "元素 value 连续出现 count 次" 所形成的那个子序列，返回其发生位置
template <class ForwardIterator, class Integer, class T>
ForwardIterator search_n(ForwardIterator first,
                         ForwardIterator last,
                         Integer count, const T& value) {
  if (count <= 0)
    return first;
  else {
    first = find(first, last, value); // 首先找出 value 第一次出现点
    while (first != last) {              // 继续查找余下元素
      Integer n = count - 1;            // value 还应出现 n 次
      ForwardIterator i = first;        // 从上次出现点接下去查找
      ++i;
      while (i != last && n != 0 && *i == value) { // 下个元素是 value, good.
        ++i;
        --n;                            // 既然找到了，"value 应再出现次数" 便可减 1
      }                                 // 回到内循环内继续查找
      if (n == 0)        // n==0 表示确实找到了 "元素值出现 n 次" 的子序列。功德圆满
        return first;
      else               // 功德尚未圆满…
        first = find(i, last, value); // 找 value 的下一个出现点，并准备回到外循环
    }
    return last;
  }
}

// 版本二
// 查找 "连续 count 个元素皆满足指定条件" 所形成的那个子序列的起点，返回其发生位置
template <class ForwardIterator, class Integer, class T,
         class BinaryPredicate>
ForwardIterator search_n(ForwardIterator first,
                         ForwardIterator last,
                         Integer count, const T& value,
                         BinaryPredicate binary_pred) {
  if (count <= 0)
    return first;
  else {
```

```
  while (first != last) {
    if (binary_pred(*first, value)) break; // 首先找出第一个符合条件的元素
    ++first;                                        // 找到就离开
  }
  while (first != last) {                  // 继续查找余下元素
    Integer n = count - 1;                 // 还应有 n 个连续元素符合条件
    ForwardIterator i = first;             // 从上次出现点接下去查找
    ++i;
    // 以下循环确定接下来 count-1 个元素是否都符合条件
    while (i != last && n != 0 && binary_pred(*i, value)) {
      ++i;
      --n;   // 既然这个元素符合条件，"应符合条件的元素个数"便可减 1
    }
    if (n == 0) // n==0 表示确实找到了 count 个符合条件的元素。功德圆满
      return first;
    else {          // 功德尚未圆满…
      while (i != last) {
        if (binary_pred(*i, value)) break;    // 查找下一个符合条件的元素
        ++i;
      }
      first = i;                               // 准备回到外循环
    }
  }
  return last;
}
}
```

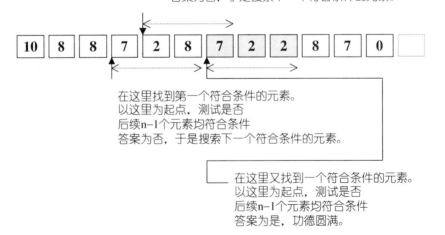

图 **6-6k**　search_n 的工作原理。

题目：查找 "连续 n 个小于 8 的元素" 所形成的子序列起点。本例 n==3。

swap_ranges

将 [first1,last1) 区间内的元素与 "从 first2 开始、个数相同" 的元素
互相交换。这两个序列可位于同一容器中，也可位于不同的容器中。如果第二序列
的长度小于第一序列，或是两序列在同一容器中且彼此重叠，执行结果未可预期。
此算法返回一个迭代器，指向第二序列中的最后一个被交换元素的下一位置。

```
// 将两段等长区间内的元素互换
template <class ForwardIterator1, class ForwardIterator2>
ForwardIterator2 swap_ranges(ForwardIterator1 first1,
                             ForwardIterator1 last1,
                             ForwardIterator2 first2) {
  for ( ; first1 != last1; ++first1, ++first2)
    iter_swap(first1, first2);
  return first2;
}
```

transform

tranform() 的第一版本以仿函数 op 作用于 [first,last) 中的每一个元
素身上，并以其结果产生出一个新序列。第二版本以仿函数 binary_op 作用于一双
元素身上（其中一个元素来自 [first1,last)，另一个元素来自 "从 first2 开
始的序列"），并以其结果产生出一个新序列。如果第二序列的元素少于第一序列，
执行结果未可预期。

transform() 的两个版本都把执行结果放进迭代器 result 所标示的容器中。
result 也可以指向源端容器，那么 transform() 的运算结果就会取代该容器内
的元素。返回值 OutputIterator 将指向结果序列的最后元素的下一位置。

```
// 版本一
template <class InputIterator, class OutputIterator, class UnaryOperation>
OutputIterator transform(InputIterator first, InputIterator last,
                         OutputIterator result, UnaryOperation op) {
  for ( ; first != last; ++first, ++result)
    *result = op(*first);
  return result;
}

// 版本二
template <class InputIterator1, class InputIterator2, class OutputIterator,
          class BinaryOperation>
OutputIterator transform(InputIterator1 first1, InputIterator1 last1,
```

```
                              InputIterator2 first2, OutputIterator result,
                              BinaryOperation binary_op) {
  for ( ; first1 != last1; ++first1, ++first2, ++result)
    *result = binary_op(*first1, *first2);
  return result;
}
```

unique

算法 unique 能够移除（*remove*）重复的元素。每当在 [first,last] 内遇有重复元素群，它便移除该元素群中第一个以后的所有元素。注意，unique 只移除相邻的重复元素，如果你想要移除所有（包括不相邻的）重复元素，必须先将序列排序，使所有重复元素都相邻。

unique 会返回一个迭代器指向新区间的尾端，新区间之内不含相邻的重复元素。这个算法是稳定的（*stable*），亦即所有保留下来的元素，其原始相对次序不变。

事实上 unique 并不会改变 [first,last) 的元素个数，有一些残余数据会留下来，如图 6-6L 所示。情况类似 remove 算法，请参考先前对 remove 的讨论。

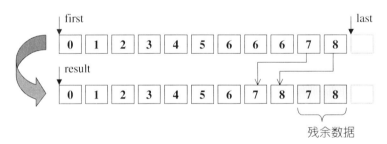

图 **6-6L**   unique 算法可能产生一些残余数据。可以 erase 函数去除。
            注意，如果上图的 result 即为 first，便表示 unique 算法，
            如果上图的 result 不等于 first，便表示 unique_copy 算法。

unique 有两个版本，因为所谓 "相邻元素是否重复" 可有不同的定义。第一版本使用简单的相等（equality）测试，第二版本使用一个 Binary Predicate binary_pred 做为测试准则。以下只列出第一版本的源代码，其中所有操作其实是借助 unique_copy 完成。

```
// 版本一
template <class ForwardIterator>
ForwardIterator unique(ForwardIterator first, ForwardIterator last) {
  first = adjacent_find(first, last);           // 首先找到相邻重复元素的起点
  return unique_copy(first, last, first);       // 利用 unique_copy 完成
}
```

unique_copy

算法 unique_copy 可从 [first,last) 中将元素复制到以 result 开头的区间上；如果面对相邻重复元素群，只会复制其中第一个元素。返回的迭代器指向以 result 开头的区间的尾端。

与其它名为 *_copy 的算法一样，unique_copy 乃是 unique 的一个复制式版本，所以它的特性与 unique 完全相同（请参考图 6-6L），只不过是将结果输出到另一个区间而已。

unique_copy 有两个版本，因为所谓 "相邻元素是否重复" 可有不同的定义。第一版本使用简单的相等（equality）测试，第二版本使用一个 Binary Predicate binary_pred 作为测试准则。以下只列出第一版本的源代码。

```
// 版本一
template <class InputIterator, class OutputIterator>
inline OutputIterator unique_copy(InputIterator first,
                                  InputIterator last,
                                  OutputIterator result) {
  if (first == last) return result;
  // 以下，根据 result 的 iterator category，做不同的处理
  return __unique_copy(first, last, result, iterator_category(result));
}

// 版本一辅助函数，forward_iterator_tag 版
template <class InputIterator, class ForwardIterator>
ForwardIterator __unique_copy(InputIterator first,
                              InputIterator last,
                              ForwardIterator result,
                              forward_iterator_tag) {
  *result = *first;                   // 记录第一个元素
  while (++first != last)             // 遍历整个区间
  // 以下，元素不同，就记录，否则（元素相同），就跳过
    if (*result != *first) *++result = *first;
  return ++result;
}
```

```
// 版本一辅助函数，output_iterator_tag 版
template <class InputIterator, class OutputIterator>
inline OutputIterator __unique_copy(InputIterator first,
                                    InputIterator last,
                                    OutputIterator result,
                                    output_iterator_tag) {
  // 以下，output iterator 有一些功能限制，所以必须先知道其 value type.
  return __unique_copy(first, last, result, value_type(first));
}

// 由于 output iterator 为 write only，无法像 forward iterator 那般可以读取
// 所以不能有类似 *result != *first 这样的判断操作，所以才需要设计这一版本
// 例如 ostream_iterator 就是一个 output iterator.
template <class InputIterator, class OutputIterator, class T>
OutputIterator __unique_copy(InputIterator first, InputIterator last,
                             OutputIterator result, T*) {
  // T 为 output iterator 的 value type
  T value = *first;
  *result = value;
  while (++first != last)
    if (value != *first) {
      value = *first;
      *++result = value;
    }
  return ++result;
}
```

* *

接下来各小节（6.7.2~6.7.12）所介绍的算法，工作原理比较复杂。下面是各个
算法的运用实例：

```
// file: 6-7-n.cpp
// gcc291[x] cb4[o] vc6[o]
// gcc291 不接受 random_shuffle()。见 6.7.7 节详述
#include <algorithm>
#include <vector>
#include <functional>
#include <iostream>
using namespace std;

struct even {                    // 这是一个仿函数。请参考 1.9.6 节与第 7 章
  bool operator()(int x) const
    { return x%2 ? false : true; }
};
```

```
int main()
{
  int ia[] = { 12,17,20,22,23,30,33,40 };
  vector<int> iv(ia, ia+sizeof(ia)/sizeof(int));

  cout << *lower_bound(iv.begin(), iv.end(), 21) << endl;  // 22
  cout << *upper_bound(iv.begin(), iv.end(), 21) << endl;  // 22
  cout << *lower_bound(iv.begin(), iv.end(), 22) << endl;  // 22
  cout << *upper_bound(iv.begin(), iv.end(), 22) << endl;  // 23

  // 面对有序区间（sorted range），可以二分查找法寻找某个元素
  cout << binary_search(iv.begin(), iv.end(), 33) << endl;  // 1 (true)
  cout << binary_search(iv.begin(), iv.end(), 34) << endl;  // 0 (false)

  // 下一个排列组合
  next_permutation(iv.begin(), iv.end());
  copy(iv.begin(), iv.end(), ostream_iterator<int>(cout, " "));
  cout << endl;
  // 12 17 20 22 23 30 40 33

  // 上一个排列组合
  prev_permutation(iv.begin(), iv.end());
  copy(iv.begin(), iv.end(), ostream_iterator<int>(cout, " "));
  cout << endl;
  // 12 17 20 22 23 30 33 40

  // 随机重排
  random_shuffle(iv.begin(), iv.end());
  copy(iv.begin(), iv.end(), ostream_iterator<int>(cout, " "));
  cout << endl;
  // 33 12 30 20 17 23 22 40

  // 将 iv.begin()+4 - iv.begin() 个元素排序，放进
  // [iv.begin(), iv.begin()+4) 区间内。剩余元素不保证维持原相对次序
  partial_sort(iv.begin(), iv.begin()+4, iv.end());
  copy(iv.begin(), iv.end(), ostream_iterator<int>(cout, " "));
  cout << endl;
  // 12 17 20 22 33 30 23 40

  // 排序（缺省为递增排序）
  sort(iv.begin(), iv.end());
  copy(iv.begin(), iv.end(), ostream_iterator<int>(cout, " "));
  cout << endl;
  // 12 17 20 22 23 30 33 40

  // 排序（指定为递减排序）
  sort(iv.begin(), iv.end(), greater<int>());
  copy(iv.begin(), iv.end(), ostream_iterator<int>(cout, " "));
  cout << endl;
```

```
// 40 33 30 23 22 20 17 12

// 在 iv 尾端附加新元素，使成为 40 33 30 23 22 20 17 12 22 30 17
iv.push_back(22);
iv.push_back(30);
iv.push_back(17);

// 排序，并保持 "原相对位置"
stable_sort(iv.begin(), iv.end());
copy(iv.begin(), iv.end(), ostream_iterator<int>(cout, " "));
cout << endl;
// 12 17 17 20 22 22 23 30 30 33 40

// 面对一个有序区间，找出其中的一个子区间，其内每个元素都与某特定元素值相同；
// 返回该子区间的头尾迭代器
// 如果没有这样的子区间，返回的头尾迭代器均指向该特定元素可插入
// （并仍保持排序）的地点
pair<vector<int>::iterator, vector<int>::iterator> pairIte;
pairIte = equal_range(iv.begin(), iv.end(), 22);
cout << *(pairIte.first) << endl;      // 22  (lower_bound)
cout << *(pairIte.second) << endl;     // 23  (upper_bound)

pairIte = equal_range(iv.begin(), iv.end(), 25);
cout << *(pairIte.first) << endl;      // 30 (lower_bound)
cout << *(pairIte.second) << endl;     // 30 (upper_bound)

random_shuffle(iv.begin(), iv.end());
copy(iv.begin(), iv.end(), ostream_iterator<int>(cout, " "));
cout << endl; // 22 30 30 17 33 40 17 23 22 12 20

// 将小于 *(iv.begin()+5) （本例为 40）的元素置于该元素之左
// 其余置于该元素之右。不保证维持原有的相对位置
nth_element(iv.begin(), iv.begin()+5, iv.end());
copy(iv.begin(), iv.end(), ostream_iterator<int>(cout, " "));
cout << endl; // 20 12 22 17 17 22 23 30 30 33 40

// 将大于 *(iv.begin()+5) （本例为 22）的元素置于该元素之左
// 其余置于该元素之右。不保证维持原有的相对位置
nth_element(iv.begin(), iv.begin()+5, iv.end(), greater<int>());
copy(iv.begin(), iv.end(), ostream_iterator<int>(cout, " "));
cout << endl; // 40 33 30 30 23 22 17 17 22 12 20

// 以 "是否符合 even()条件" 为依据，将符合者置于左段，不符合者置于右段
//保证维持原有的相对位置。如不需要 "维持原有的相对位置"，可改用 partition()
stable_partition(iv.begin(), iv.end(), even());
copy(iv.begin(), iv.end(), ostream_iterator<int>(cout, " "));
cout << endl; // 40 30 30 22 22 12 20 33 23 17 17
}
```

6.7.2 lower_bound（应用于有序区间）

这是二分查找（binary search）的一种版本，试图在已排序的[first,last)中寻找元素 value。如果[first,last)具有与 value 相等的元素(s)，便返回一个迭代器，指向其中第一个元素。如果没有这样的元素存在，便返回 "假设这样的元素存在时应该出现的位置"。也就是说，它会返回一个迭代器，指向第一个 "不小于 value"的元素。如果 value 大于 [first,last) 内的任何一个元素，则返回 last。以稍许不同的观点来看 lower_bound，其返回值是 "在不破坏排序状态的原则下，可插入 value 的第一个位置"。见图 6-7。

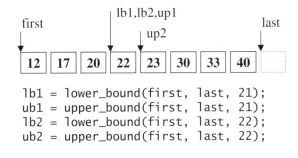

图 **6-7** lower_bound 和 upper_bound

这个算法有两个版本，版本一采用 operator< 进行比较，版本二采用仿函数 comp。更正式地说，版本一返回 [first,last) 中最远的迭代器 i，使得 [first,i) 中的每个迭代器 j 都满足 *j < value。版本二返回 [first,last) 中最远的迭代器 i，使 [first,i) 中的每个迭代器 j 都满足 "comp(*j, value) 为真"。

```
// 版本一
template <class ForwardIterator, class T>
inline ForwardIterator lower_bound(ForwardIterator first,
                                   ForwardIterator last,
                                   const T& value) {
  return __lower_bound(first, last, value, distance_type(first),
                       iterator_category(first));
}

// 版本二
template <class ForwardIterator, class T, class Compare>
inline ForwardIterator lower_bound(ForwardIterator first,
```

```
                                        ForwardIterator last,
                                        const T& value, Compare comp) {
    return __lower_bound(first, last, value, comp, distance_type(first),
                         iterator_category(first));
}
```

下面是版本一的两个辅助函数。版本二的辅助函数极为类似，就不列出了。

```
// 版本一的 forward_iterator 版本
template <class ForwardIterator, class T, class Distance>
ForwardIterator __lower_bound(ForwardIterator first,
                              ForwardIterator last,
                              const T& value,
                              Distance*,
                              forward_iterator_tag) {
  Distance len = 0;
  distance(first, last, len);     // 求取整个区间的长度 len
  Distance half;
  ForwardIterator middle;

  while (len > 0) {
    half = len >> 1;              // 除以 2
    middle = first;               // 这两行令 middle 指向中间位置
    advance(middle, half);
    if (*middle < value) {        // 如果中间位置的元素值 < 标的值
      first = middle;             // 这两行令 first 指向 middle 的下一位置
      ++first;
      len = len - half - 1;       // 修正 len，回头测试循环的结束条件
    }
    else
      len = half;                 // 修正 len，回头测试循环的结束条件
  }
  return first;
}

// 版本一的 random_access_iterator 版本
template <class RandomAccessIterator, class T, class Distance>
RandomAccessIterator __lower_bound(RandomAccessIterator first,
                                   RandomAccessIterator last,
                                   const T& value,
                                   Distance*,
                                   random_access_iterator_tag) {
  Distance len = last - first;    // 求取整个区间的长度 len
  Distance half;
  RandomAccessIterator middle;

  while (len > 0) {
    half = len >> 1;              // 除以 2
    middle = first + half;        // 令 middle 指向中间位置（r-a-i 才能如此）
```

```
    if (*middle < value) {        // 如果中间位置的元素值 < 目标值
      first = middle + 1;         // 令 first 指向 middle 的下一位置
      len = len - half - 1;       // 修正 len,回头测试循环的结束条件
    }
    else
      len = half;                 // 修正 len,回头测试循环的结束条件
  }
  return first;
}
```

6.7.3　upper_bound（应用于有序区间）

　　算法 upper_bound 是二分查找（binary search）法的一个版本。它试图在已排序的[first,last) 中寻找 value。更明确地说,它会返回 "在不破坏顺序的情况下,可插入 value 的最后一个合适位置"。见图 6-7。

　　由于 STL 规范 "区间圈定" 时的起头和结尾并不对称 (是的,[first,last) 包含 first 但不包含 last),所以 upper_bound 与 lower_bound 的返回值意义大有不同。如果你查找某值,而它的确出现在区间之内,则 lower_bound 返回的是一个指向该元素的迭代器。然而 upper_bound 不这么做。因为 upper_bound 所返回的是在不破坏排序状态的情况下,value 可被插入的 "最后一个" 合适位置。如果 value 存在,那么它返回的迭代器将指向 value 的下一位置,而非指向 value 本身。

　　upper_bound 有两个版本,版本一采用 operator< 进行比较,版本二采用仿函数 comp。更正式地说,版本一返回 [first,last) 区间内最远的迭代器 i,使 [first,i) 内的每个迭代器 j 都满足 "value < *j 不为真"。版本二返回 [first,last) 区间内最远的迭代器 i,使 [first,i) 中的每个迭代器 j 都满足 "comp(value, *j) 不为真"。

```
// 版本一
template <class ForwardIterator, class T>
inline ForwardIterator upper_bound(ForwardIterator first,
                                   ForwardIterator last,
                                   const T& value) {
  return __upper_bound(first, last, value, distance_type(first),
                       iterator_category(first));
}
```

```
// 版本二
template <class ForwardIterator, class T, class Compare>
inline ForwardIterator upper_bound(ForwardIterator first,
                                    ForwardIterator last,
                                    const T& value, Compare comp) {
  return __upper_bound(first, last, value, comp, distance_type(first),
                       iterator_category(first));
}
```

　　下面是版本一的两个辅助函数。版本二的辅助函数极为类似，我就不列出了。

```
// 版本一的 forward_iterator 版本
template <class ForwardIterator, class T, class Distance>
ForwardIterator __upper_bound(ForwardIterator first,
                              ForwardIterator last,
                              const T& value, Distance*,
                              forward_iterator_tag) {
  Distance len = 0;
  distance(first, last, len);    // 求取整个区间的长度 len
  Distance half;
  ForwardIterator middle;

  while (len > 0) {
    half = len >> 1;              // 除以 2
    middle = first;               // 这两行令 middle 指向中间位置
    advance(middle, half);
    if (value < *middle)          // 如果中间位置的元素值 > 标的值
      len = half;                 // 修正 len，回头测试循环的结束条件
    else {
      first = middle;             // 这两行令 first 指向 middle 的下一位置
      ++first;
      len = len - half - 1;       // 修正 len，回头测试循环的结束条件
    }
  }
  return first;
}

// 版本一的 random_access_iterator 版本
template <class RandomAccessIterator, class T, class Distance>
RandomAccessIterator __upper_bound(RandomAccessIterator first,
                                   RandomAccessIterator last,
                                   const T& value, Distance*,
                                   random_access_iterator_tag) {
  Distance len = last - first;  // 求取整个区间的长度 len
  Distance half;
  RandomAccessIterator middle;

  while (len > 0) {
    half = len >> 1;                // 除以 2
```

```
    middle = first + half;        // 令 middle 指向中间位置
    if (value < *middle)          // 如果中间位置的元素值 > 目标值
      len = half;                 // 修正 len, 回头测试循环的结束条件
    else {
      first = middle + 1;         // 令 first 指向 middle 的下一位置
      len = len - half - 1;       // 修正 len, 回头测试循环的结束条件
    }
  }
  return first;
}
```

6.7.4 binary_search （应用于有序区间）

算法 binary_search 是一种二分查找法，试图在已排序的 [first,last) 中寻找元素 value。如果 [first,last) 内有等同于 value 的元素，便返回 true，否则返回 false。

返回单纯的 bool 或许不能满足你，前面所介绍的 lower_bound 和 upper_bound 能够提供额外的信息。事实上 binary_search 便是利用 lower_bound 先找出"假设 value 存在的话，应该出现的位置"，然后再对比该位置上的值是否为我们所要查找的目标，并返回对比结果。

binary_search 的第一版本采用 operator< 进行比较，第二版本采用仿函数 comp 进行比较。

正式地说，当且仅当（*if and only if*）[first,last) 中存在一个迭代器 i 使得 "*i < value 和 value < *i 皆不为真"，则第一版本返回 true。当且仅当在 [first,last) 中存在一个迭代器 i 使得 "comp(*i,value) 和 comp(value,*i) 皆不为真"，则第二版本返回 true。

```
// 版本一
template <class ForwardIterator, class T>
bool binary_search(ForwardIterator first, ForwardIterator last,
                   const T& value) {
  ForwardIterator i = lower_bound(first, last, value);
  return i != last && !(value < *i);
}

// 版本二
```

```
template <class ForwardIterator, class T, class Compare>
bool binary_search(ForwardIterator first, ForwardIterator last,
                   const T& value, Compare comp) {
  ForwardIterator i = lower_bound(first, last, value, comp);
  return i != last && !comp(value, *i);
}
```

6.7.5　next_permutation

　　STL 提供了两个用来计算排列组合关系的算法，分别是 next_permucation 和 prev_permutation。首先我们必须了解什么是"下一个"排列组合，什么是"前一个"排列组合。考虑三个字符所组成的序列 {a,b,c}。这个序列有六个可能的排列组合：abc, acb, bac, bca, cab, cba。这些排列组合根据 less-than 操作符做字典顺序（lexicographical）的排序。也就是说，abc 名列第一，因为每一个元素都小于其后的元素。acb 是次一个排列组合，因为它是固定了 a（序列内最小元素）之后所做的新组合。同样道理，那些固定 b（序列内次小元素）而做的排列组合，在次序上将先于那些固定 c 而做的排列组合。以 bac 和 bca 为例，bac 在 bca 之前，因为序列 ac 小于序列 ca。面对 bca，我们可以说其前一个排列组合是 bac，而其后一个排列组合是 cab。序列 abc 没有 "前一个"排列组合，cba 没有 "后一个"排列组合。

　　next_permutation() 会取得 [first,last) 所标示之序列的下一个排列组合。如果没有下一个排列组合，便返回 false；否则返回 true。

　　这个算法有两个版本。版本一使用元素型别所提供的 less-than 操作符来决定下一个排列组合，版本二则是以仿函数 comp 来决定。

　　稍后即将出现的实现，简述如下，符号表示如图 6-8 所示。首先，从最尾端开始往前寻找两个相邻元素，令第一元素为 *i，第二元素为 *ii，且满足 *i<*ii。找到这样一组相邻元素后，再从最尾端开始往前检验，找出第一个大于 *i 的元素，令为 *j，将 i,j 元素对调，再将 ii 之后的所有元素颠倒排列。此即所求之 "下一个"排列组合。

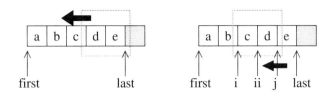

图 **6-8** `next_permutation` 算法的实现细节符号表示

举个实例，假设我手上有序列 {0,1,2,3,4}，图 6-9 便是套用上述演算法则，一步一步获得的 "下一个" 排列组合。图中只框出那符合 "第一元素为 *i，第二元素为 *ii，且满足 *i < *ii" 的相邻两元素，至于寻找适当的 j、对调、逆转等操作并未显示出。

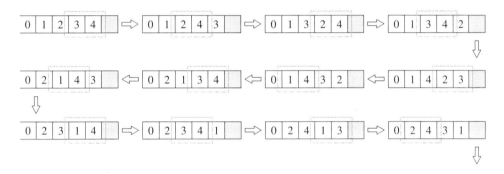

图 **6-9** `next_permutation` 算法 实例演练

以下便是版本一的实现细节。版本二相当类似，我就不列出来了。

```cpp
// 版本一
template <class BidirectionalIterator>
bool next_permutation(BidirectionalIterator first,
                      BidirectionalIterator last) {
  if (first == last) return false;   // 空区间
  BidirectionalIterator i = first;
  ++i;
  if (i == last) return false;       // 只有一个元素
  i = last;   // i 指向尾端
  --i;

  for(;;) {
    BidirectionalIterator ii = i;
    --i;
```

```
      // 以上，锁定一组（两个）相邻元素
      if (*i < *ii) {      // 如果前一个元素小于后一个元素
        BidirectionalIterator j = last;      // 令 j 指向尾端
        while (!(*i < *--j));      // 由尾端往前找，直到遇上比 *i 大的元素
        iter_swap(i, j);      // 交换 i, j
        reverse(ii, last);      // 将 ii 之后的元素全部逆向重排
        return true;
      }
      if (i == first) {      // 进行至最前面了
        reverse(first, last);      // 全部逆向重排
        return false;
      }
    }
}
```

6.7.6 prev_permutation

所谓"前一个"排列组合，其意义已在上一节阐述。实际做法简述如下，其中所用的符号如图 6-8 所示。首先，从最尾端开始往前寻找两个相邻元素，令第一元素为 *i，第二元素为 *ii，且满足 *i > *ii。找到这样一组相邻元素后，再从最尾端开始往前检验，找出第一个小于 *i 的元素，令为 *j，将 i, j 元素对调，再将 ii 之后的所有元素颠倒排列。此即所求之"前一个"排列组合。

举个实例，假设我手上有序列 {4,3,2,1,0}，图 6-10 便是套用上述演算法则，一步一步获得的"前一个"排列组合。图中只框出那符合"第一元素为 *i，第二元素为 *ii，且满足 *i > *ii"的相邻两元素，至于寻找适当的 j、对调、逆转等操作并未显示出。

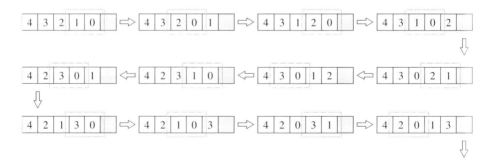

图 **6-10** prev_permutation 算法 实例演练

以下便是版本一的实现细节。版本二非常类似，我就不列出来了。

```
// 版本一
template <class BidirectionalIterator>
bool prev_permutation(BidirectionalIterator first,
                      BidirectionalIterator last) {
  if (first == last) return false;   // 空区间
  BidirectionalIterator i = first;
  ++i;
  if (i == last) return false;       // 只有一个元素
  i = last;  // i 指向尾端
  --i;

  for(;;) {
    BidirectionalIterator ii = i;
    --i;
    // 以上，锁定一组（两个）相邻元素
    if (*ii < *i) {     // 如果前一个元素大于后一个元素
      BidirectionalIterator j = last;      // 令 j 指向尾端
      while (!(*--j < *i));         // 由尾端往前找，直到遇上比 *i 小的元素
      iter_swap(i, j);             // 交换 i, j
      reverse(ii, last);          // 将 ii 之后的元素全部逆向重排
      return true;
    }
    if (i == first) {             // 进行至最前面了
      reverse(first, last);       // 全部逆向重排
      return false;
    }
  }
}
```

6.7.7 random_shuffle

这个算法将[first,last)的元素次序随机重排。也就是说，在 N! 种可能的元素排列顺序中随机选出一种，此处 N 为 last-first。

N 个元素的序列，其排列方式有 N! 种，random_shuffle 会产生一个均匀分布，因此任何一个排列被选中的机率为 1/N!。这很重要，因为有不少算法在其第一阶段过程中必须获得序列的随机重排，但如果其结果未能形成 "在 N! 个可能排列上均匀分布（uniform distribution）"，便很容易造成算法的错误。

这个算法详述于《*The Art of Computer Programming*》by Donald Knuth, 3.4.2 节。

random_shuffle有两个版本，差别在于随机数的取得。版本一使用内部随机
数产生器，版本二使用一个会产生随机随机数的仿函数。特别请你注意，该仿函数
的传递方式是 by reference 而非一般的 by value，这是因为随机随机数产生器有一
个重要特质：它拥有局部状态（local state），每次被调用时都会有所改变，并因此
保障产生出来的随机数能够随机。

下面是 SGI 版的实现细节：

```
// SGI 版本一
template <class RandomAccessIterator>
inline void random_shuffle(RandomAccessIterator first,
                           RandomAccessIterator last) {
  __random_shuffle(first, last, distance_type(first));
}

template <class RandomAccessIterator, class Distance>
void __random_shuffle(RandomAccessIterator first,
                      RandomAccessIterator last,
                      Distance*) {
  if (first == last) return;
  for (RandomAccessIterator i = first + 1; i != last; ++i)
#ifdef __STL_NO_DRAND48
    iter_swap(i, first + Distance(rand() % ((i - first) + 1)));
#else
    iter_swap(i, first + Distance(lrand48() % ((i - first) + 1)));
#endif
// 注意，在我的 GCC2.91.57 中，__STL_NO_DRAND48 是未定义的，因此上述实现代码
// 会采用 lrand48() 那个版本。但编译时却又说 lrand48() undeclared
}

// SGI 版本二
template <class RandomAccessIterator, class RandomNumberGenerator>
void random_shuffle(RandomAccessIterator first, RandomAccessIterator last,
                    RandomNumberGenerator& rand) { // 注意, by reference
  if (first == last) return;
  for (RandomAccessIterator i = first + 1; i != last; ++i)
    iter_swap(i, first + rand((i - first) + 1));
}
```

奇怪的是，我手上的 GCC2.91-for-win 并未定义 __STL_NO_DRAND48（见
1.8.3 节的组态测试），因此对 random_shuffle 的调用会流向上述的 lrand48() 版
本，然而联结时却又说 lrand48() 未曾声明。例如，以下程序可通过 C++Builder4
和 VC6，却无法通过 GCC2.91-for-win：

```cpp
int main()
{
  vector< int > vec;
  for (int ix = 0; ix < 10; ix++)
      vec.push_back( ix );

  random_shuffle( vec.begin(), vec.end() );
  copy(vec.begin(), vec.end(), ostream_iterator<int>(cout," " ));
  // 6 8 9 2 1 4 3 7 0 5

  return 0;
}
```

为此, 我特别把 RaugeWave STL 对 random_shuffle() 的实现细节列出于下:

```cpp
// RW 版本一。in <algorithm.h>
template <class RandomAccessIterator>
inline void random_shuffle (RandomAccessIterator first,
                            RandomAccessIterator last)
{
  __random_shuffle(first, last, __distance_type(first));
}


// RW 版本一。in <algorithm.cc>
template <class RandomAccessIterator, class Distance>
void __random_shuffle (RandomAccessIterator first,
                       RandomAccessIterator last,
                       Distance*)
{
  if (!(first == last))
    for (RandomAccessIterator i = first + 1; i != last; ++i)
      iter_swap(i, first + Distance(__RWSTD::__long_random((i-first)+1)));
      // 上述 __RWSTD::__long_random 是内部的随机数产生器
}


// RW 版本二。in <algorithm.cc>
template <class RandomAccessIterator, class RandomNumberGenerator>
void random_shuffle (RandomAccessIterator first,
                     RandomAccessIterator last,
                     RandomNumberGenerator& rand)
{
  if (!(first == last))
    for (RandomAccessIterator i = first + 1; i != last; ++i)
      iter_swap(i, first + rand((i - first) + 1));
}
```

6.7.8   partial_sort / partial_sort_copy

本算法接受一个 middle 迭代器（位于序列 [first,last) 之内），然后重
新安排 [first,last)，使序列中的 middle-first 个最小元素以递增顺序排序，
置于[first,middle) 内。其余 last-middle 个元素安置于 [middle,last) 中，
不保证有任何特定顺序。

使用 sort 算法，同样能够保证较小的 N 个元素以递增顺序置于
[first,first+N) 之内。选择 partial_sort 而非 sort 的唯一理由是效率。是
的，如果只是挑出前 N 个最小元素来排序，当然比对整个序列排序快上许多。

partial_sort 有两个版本，其差别在于如何定义某个元素小于另一元素。第
一版本使用 less-than 操作符，第二版本使用仿函数 comp。算法内部采用 heap sort
（4.7.2 节）来完成任务，简述于下。

partial_sort 的任务是找出 middle-first 个最小元素，因此，首先界定
出区间 [first, middle)，并利用 4.7.2 节的 make_heap() 将它组织成一个
max-heap，然后就可以将[middle,last)中的每一个元素拿来与 max-heap 的最大
值比较（max-heap 的最大值就在第一个元素身上，轻松可以获得）；如果小于该
最大值，就互换位置并重新保持 max-heap 的状态。如此一来，当我们走遍整个
[middle,last)时，较大的元素都已经被抽离出[first,middle)，这时候再以
sort_heap() 将[first, middle) 做一次排序，即功德圆满。见图 6-11 的步骤详
解。

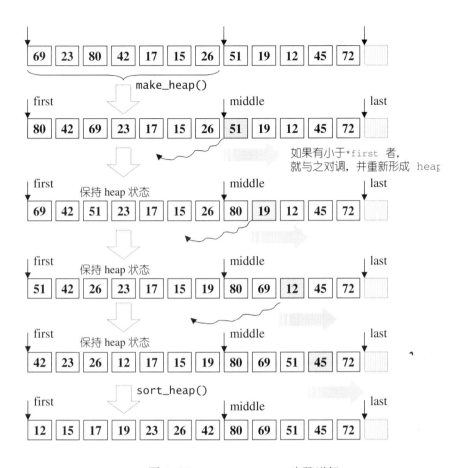

图 **6-11** `partial_sort` 步骤详解

下面是 `partial_sort` 的实现细节。考虑到篇幅，我只列出第一个版本。请注意，`partial_sort` 只接受 RandomAccessIterator。

```
// 版本一
template <class RandomAccessIterator>
inline void partial_sort(RandomAccessIterator first,
                         RandomAccessIterator middle,
                         RandomAccessIterator last) {
  __partial_sort(first, middle, last, value_type(first));
}

template <class RandomAccessIterator, class T>
void __partial_sort(RandomAccessIterator first,
                    RandomAccessIterator middle,
                    RandomAccessIterator last, T*) {
```

```
  make_heap(first, middle);
  // 注意，以下的 i < last 判断操作，只适用于 random iterator
  for (RandomAccessIterator i = middle; i < last; ++i)
    if (*i < *first)
      __pop_heap(first, middle, i, T(*i), distance_type(first));
  sort_heap(first, middle);
}
```

partial_sort 有一个姊妹，就是 partial_sort_copy：

```
// 版本一
template <class InputIterator, class RandomAccessIterator>
inline RandomAccessIterator
partial_sort_copy(InputIterator first,
                  InputIterator last,
                  RandomAccessIterator result_first,
                  RandomAccessIterator result_last);

// 版本二
template <class InputIterator, class RandomAccessIterator,
          class Compare>
inline RandomAccessIterator
partial_sort_copy(InputIterator first,
                  InputIterator last,
                  RandomAccessIterator result_first,
                  RandomAccessIterator result_last,
                  Compare comp);
```

partial_sort 和 partial_sort_copy 两者行为逻辑完全相同，只不过后者将(last-first) 个最小元素（或最大元素，视 comp 而定）排序后的所得结果置于 [result_first, result_last)。下面是运用实例：

```
  int ia[12] = {69,23,80,42,17,15,26,51,19,12,35,8 };
  vector<int> vec( ia, ia+12 );
  ostream_iterator<int> oite( cout," " );

  partial_sort( vec.begin(), vec.begin()+7, vec.end() );
  copy( vec.begin(), vec.end(), oite ); cout << endl;
  // 8 12 15 17 19 23 26 80 69 51 42 35

  vector<int> res(7);
  partial_sort_copy( vec.begin(), vec.begin()+7, res.begin(),
                     res.end(), greater<int>() );
  copy( res.begin(), res.end(), oite ); cout << endl;
  // 26 23 19 17 15 12 8
```

6.7.9 sort

STL 所提供的各式各样算法中，sort() 是最复杂最庞大的一个。这个算法接受两个 RandomAccessIterators（随机存取迭代器），然后将区间内的所有元素以渐增方式由小到大重新排列。第二个版本则允许用户指定一个仿函数（functor），作为排序标准[9]。STL 的所有关系型容器（associative containers）都拥有自动排序功能（底层结构采用 RB-tree，见第 5 章），所以不需要用到这个 sort 算法。至于序列式容器（sequence containers）中的 stack、queue 和 priority-queue 都有特别的出入口，不允许用户对元素排序。剩下 vector、deque 和 list，前两者的迭代器属于 RandomAccessIterators，适合使用 sort 算法，list 的迭代器则属于 Bidirectioinaliterators，不在 STL 标准之列的 slist，其迭代器更属于 Forwarditerators，都不适合使用 sort 算法。如果要对 list 或 slist 排序，应该使用它们自己提供的 member functions sort()。稍后我们便可看到为什么泛型算法 sort() 一定要求 RandomAccessIterators。

排序有多么重要

人类生活在一个有序的世界中。没有排序，很多事情无法进行。排过序的数据，特别容易查找。电话簿总是以人名为键值来排序，对人名而言，电话簿是有序的，对电话号码而言，电话簿是无序的。在电话簿里找一个人（从而得到他的电话号码）很容易，但你能想象在电话簿里头不通过人名直接查找某个特定的电话号码吗？

这类情况大量发生在日常生活中。字典需要排序，书籍索引需要排序，磁盘目录需要排序，名片需要排序，图书馆藏需要排序，户籍数据需要排序。任何数据只要你想快速查找，就需要排序。

犹有进者，排序可能使其它工作更快更轻松。如果你要确定（或找出）一堆数据里头有没有重复的元素，先排序一遍再找，会比闷着头两两对比快得多。换句话说，许多算法可能因为数据先行排序过而大幅改善效率。排序的成本，成为影响执行时间的关键因素。

---

9 稍后呈现的实现代码，都只列出第一版本，也就是以 operator< 作为排序比较标准。

STL 的 sort 算法，数据量大时采用 Quick Sort，分段递归排序。一旦分段后的数据量小于某个门槛，为避免 Quick Sort 的递归调用带来过大的额外负荷（overhead），就改用 Insertion Sort。如果递归层次过深，还会改用 Heap Sort（已于 4.7.2 节介绍）。以下分别介绍 Quick Sort 和 Insertion Sort，然后再整合起来介绍 STL sort 算法。

Insertion Sort

Insertion Sort 以双层循环的形式进行。外循环遍历整个序列，每次迭代决定出一个子区间；内循环遍历历子区间，将子区间内的每一个"逆转对（inversion）"倒转过来。所谓"逆转对"是指任何两个迭代器 i,j，i < j 而 *i > *j。一旦不存在"逆转对"，序列即排序完毕。这个算法的复杂度为 O(N²)，说起来并不理想，但是当数据量很少时，却有不错的效果，原因是实现上有一些技巧（稍后源代码可见），而且不像其它较为复杂的排序算法有着诸如递归调用等操作带来的额外负荷。图 6-12 是 Insertion Sort 的详细步骤示意。

SGI STL 的 Insertion Sort 有两个版本，版本一使用以渐增方式排序，也就是说，以 operator< 为两元素的比较函数，版本二允许用户指定一个仿函数（functor），作为两元素的比较函数。以下只列出版本一的源代码。由于 STL 规格并不开放 Insertion Sort，所以 SGI 将以下函数的名称都加上双下划线，表示内部使用。

```cpp
// 版本一
template <class RandomAccessIterator>
void __insertion_sort(RandomAccessIterator first,
                      RandomAccessIterator last) {
  if (first == last) return;
  for (RandomAccessIterator i = first + 1; i != last; ++i)  // 外循环
      __linear_insert(first, i, value_type(first));
      // 以上，[first,i) 形成一个子区间
}
```

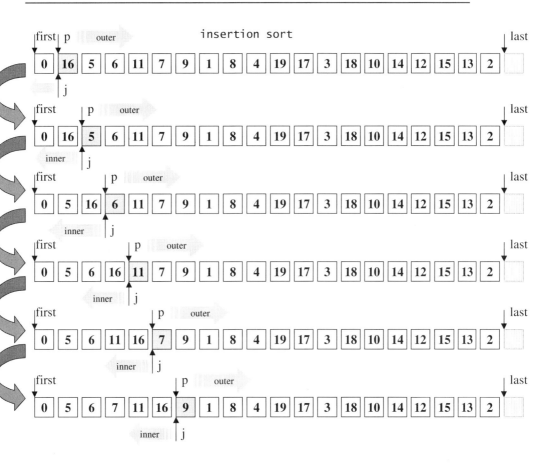

图 **6-12** Insertion Sort 操作分解

```
// 版本一辅助函数
template <class RandomAccessIterator, class T>
inline void __linear_insert(RandomAccessIterator first,
                            RandomAccessIterator last, T*) {
  T value = *last;            // 记录尾元素
  if (value < *first) {       // 尾比头还小 (注意, 头端必为最小元素)
    // 那么就别一个个比较了, 一次做完爽快些…
    copy_backward(first, last, last + 1); // 将整个区间向右递移一个位置
    *first = value;           // 令头元素等于原先的尾元素值
  }
  else  // 尾不小于头
    __unguarded_linear_insert(last, value);
}

// 版本一辅助函数
template <class RandomAccessIterator, class T>
```

```
void __unguarded_linear_insert(RandomAccessIterator last, T value) {
  RandomAccessIterator next = last;
  --next;
  // insertion sort 的内循环
  // 注意，一旦不再出现逆转对（inversion），循环就可以结束了
  while (value < *next) {   // 逆转对（inversion）存在
    *last = *next;          // 调整
    last = next;            // 调整迭代器
    --next;                 // 左移一个位置
  }
  *last = value;            // value 的正确落脚处
}
```

上述函数之所以命名为 unguarded_x 是因为，一般的 Insertion Sort 在内循环原本需要做两次判断，判断是否相邻两元素是 "逆转对"，同时也判断循环的行进是否超过边界。但由于上述所示的源代码会导致最小值必然在内循环子区间的最边缘，所以两个判断可合为一个判断，所以称为 unguarded_。省下一个判断操作，乍见之下无足轻重，但是在大数据量的情况下，影响还是可观的，毕竟这是一个非常根本的算法核心，在大数据量的情况，执行次数非常惊人。

稍后即将出场的几个函数，也有以 unguarded_ 为前缀命名者，同样是因为在特定条件下，边界条件的检验可以省略（或说已融入特定条件之内）。

Quick Sort

如果我们拿 Insertion Sort 来处理大量数据，其 O(N²) 的复杂度就令人摇头了。大数据量的情况下有许多更好的排序算法可供选择。正如其名称所昭示，Quick Sort 是目前已知最快的排序法，平均复杂度为 O(N log N)，最坏情况下将达 O(N²)。不过 IntroSort（极类似 median-of-three QuickSort 的一种排序算法）可将最坏情况推进到 O(N log N)。早期的 STL sort 算法都采用 Quick Sort，SGI STL 已改用 IntroSort。

Quick Sort 算法可以叙述如下。假设 S 代表将被处理的序列：

1. 如果 S 的元素个数为 0 或 1，结束。
2. 取 S 中的任何一个元素，当作枢轴（pivot）v。
3. 将 S 分割为 L, R 两段，使 L 内的每一个元素都小于或等于 v，R 内的每一个元素都大于或等于 v。
4. 对 L, R 递归执行 Quick Sort。

Quick Sort 的精神在于将大区间分割为小区间，分段排序。每一个小区间排序
完成后，串接起来的大区间也就完成了排序。最坏的情况发生在分割（*partitioning*）
时产生出一个空的子区间——那完全没有达到分割的预期效果。图 6-13 说明了
Quick Sort 的分段排序。

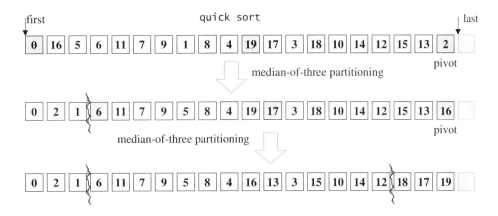

图 **6-13** Quick Sort 采行分段排序。分段的原则通常采用 median-of-three（首、
尾、中央的中间值）。因此，图中第一列以 2 为枢轴，分割出第二列所示的左右两
段。第二列的右段再以 16 为枢轴，分割出第三列的两段。依此类推。

Median-of-Three（三点中值）

注意，任何一个元素都可以被选来当作枢轴（pivot），但是其合适与否却会影
响 Quick Sort 的效率。为了避免 "元素当初输入时不够随机" 所带来的恶化效应，
最理想最稳当的方式就是取整个序列的头、尾、中央三个位置的元素，以其中值
（median）作为枢轴。这种做法称为 median-of-three partitioning，或称为
mediun-of-three-QuickSort。为了能够快速取出中央位置的元素，显然迭代器必须能
够随机定位，亦即必须是个 RandomAccessIterators。

以下是 SGI STL 提供的三点中值决定函数：

```
// 返回 a,b,c 之居中者
template <class T>
inline const T& __median(const T& a, const T& b, const T& c) {
  if (a < b)
    if (b < c)          // a < b < c
```

```
    return b;
  else if (a < c)     // a < b, b >= c, a < c
    return c;
  else
    return a;
else if (a < c)       // c > a >= b
  return a;
else if (b < c)       // a >= b, a >= c, b < c
  return c;
else
  return b;
}
```

Partitioining （分割）

分割方法不只一种，以下叙述既简单又有良好成效的做法。令头端迭代器 first 向尾部移动，尾端迭代器 last 向头部移动。当 *first 大于或等于枢轴时就停下来，当 *last 小于或等于枢轴时也停下来，然后检验两个迭代器是否交错。如果 first 仍然在左而 last 仍然在右，就将两者元素互换，然后各自调整一个位置（向中央逼近），再继续进行相同的行为。如果发现两个迭代器交错了（亦即 !(first < last)），表示整个序列已经调整完毕，以此时的 first 为轴，将序列分为左右两半，左半部所有元素值都小于或等于枢轴，右半部所有元素值都大于或等于枢轴。

下面是 SGI STL 提供的分割函数，其返回值是为分割后的右段第一个位置：

```
// 版本一
template <class RandomAccessIterator, class T>
RandomAccessIterator __unguarded_partition(
                              RandomAccessIterator first,
                              RandomAccessIterator last,
                              T pivot) {
  while (true) {
    while (*first < pivot) ++first;  // first 找到 >= pivot 的元素就停下来
    --last;                          // 调整
    while (pivot < *last) --last;    // last 找到 <= pivot 的元素就停下来
    // 注意，以下 first < last 判断操作，只适用于 random iterator
    if (!(first < last)) return first;  // 交错，结束循环
    iter_swap(first, last);          // 大小值交换
    ++first;                         // 调整
  }
}
```

图 6-14 是两个分割实例的完整过程，请参照以上源代码操作。

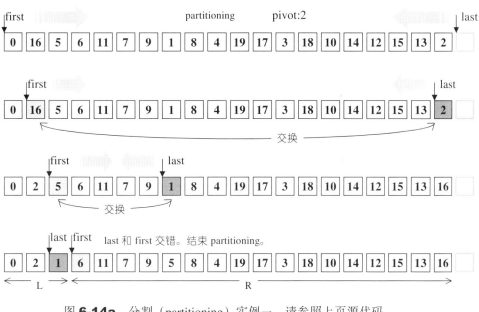

图 **6-14a** 分割（partitioning）实例一。请参照上页源代码

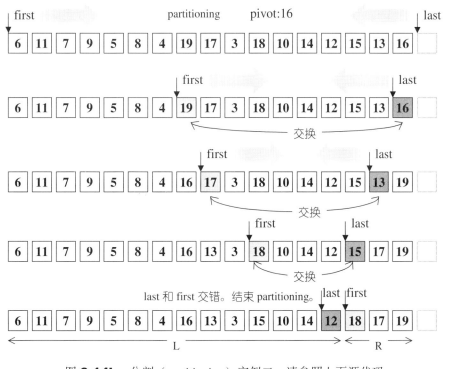

图 **6-14b** 分割（partitioning）实例二。请参照上页源代码

threshold （阈值）

面对一个只有十来个元素的小型序列，使用像 Quick Sort 这样复杂而（可能）需要大量运算的排序法，是否划算？不，不划算，在小数据量的情况下，甚至简单如 Insertion Sort 者也可能快过 Quick Sort——因为 Quick Sort 会为了极小的子序列而产生许多的函数递归调用。

鉴于这种情况，适度评估序列的大小，然后决定采用 Quick Sort 或 Insertion Sort，是值得采纳的一种优化措施。然而究竟多小的序列才应该断然改用 Insertion Sort 呢？唔，并无定论，5~20 都可能导致差不多的结果，实际的最佳值因设备而异。

final insertion sort

优化措施永不嫌多，只要我们不是贸然行事（Donald Knuth 说过一件名言：贸然实施优化，是所有恶果的根源，premature optimization is the root of all evil）。如果我们令某个大小以下的序列滞留在 "几近排序但尚未完成" 的状态，最后再以一次 Insertion Sort 将所有这些 "几近排序但尚未竟全功" 的子序列做一次完整的排序，其效率一般认为会比 "将所有子序列彻底排序" 更好。这是因为 Insertion Sort 在面对 "几近排序" 的序列时，有很好的表现。

introsort

不当的枢轴选择，导致不当的分割，导致 Quick Sort 恶化为 $O(N^2)$。David R. Musser（此君于 STL 领域大大有名）于 1996 年提出一种混合式排序算法：Introspective Sorting（内省式排序）[10]，简称 IntroSort，其行为在大部分情况下几乎与 median-of-3 Quick Sort 完全相同（当然也就一样快）。但是当分割行为（partitioning）有恶化为二次行为的倾向时，能够自我侦测，转而改用 Heap Sort，使效率维持在 Heap Sort 的 $O(N \log N)$，又比一开始就使用 Heap Sort 来得好。稍后便可看到 SGI STL 源代码中对 IntroSort 的实现。

---

[10] 请参考 http://www.cs.rpi.edu/~musser/gp/index_1.html，这里有 introsort 的简介，并可下载全篇论文。

SGI STL sort

真是千呼万唤始出来 ☺。下面是 SGI STL sort() 源代码:

```cpp
// 版本一
// 千万注意: sort()只适用于 RandomAccessIterator
template <class RandomAccessIterator>
inline void sort(RandomAccessIterator first,
                 RandomAccessIterator last) {
  if (first != last) {
    __introsort_loop(first, last, value_type(first), __lg(last-first)*2);
    __final_insertion_sort(first, last);
  }
}
```

其中的 __lg() 用来控制分割恶化的情况:

```cpp
// 找出 2^k <= n 的最大值 k。例: n=7, 得 k=2, n=20, 得 k=4, n=8, 得 k=3
template <class Size>
inline Size __lg(Size n) {
  Size k;
  for (k = 0; n > 1; n >>= 1) ++k;
  return k;
}
```

当元素个数为 40 时, __introsoft_loop() 的最后一个参数将是 5*2, 意思是最多允许分割 10 层。IntroSort 算法如下:

```cpp
// 版本一
// 注意, 本函数内的许多迭代器运算操作, 都只适用于 RandomAccess Iterators
template <class RandomAccessIterator, class T, class Size>
void __introsort_loop(RandomAccessIterator first,
                      RandomAccessIterator last, T*,
                      Size depth_limit) {
  // 以下, __stl_threshold 是个全局常数, 稍早定义为 const int 16
  while (last - first > __stl_threshold) {     // > 16
    if (depth_limit == 0) {                    // 至此, 分割恶化
      partial_sort(first, last, last);         // 改用 heapsort
      return;
    }
    --depth_limit;
    // 以下是 median-of-3 partition, 选择一个够好的枢轴并决定分割点
    // 分割点将落在迭代器 cut 身上
    RandomAccessIterator cut = __unguarded_partition
      (first, last, T(__median(*first,
                               *(first + (last - first)/2),
                               *(last - 1))));
    // 对右半段递归进行 sort.
    __introsort_loop(cut, last, value_type(first), depth_limit);
```

```
      last = cut;
      // 现在回到 while 循环, 准备对左半段递归进行 sort
      // 这种写法可读性较差, 效率并没有比较好
   }
}
```

函数一开始就判断序列大小。__stl_threshold 是个全局整型常数, 定义如下:

```
const int __stl_threshold = 16;
```

通过元素个数检验之后, 再检查分割层次。如果分割层次超过指定值（我已在前一段文字中对此做了说明）, 就改用 partial_sort()。如果你不健忘, 当还记得先前介绍过的 partial_sort() 是以 Heap Sort 完成的。

都通过了这些检验之后, 便进入与 Quick Sort 完全相同的程序: 以 median-of-3 方法确定枢轴位置, 然后调用 __unguarded_partition() 找出分割点（其源代码已于先前显示过）, 然后针对左右段落递归进行 IntroSort。

当 __introsort_loop() 结束, [first, last) 内有多个 "元素个数少于 16" 的子序列, 每个子序列都有相当程度的排序, 但尚未完全排序（因为元素个数一旦小于 __stl_threshold , 就被中止进一步的排序操作了）。回到母函数 sort(), 再进入 __final_insertion_sort():

```
// 版本一
template <class RandomAccessIterator>
void __final_insertion_sort(RandomAccessIterator first,
                            RandomAccessIterator last) {
  if (last - first > __stl_threshold) {    // > 16
    __insertion_sort(first, first + __stl_threshold);
    __unguarded_insertion_sort(first + __stl_threshold, last);
  }
  else
    __insertion_sort(first, last);
}
```

此函数首先判断元素个数是否大于 16。如果答案为否, 就调用 __insertion_sort() 加以处理。如果答案为是, 就将 [first,last) 分割为长度 16 的一段子序列, 和另一段剩余子序列, 再针对两个子序列分别调用 __insertion_sort() 和 __unguarded_insertion_sort()。前者源代码已于先前展示过, 后者源代码如下:

```
// 版本一
template <class RandomAccessIterator>
inline void __unguarded_insertion_sort(RandomAccessIterator first,
                                        RandomAccessIterator last) {
  __unguarded_insertion_sort_aux(first, last, value_type(first));
}

// 版本一
template <class RandomAccessIterator, class T>
void __unguarded_insertion_sort_aux(RandomAccessIterator first,
                                    RandomAccessIterator last,
                                    T*) {
  for (RandomAccessIterator i = first; i != last; ++i)
    __unguarded_linear_insert(i, T(*i));  // 见先前展示
}
```

瞧，这就是 SGI STL sort 算法的精彩故事。为了做个比较，我再列出 RW STL sort() 的部分（主要是上层）源代码。RW 版本用的是纯粹是 Quick Sort，不是 IntroSort。

```
template <class RandomAccessIterator>
inline void sort (RandomAccessIterator first,
                  RandomAccessIterator last)
{
  if (!(first == last))
  {
    __quick_sort_loop(first, last);
    __final_insertion_sort(first, last); // 其内操作与 SGI STL 完全相同
  }
}

template <class RandomAccessIterator>
inline void __quick_sort_loop (RandomAccessIterator first,
                               RandomAccessIterator last)
{
  __quick_sort_loop_aux(first, last, _RWSTD_VALUE_TYPE(first));
}

template <class RandomAccessIterator, class T>
void __quick_sort_loop_aux (RandomAccessIterator first,
                            RandomAccessIterator last,
                            T*)
{
  while (last - first > __stl_threshold)
  {
    // median-of-3 partitioning
```

```
      RandomAccessIterator cut = __unguarded_partition
      (first, last, T(__median(*first, *(first + (last - first)/2),
                               *(last - 1))));
      if (cut - first >= last - cut)
      {
        __quick_sort_loop(cut, last);        // 较短段以递归方式处理
        last = cut;
      }
      else
      {
        __quick_sort_loop(first, cut);       // 较短段以递归方式处理
        first = cut;
      }
    }
  }
```

6.7.10   equal_range   （应用于有序区间）

　　算法 equal_range 是二分查找法的一个版本，试图在已排序的 [first,last) 中寻找 value。它返回一对迭代器 i 和 j，其中 i 是在不破坏次序的前提下，value 可插入的第一个位置（亦即 lower_bound），j 则是在不破坏次序的前提下，value 可插入的最后一个位置（亦即 upper_bound）。因此，[i,j) 内的每个元素都等同于 value，而且 [i,j) 是 [first,last) 之中符合此一性质的最大子区间。

　　如果以稍许不同的角度来思考 equal_range，我们可把它想成是 [first,last) 内 "与 value 等同" 之所有元素所形成的区间 A。由于 [first,last) 有序（*sorted*），所以我们知道 "与 value 等同" 之所有元素一定都相邻。于是，算法 lower_bound 返回区间 A 的第一个迭代器，算法 upper_bound 返回区间 A 的最后元素的下一位置，算法 equal_range 则是以 pair 的形式将两者都返回。

　　即使 [first,last) 并未含有 "与 value 等同" 之任何元素，以上叙述仍然合理。这种情况下 "与 value 等同" 之所有元素所形成的，其实是个空区间。在不破坏次序的前提下，只有一个位置可以插入 value，而 equal_range 所返回的 pair，其第一和第二元素（都是迭代器）皆指向该位置。

　　本算法有两个版本，第一版本采用 operator< 进行比较，第二版本采用仿函数 comp 进行比较。稍后只列出版本一的源代码。图 6-15 展示 equal_range 的意义。

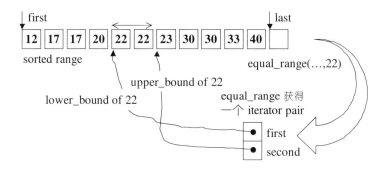

图 **6-15** `equal_range` 的执行结果示意

```
// 版本一
template <class ForwardIterator, class T>
inline pair<ForwardIterator, ForwardIterator>
equal_range(ForwardIterator first, ForwardIterator last,
            const T& value) {
  // 根据迭代器的种类型 (category)，采用不同的策略
  return __equal_range(first, last, value, distance_type(first),
                       iterator_category(first));
}


// 版本一的 random_access_iterator 版本
template <class RandomAccessIterator, class T, class Distance>
pair<RandomAccessIterator, RandomAccessIterator>
__equal_range(RandomAccessIterator first, RandomAccessIterator last,
            const T& value, Distance*, random_access_iterator_tag) {
  Distance len = last - first;
  Distance half;
  RandomAccessIterator middle, left, right;

  while (len > 0) {            // 整个区间尚未遍历完毕
    half = len >> 1;           // 找出中央位置
    middle = first + half;     // 设定中央迭代器
    if (*middle < value) {     // 如果中央元素 < 指定值
      first = middle + 1;      // 将运作区间缩小 (移至后半段)，以提高效率
      len = len - half - 1;
    }
    else if (value < *middle)  // 如果中央元素 > 指定值
      len = half;              // 将运作区间缩小 (移至前半段) 以提高效率
    else {           // 如果中央元素 == 指定值
      // 在前半段找 lower_bound
      left = lower_bound(first, middle, value);
      // 在后半段找 lower_bound
      right = upper_bound(++middle, first + len, value);
      return pair<RandomAccessIterator, RandomAccessIterator>(left,right);
```

```
    }
  }
  // 整个区间内都没有匹配的值，那么应该返回一对迭代器，指向第一个大于 value 的元素
  return pair<RandomAccessIterator, RandomAccessIterator>(first, first);
}

// 版本一的 forward_iterator 版本
template <class ForwardIterator, class T, class Distance>
pair<ForwardIterator, ForwardIterator>
__equal_range(ForwardIterator first, ForwardIterator last, const T& value,
              Distance*, forward_iterator_tag) {
  Distance len = 0;
  distance(first, last, len);
  Distance half;
  ForwardIterator middle, left, right;

  while (len > 0) {
    half = len >> 1;
    middle = first;            // 此行及下一行，相当于 RandomAccessIterator 的
    advance(middle, half);  //   middle = first + half;
    if (*middle < value) {
      first = middle;          // 此行及下一行，相当于 RandomAccessIterator 的
      ++first;                 //   first = middle + 1;
      len = len - half - 1;
    }
    else if (value < *middle)
      len = half;
    else {
      left = lower_bound(first, middle, value);
      // 以下这行相当于 RandomAccessIterator 的 first += len;
      advance(first, len);
      right = upper_bound(++middle, first, value);
      return pair<ForwardIterator, ForwardIterator>(left, right);
    }
  }
  return pair<ForwardIterator, ForwardIterator>(first, first);
}
```

6.7.11　inplace_merge（应用于有序区间）

　　如果两个连接在一起的序列 [first,middle) 和 [middle,last) 都已排序，那么 inplace_merge 可将它们结合成单一一个序列，并仍保有序性（*sorted*）。如果原先两个序列是递增排序，执行结果也会是递增排序，如果原先两个序列是递减排序，执行结果也会是递减排序。

　　和 merge 一样，inplace_merge 也是一种稳定（*stable*）操作。每个作为数据来源的子序列中的元素相对次序都不会变动；如果两个子序列有等同的元素，第一序列的元素会被排在第二序列元素之前。

　　inplace_merge 有两个版本，其差别在于如何定义某元素小于另一个元素。第一版本使用 operator< 进行比较，第二版本使用仿函数（functor）comp 进行比较。以下列出版本一的源代码：

```
template <class BidirectionalIterator>
inline void inplace_merge(BidirectionalIterator first,
                          BidirectionalIterator middle,
                          BidirectionalIterator last) {
  // 只要有任何一个序列为空，就什么都不必做
  if (first == middle || middle == last) return;
  __inplace_merge_aux(first, middle, last, value_type(first),
                      distance_type(first));
}

// 辅助函数
template <class BidirectionalIterator, class T, class Distance>
inline void __inplace_merge_aux(BidirectionalIterator first,
                                BidirectionalIterator middle,
                                BidirectionalIterator last,
                                T*, Distance*) {
  Distance len1 = 0;
  distance(first, middle, len1);     // len1 表示序列一的长度
  Distance len2 = 0;
  distance(middle, last, len2);      // len2 表示序列二的长度

  // 注意，本算法会使用额外的内存空间（暂时缓冲区）
  temporary_buffer<BidirectionalIterator, T> buf(first, last);
  if (buf.begin() == 0)     // 内存配置失败
    __merge_without_buffer(first, middle, last, len1, len2);
  else        // 在有暂时缓冲区的情况下进行
    __merge_adaptive(first, middle, last, len1, len2,
```

```
                              buf.begin(), Distance(buf.size())));
    }
```

这个算法如果有额外的内存（缓冲区）辅助，效率会好许多。但是在没有缓冲区或缓冲区不足的情况下，也可以运作。为了篇幅，也为了简化讨论，以下我只关注有缓冲区的情况。

```
// 辅助函数。有缓冲区的情况下
template <class BidirectionalIterator, class Distance, class Pointer>
void __merge_adaptive(BidirectionalIterator first,
                      BidirectionalIterator middle,
                      BidirectionalIterator last,
                      Distance len1, Distance len2,
                      Pointer buffer, Distance buffer_size) {
  if (len1 <= len2 && len1 <= buffer_size) {
    // case1. 缓冲区足够安置序列一
    Pointer end_buffer = copy(first, middle, buffer);
    merge(buffer, end_buffer, middle, last, first);
  }
  else if (len2 <= buffer_size) {
    // case 2. 缓冲区足够安置序列二
    Pointer end_buffer = copy(middle, last, buffer);
    __merge_backward(first, middle, buffer, end_buffer, last);
  }
  else { // case3.  缓冲区空间不足安置任何一个序列
    BidirectionalIterator first_cut = first;
    BidirectionalIterator second_cut = middle;
    Distance len11 = 0;
    Distance len22 = 0;
    if (len1 > len2) {        // 序列一比较长
      len11 = len1 / 2;
      advance(first_cut, len11);
      second_cut = lower_bound(middle, last, *first_cut);
      distance(middle, second_cut, len22);
    }
    else {                     // 序列二比较长
      len22 = len2 / 2;       // 计算序列二的一半长度
      advance(second_cut, len22);
      first_cut = upper_bound(first, middle, *second_cut);
      distance(first, first_cut, len11);
    }
    BidirectionalIterator new_middle =
      __rotate_adaptive(first_cut, middle, second_cut, len1 - len11,
                        len22, buffer, buffer_size);
    // 针对左段，递归调用
    __merge_adaptive(first, first_cut, new_middle, len11, len22, buffer,
                     buffer_size);
    // 针对右段，递归调用
```

```
    __merge_adaptive(new_middle, second_cut, last, len1 - len11,
                     len2 - len22, buffer, buffer_size);
    }
  }
```

上述辅助函数首先判断缓冲区是否足以容纳 `inplace_merge` 所接受的两个序列中的任何一个。如果空间充裕（源代码中标示 case1 和 case2 之处），工作逻辑很简单：把两个序列中的某一个 `copy` 到缓冲区中，再使用 `merge` 完成其余工作。是的，`merge` 足堪胜任，它的功能就是将两个有序但分离（sorted and separated）的区间合并，形成一个有序区间，因此，我们只需将 `merge` 的结果置放处（迭代器 `result`）指定为 `inplace_merge` 所接受之序列起始点（迭代器 `first`）即可。

图 6-16 是一份实例及说明。

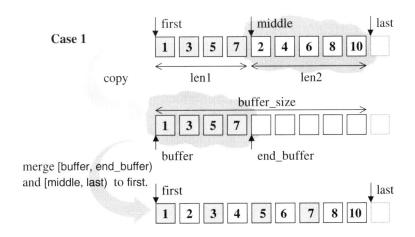

图 **6-16a** 当缓冲区足够容纳 `[first,middle]`，就将 `[first,middle]` 复制到缓冲区，再以 `merge` 将缓冲区和第二序列`[middle,last]`合并。

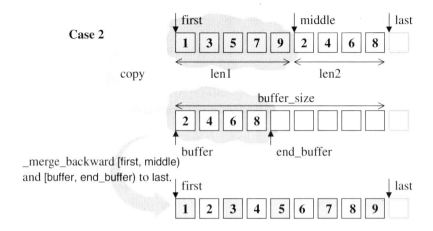

图 **6-16b**　当缓冲区足够容纳 [middle,last)，就将 [middle,last) 复制到缓冲区，再以 _merge_backward 将第二序列[first,middle)和缓冲区和合并。

　　但是当缓冲区不足以容纳任何一个序列时（源代码中标示 case3 之处），情况就棘手多了。面对这种情况，我们的处理原则是，以递归分割（*recursive partitioning*）的方式，让处理长度减半，看看能否容纳于缓冲区中（如果能，才好办事儿）。例如，沿用图 6-16 的输入状态，并假设缓冲区大小为 3，小于序列一的长度 4 和序列二的长度 5，于是，拿较长的序列二开刀，计算出 first_cut 和 second_cut 如下：

```
BidirectionalIterator first_cut = first;
BidirectionalIterator second_cut = middle;
Distance len11 = 0;
Distance len22 = 0;

len22 = len2 / 2;      // 计算序列二的一半长度
advance(second_cut, len22);
first_cut = upper_bound(first, middle, *second_cut);
distance(first, first_cut, len11);
```

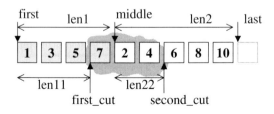

然后，针对上图的淡蓝色阴影部分{7, 2, 4} 执行以下旋转操作：

```
BidirectionalIterator new_middle =
    __rotate_adaptive(first_cut, middle, second_cut, len1 - len11,
                      len22, buffer, buffer_size);
```

这个 `__rotate_adaptive` 函数的功效和 STL 算法 `rotate` 并没有什么不同，只是它针对缓冲区的存在，做了优化。万一缓冲区不足，最终还是交给 STL 算法 `rotate` 去执行。

```
template <class BidirectionalIterator1, class BidirectionalIterator2,
          class Distance>
BidirectionalIterator1 __rotate_adaptive(BidirectionalIterator1 first,
                                 BidirectionalIterator1 middle,
                                 BidirectionalIterator1 last,
                                 Distance len1, Distance len2,
                                 BidirectionalIterator2 buffer,
                                 Distance buffer_size) {
  BidirectionalIterator2 buffer_end;
  if (len1 > len2 && len2 <= buffer_size) {
    // 缓冲区足够安置序列二 (较短)
    buffer_end = copy(middle, last, buffer);
    copy_backward(first, middle, last);
    return copy(buffer, buffer_end, first);
  } else if (len1 <= buffer_size) {
    // 缓冲区足够安置序列一
    buffer_end = copy(first, middle, buffer);
    copy(middle, last, first);
    return copy_backward(buffer, buffer_end, last);
  } else {
    // 缓冲区仍然不足. 改用 rotate 算法 (不需缓冲区)
    rotate(first, middle, last);
    advance(first, len2);
    return first;
  }
}
```

经过这样的处理，原序列现在变成了：

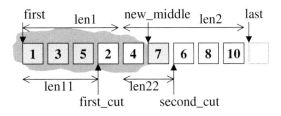

现在可以分段处理了。首先针对左段 [first, first_cut, new_middle)，也就是上图的淡蓝色阴影部分 {1,3,5,2,4}，做递归调用：

```
// 针对左段，递归调用
__merge_adaptive(first, first_cut, new_middle,
                 len11, len22,
                 buffer, buffer_size);
```

由于本例的缓冲区（大小 3）此时已显足够，所以轻松获得这样的结果：

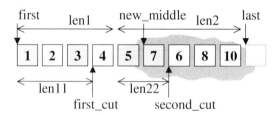

再针对右段 [new_middle,second_cut,last)，也就是上图的淡蓝色阴影部分 {7,6,8,10}，做递归调用：

```
// 针对右段，递归调用
__merge_adaptive(new_middle, second_cut, last,
                 len1 - len11, len2 - len22,
                 buffer, buffer_size);
```

由于本例的缓冲区（大小 3）此时已显足够，所以轻松获得这样的结果：

通过这样的实例步进程序，相信你对于 inplace_merge 的操作已有了一个相当程度的概念。

6.7.12　nth_element

这个算法会重新排列 [first,last)，使迭代器 nth 所指的元素，与"整个 [first,last) 完整排序后，同一位置的元素"同值。此外并保证 [nth,last) 内没有任何一个元素小于（更精确地说是不大于）[first,nth) 内的元素，但对于 [first,nth) 和 [nth,last) 两个子区间内的元素次序则无任何保证——这一点也是它与 partial_sort 很大的不同处。以此观之，nth_element 比较近似 partition 而非 sort 或 partial_sort。

例如，假设有序列 {22, 30, 30, 17, 33, 40, 17, 23, 22, 12, 20}，以下操作：

nth_element(iv.begin(), iv.begin()+5, iv.end());

便是将小于 *(iv.begin()+5)（本例为 40）的元素置于该元素之左，其余置于该元素之右，并且不保证维持原有的相对位置。获得的结果为 { 20, 12, 22, 17, 17, 22, 23, 30, 30, 33, 40}。执行完毕后的 5th 个位置上的元素值 22，与整个序列完整排序后 { 12, 17, 17, 20, 22, 22, 23, 30, 30, 33, 40} 的 5th 个位置上的元素值相同。

如果以上述结果 { 20, 12, 22, 17, 17, 22, 23, 30, 30, 33, 40} 为根据，再执行以下操作：

nth_element(iv.begin(), iv.begin()+5, iv.end(), **greater<int>()**);

那便是将大于 *(iv.begin()+5)（本例为 22）的元素置于该元素之左，其余置于该元素之右，并且不保证维持原有的相对位置。获得的结果为 {40, 33, 30, 30, 23, 22, 17, 17, 22, 12, 20}。

由于 nth_element 比 partial_sort 的保证更少（是的，它不保证两个子序列内的任何次序），所以它当然应该比 partial_sort 较快。

nth_element 有两个版本，其差异在于如何定义某个元素小于另一个元素。第一版本使用 operator< 进行比较，第二个版本使用仿函数 comp 进行比较。注意，这个算法只接受 RandomAccessIterator。

nth_element 的做法是，不断地以 median-of-3 partitioning（以首、尾、中央

三点中值为枢轴之分割法，见 6.7.9 节）将整个序列分割为更小的左（L）、右（R）
子序列。如果 nth 迭代器落于左子序列，就再对左子序列进行分割，否则就再对
右子序列进行分割。依此类推，直到分割后的子序列长度不大于 3（够小了），便
对最后这个待分割的子序列做 Insertion Sort，大功告成。

图 6-17 是 nth_element 的操作实例拆解。以下是其源代码，我只列出版本一。

```cpp
// 版本一
template <class RandomAccessIterator>
inline void nth_element(RandomAccessIterator first,
                        RandomAccessIterator nth,
                        RandomAccessIterator last) {
  __nth_element(first, nth, last, value_type(first));
}

// 版本一辅助函数
template <class RandomAccessIterator, class T>
void __nth_element(RandomAccessIterator first,
                   RandomAccessIterator nth,
                   RandomAccessIterator last, T*) {
  while (last - first > 3) {        // 长度超过 3
    // 采用 median-of-3 partitioning。参数: (first, last, pivot)
    // 返回一个迭代器，指向分割后的右段第一个元素
    RandomAccessIterator cut = __unguarded_partition
      (first, last, T(__median(*first,
                               *(first + (last - first)/2),
                               *(last - 1))));
    if (cut <= nth)      // 如果右段起点 <= 指定位置（nth 落于右段）
      first = cut;       // 再对右段实施分割（partitioning）
    else                 // 否则（nth 落于左段）
      last = cut;        // 对左段实施分割（partitioning）
  }
  __insertion_sort(first, last);
}
```

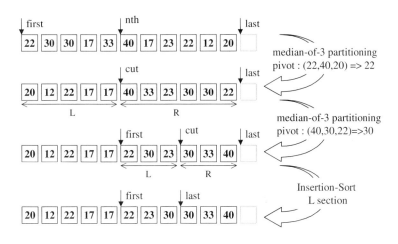

图 **6-17** `nth_element` 操作实例拆解

6.7.13 merge sort

虽然 SGI STL 所采用的排序法是 IntroSort（一种比 Quick Sort 考虑更周详的算法，见 6.7.9 节），不过，另一个很有名的排序算法 Merge Sort，很轻易就可以利用 STL 算法 `inplace_merge`（6.7.11 节）实现出来。

Merge Sort 的概念是这样的：既然我们知道，将两个有序（*sorted*）区间归并成一个有序区间，效果不错，那么我们可以利用"分而治之"（devide and conquer）"的概念，以各个击破的方式来对一个区间进行排序。首先，将区间对半分割，左右两段各自排序，再利用 `inplace_merge` 重新组合为一个完整的有序序列。对半分割的操作可以递归进行，直到每一小段的长度为 0 或 1（那么该小段也就自动完成了排序）。下面是一份实现代码：

```
template <class BidirectionalIter>
void mergesort(BidirectionalIter first, BidirectionalIter last) {
  typename iterator_traits<BidirectionalIter>::difference_type n
    = distance(first, last);
  if (n == 0 || n == 1)
    return;
  else {
    BidirectionalIter mid = first + n / 2;
    mergesort(first, mid);
```

```
        mergesort(mid, last);
        inplace_merge(first, mid, last);
    }
}
```

　　Merge Sort 的复杂度为 O(N logN)。虽然这和 Quick Sort 是一样的，但因为 Merge Sort 需借用额外的内存，而且在内存之间移动（复制）数据也会耗费不少时间，所以 Merge Sort 的效率比不上 Quick Sort。实现简单、概念简单，是 Merge Sort 的两大优点。

7

仿函数 functors
另名 函数对象 function objects

历经前数章的 memory pool、iterator-traits、type_traits、deque、RB-tree、hash table、QuickSort、IntroSort…的复杂洗礼与无情轰炸，你的脑袋快吃不消了吧。这一章是轻松小菜，让我们在此稍事停顿，休生养息。

7.1 仿函数（functors）概观

这一章所探索的东西，在 STL 历史上有两个不同的名称。仿函数（functors）是早期的命名，C++ 标准规格定案后所采用的新名称是函数对象（function objects）。

就实现意义而言，"函数对象"比较贴切：一种具有函数特质的对象。不过，就其行为而言，以及就中文用词的清晰漂亮与独特性而言，"仿函数"一词比较突出。因此，本书绝大部分时候采用 "仿函数"一词。这种东西在调用者可以像函数一样地被调用（调用），在被调用者则以对象所定义的 function call operator 扮演函数的实质角色。

仿函数的作用主要在哪里？从第 6 章可以看出，STL 所提供的各种算法，往往有两个版本。其中一个版本表现出最常用（或最直观）的某种运算，第二个版本则表现出最泛化的演算流程，允许用户"以 template 参数来指定所要采行的策略"。拿 accumulate() 来说，其一般行为（第一版本）是将指定范围内的所有元素相加，第二版本则允许你指定某种"操作"，取代第一版本中的"相加"行为。再举 sort() 为例，其第一版本是以 operator< 为排序时的元素位置调整依据，第二版本则允许用户指定任何"操作"，务求排序后的两两相邻元素都能令该操作结果为 true。噢，是的，要将某种 "操作"当做算法的参数，唯一办法就是先将该"操作"（可

The Annotated STL Sources

能拥有数条以上的指令）设计为一个函数，再将函数指针当做算法的一个参数；或
是将该"操作"设计为一个所谓的仿函数（就语言层面而言是个 class），再以该
仿函数产生一个对象，并以此对象作为算法的一个参数。

　　根据以上陈述，既然函数指针可以达到"将整组操作当做算法的参数"，那又
何必有所谓的仿函数呢？原因在于函数指针毕竟不能满足 STL 对抽象性的要求，
也不能满足软件积木的要求——函数指针无法和 STL 其它组件（如配接器 adapter，
第 8 章）搭配，产生更灵活的变化。

　　就实现观点而言，仿函数其实上就是一个"行为类似函数"的对象。为了能够
"行为类似函数"，其类别定义中必须自定义（或说改写、重载）function call 运
算子（operator()，语法和语意请参考 1.9.6 节）。拥有这样的运算子后，我们就
可以在仿函数的对象后面加上一对小括号，以此调用仿函数所定义的 operator()，
像这样：

```
#include <functional>
#include <iostream>
using namespace std;

int main()
{
  greater<int> ig;
  cout << boolalpha << ig(4, 6);   // (A) false[1]
  cout << greater<int>()(6, 4);    // (B) true
}
```

　　其中第一种用法比较为大家所熟悉，greater<int> ig 　的意思是产生一个名
为 ig 的对象，ig(4,6) 则是调用其 operator()，并给予两个参数 4,6。第二种
用法中的 greater<int>() 意思是产生一个临时（无名的）对象，之后的 (4,6) 才
是指定两个参数 4,6。临时对象的产生方式与生命周期，请参见 1.9.2 节。

　　上述第二种语法在一般情况下不常见，但是对仿函数而言，却是主流用法。

---

1 程序中的 boolalpha 是一种所谓的 iostream manipulators（操控器），用来控制输出
入设备的状态。boolalpha 意思是从此以后对 bool 值的输出，都改为以字符串 "true"
或 "false" 表现。我手上的 GCC 2.91 并不支持 boolalpha。

图 7-1 所示的是 STL 仿函数与 STL 算法之间的关系。

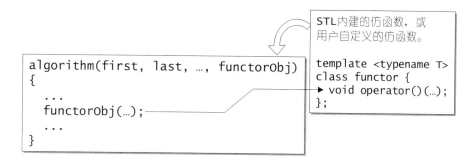

STL内建的仿函数，或
用户自定义的仿函数。

template <typename T>
class functor {
    void operator()(…);
};

algorithm(first, last, …, functorObj)
{
    ...
    functorObj(…);
    ...
}

图 **7-1** STL 仿函数与 STL 算法之间的关系

STL 仿函数的分类，若以操作数（operand）的个数划分，可分为一元和二元仿函数，若以功能划分，可分为算术运算（Arithmetic）、关系运算（Rational）、逻辑运算（Logical）三大类。任何应用程序欲使用 STL 内建的仿函数，都必须含入 <functional> 头文件，SGI 则将它们实际定义于 <stl_function.h> 文件中。以下分别描述。

7.2 可配接（Adaptable）的关键

在 STL 六大组件中，仿函数可说是体积最小、观念最简单、实现最容易的一个。但是小兵也能立大功——它扮演一种 "策略"**2**角色，可以让 STL 算法有更灵活的演出。而更加灵活的关键，在于 STL 仿函数的可配接性（adaptability）。

是的， STL 仿函数应该有能力被函数配接器（function adapter，第 8 章）修饰，彼此像积木一样地串接。为了拥有配接能力，每一个仿函数必须定义自己的相应型别（associative types），就像迭代器如果要融入整个 STL 大家庭，也必须依照规定定义自己的 5 个相应型别一样。这些相应型别是为了让配接器能够取出，获得

---

2 所谓策略，是指算法可因为不同的仿函式的介入而有不同的变异行为——虽然算法本质是不变的。这个用词可能会和 *Modern C++ Design* 一书 [Alexandrescu01] 所谓的 policy 混淆，请注意。该书所谓 policy，是令 template 参数成为 class template 的基类（base class）。这同样也是为了让客户端拥有最大最灵活的运用弹性。

仿函数的某些信息。相应型别都只是一些 typedef，所有必要操作在编译期就全部完成了，对程序的执行效率没有任何影响，不带来任何额外负担。

仿函数的相应型别主要用来表现函数参数型别和传回值型别。为了方便起见，<stl_function.h> 定义了两个 classes，分别代表一元仿函数和二元仿函数（STL 不支持三元仿函数），其中没有任何 data members 或 member functions，唯有一些型别定义。任何仿函数，只要依个人需求选择继承其中一个 class，便自动拥有了那些相应型别，也就自动拥有了配接能力。

7.2.1　unary_function

unary_function用来呈现一元函数的参数型别和回返值型别。其定义非常简单：

```
// STL 规定，每一个 Adaptable Unary Function 都应该继承此类别
template <class Arg, class Result>
struct unary_function {
    typedef Arg argument_type;
    typedef Result result_type;
};
```

一旦某个仿函数继承了unary_function，其用户便可以这样取得该仿函数的参数型别（见下例灰色部分），并以相同手法取得其回返值型别（下例未显示）：

```
// 以下仿函数继承了 unary_function.
template <class T>
struct negate : public unary_function<T, T> {
    T operator()(const T& x) const { return -x; }
};

// 以下配接器（adapter）用来表示某个仿函数的逻辑负值（logical negation）
template <class Predicate>
class unary_negate
  ...
public:
  bool operator()(const typename Predicate::argument_type& x) const {
    ...
  }
};
```

这一类例子在第 8 章的仿函数配接器（functor adapter）中时时可见。

7.2.2　binary_function

binary_function 用来呈现二元函数的第一参数型别、第二参数型别，以及回返值型别。其定义非常简单：

```
// STL 规定，每一个 Adaptable Binary Function 都应该继承此类别
template <class Arg1, class Arg2, class Result>
struct binary_function {
    typedef Arg1 first_argument_type;
    typedef Arg2 second_argument_type;
    typedef Result result_type;
};
```

一旦某个仿函数继承了 binary_function，其用户便可以这样取得该仿函数的各种相应型别（见下例灰色部分）：

```
// 以下仿函数继承了 binary_function.
template <class T>
struct plus : public binary_function<T, T, T> {
    T operator()(const T& x, const T& y) const { return x + y; }
};

// 以下配接器（adapter）用来将某个二元仿函数转化为一元仿函数
template <class Operation>
class binder1st
  ...
protected:
  Operation op;
  typename Operation::first_argument_type value;
public:
  typename Operation::result_type
  operator()(const typename Operation::second_argument_type& x) const {
    ...
  }
};
```

这一类例子在第 8 章的仿函数配接器（functor adapter）中时时可见。

7.3　算术类（Arithmetic）仿函数

STL 内建的"算术类仿函数"，支持加法、减法、乘法、除法、模数（余数，modulus）和否定（negation）运算。除了"否定"运算为一元运算，其它都是二元运算。

- 加法：`plus<T>`

- 减法：`minus<T>`

- 乘法：`multiplies<T>`

- 除法：`divides<T>`

- 模取（modulus）：`modulus<T>`

- 否定（negation）：`negate<T>`

```cpp
// 以下 6 个为算术类（Arithmetic）仿函数
template <class T>
struct plus : public binary_function<T, T, T> {
    T operator()(const T& x, const T& y) const { return x + y; }
};

template <class T>
struct minus : public binary_function<T, T, T> {
    T operator()(const T& x, const T& y) const { return x - y; }
};

template <class T>
struct multiplies : public binary_function<T, T, T> {
    T operator()(const T& x, const T& y) const { return x * y; }
};

template <class T>
struct divides : public binary_function<T, T, T> {
    T operator()(const T& x, const T& y) const { return x / y; }
};

template <class T>
struct modulus : public binary_function<T, T, T> {
    T operator()(const T& x, const T& y) const { return x % y; }
};

template <class T>
struct negate : public unary_function<T, T> {
    T operator()(const T& x) const { return -x; }
};
```

这些仿函数所产生的对象，用法和一般函数完全相同。当然，我们也可以产生一个无名的临时对象来履行函数功能。下面是个实例，显示两种用法：

```cpp
// file: 7functor-arithmetic.cpp
#include <iostream>
#include <functional>
using namespace std;

int main()
{
  // 以下产生一些仿函数实体（对象）
  plus<int> plusobj;
  minus<int> minusobj;
  multiplies<int> multipliesobj;
  divides<int> dividesobj;
  modulus<int> modulusobj;
  negate<int> negateobj;

  // 以下运用上述对象，履行函数功能
  cout << plusobj(3,5) << endl;            // 8
  cout << minusobj(3,5) << endl;           // -2
  cout << multipliesobj(3,5) << endl;      // 15
  cout << dividesobj(3,5) << endl;         // 0
  cout << modulusobj(3,5) << endl;         // 3
  cout << negateobj(3) << endl;            // -3

  // 以下直接以仿函数的临时对象履行函数功能
  // 语法分析：functor<T>() 是一个临时对象，后面再接一对小括号
  //   意指调用 function call operator
  cout << plus<int>()(3,5) << endl;        // 8
  cout << minus<int>()(3,5) << endl;       // -2
  cout << multiplies<int>()(3,5) << endl;  // 15
  cout << divides<int>()(3,5) << endl;     // 0
  cout << modulus<int>()(3,5) << endl;     // 3
  cout << negate<int>()(3) << endl;        // -3
}
```

稍早我已提过，不会有人在这么单纯的情况下运用这些功能极其简单的仿函数。仿函数的主要用途是为了搭配 STL 算法。例如，以下式子表示要以 1 为基本元素，对 **vector** iv 中的每一个元素进行乘法（multiplies）运算：

```cpp
accumulate(iv.begin(), iv.end(), 1, multiplies<int>());
```

证同元素（identity element）

所谓 "运算 op 的证同元素（identity element）"，意思是数值 A 若与该元素做 op 运算，会得到 A 自己。加法的证同元素为 0，因为任何元素加上 0 仍为自己。乘法的证同元素为 1，因为任何元素乘以 1 仍为自己。

请注意，这些函数并非 STL 标准规格中的一员，但许多 STL 实现都有它们。

```cpp
template <class T>
inline
T identity_element(plus<T>)
{ return T(0); }
// SGI STL 并未实际运用这个函数

template <class T>
inline
T identity_element(multiplies<T>)
{ return T(1); }
// 乘法的证同元素应用于 <stl_numerics.h> 的 power(). 见 6.3.6 节
```

7.4   关系运算类（Relational）**仿函数**

STL 内建的 "关系运算类仿函数" 支持了等于、不等于、大于、大于等于、小于、小于等于六种运算。每一个都是二元运算。

- 等于（equality）：equal_to<T>

- 不等于（inequality）：not_equal_to<T>

- 大于（greater than）：greater<T>

- 大于或等于（greater than or equal）：greater_equal<T>

- 小于（less than）：less<T>

- 小于或等于（less than or equal）：less_equal<T>

```cpp
// 以下 6 个为关系运算类（Relational）仿函数
template <class T>
struct equal_to : public binary_function<T, T, bool> {
    bool operator()(const T& x, const T& y) const { return x == y; }
};

template <class T>
struct not_equal_to : public binary_function<T, T, bool> {
    bool operator()(const T& x, const T& y) const { return x != y; }
```

```
};

template <class T>
struct greater : public binary_function<T, T, bool> {
    bool operator()(const T& x, const T& y) const { return x > y; }
};

template <class T>
struct less : public binary_function<T, T, bool> {
    bool operator()(const T& x, const T& y) const { return x < y; }
};

template <class T>
struct greater_equal : public binary_function<T, T, bool> {
    bool operator()(const T& x, const T& y) const { return x >= y; }
};

template <class T>
struct less_equal : public binary_function<T, T, bool> {
    bool operator()(const T& x, const T& y) const { return x <= y; }
};
```

这些仿函数所产生的对象，用法和一般函数完全相同。当然，我们也可以产生一个无名的临时对象来履行函数功能。下面是一个实例，显示两种用法：

```cpp
// file: 7functor-rational.cpp
#include <iostream>
#include <functional>
using namespace std;

int main()
{
    // 以下产生一些仿函数实体（对象）
    equal_to<int> equal_to_obj;
    not_equal_to<int> not_equal_to_obj;
    greater<int> greater_obj;
    greater_equal<int> greater_equal_obj;
    less<int> less_obj;
    less_equal<int> less_equal_obj;

    // 以下运用上述对象，履行函数功能
    cout << equal_to_obj(3,5) << endl;          // 0
    cout << not_equal_to_obj(3,5) << endl;      // 1
    cout << greater_obj(3,5) << endl;           // 0
    cout << greater_equal_obj(3,5) << endl;     // 0
    cout << less_obj(3,5) << endl;              // 1
    cout << less_equal_obj(3,5) << endl;        // 1

    // 以下直接以仿函数的临时对象履行函数功能
```

```
// 语法分析：functor<T>() 是一个临时对象，后面再接一对小括号
//  意指调用 function call operator
cout << equal_to<int>()(3,5) << endl;        // 0
cout << not_equal_to<int>()(3,5) << endl;    // 1
cout << greater<int>()(3,5) << endl;         // 0
cout << greater_equal<int>()(3,5) << endl;   // 0
cout << less<int>()(3,5) << endl;            // 1
cout << less_equal<int>()(3,5) << endl;      // 1
}
```

一般而言不会有人在这么单纯的情况下运用这些功能极其简单的仿函数。仿函数的主要用途是为了搭配 STL 算法。例如以下式子表示要以递增次序对 vector iv 进行排序：

```
sort(iv.begin(), iv.end(), greater<int>());
```

7.5 逻辑运算类（Logical）仿函数

STL 内建的 "逻辑运算类仿函数" 支持了逻辑运算中的 And、Or、Not 三种运算，其中 And 和 Or 为二元运算，Not 为一元运算。

- 逻辑运算 And: logical_and<T>

- 逻辑运算 Or: logical_or<T>

- 逻辑运算 Not: logical_not<T>

```
// 以下 3 个为逻辑运算类（Logical）仿函数
template <class T>
struct logical_and : public binary_function<T, T, bool> {
  bool operator()(const T& x, const T& y) const { return x && y; }
};

template <class T>
struct logical_or : public binary_function<T, T, bool> {
  bool operator()(const T& x, const T& y) const { return x || y; }
};

template <class T>
struct logical_not : public unary_function<T, bool> {
  bool operator()(const T& x) const { return !x; }
};
```

这些仿函数所产生的对象，用法和一般函数完全相同。当然，我们也可以产生

一个无名的临时对象来履行函数功能。下面是一个实例，显示两种用法：

```cpp
// file: 7functor-logical.cpp
#include <iostream>
#include <functional>
using namespace std;

int main()
{
  // 以下产生一些仿函数实体（对象）
  logical_and<int> and_obj;
  logical_or<int> or_obj;
  logical_not<int> not_obj;

  // 以下运用上述对象，履行函数功能
  cout << and_obj(true,true) << endl;               // 1
  cout << or_obj(true,false) << endl;               // 1
  cout << not_obj(true) << endl;                    // 0

  // 以下直接以仿函数的临时对象履行函数功能
  // 语法分析：functor<T>() 是一个临时对象，后面再接一对小括号
  //    意指调用 function call operator
  cout << logical_and<int>()(true,true) << endl;    // 1
  cout << logical_or<int>()(true,false) << endl;    // 1
  cout << logical_not<int>()(true) << endl;         // 0
}
```

　　一般而言，不会有人在这么单纯的情况下运用这些功能极其简单的仿函数。仿函数的主要用途是为了搭配 STL 算法。

7.6　证同（identity）、选择（select）、投射（project）

　　这一节介绍的仿函数，都只是将其参数原封不动地传回。其中某些仿函数对传回的参数有刻意的选择，或是刻意的忽略。之所以不在 STL 或其它泛型程序设计过程中直接使用原本极其简单的 identity, project, select 等操作，而要再划分一层出来，全是为了间接性——间接性是抽象化的重要工具。

　　C++ 标准规格并未涵盖本节所列的任何一个仿函数，不过它们常常存在于各个实现品中作为内部运用。以下列出 SGI STL 的版本。

```cpp
// 证同函数（identity function）。任何数值通过此函数后，不会有任何改变
// 此式运用于 <stl_set.h>，用来指定 RB-tree 所需的 KeyOfValue op
// 那是因为 set 元素的键值即实值，所以采用 identity
template <class T>
```

```
struct identity : public unary_function<T, T> {
  const T& operator()(const T& x) const { return x; }
};

// 选择函数（selection function）：接受一个 pair，传回其第一元素
// 此式运用于 <stl_map.h>，用来指定 RB-tree 所需的 KeyOfValue op
// 由于 map 系以 pair 元素的第一元素为其键值，所以采用 select1st
template <class Pair>
struct select1st : public unary_function<Pair, typename Pair::first_type>
{
  const typename Pair::first_type& operator()(const Pair& x) const
  {
    return x.first;
  }
};

// 选择函数：接受一个 pair，传回其第二元素
// SGI STL 并未运用此式
template <class Pair>
struct select2nd : public unary_function<Pair, typename Pair::second_type>
{
  const typename Pair::second_type& operator()(const Pair& x) const
  {
    return x.second;
  }
};

// 投射函数：传回第一参数，忽略第二参数
// SGI STL 并未运用此式
template <class Arg1, class Arg2>
struct project1st : public binary_function<Arg1, Arg2, Arg1> {
  Arg1 operator()(const Arg1& x, const Arg2&) const { return x; }
};

// 投射函数：传回第二参数，忽略第一参数
// SGI STL 并未运用此式
template <class Arg1, class Arg2>
struct project2nd : public binary_function<Arg1, Arg2, Arg2> {
  Arg2 operator()(const Arg1&, const Arg2& y) const { return y; }
};
```

8

配接器
adapters

配接器（adapters）在 STL 组件的灵活组合运用功能上，扮演着轴承、转换器的角色。Adapter 这个概念，事实上是一种设计模式（design pattern）。《Design Patterns》一书提到 23 个最普及的设计模式，其中对 adapter 样式的定义如下：将一个 class 的接口转换为另一个 class 的接口，使原本因接口不兼容而不能合作的 classes，可以一起运作。

8.1 配接器之概观与分类

STL 所提供的各种配接器中，改变仿函数(functors)接口者，我们称为 function adapter，改变容器（containers）接口者，我们称为 container adapter，改变迭代器（iterators）接口者，我们称为 iterator adapter。

8.1.1 应用于容器，container adapters

STL 提供的两个容器 queue 和 stack，其实都只不过是一种配接器。它们修饰 deque 的接口而成就出另一种容器风貌。这两个 container adapters 已于第 4 章介绍过。

8.1.2 应用于迭代器，iterator adapters

STL 提供了许多应用于迭代器身上的配接器，包括 insert iterators, reverse iterators, iostream iterators。C++ Standard 规定它们的接口可以藉由 `<iterator>` 获得，SGI STL 则将它们实际定义于 `<stl_iterator.h>`。

Insert Iterators

所谓 insert iterators，可以将一般迭代器的赋值（*assign*）操作转变为插入（*insert*）操作。这样的迭代器包括专司尾端插入操作的 back_insert_iterator，专司头端插入操作的 front_insert_iterator，以及可从任意位置执行插入操作的 insert_iterator。由于这三个 iterator adapters 的使用接口不是十分直观，给一般用户带来困扰，因此，STL 更提供三个相应函数：back_inserter()、front_inserter()、inserter()，如图 8-1 所示，提升使用时的便利性。

辅助函数（helper function）	实际产生的对象
back_inserter (Container& x);	back_insert_iterator<Container>(x);
front_inserter (Container& x);	front_insert_iterator<Container>(x);
inserter(Container& x, 　　　　Iterator i);	insert_iterator<Container> (x, Container::iterator(i));

图 **8-1**　三个辅助函数，使三种 iterator adapters 更易使用。详见稍后的源代码说明

Reverse Iterators

所谓 reverse iterators，可以将一般迭代器的行进方向逆转，使原本应该前进的 operator++ 变成了后退操作，使原本应该后退的 operator-- 变成了前进操作。这种错乱的行为不是为了掩人耳目或为了欺敌效果，而是因为这种倒转筋脉的性质运用在"从尾端开始进行"的算法上，有很大的方便性。稍后我有一些范例展示。

IOStream Iterators

所谓 iostream iterators，可以将迭代器绑定到某个 iostream 对象身上。绑定到 istream 对象（例如 std::cin）身上的，称为 istream_iterator，拥有输入功能；绑定到 ostream 对象（例如 std::cout）身上的，称为 ostream_iterator，拥有输出功能。这种迭代器运用于屏幕输出，非常方便。以

它为蓝图，稍加修改，便可适用于任何输出或输入装置上。例如，你可以在透彻了解 iostream Iterators 的技术后，完成一个绑定到 Internet Explorer cache 身上的迭代器[1]，或是完成一个绑定到磁盘目录上的一个迭代器[2]。

请注意，不像稍后即将出场的仿函数配接器（functor adapters）总以仿函数作为参数，予人以 "拿某个配接器来修饰某个仿函数" 的直观感受，这里所介绍的迭代器配接器（iterator adapters）很少以迭代器为直接参数[3]。所谓对迭代器的修饰，只是一种观念上的改变（赋值操作变成插入操作啦、前进变成后退啦、绑定到特殊装置上啦…）。你可以千变万化地写出适合自己所用的任何迭代器。就这一点而言，为了将 STL 灵活运用于你的日常生活之中，iterator adapters 的技术是非常重要的。

下面是一个实例，集上述三种 iterator adapters 之运用大成：

```cpp
// file : 8iterator-adapter.cpp
#include <iterator>   // for iterator adapters
#include <deque>
#include <algorithm>  // for copy()
#include <iostream>
using namespace std;

int main()
{
  // 将 outite 绑定到 cout。每次对 outite 指派一个元素，就后接一个 " "。
  ostream_iterator<int> outite(cout, " ");

  int ia[] = {0,1,2,3,4,5};
  deque<int> id(ia, ia+6);
```

---

1 参见 C++ and STL : Take Advantage of STL Algorithms by Implementing a Custom Iterator，by Samir Bajaj，MSDN Magazine, 2001/04。这篇文章示范如何写出一个迭代器，协助 STL 算法遍历 Internet Explorer cache（IE 自己的一个高速缓冲区）。这是一个自定义的迭代器，也可以说是一个配接器，因为它让原本互不认识的 STL 算法和 IE cache 得以一起运作。

2 参见《泛型思维》，其中示范一个迭代器，可绑定到磁盘目录上，遍历所得可套用于任何 STL 算法（或其它 STL 组件）。

3 通常它们以容器为直接参数，而每一个容器都有自己专属的迭代器，因此这里所谈的配接器事实上是以容器的迭代器为间接参数。当然啦，C++ 语法并无所谓间接参数。稍后看实现代码，即可拨云见日。

```
// 将所有元素拷贝到 outite（那么也就是拷贝到 cout）
copy(id.begin(), id.end(), outite);    // 输出 0 1 2 3 4 5
cout << endl;

// 将 ia[] 的部分元素拷贝到 id 内。使用 front_insert_iterator。
// 注意，front_insert_iterqtor 会将 assign 操作改为 push_front 操作
// vector 不支持 push_front()，这就是本例不以 vector 为示范对象的原因。
copy(ia+1, ia+2, front_inserter(id));
copy(id.begin(), id.end(), outite);    // 1 0 1 2 3 4 5
cout << endl;

// 将 ia[] 的部分元素拷贝到 id 内。使用 back_insert_iterator。
copy(ia+3, ia+4, back_inserter(id));
copy(id.begin(), id.end(), outite);    // 1 0 1 2 3 4 5 3
cout << endl;

// 搜寻元素 5 所在位置
deque<int>::iterator ite = find(id.begin(), id.end(), 5);
// 将 ia[] 的部分元素拷贝到 id 内。使用 insert_iterator
copy(ia+0, ia+3, inserter(id, ite));
copy(id.begin(), id.end(), outite);    // 1 0 1 2 3 4 0 1 2 5 3
cout << endl;

// 将所有元素逆向拷贝到 outite
// rbegin() 和 rend() 与 reverse_iterator 有关，见稍后源代码说明
copy(id.rbegin(), id.rend(), outite);  // 3 5 2 1 0 4 3 2 1 0 1
cout << endl;

// 以下，将 inite 绑定到 cin。将元素拷贝到 inite，直到 eos 出现
istream_iterator<int> inite(cin), eos;  // eos : end-of-stream
copy(inite, eos, inserter(id, id.begin()));
// 由于很难在键盘上直接输入 end-of-stream（end-of-file）符号
// （而且不同系统的 eof 符号也不尽相同），因此，为了让上一行顺利执行，
// 请单独取出此段落为一个独立程序，并准备一个文件，例如 int.dat，内置
// 32 26 99（自由格式），并在 console 之下利用 piping 方式执行该程序，如下：
// c:\>type int.dat | thisprog
// 意思是将 type int.dat 的结果作为 thisprog 的输入

copy(id.begin(), id.end(), outite);    // 32 26 99 1 0 1 2 3 4 0 1 2 5 3
}
```

8.1.3　应用于仿函数，functor adapters

　　functor adapters（亦称为 function adapters）是所有配接器中数量最庞大的一个族群，其配接灵活度也是前二者所不能及，可以配接、配接、再配接。这些配接操作包括系结（*bind*）、否定（*negate*），组合（*compose*）、以及对一般函数或成

员函数的修饰（使其成为一个仿函数）。C++ *Standard* 规定这些配接器的接口可由 `<functional>` 获得，SGI STL 则将它们实际定义于 `<stl_function.h>`。

function adapters 的价值在于，通过它们之间的绑定、组合、修饰能力，几乎可以无限制地创造出各种可能的表达式（expression），搭配 STL 算法一起演出。例如，我们可能希望找出某个序列中所有不小于 12 的元素个数。虽然，"不小于"就是"大于或等于"，我们因此可以选择 STL 内建的仿函数 `greater_equal`，但如果希望完全遵循题目语意（在某些更复杂的情况下，这可能是必要的），坚持找出"不小于"12 的元素个数，可以这么做：

not1(**bind2nd**(less<int>(), 12))

这个式子将 less<int>() 的第二参数系结（绑定）为 12，再加上否定操作，便形成了"不小于 12"的语意，整个凑和成为一个表达式（expression），可与任何"可接受表达式为参数"之算法搭配——是的，几乎每个 STL 算法都有这样的版本。

再举一个例子，假设我们希望对序列中的每一个元素都做某个特殊运算，这个运算的数学表达式为：

f(g(elem))

其中 f 和 g 都是数学函数，那么可以这么写：

compose1(f(x), g(y));

例如我们希望将容器内的每一个元素 v 进行 (v+2)*3 的操作，我们可以令 f(x)= x*3，g(y)= y+2，并写下这样的式子：

compose1(**bind2nd**(multiplies<int>(),3), **bind2nd**(plus<int>(),2))
// 第一个参数被拿来当做 f()，第二个参数被拿来当做 g().

这一长串形成一个表达式，可以拿来和任何接受表达式的算法搭配。不过，务请注意，这个算式会改变参数的值，所以不能和 non-mutating 算法搭配。例如不能和 `for_each` 搭配，但可以和 `transform` 搭配，将结果输往另一地点。下面是个实例：

```
// file : 8compose.cpp
// gcc2.91[o] bcb4[x] vc6[x]    注：compose1() 是 GCC 独家产品
#include <algorithm>
#include <functional>
```

```
#include <vector>
#include <iostream>
#include <iterator>
using namespace std;

int main()
{
    // 将 outite 绑定到 cout。每次对 outite 指派一个元素，就后接一个 " "。
    ostream_iterator<int> outite(cout, " ");

    int ia[6] = { 2, 21, 12, 7, 19, 23 };
    vector<int> iv(ia, ia+6);

    // 欲于每个元素 v 身上执行 (v+2)*3.
    // 注意，for_each() 是 nonmutating algorithm. 元素内容不能更改
    // 所以，执行之后 iv 内容不变。
    for_each(iv.begin(), iv.end(), compose1(
                               bind2nd(multiplies<int>(),3),
                               bind2nd(plus<int>(),2) ));
    copy(iv.begin(), iv.end(), outite);
    cout << endl;       // 2 21 12 7 19 23

    // 如果像这样，输往另一地点（cout），是可以的
    transform(iv.begin(), iv.end(), outite, compose1(
                               bind2nd(multiplies<int>(),3),
                               bind2nd(plus<int>(),2) ));
    cout << endl;       // 12 69 42 27 63 75
}
```

　　由于仿函数就是"将 function call 操作符重载"的一种 class，而任何算法接受一个仿函数时，总是在其演算过程中调用该仿函数的 operator()，这使得不具备仿函数之形、却有真函数之实的 "一般函数"和"成员函数（member functions）"感到为难。如果这些既存的心血不能纳入复用的体系中，完美的规划就崩落了一角。为此，STL 又提供了为数众多的配接器，使 "一般函数"和 "成员函数"得以无缝隙地与其它配接器或算法结合起来。当然，STL 所提供的这些配接器不可能在变化纷歧的各种应用场合完全满足你的所有需求，例如它没有能够提供我们写出 "大于 5 且小于 10"或是 "大于 8 或小于 6"这样的算式。不过，对 STL 源代码有了一番彻底研究后，要打造专用的配接器，不是难事。

　　请注意，所有期望获得配接能力的组件，本身都必须是可配接的（*adaptable*）。换句话说，一元仿函数必须继承自 unary_function（7.1.1 节），二元仿函数必须

继承自 **binary_function**（7.1.2 节），成员函数必须以 mem_fun 处理过，一般函数必须以 ptr_fun 处理过。一个未经 ptr_fun 处理过的一般函数，虽然也可以函数指针（pointer to function）的形式传给 STL 算法使用[4]，却无法拥有任何配接能力。

图 8-2 是 STL function adapters 一览表。实际运用时通常我们采用图左的辅助函数而不自行产生图右的对象，因为辅助函数的接口比较直观，比较好用；有些辅助函数还形成重载（例如图下方的 mem_fun() 和 mem_fun_ref()），更增加了使用上的便利。

以下各挑选一个配接器类型做示范：

```cpp
// file : 8functor-adapter.cpp
#include <algorithm>
#include <functional>
#include <vector>
#include <iostream>
using namespace std;

// 这里有个既存函数（稍后希望于 STL 体系中被复用）
void print(int i)
{
  cout << i << ' ';
}


class Int
{
public:
  explicit Int(int i) : m_i(i) { }

  // 这里有个既存的成员函数（稍后希望于 STL 体系中被复用）
  void print1() const { cout << '[' << m_i << ']'; }
private:
  int m_i;
};

int main()
{
  // 将 outite 绑定到 cout。每次对 outite 指派一个元素，就后接一个 " "。
  ostream_iterator<int> outite(cout, " ");
```

---

4 STL 算法接获一个表达式 Op 后，会以 Op(...) 的形式使用之。如果这个表达式是一个函数指针，Op(...) 仍能成立。这就是算法可以接受函数指针的原因。

```
int ia[6] = { 2, 21, 12, 7, 19, 23 };
vector<int> iv(ia, ia+6);

// 找出不小于 12 的元素个数
cout << count_if(iv.begin(), iv.end(),
            not1(bind2nd(less<int>(), 12)));   // 4
cout << endl;

// 令每个元素 v 执行 (v+2)*3 然后输往 outite
transform(iv.begin(), iv.end(), outite, compose1(
                        bind2nd(multiplies<int>(),3),
                        bind2nd(plus<int>(),2) ));
cout << endl;   // 12 69 42 27 63 75

// 以下将所有元素拷贝到 outite. 有数种办法
copy(iv.begin(), iv.end(), outite);            // 2 21 12 7 19 23
cout << endl;
// (1) 以下，以函数指针搭配 STL 算法
for_each(iv.begin(), iv.end(), print);          // 2 21 12 7 19 23
cout << endl;

// (2) 以下，以修饰过的一般函数搭配 STL 算法
for_each(iv.begin(), iv.end(), ptr_fun(print)); // 2 21 12 7 19 23
cout << endl;

Int t1(3), t2(7), t3(20), t4(14), t5(68);
vector<Int> Iv;
Iv.push_back(t1);
Iv.push_back(t2);
Iv.push_back(t3);
Iv.push_back(t4);
Iv.push_back(t5);
// (3) 以下，以修饰过的成员函数搭配 STL 算法
for_each(Iv.begin(), Iv.end(), mem_fun_ref(&Int::print1));
// [3][7][20][14][68]
}
```

请注意，上述例子中，打印函数不能设计成这样：

```
class Int {
public:
void print2(int i) { cout << '[' << i << ']';   }
...
};
for_each(Iv.begin(), Iv.end(), mem_fun1_ref(&Int::print2));
```

因为这不符合 for_each() 的接口需求（看看 for_each 源代码你就明白了）

辅助函数（helper function）	实际效果	实际产生的对象
bind1st(const Op& op, const T& x);	op(x, param);	binder1st\<Op\> (op, arg1_type(x))
bind2nd(const Op& op, const T& x);	op(param, x);	binder2nd\<Op\> (op, arg2_type(x))
not1(const Pred& pred);	!pred(param);	unary_negate\<Pred\> (pred)
not2(const Pred& pred);	!pred (param1,param2);	binary_negate\<Pred\> (pred)
compose1(const Op1& op1, const Op2& op2);	op1(op2(param));	unary_compose\<Op1,Op2\> (op1, op2)

compose2(const Op1& op1,
      const Op2& op2,
      const Op3& op3);
	op1(op2(param)
	  op3(param));
		binary_compose\<Op1,Op2,Op3\>
		(op1, op2, op3)

ptr_fun (Result(*fp)(Arg));	fp(param);	pointer_to_unary_function \<Arg, Result\>(fp)
ptr_fun (Result(*fp)(Arg1,Arg2));	fp(param1 param2);	pointer_to_binary_function \<Arg1, Arg2, Result\>(fp)
mem_fun(S (T::*f)());	(param->*f)();	mem_fun_t\<S,T\>(f)
mem_fun(S (T::*f)() const);	(param->*f)();	const_mem_fun_t\<S,T\>(f)
mem_fun_ref(S (T::*f)());	(param.*f)();	mem_fun_ref_t\<S,T\>(f)
mem_fun_ref (S (T::*f)() const);	(param.*f)();	const_mem_fun_ref_t\<S,T\>(f)
mem_fun1(S (T::*f)(A));	(param->*f)(x);	mem_fun1_t\<S,T,A\>(f)
mem_fun1(S (T::*f)(A)const);	(param->*f)(x);	const_mem_fun1_t\<S,T,A\>(f)
mem_fun1_ref(S (T::*f)(A));	(param.*f)(x);	mem_fun1_ref_t\<S,T,A\>(f)
mem_fun1_ref (S (T::*f)(A)const);	(param.*f)(x);	const_mem_fun1_ref_t\<S,T,A\> (f)

☛ compose1 和 compose2 不在 C++ *Standard* 规范之中。

☛ 最后四个辅助函数在 C++ *Standard* 中已去除名称中的 '1'。与其前四个辅助函数形成重载。

图 **8-2** 各种 function adapters 及其辅助函数，以及实际效果。

此图等于是相关源代码的接口整理。搭配源代码阅读，更得益处。

8.2　container adapters

8.2.1　stack

　　stack 的底层由 deque 构成。从以下接口可清楚看出 stack 与 deque 的关系：

```
template <class T, class Sequence = deque<T> >
class stack {
protected:
  Sequence c;       // 底层容器
  ...
};
```

　　C++ Standard 规定客户端必须能够从 <stack> 中获得 stack 的接口，SGI STL 则把所有的实现细节定义于的 <stl_stack.h> 内，请参考 4.5 节。class stack 封住了所有的 deque 对外接口，只开放符合 stack 原则的几个函数，所以我们说 stack 是一个配接器，一个作用于容器之上的配接器。

8.2.2　queue

　　queue 的底层由 deque 构成。从以下接口可清楚看出 queue 与 deque 的关系：

```
template <class T, class Sequence = deque<T> >
class queue {
protected:
  Sequence c;       // 底层容器
  ...
};
```

　　C++ Standard 规定客户端必须能够从 <queue> 中获得 queue 的接口，SGI STL 则把所有的实现细节定义于 <stl_queue.h> 内，请参考 4.6 节。class queue 封住了所有的 deque 对外接口，只开放符合 queue 原则的几个函数，所以我们说 queue 是一个配接器，一个作用于容器之上的配接器。

8.3 iterator adapters

本章稍早已说过 iterator adapters 的意义和用法，以下研究其实现细节。

8.3.1 insert iterators

下面是三种 insert iterators 的完整实现列表。其中的主要观念是，每一个 insert iterators 内部都维护有一个容器（必须由用户指定）；容器当然有自己的迭代器，于是，当客户端对 insert iterators 做赋值（*assign*）操作时，就在 insert iterators 中被转为对该容器的迭代器做插入（*insert*）操作，也就是说，在 insert iterators 的 operator= 操作符中调用底层容器的 push_front() 或 push_back() 或 insert() 操作函数。至于其它的迭代器惯常行为如 operator++, operator++(int), operator* 都被关闭功能，更没有提供 operator--(int) 或 operator-- 或 operator-> 等功能（因此被类型被定义为 output_iterator_tag）。换句话说，insert iterators 的前进、后退、取值、成员取用等操作都是没有意义的，甚至是不允许的。

观察源代码的同时，请参考先前的图 8-1。

```cpp
// 这是一个迭代器配接器（iterator adapter），用来将某个迭代器的赋值（assign）
// 操作修改为插入（insert）操作——从容器的尾端插入进去（所以称为 back_insert）
template <class Container>
class back_insert_iterator {
protected:
  Container* container;              // 底层容器
public:
  typedef output_iterator_tag     iterator_category;       // 注意类型
  typedef void                    value_type;
  typedef void                    difference_type;
  typedef void                    pointer;
  typedef void                    reference;

  // 下面这个 ctor 使 back_insert_iterator 与容器绑定起来
  explicit back_insert_iterator(Container& x) : container(&x) {}
  back_insert_iterator<Container>&
  operator=(const typename Container::value_type& value) {
    container->push_back(value);      // 这里是关键，转而调用 push_back()
    return *this;
  }
```

```
  // 以下三个操作符对 back_insert_iterator 不起作用（关闭功能）
  // 三个操作符返回的都是 back_insert_iterator 自己
  back_insert_iterator<Container>& operator*() { return *this; }
  back_insert_iterator<Container>& operator++() { return *this; }
  back_insert_iterator<Container>& operator++(int) { return *this; }
};

// 这是一个辅助函数，帮助我们方便使用 back_insert_iterator
template <class Container>
inline back_insert_iterator<Container> back_inserter(Container& x) {
  return back_insert_iterator<Container>(x);
}

//-------------------------------------------------------------
// 这是一个迭代器配接器（iterator adapter），用来将某个迭代器的赋值（assign）
// 操作修改为插入（insert）操作——从容器的头端插入进去（所以称为 front_insert）
// 注意，该迭代器不适用于 vector，因为 vector 没有提供push_front 函数
template <class Container>
class front_insert_iterator {
protected:
  Container* container;          // 底层容器
public:
  typedef output_iterator_tag    iterator_category;        // 注意类型
  typedef void                   value_type;
  typedef void                   difference_type;
  typedef void                   pointer;
  typedef void                   reference;

  explicit front_insert_iterator(Container& x) : container(&x) {}
  front_insert_iterator<Container>&
  operator=(const typename Container::value_type& value) {
    container->push_front(value);      // 这里是关键，转而调用 push_front()
    return *this;
  }
  // 以下三个操作符对 front_insert_iterator 不起作用（关闭功能）
  // 三个操作符返回的都是 front_insert_iterator 自己。
  front_insert_iterator<Container>& operator*() { return *this; }
  front_insert_iterator<Container>& operator++() { return *this; }
  front_insert_iterator<Container>& operator++(int) { return *this; }
};

// 这是一个辅助函数，帮助我们方便使用 front_insert_iterator
template <class Container>
inline front_insert_iterator<Container> front_inserter(Container& x) {
  return front_insert_iterator<Container>(x);
}

//-------------------------------------------------------------
// 这是一个迭代器配接器（iterator adapter），用来将某个迭代器的赋值（assign）
```

```cpp
// 操作修改为插入（insert）操作，在指定的位置上进行，并将迭代器右移一个位置
// ——如此便可很方便地连续执行 "表面上是赋值（覆写）而实际上是插入" 的操作
template <class Container>
class insert_iterator {
protected:
  Container* container;                        // 底层容器
  typename Container::iterator iter;
public:
  typedef output_iterator_tag    iterator_category;  // 注意类型
  typedef void                   value_type;
  typedef void                   difference_type;
  typedef void                   pointer;
  typedef void                   reference;

  insert_iterator(Container& x, typename Container::iterator i)
    : container(&x), iter(i) {}
  insert_iterator<Container>&
  operator=(const typename Container::value_type& value) {
    iter = container->insert(iter, value);      // 这里是关键，转调用 insert()
    ++iter;   // 注意这个，使 insert iterator 永远随其目标贴身移动
    return *this;
  }
  // 以下三个操作符对 insert_iterator 不起作用（关闭功能）
  // 三个操作符返回的都是 insert_iterator 自己
  insert_iterator<Container>& operator*() { return *this; }
  insert_iterator<Container>& operator++() { return *this; }
  insert_iterator<Container>& operator++(int) { return *this; }
};

// 这是一个辅助函数，帮助我们方便使用 insert_iterator
template <class Container, class Iterator>
inline insert_iterator<Container> inserter(Container& x, Iterator i) {
  typedef typename Container::iterator iter;
  return insert_iterator<Container>(x, iter(i));
}
```

8.3.2 reverse iterators

所谓 reverse iterator，就是将迭代器的移动行为倒转。如果 STL 算法接受的不是一般正常的迭代器，而是这种逆向迭代器，它就会以从尾到头的方向来处理序列中的元素。例如：

```cpp
// 将所有元素逆向拷贝到 ite 所指位置上
// rbegin() 和 rend() 与 reverse_iterator 有关
copy(id.rbegin(), id.rend(), ite);
```

看似单纯，实现时却大有文章。

　　首先我们看看 rbegin() 和 rend()。任何 STL 容器都提供有这两个操作，
我在第 4, 5 两章介绍各种容器时，鲜有列出这两个成员函数，现在举个例子瞧瞧：

```
template <class T, class Alloc = alloc>  // 预设使用 alloc 为配置器
class vector {
public:
  typedef T value_type;
  typedef value_type* iterator;
  typedef reverse_iterator<iterator> reverse_iterator;
  reverse_iterator rbegin() { return reverse_iterator(end()); }
  reverse_iterator rend() { return reverse_iterator(begin()); }
...
};
```

　　再举个例子瞧瞧：

```
template <class T, class Alloc = alloc> // 预设使用 alloc 为配置器
class list {
public:
  typedef __list_iterator<T, T&, T*>  iterator;
  typedef reverse_iterator<iterator> reverse_iterator;
  reverse_iterator rbegin() { return reverse_iterator(end()); }
  reverse_iterator rend() { return reverse_iterator(begin()); }
...
};
```

　　再举个例子瞧瞧：

```
template <class T, class Alloc = alloc, size_t BufSiz = 0>
class deque {
public:
  typedef __deque_iterator<T, T&, T*, BufSiz> iterator;
  typedef reverse_iterator<iterator> reverse_iterator;
  iterator begin() { return start; }
  iterator end() { return finish; }
  reverse_iterator rbegin() { return reverse_iterator(finish); }
  reverse_iterator rend() { return reverse_iterator(start); }
// 上述两式相当于:
//reverse_iterator rbegin() { return reverse_iterator(end()); }
//reverse_iterator rend() { return reverse_iterator(begin()); }
...
};
```

　　没有任何例外! 只要双向序列容器提供了 begin(), end()，它的 rbegin(),
rend() 就是上面那样的型式。单向序列容器如 slist 不可使用 reserve iterators。
有些容器如 stack、queue、priority_queue 并不提供 begin(), end()，当然也
就没有 rbegin(), rend()。

现在让我们延续 8.1.2 节的实例，假设有一个 deque<int>id，当前的内容是：

32 26 99 1 0 1 2 3 4 0 1 2 5 3

执行以下操作：

```
cout << *(id.begin()) << endl;      // 32
cout << *(id.rbegin()) << endl;     // 3
cout << *(id.end()) << endl;        // 0  dangerous!
cout << *(id.rend()) << endl;       // 0  dangerous!

deque<int>::iterator ite = find(id.begin(), id.end(), 99);
reverse_iterator< deque<int>::iterator > rite(ite);
cout << *ite << endl;     // 99
cout << *rite << endl;    // 26
```

为什么"正向迭代器"和"与其相应的逆向迭代器"取出不同的元素呢？这并不是一个潜伏的错误，而是一个刻意为之的特征，主要是为了配合迭代器区间的"前闭后开"习惯（1.9.5 节）。从图 8-3 的 rbegin() 和 end() 关系可以看出，当迭代器被逆转方向时，虽然其实体位置（真正的地址）不变，但其逻辑位置（迭代器所代表的元素）改变了（必须如此改变）：

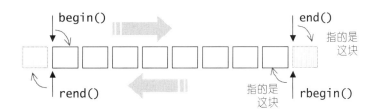

```
#typedef ...      reverse_iterator
rbegin()=reverse_iterator(end());
```

图 **8-3** 当迭代器被逆转，虽然实体位置不变，但逻辑位置必须如此改变

唯有这样，才能保持正向迭代器的一切惯常行为。换句话说，唯有这样，当我们将一个正向迭代器区间转换为一个逆向迭代器区间后，不必再有任何额外处理，就可以让接受这个逆向迭代器区间的算法，以相反的元素次序来处理区间中的每一个元素。例如（以下出现于 8.1.2 节实例之中）：

```
copy(id.begin(), id.end(), outite);      // 1 0 1 2 3 4 0 1 2 5 3
copy(id.rbegin(), id.rend(), outite);    // 3 5 2 1 0 4 3 2 1 0 1
```

注意，上述的 `id.rbegin()` 是个暂时对象，相当于：

```
reverse_iterator<deque<int>::iterator>(id.end()); // 指向本例的最后元素
deque<int>::reverse_iterator(id.end());           // 指向本例的最后元素
```

其中的 `deque<int>::reverse_iterator` 是一种型别定义，稍早已展现过。

有了这些认知，现在我们来看看 `reverse_iterator` 的源代码：

```cpp
// 这是一个迭代器配接器（iterator adapter），用来将某个迭代器逆反前进方向，
// 使前进为后退，后退为前进
template <class Iterator>
class reverse_iterator
{
protected:
  Iterator current;    // 记录对应之正向迭代器
public:
  // 逆向迭代器的 5 种相应型别（associated types）都其对应的正向迭代器相同
  typedef typename iterator_traits<Iterator>::iterator_category
        iterator_category;
  typedef typename iterator_traits<Iterator>::value_type
        value_type;
  typedef typename iterator_traits<Iterator>::difference_type
        difference_type;
  typedef typename iterator_traits<Iterator>::pointer
        pointer;
  typedef typename iterator_traits<Iterator>::reference
        reference;

  typedef Iterator iterator_type;               // 代表正向迭代器
  typedef reverse_iterator<Iterator> self;      // 代表逆向迭代器

public:
  reverse_iterator() {}
  // 下面这个 ctor 将 reverse_iterator 与某个迭代器 x 系结起来
  explicit reverse_iterator(iterator_type x) : current(x) {}
  reverse_iterator(const self& x) : current(x.current) {}

  iterator_type base() const { return current; } // 取出对应的正向迭代器
  reference operator*() const {
    Iterator tmp = current;
    return *--tmp;
    // 以上为关键所在。对逆向迭代器取值，就是将 "对应之正向迭代器" 后退一格而后取值
  }
  pointer operator->() const { return &(operator*()); } // 意义同上

  // 前进（++）变成后退（--）
  self& operator++() {
```

```
    --current;
    return *this;
  }
  self operator++(int) {
    self tmp = *this;
    --current;
    return tmp;
  }
  // 后退（--）变成前进（++）
  self& operator--() {
    ++current;
    return *this;
  }
  self operator--(int) {
    self tmp = *this;
    ++current;
    return tmp;
  }
  // 前进与后退方向完全逆转
  self operator+(difference_type n) const {
    return self(current - n);
  }
  self& operator+=(difference_type n) {
    current -= n;
    return *this;
  }
  self operator-(difference_type n) const {
    return self(current + n);
  }
  self& operator-=(difference_type n) {
    current += n;
    return *this;
  }
  // 注意，下面第一个 * 和唯一一个 + 都会调用本类的 opearator* 和 opreator+,
  // 第二个 * 则不会。（判断法则：完全看处理的型别是什么而定）
  reference operator[](difference_type n) const { return *(*this + n); }
};
```

下面是另一些测试：

```
// 容器目前状态: 1 0 1 2 3 4 0 1 2 5 3
deque<int>::reverse_iterator rite2(id.end());
cout << *(rite2);        // 3
cout << *(++++++rite2);  // 1（前进 3 个位置后取值）
cout << *(--rite2);      // 2（后退 1 个位置后取值）
cout << *(rite2.base()); // 5（恢复正向迭代器后，取值）
cout << rite2[3];        // 4（前进 3 个位置后取值）
```

下面以图形显示上述几个操作对逆向迭代器所造成的移动：

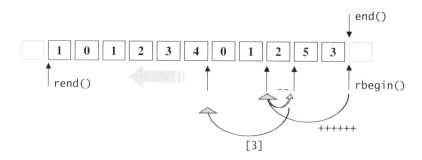

图片说明：rbegin() 连续三次累进（注：++++++ 合乎 C++ 语法）后，退后一格，然后再以注标表示法 [3] 前进三格。由于是逆向迭代器，所以方向与一般的正向迭代器恰恰相反。

8.3.3　stream iterators

所谓 stream iterators，可以将迭代器绑定到一个 stream（数据流）对象身上。绑定到 istream 对象（例如 std::cin）者，称为 istream_iterator，拥有输入能力；绑定到 ostream 对象（例如 std::cout）者，称为 ostream_iterator，拥有输出能力。两者的用法在 8.1.2 节的例子中都有示范。

乍听之下真神奇。所谓绑定一个 istream object，其实就是在 istream iterator 内部维护一个 istream member，客户端对于这个迭代器所做的 operator++ 操作，会被导引调用迭代器内部所含的那个 istream member 的输入操作（operator>>）。这个迭代器是个 Input Iterator，不具备 operator--。下面的源代码和注释说明了一切。

```
// 这是一个 input iterator，能够为 "来自某一 basic_istream" 的对象执行
// 格式化输入操作。注意，此版本为旧有之 HP 规格，未符合标准接口：
// istream_iterator<T, charT, traits, Distance>
// 然而一般使用 input iterators 时都只使用第一个 template 参数，此时以下仍适用
// 注：SGI STL 3.3 已实现出符合标准接口的 istream_iterator。做法与本版大同小异
// 本版可读性较高
template <class T, class Distance = ptrdiff_t>
class istream_iterator {
  friend bool
  operator== __STL_NULL_TMPL_ARGS (const istream_iterator<T, Distance>& x,
                                   const istream_iterator<T, Distance>& y);
  // 以上语法很奇特，请参考《C++ Primer》3e, p834, bound friend function template
  // 在 <stl_config.h> 中，__STL_NULL_TMPL_ARGS 被定义为 <>
```

```
protected:
  istream* stream;
  T value;
  bool end_marker;
  void read() {
    end_marker = (*stream) ? true : false;
    if (end_marker) *stream >> value;          // 关键
    // 以上，输入之后，stream 的状态可能改变，所以下面再判断一次以决定 end_marker
    // 当读到 eof 或读到型别不符的资料，stream 即处于 false 状态
    end_marker = (*stream) ? true : false;
  }
public:
  typedef input_iterator_tag    iterator_category;
  typedef T                     value_type;
  typedef Distance              difference_type;
  typedef const T*              pointer;
  typedef const T&              reference;
  // 以上，因身为 input iterator，所以采用 const 比较保险

  istream_iterator() : stream(&cin), end_marker(false) {}
  istream_iterator(istream& s) : stream(&s) { read(); }
  // 以上两行的用法:
  //  istream_iterator<int> eos;              造成 end_marker 为 false。
  //  istream_iterator<int> initer(cin);      引发 read()。程序至此会等待输入
  // 因此，下面这两行客户端程序:
  //  istream_iterator<int> initer(cin);      (A)
  //  cout << "please input..." << endl;      (B)
  // 会停留在 (A) 等待一个输入，然后才执行 (B) 出现提示信息。这是不合理的现象
  // 规避之道: 永远在最必要的时候，才定义一个 istream_iterator。

  reference operator*() const { return value; }
  pointer operator->() const { return &(operator*()); }

  // 迭代器前进一个位置，就代表要读取一笔资料
  istream_iterator<T, Distance>& operator++() {
    read();
    return *this;
  }
  istream_iterator<T, Distance> operator++(int) {
    istream_iterator<T, Distance> tmp = *this;
    read();
    return tmp;
  }
};
```

请注意，源代码清楚告诉我们，只要客户端定义一个 istream iterator 并绑定到某个 istream object，程序便立刻停在 istream_iterator<T>::read() 函数，等待输入。这不是我们所预期的行为，因此，请在绝对必要的时刻才定义你所需要

的 istream iterator —— 这其实是 C++ 程序员在任何时候都应该遵循的守则，但是很多人忽略了。

图 8-4 所示的是 copy() 和 `istream_iterator` 共同合作的例子。

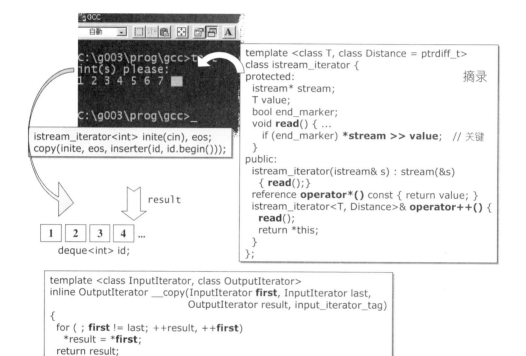

图 **8-4** copy() 和 `istream_iterator` 合作。屏幕画面下方的浅蓝色方块是客户端程序代码，程序流程将停在其中第一行，等待用户从 `cin` 输入（因为右侧的 `istream_iterator` 源代码告诉我们，一产生 istream_iterator 对象，便会调用 read()，执行 *stream >> value，而 *stream 在本例就是 cin）。用户输入数值后，copy 算法（源代码见最下方块内容）将该数值插入到容器之内，然后执行 `istream_iterator` 的 `operator++` 操作 —— 这又再次引发 `istream_iterator::read()`，准备读入下一笔资料…

图 8-4 浅色底纹部分为客户端程序代码。另两块分别为 `istream_iterator` 和 `copy()` 的源代码。`copy()` 算法已于 6.4.2 节有过详细的介绍，它有能力判断各种迭代器类型，采用最佳处理方式（见图 6-2），由于 `istream_iterator` 是个 InputIterator，所以 `copy()` 最后会进入 8-4 图下方所摘录的那段代码内。我们发现，当客户端初次定义了一个 `istream_iterator<T>` 对象并绑定到标准输入设备 `cin` 时，便调用了 `istream_iterator<T>::read()` 读取 `cin` 的一笔 `T` 值。此值被置于 data member `value` 之中。然后，进入循环，做这样的事情：

```
*result = *first;     // first 是一个 istream_iterator object.
```

根据 `istream_iterator` 的定义，对 `first` 取值，就是返回 data member `value`，也就是刚才从 `cin` 获得的值。此值于是被指派给 `*result`。当 `copy()` 中的 `for` 循环进入下一次迭代时，会引发 `++first`，而根据 `istream_iterator` 的定义，对 `first` 累加，就是再从 `cin` 中读一个值（放入 data member `value` 中），然后又是 `*result = *first`；如此持续下去，直到 `first==last` 为止。`last` 代表的是一个 end-of-stream 标记，在各个系统上可能都不相同。

以上便是 istream iterator 的讨论。至于 ostream iterator，所谓绑定一个 ostream object，就是在其内部维护一个 ostream member，客户端对于这个迭代器所做的 `operator=` 操作，会被导引调用对应的（迭代器内部所含的）那个 ostream member 的输出操作（`operator<<`）。这个迭代器是个 OutputIterator。下面的源代码和注释说明了一切。

```
// 这是一个 output iterator, 能够将对象格式化输出到某个 basic_ostream 上
// 注意, 此版本为旧有之 HP 规格, 未符合标准接口:
// ostream_iterator<T, charT, traits>
// 然而一般使用 onput iterators 时都只使用第一个 template 参数, 此时以下仍适用
// 注: SGI STL 3.3 已实现出符合标准接口的 ostream_iterator。做法与本版大同小异
// 本版可读性较高
template <class T>
class ostream_iterator {
protected:
  ostream* stream;
  const char* string;       // 每次输出后的间隔符号
                            // 变量名称为 string 可以吗? 可以!
public:
  typedef output_iterator_tag    iterator_category;
  typedef void                   value_type;
```

```
typedef void                        difference_type;
typedef void                        pointer;
typedef void                        reference;

ostream_iterator(ostream& s) : stream(&s), string(0) {}
ostream_iterator(ostream& s, const char* c) : stream(&s), string(c) {}
// 以上 ctors 的用法：
//  ostream_iterator<int> outiter(cout, ' ');  输出至 cout，每次间隔一空格

// 对迭代器做赋值（assign）操作，就代表要输出一笔资料
ostream_iterator<T>& operator=(const T& value) {
  *stream << value;                  // 关键：输出数值
  if (string) *stream << string;     // 如果间隔符号不为空，输出间隔符号
  return *this;
}
// 注意以下三个操作
ostream_iterator<T>& operator*() { return *this; }
ostream_iterator<T>& operator++() { return *this; }
ostream_iterator<T>& operator++(int) { return *this; }
};
```

图 8-5 是 copy() 和 ostream_iterator 共同合作的例子。此图浅色底纹部分为客户端程序代码。另两块分别为 ostream_iterator 和 copy() 的源代码。本例令 ostream_iterator 绑定到标准输出设备 cout 身上。copy() 算法已于 6.4.2 节有过详细的介绍，它有能力判断各种迭代器类型，采用最佳处理方式（见图 6-2）。由于 deque<int>::iterator 是个 RandomAccessIterator，所以 copy() 最后会进入 8-5 图中段所摘录的程序代码。我们发现，每次迭代都做这样的事情：

```
*result = *first;      // result 是一个 ostream_iterator object.
```

根据 ostream_iterator 的定义，对 result 取值，返回的是自己。对 result 执行赋值（assign）操作，则是将 operator= 右手边的东西输出到 cout 去。当 copy() 算法进入 for 循环的下一次迭代时，会引发 ++result，而根据 ostream_iterator 的定义，对 result 累加，返回的是自己。如此持续下去，直到资料来源结束（first == last）为止。

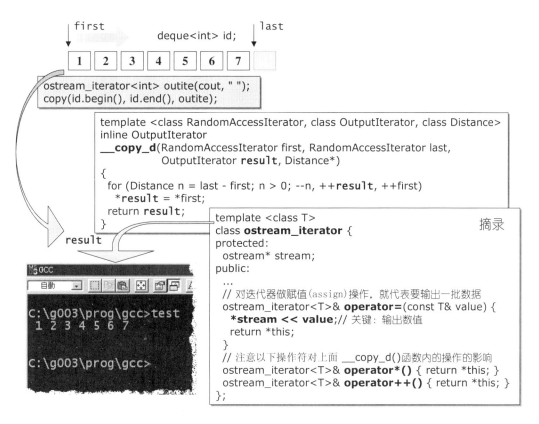

图 **8-5** `copy()` 和 `ostream_iterator` 合作。见内文说明。

这两个迭代器，`istream_iterator` 和 `ostream_iterator`，非常重要。不，我不是说它们在应用上非常重要，而是说这两个迭代器的源代码向我们展示了如何为自己量身定制一个迭代器，系结（绑定）于你所属意的装置上。正如我在本章一开始的概观说明中提过，以这两个迭代器的技术为蓝图，稍加修改，便有非常大的应用空间，可以完成一个绑定到 Internet Explorer cache 身上的迭代器，也可以完成一个系结到磁盘目录上的一个迭代器，也可以… 啊，泛型世界无限宽广。

8.4　function adapters

8.1.3 节已经对 function adapters 做了介绍，并举了一个颇为丰富的运用实例。从这里开始，我们就直接探索 SGI STL function adapters 的实现细节吧。

一般而言，对于 C++ template 语法有了某种程度的了解之后，我们很能够理解或想象，容器是以 class templates 完成，算法以 function templates 完成，仿函数是一种将 `operator()` 重载的 class template，迭代器则是一种将 `operator++` 和 `operator*` 等指针习惯常行为重载的 class template。然而配接器呢？应用于容器身上和迭代器身上的配接器，已于本章稍早介绍过，都是一种 class template。可应用于仿函数身上的配接器呢？如何能够 "事先" 对一个函数完成参数的绑定、执行结果的否定、甚至多方函数的组合？请注意我用 "事先" 一词。我的意思是，最后修饰结果（视为一个表达式，expression）将被传给 STL 算法使用，STL 算法才是真正使用这表达式的主格。而我们都知道，只有在真正使用（调用）某个函数（或仿函数）时，才有可能对参数和执行结果做任何干涉。

这是怎么回事？

关键在于，就像本章先前所揭示，container adapters 内藏了一个 container member 一样，或是像 reverse iterator (adapters) 内藏了一个 iterator member 一样，或是像 stream iterator (adapters) 内藏了一个 pointer to stream 一样，或是像 insert iterator (adapters) 内藏了一个 pointer to container（并因而得以取其 iterator）一样，每一个 function adapters 也内藏了一个 member object，其型别等同于它所要配接的对象（那个对象当然是一个 "可配接的仿函数"，adaptable functor），图 8-6 是一份整理。当 function adapter 有了完全属于自己的一份修饰对象（的副本）在手，它就成了该修饰对象（的副本）的主人，也就有资格调用该修饰对象（一个仿函数），并在参数和返回值上面动手脚了。

图 8-7 鸟瞰了 `count_if()` 搭配 `bind2nd(less<int>(), 12))` 的例子，其中清楚显示 `count_if()` 的控制权是怎么落到我们的手上。控制权一旦在我们手上，我们当然可以予取予求了。

辅助函数（helper function）	实际产生的配接器对象形式	内藏成员的型式
bind1st(cost Op& op, 　　　const T& x);	binder1st<Op> (op, arg1_type(x))	Op（二元仿函数）
bind2nd(cost Op& op, 　　　const T& x);	binder2nd<Op> (op, arg2_type(x))	Op（二元仿函数）
not1(cost Pred& pred);	unary_negate<Pred> (pred)	Pred 返回布尔值的仿函数
not2(cost Pred& pred);	binary_negate<Pred> (pred)	Pred 返回布尔值的仿函数
compose1(const Op1& op1, 💣　　const Op2& op2);	unary_compose<Op1,Op2> (op1, op2)	Op1, Op2
compose2(const Op1& op1, 　　　const Op2& op2, 💣　　const Op3& op3);	binary_compose <Op1,Op2,Op3> (op1, op2, op3)	Op1, Op2, Op3
ptr_fun (Result(*fp)(Arg));	pointer_to_unary_function <Arg, Result>(f)	Result(*fp)(Arg)
ptr_fun (Result(*fp)(Arg1,Arg2));	pointer_to_binary_function <Arg1, Arg2, Result>(f)	Result(*fp) (Arg1,Arg2)
mem_fun(S (T::*f)());	mem_fun_t<S,T>(f)	S (T::*f)()
mem_fun(S (T::*f)() const);	const_mem_fun_t<S,T>(f)	S (T::*f)() const
mem_fun_ref(S (T::*f)());	mem_fun_ref_t<S,T>(f)	S (T::*f)()
mem_fun_ref (S (T::*f)() const);	const_mem_fun_ref_t<S,T> (f)	S (T::*f)() const
mem_fun1(S (T::*f)(A));	mem_fun1_t<S,T,A>(f)	S (T::*f)(A)
mem_fun1(S (T::*f)(A)const);	const_mem_fun1_t<S,T,A>(f)	S (T::*f)(A)const
mem_fun1_ref(S (T::*f)(A));	mem_fun1_ref_t<S,T,A>(f)	S (T::*f)(A)
mem_fun1_ref (S (T::*f)(A)const);	const_mem_fun1_ref_t <S,T,A>(f)	S (T::*f)(A)const

💣 compose1 和 compose2 不在 C++ *Standard* 规范之内。

💣 最后四个辅助函数在 C++ *Standard* 内已去除名称中的'1'。

图 **8-6** 不同的 function adapters 内藏不同的成员。

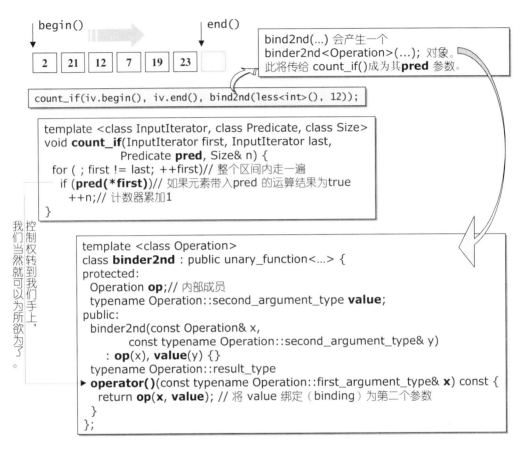

图 **8-7** 鸟瞰 `count_if()` 和 `bind2nd(less<int>(), 12))` 的搭配实例。此图等于是相关源代码的接口整理，搭配 `bind2nd()` 以及 `class binder2nd` 源代码阅读，更得益处。图中浅色底纹方块为客户端调用 `count_if()` 实况；循着箭头行进，便能理解的整个合作机制。

8.4.1   对返回值进行逻辑否定：not1, not2

以下直接列出源代码。源代码中的注释配合先前的概念解说，应该足以让你彻底认识这些仿函数配接器。源代码中常出现的 `pred` 一词，是 predicate 的缩写，意指会返回真假值（`bool`）的表达式。

```
// 以下配接器用来表示某个 Adaptable Predicate 的逻辑负值（logical negation）
template <class Predicate>
class unary_negate
  : public unary_function<typename Predicate::argument_type, bool> {
protected:
  Predicate pred;       // 内部成员
public:
  explicit unary_negate(const Predicate& x) : pred(x) {}
  bool operator()(const typename Predicate::argument_type& x) const {
    return !pred(x);   // 将 pred 的运算结果加上否定（negate）运算
  }
};

// 辅助函数，使我们得以方便使用 unary_negate<Pred>
template <class Predicate>
inline unary_negate<Predicate> not1(const Predicate& pred) {
  return unary_negate<Predicate>(pred);
}

//-------------------------------------------------------------
// 以下配接器用来表示某个 Adaptable Binary Predicate 的逻辑负值
template <class Predicate>
class binary_negate
  : public binary_function<typename Predicate::first_argument_type,
                            typename Predicate::second_argument_type,
                            bool> {
protected:
  Predicate pred;       // 内部成员
public:
  explicit binary_negate(const Predicate& x) : pred(x) {}
  bool operator()(const typename Predicate::first_argument_type& x,
                  const typename Predicate::second_argument_type& y) const {
    return !pred(x, y); // 将 pred 的运算结果加上否定（negate）运算
  }
};

// 辅助函数，使我们得以方便使用 bineary_negate<Pred>
template <class Predicate>
inline binary_negate<Predicate> not2(const Predicate& pred) {
  return binary_negate<Predicate>(pred);
}
```

8.4.2　对参数进行绑定：bind1st, bind2nd

　　以下直接列出源代码。源代码中的注释配合先前的概念解说，应该足以让你彻底认识这些仿函数配接器。

```cpp
// 以下配接器用来将某个 Adaptable Binary function 转换为 Unary Function
template <class Operation>
class binder1st
  : public unary_function<typename Operation::second_argument_type,
                          typename Operation::result_type> {
protected:
  Operation op;   // 内部成员
  typename Operation::first_argument_type value;   // 内部成员

public:
  // constructor
  binder1st(const Operation& x,
            const typename Operation::first_argument_type& y)
     : op(x), value(y) {}  // 将表达式和第一参数记录于内部成员

  typename Operation::result_type
  operator()(const typename Operation::second_argument_type& x) const {
    return op(value, x);    // 实际调用表达式，并将 value 绑定为第一参数
  }
};

// 辅助函数，让我们得以方便使用 binder1st<Op>
template <class Operation, class T>
inline binder1st<Operation> bind1st(const Operation& op, const T& x)
{
  typedef typename Operation::first_argument_type arg1_type;
  return binder1st<Operation>(op, arg1_type(x));
          // 以上，注意，先把 x 转型为 op 的第一参数型别
}

//-------------------------------------------------------------
// 以下配接器用来将某个 Adaptable Binary function 转换为 Unary Function
template <class Operation>
class binder2nd
  : public unary_function<typename Operation::first_argument_type,
                          typename Operation::result_type> {
protected:
  Operation op;   // 内部成员
  typename Operation::second_argument_type value;  // 内部成员
public:
  // constructor
  binder2nd(const Operation& x,
            const typename Operation::second_argument_type& y)
     : op(x), value(y) {}   // 将表达式和第一参数记录于内部成员

  typename Operation::result_type
  operator()(const typename Operation::first_argument_type& x) const {
    return op(x, value);     // 实际调用表达式，并将 value 绑定为第二参数
  }
```

```
};

// 辅助函数，让我们得以方便使用 binder2nd<Op>
template <class Operation, class T>
inline binder2nd<Operation> bind2nd(const Operation& op, const T& x)
{
  typedef typename Operation::second_argument_type arg2_type;
  return binder2nd<Operation>(op, arg2_type(x));
          // 以上，注意，先把 x 转型为 op 的第二参数型别
}
```

8.4.3 用于函数合成：compose1, compose2

以下直接列出源代码。源代码中的注释配合先前的概念解说，应该足以让你彻底认识这些仿函数配接器。请注意，本节的两个配接器并未纳入 STL 标准，是 SGI STL 的私产品，但是颇有钻研价值，我们可以从中学习如何开发适合自己的、更复杂的配接器。

```
// 已知两个 Adaptable Unary Functions f(),g()，以下配接器用来产生一个 h()，
// 使 h(x) = f(g(x))
template <class Operation1, class Operation2>
class unary_compose
  : public unary_function<typename Operation2::argument_type,
                          typename Operation1::result_type> {
protected:
  Operation1 op1;       // 内部成员
  Operation2 op2;       // 内部成员
public:
  // constructor
  unary_compose(const Operation1& x, const Operation2& y)
    : op1(x), op2(y) {} // 将两个表达式记录于内部成员

  typename Operation1::result_type
  operator()(const typename Operation2::argument_type& x) const {
    return op1(op2(x));       // 函数合成
  }
};

// 辅助函数，让我们得以方便运用 unary_compose<Op1,Op2>
template <class Operation1, class Operation2>
inline unary_compose<Operation1, Operation2>
compose1(const Operation1& op1, const Operation2& op2) {
  return unary_compose<Operation1, Operation2>(op1, op2);
}

//-----------------------------------------------------------
```

```
// 已知一个 Adaptable Binary Function f 和
// 两个 Adaptable Unary Functions g1,g2,
// 以下配接器用来产生一个 h, 使 h(x) = f(g1(x),g2(x))
template <class Operation1, class Operation2, class Operation3>
class binary_compose
  : public unary_function<typename Operation2::argument_type,
                          typename Operation1::result_type> {
protected:
  Operation1 op1;      // 内部成员
  Operation2 op2;      // 内部成员
  Operation3 op3;      // 内部成员
public:
  // constructor, 将三个表达式记录于内部成员
  binary_compose(const Operation1& x, const Operation2& y,
                 const Operation3& z) : op1(x), op2(y), op3(z) { }

  typename Operation1::result_type
  operator()(const typename Operation2::argument_type& x) const {
    return op1(op2(x), op3(x));        // 函数合成
  }
};

// 辅助函数, 让我们得以方便运用 binary_compose<Op1,Op2,Op3>
template <class Operation1, class Operation2, class Operation3>
inline binary_compose<Operation1, Operation2, Operation3>
compose2(const Operation1& op1, const Operation2& op2,
         const Operation3& op3) {
  return binary_compose<Operation1, Operation2, Operation3>
          (op1, op2, op3);
}
```

8.4.4   用于函数指针: ptr_fun

这种配接器使我们能够将一般函数当做仿函数使用。一般函数当做仿函数传给
STL 算法, 就语言层面本来就是可以的, 就好像原生指针可被当做迭代器传给 STL
算法样。但如果你不使用这里所说的两个配接器先做一番包装, 你所使用的那个一
般函数将无配接能力, 也就无法和前数小节介绍过的其它配接器接轨。

如果你不熟悉函数指针的语法, 请参考《多态与虚拟》2/e, 第 1 章。

以下直接列出源代码。源代码中的注释配合前数小节的概念解说, 应该足以让
你彻底认识这些仿函数配接器。

```
// 以下配接器其实就是把一个一元函数指针包起来；
// 当仿函数被使用时，就调用该函数指针
template <class Arg, class Result>
class pointer_to_unary_function : public unary_function<Arg, Result>
{
protected:
  Result (*ptr)(Arg); // 内部成员，一个函数指针
public:
  pointer_to_unary_function() {}
  // 以下 constructor 将函数指针记录于内部成员之中
  explicit pointer_to_unary_function(Result (*x)(Arg)) : ptr(x) {}

  // 以下，通过函数指针执行函数
  Result operator()(Arg x) const { return ptr(x); }
};

// 辅助函数，让我们得以方便运用 pointer_to_unary_function
template <class Arg, class Result>
inline pointer_to_unary_function<Arg, Result>   // 灰色部分是返回值型别
ptr_fun(Result (*x)(Arg)) {
  return pointer_to_unary_function<Arg, Result>(x);
}

//-------------------------------------------------------------
// 以下配接器其实就是把一个二元函数指针包起来；
// 当仿函数被使用时，就调用该函数指针
template <class Arg1, class Arg2, class Result>
class pointer_to_binary_function
    : public binary_function<Arg1, Arg2, Result> {
protected:
    Result (*ptr)(Arg1, Arg2);   // 内部成员，一个函数指针
public:
    pointer_to_binary_function() {}
    // 以下 constructor 将函数指针记录于内部成员之中
    explicit pointer_to_binary_function(Result (*x)(Arg1, Arg2))
      : ptr(x) {}

    // 以下，通过函数指针执行函数
    Result operator()(Arg1 x, Arg2 y) const { return ptr(x, y); }
};

// 辅助函数，让我们得以方便使用 pointer_to_binary_function
template <class Arg1, class Arg2, class Result>
inline pointer_to_binary_function<Arg1, Arg2, Result> // 返回值型别
ptr_fun(Result (*x)(Arg1, Arg2)) {
  return pointer_to_binary_function<Arg1, Arg2, Result>(x);
}
```

8.4.5 用于成员函数指针: mem_fun, mem_fun_ref

这种配接器使我们能够将成员函数（member functions）当做仿函数来使用，于是成员函数可以搭配各种泛型算法。当容器的元素型式是 X& 或 X*，而我们又以虚拟（virtual）成员函数作为仿函数，便可以藉由泛型算法完成所谓的多态调用（polymorphic function call）。这是泛型（genericity）与多态（polymorphism）之间的一个重要接轨。下面是一个实例，图 8-8 是例中的类阶层体系（classes hierarchy）和实际产生出来的容器状态：

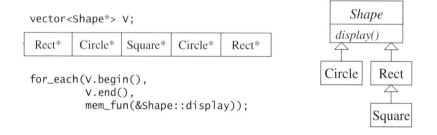

图 **8-8** 图右是类阶层体系（classes hierarchy），图左是实例所产生的容器状态。

```
#include <iostream>
#include <vector>
#include <algorithm>
#include <functional>
using namespace std;

class Shape
{ public: virtual void display()=0; };

class Rect : public Shape
{ public: virtual void display() { cout << "Rect "; } };

class Circle : public Shape
{ public: virtual void display() { cout << "Circle "; } };

class Square : public Rect
{ public: virtual void display() { cout << "Square "; } };

int main()
{
  vector<Shape*> V;
```

```
V.push_back(new Rect);
V.push_back(new Circle);
V.push_back(new Square);
V.push_back(new Circle);
V.push_back(new Rect);

// polymorphically
for(int i=0; i< V.size(); ++i)
    (V[i])->display();
cout << endl;  // Rect Circle Square Circle Rect

// polymorphically
for_each(V.begin(), V.end(), mem_fun(&Shape::display));
cout << endl;  // Rect Circle Square Circle Rect
}
```

请注意，就语法而言，你不能写：

```
for_each(V.begin(), V.end(), &Shape::display);
```

也不能写：

```
for_each(V.begin(), V.end(), Shape::display);
```

一定要以配接器 `mem_fun` 修饰 member function，才能被算法 `for_each` 接受。

另一个必须注意的是，虽然多态（polymorphism）可以对 pointer 或 reference 起作用，但很可惜的是，STL 容器只支持 "实值语意"（value semantic），不支持 "引用语意"（reference semantics）[5]，因此下面这样无法通过编译：

```
vector<Shape&> V;
```

以下是各个 adapters for member function 的源代码[6]。源代码中的注释配合前数小节的概念解说，应该足以让你彻底认识这些仿函数配接器。

---

5 请参考《*The C++ Standard Library*》by Nicolai M. Josuttis, 5.10.2 节和 6.8 节。

6 本处源码所使用的 pointer to member function（成员函数指针）语法，例如 `S (T::*pf)(A) const`，对一般人而言比较奇特而罕见。请参见《多态与虚拟》2/e，第 1 章。

```
// Adapter function objects: pointers to member functions.

// 这个族群一共有 8 = 2^3 个 function objects。
// (1) "无任何参数" vs "有一个参数"
// (2) "通过 pointer 调用" vs "通过 reference 调用"
// (3) "const 成员函数" vs "non-const 成员函数"

// 所有的复杂都只存在于 function objects 内部。你可以忽略它们, 直接使用
// 更上层的辅助函数 mem_fun 和 mem_fun_ref, 它们会产生适当的配接器

// "无任何参数"、 "通过 pointer 调用"、 "non-const 成员函数"
template <class S, class T>
class mem_fun_t : public unary_function<T*, S> {
public:
  explicit mem_fun_t(S (T::*pf)()) : f(pf) {} // 记录下来
  S operator()(T* p) const { return (p->*f)(); }   // 转调用
private:
  S (T::*f)();    // 内部成员, pointer to member function
};

// "无任何参数"、 "通过 pointer 调用"、 "const 成员函数"
template <class S, class T>
class const_mem_fun_t : public unary_function<const T*, S> {
public:
  explicit const_mem_fun_t(S (T::*pf)() const) : f(pf) {}
  S operator()(const T* p) const { return (p->*f)(); }
private:
  S (T::*f)() const;   // 内部成员, pointer to const member function
};

// "无任何参数"、 "通过 reference 调用"、 "non-const 成员函数"
template <class S, class T>
class mem_fun_ref_t : public unary_function<T, S> {
public:
  explicit mem_fun_ref_t(S (T::*pf)()) : f(pf) {}  // 记录下来
  S operator()(T& r) const { return (r.*f)(); }    // 转调用
private:
  S (T::*f)();    // 内部成员, pointer to member function
};

// "无任何参数"、 "通过 reference 调用"、 "const 成员函数"
template <class S, class T>
class const_mem_fun_ref_t : public unary_function<T, S> {
public:
  explicit const_mem_fun_ref_t(S (T::*pf)() const) : f(pf) {}
  S operator()(const T& r) const { return (r.*f)(); }
private:
  S (T::*f)() const;   // 内部成员, pointer to const member function
};
```

```
// "有一个参数"、"通过 pointer 调用"、"non-const 成员函数"
template <class S, class T, class A>
class mem_fun1_t : public binary_function<T*, A, S> {
public:
  explicit mem_fun1_t(S (T::*pf)(A)) : f(pf) {}          // 记录下来
  S operator()(T* p, A x) const { return (p->*f)(x); } // 转调用
private:
  S (T::*f)(A);   // 内部成员，pointer to member function
};

// "有一个参数"、"通过 pointer 调用"、"const 成员函数"
template <class S, class T, class A>
class const_mem_fun1_t : public binary_function<const T*, A, S> {
public:
  explicit const_mem_fun1_t(S (T::*pf)(A) const) : f(pf) {}
  S operator()(const T* p, A x) const { return (p->*f)(x); }
private:
  S (T::*f)(A) const; // 内部成员，pointer to const member function
};

// "有一个参数"、"通过 reference 调用"、"non-const 成员函数"
template <class S, class T, class A>
class mem_fun1_ref_t : public binary_function<T, A, S> {
public:
  explicit mem_fun1_ref_t(S (T::*pf)(A)) : f(pf) {}      // 记录下来
  S operator()(T& r, A x) const { return (r.*f)(x); }   // 转调用
private:
  S (T::*f)(A);   // 内部成员，pointer to member function
};

// "有一个参数"、"通过 reference 调用"、"const 成员函数"
template <class S, class T, class A>
class const_mem_fun1_ref_t : public binary_function<T, A, S> {
public:
  explicit const_mem_fun1_ref_t(S (T::*pf)(A) const) : f(pf) {}
  S operator()(const T& r, A x) const { return (r.*f)(x); }
private:
  S (T::*f)(A) const; // 内部成员，pointer to const member function
};

//------------------------------------------------------------
// mem_fun adapter 的辅助函数：mem_fun, mem_fun_ref

template <class S, class T>
inline mem_fun_t<S,T> mem_fun(S (T::*f)()) {
  return mem_fun_t<S,T>(f);
}
```

```
template <class S, class T>
inline const_mem_fun_t<S,T> mem_fun(S (T::*f)() const) {
  return const_mem_fun_t<S,T>(f);
}

template <class S, class T>
inline mem_fun_ref_t<S,T> mem_fun_ref(S (T::*f)()) {
  return mem_fun_ref_t<S,T>(f);
}

template <class S, class T>
inline const_mem_fun_ref_t<S,T> mem_fun_ref(S (T::*f)() const) {
  return const_mem_fun_ref_t<S,T>(f);
}

// 注意：以下四个函数，其实可以采用和先前（以上）四个函数相同的名称（函数重载）。
// 事实上 C++ Standard 也的确这么做。我手上的 G++ 2.91.57 并未遵循标准，不过只要
// 把 mem_fun1() 改为 mem_fun()，把 mem_fun1_ref() 改为 mem_fun_ref()，
// 即可符合 C++ Standard。SGI STL 3.3 就是这么做。
template <class S, class T, class A>
inline mem_fun1_t<S,T,A> mem_fun1(S (T::*f)(A)) {
  return mem_fun1_t<S,T,A>(f);
}

template <class S, class T, class A>
inline const_mem_fun1_t<S,T,A> mem_fun1(S (T::*f)(A) const) {
  return const_mem_fun1_t<S,T,A>(f);
}

template <class S, class T, class A>
inline mem_fun1_ref_t<S,T,A> mem_fun1_ref(S (T::*f)(A)) {
  return mem_fun1_ref_t<S,T,A>(f);
}

template <class S, class T, class A>
inline const_mem_fun1_ref_t<S,T,A> mem_fun1_ref(S (T::*f)(A) const) {
  return const_mem_fun1_ref_t<S,T,A>(f);
}
```

A

参考书籍与推荐读物
Bibliography

Genericity/STL 领域里头，已经产生了一些经典作品。

我曾经写过一篇文章，介绍 Genericity/STL 经典好书，分别刊载于台北《Run!PC 》 杂志和北京《程序员》杂志。该文讨论 Genericity/STL 的数个学习层次，文中所列书籍不但是我的推荐，也是本书《STL 源码剖析》写作的部分参考。以下摘录该文中关于书籍的介绍。全文见 http://www.jjhou.com/programmer-2-stl.htm。

侯捷观点《Genericity/STL 大系》—— 泛型技术的三个学习阶段

自从被全球软件界广泛运用以来，C++ 有了许多演化与变革。然而就像人们总是把目光放在艳丽的牡丹而忽略了花旁的绿叶，作为一个广为人知的面向对象程序语言（Object Oriented Programming Language），C++ 所支持的另一种思维 —— 泛型编程 —— 被严重忽略了。说什么红花绿叶，好似主观上划分了主从，其实面向对象思维和泛型思维两者之间无分主从。两者相辅相成，肯定对程序开发有更大的突破。

面对新技术，我们的最大障碍在于心中的怯弱和迟疑。To be or not to be, that is the question! 不要和哈姆雷特一样犹豫不决，当你面对一项有用的技术时，必须果敢。

王国维说大事业大学问者的人生有三个境界。依我看，泛型技术的学习也有三个境界，第一个境界是运用 **STL**。对程序员而言，诸多抽象描述，不如实象的程序代码直指人心。第二个境界是了解泛型技术的内涵与 **STL** 的学理。不但要理解 STL 的概念分类学（concepts taxonomy）和抽象概念库（library of abstract concepts），最好再对数个 STL 组件（不必太多，但最好涵盖各类型）做一番深刻追踪。STL 源码都在手上（就是相应的那些 header files 嘛），好好做几个个案研究，便能够对泛型技术以及 STL 的学理有深刻的掌握。

　　第三个境界是扩充 **STL**。当 STL 不能满足我们的需求时，我们必须有能力动手写一个可融入 STL 体系中的软件组件。要达到这个境界之前，得先彻底了解 STL，也就是先通过第二个境界的痛苦折磨。

　　也许还应该加上所谓第零境界：**C++ template** 机制。这是学习泛型技术及 STL 的第一道门槛，包括诸如 class templates, function templates, member templates, specialization, partial specialization。更往基础看去，由于 STL 大量运用了 operator overloading（操作符重载），所以这个技法也必须熟稔。

　　以下，我便为各位介绍多本相关书籍，涵盖不同的切入角度，也涵盖上述各个学习层次。另有一些则为本书之参考依据。为求方便，以下皆以学术界惯用法标示书籍代名，并按英文字母排序。凡有中文版者，我会特别加注。

[Austern98]: *Generic Programming and the STL - Using and Extending the C++ Standard Template Library*, by Matthew H. Austern, Addison Wesley 1998. 548 pages
繁体中文版：《泛型程序设计与 STL》，侯捷/黄俊尧合译，碁峰 2000, 548 页。

　　这是一本艰深的书。没有三两三，别想过梁山，你必须对 C++ template 技法、STL 的运用、泛型设计的基本精神都有相当基础了，才得一窥此书堂奥。

　　此书第一篇对 STL 的设计哲学有很好的导入，第二篇是详尽的 STL concepts 完整规格，第三篇则是详尽的 STL components 完整规格，并附运用范例：

```
PartI : Introduction to Generic Programming
1. A Tour of the STL
2. Algorithms and Ranges
3. More about Iterators
4. Function Objects
5. Containers
PartII : Reference Manual: STL Concepts
6. Basic Concepts
7. Iterators
8. Function Objects
9. Containers
PartIII : Reference Manual : Algorithms and Classes
10. Basic Components
11. Nonmutating Algorithms
12. Basic Mutating Algorithms
13. Sorting and Searching
14. Iterator Classes
15. Function Object Classes
16. Container Classes
Appendix A. Portability and Standardization
Bibliography
Index
```

　　此书通篇强调 STL 的泛型理论基础，以及 STL 的实现规格。你会看到诸如 concept, model, refinement, range, iterator 等字词的意义，也会看到诸如 Assignable, Default Constructible, Equality Comparable, Strict Weakly Comparable 等观念的严谨定义。虽然一本既富学术性又带长远参考价值的工具书，给人严肃又艰涩的表象，但此书第二章及第三章解释 iterator 和 iterator traits 时的表现，却不由令人击节赞赏，大叹精彩。一旦你有能力彻底解放 traits 编程技术，你才有能力观看 STL 源码（STL 几乎无所不在地运用 traits 技术），并进一步撰写符合规格的 STL 兼容组件。就像其它任何 framework 一样，STL 以开放源码的方式呈现市场，这种白盒子方式使我们在更深入剖析技术时（可能是为了透彻，可能是为了扩充），有一个终极依恃。因此，观看 STL 源码的能力，我认为对技术的养成与掌握，极为重要。

　　总的来说，此书在 STL 规格及 STL 学理概念的资料及说明方面，目前无出其右者。不论在 (1) 泛型观念之深入浅出、(2) STL 架构组织之井然剖析、(3) STL 参考文件之详实整理三方面，此书均有卓越表现。可以这么说，在泛型技术和 STL

的学习道路上，此书并非万能（至少它不适合初学者），但如果你希望彻底掌握泛型技术与 STL，没有此书万万不能。

[Gamma95]:*Design Patterns: Elements of Reusable Object-Oriented Software*, by Erich Gamma, Richard Helm, Ralph Johnson, and John Vlissides, Addison-Wesley, 1995. 395 pages
繁体中文版：
《面向对象设计模式——可再利用面向对象软件之要素》叶秉哲译，培生 2001，458 页。

　　此书与泛型或 STL 并没有直接关系。但是 STL 的两大类型组件：Iterator 和 Adapter，被收录于此书 23 个设计模式（design patterns）中。此书所谈的其它设计模式在 STL 之中也有发挥。两相比照，尤其是看过 STL 的源码之后，对于这些设计模式会有更深的体会，回映过来对 STL 本身架构也会有更深一层的体会。

[Hou02a]:《STL 源码剖析 — 向专家学习，型别技术、内存管理、算法、数据结构、STL 各类组件高阶实现技巧》，侯捷著，华中科技大学出版社 2002，492 页。

　　这便是你手上这本书。揭示 SGI STL 实现版本的关键源码，涵盖 STL 六大组

件之实现技术和原理解说，是学习泛型编程、数据结构、算法、内存管理等高阶编程技术的终极性读物，毕竟…唔…源码之前了无秘密。

[Hou02b]:《泛型思维——Genericity in C++》，侯捷著（计划中）

　　下笔此刻，此书尚在撰写当中，内容涵盖语言层次（C++ templates 语法、Java generic 语法、C++ 操作符重载），STL 原理介绍与架构分析，STL 现场重建，STL 深度应用，STL 扩充示范，泛型思考，并附一个微型、高度可移植的 STLLite，让读者得以最精简的方式和时间一窥 STL 全貌，一探泛型之宏观与微观。

[Josuttis99]: *The C++ Standard Library - A Tutorial and Reference*, by Nicolai M. Josuttis, Addison Wesley 1999. 799 pages
简体中文版：
《C++ 标准程序库 —— 学习教本与参考工具》，侯捷/孟岩译，华中科技大学出版社 2002, 800 页。

　　一旦你开始学习 STL，乃至实际运用 STL，这本书可以为你节省大量的翻查、参考、错误尝试的时间。此书各章如下：

此书涵盖面广，不仅止于 STL，而且是整个 C++ 标准程序库，详细介绍每个组件的规格及运用方式，并佐以范例。作者的整理功夫做得非常扎实，并大量运用图表作为解说工具。此书的另一个特色是涵盖了 STL 相关各种异常（exceptions），这很少见。

此书不仅介绍 STL 组件的运用，也导入关键性 STL 源码。这些源码都经过作者的节录整理，砍去枝节，留下主干，容易入目。这是我特别激赏的一部分。繁中取简，百万军中取敌首级，不是容易的任务，首先得对庞大的源码有清晰的认识，再有坚定而正确的诠释主轴，知道什么要砍，什么要留，什么要注释。

阅读此书，不但得以进入我所谓的第一学习境界，甚且由于关键源码的提供，得以进入第二境界。此书也适度介绍某些 STL 扩充技术。例如 6.8 节介绍如何以 smart pointer 使 STL 容器具有 "reference semantics"（STL 容器原本只支持 "value semantics"），7.5.2 节介绍一个定制型 iterator，10.1.4 节介绍一个订制型 stack，10.2.4 节介绍一个定制型 queue，15.4 节介绍一个定制型 allocator。虽然篇幅都不长，只列出基本技法，但对于想要扩充 STL 的程序员而言，有个起始终究是一种实质上的莫大帮助。就这点而言，此书又进入了我所谓的第三学习境界。

正如其副标题所示，本书兼具学习用途及参考价值。在国际书市及国际 STL 相关研讨会上，此书都是首选。盛名之下无虚士，诚不欺也。

The Annotated STL Sources

[Lippman98] : *C++ Primer*, 3rd Edition, by Stanley Lippman and Josée Lajoie, Addison Wesley Longman, 1998. 1237 pages.

繁体中文版：《C++ Primer 中文版》，侯捷译，碁峰图书公司 1999, 1237 页。

这是一本 C++ 百科经典，向以内容广泛说明详尽着称。其中与 template 及 STL 直接相关的章节有：

```
chap6: Abstract Container Types
chap10: Function Templates
chap12: The Generic Algorithms
chap16: Class Templates
appendix: The Generic Algorithms Alphabetically
```

与 STL 实现技术间接相关的章节有：

```
chap15: Overloaded Operators and User Defined Conversions
```

书中有大量范例，尤其附录列出所有 STL 泛型算法的规格、说明、实例，是极佳的学习资料。不过书上有少数例子，由于作者疏忽，未能完全遵循 C++ 标准，仍沿用旧式写法，修改方式可见 www.jjhou.com/errata-cpp-primer-appendix.htm。

这本 C++ 百科全书并非以介绍泛型技术的角度出发，而是因为 C++ 涵盖了 template 和 STL，所以才介绍它。因此，在相关组织上，稍嫌凌乱。不过我想，没有人会因此对它求全责备。

The Annotated STL Sources

[Noble01]: *Small Memory Software – Patterns for systems with limited memory*, by James Noble & Charles Weir, Addison Wesley, 2001. 333 pages.
简体中文版：《内存受限系统之设计模式》，侯捷/王飞译，华中科技大学出版社 2002，333 页。

　　此书与泛型技术、STL 没有任何关联。然而由于 SGI STL allocator（空间配置器）在内存配置方面运用了 memory pool 手法，如果能够参考此书所整理的一些内存管理经典手法，颇有助益，并收触类旁通之效。

[Struostrup97]: *The C++ Programming Language*, 3rd Editoin, by Bjarne Stroustrup, Addison Wesley Longman, 1997. 910 pages
繁体中文版：《C++ 程序语言经典本》，叶秉哲译，儒林 1999，总页数未录。

　　这是一本 C++ 百科经典，向以学术权威（以及口感艰涩☺）著称。本书内容直接与 template 及 STL 相关的章节有：

```
chap3: A Tour of the Standard Library
chap13: Templates
chap16: Library Organization and Containers
chap17: Standard Containers
chap18: Algorithms and Function Objects
chap19: Iterators and Allocators
```

　　与 STL 实现技术间接相关的章节有：

chap11: Operator Overloading

其中第 19 章对 Iterators Traits 技术的介绍，在 C++ 语法书中难得一见，不过蜻蜓点水不易引发阅读兴趣。关于 Traits 技术，[Austern98] 表现极佳。

这本 C++ 百科全书并非以介绍泛型技术的角度出发，而是因为 C++ 涵盖了 template 和 STL，所以才介绍它。因此在相关组织上，稍嫌凌乱。不过我想，没有人会因此对它求全责备。

[**Weiss95**]: *Algorithms, Data Structures, and Problem Solving With C++*, by Mark Allen Weiss, Addison Wesley, 1995, 820 pages

此书和泛型技术、STL 没有任何关联。但是在你认识 STL 容器和 STL 算法之前，一定需要某些数据结构（如 red black tree, hash table, heap, set...）和算法（如 quick sort, heap sort, merge sort, binary search...）以及 Big-Oh 复杂度标记法的学理基础。本书在学理叙述方面表现不俗，用字用例浅显易懂，颇获好评。

[Wayner00]: *Free For All – How Linux and the Free Software Movement Undercut the High-Tech Titans*, by Peter Wayner, HarperBusiness, 2000. 340 pages
繁体中文版：《开放原始码——Linux 与自由软件运动对抗软件巨人的故事》，
蔡忆怀译，商周 2000，393 页。

  《STL 源码剖析》一书采用 SGI STL 实现版本为解说对象，而 SGI 版本属于源码开放架构下的一员，因此《STL 源码剖析》第一章对于 **open source**（源码开放精神）、**GNU**（由 Richard Stallman 创先领导的开放改革计划）、**FSF**（Free Software Foundation，自由软件基金会）、**GPL**（General Public License，广泛开放授权）等等有概要性的说明，皆以此书为参考依据。

B

侯捷网站
本书支持站点简介

  侯捷网站是我的个人站点，收录写作教育生涯的所有足迹。我的所有作品的勘误、讨论、源代码下载、电子书下载等服务都在这个站点上进行。永久网址是 http://www.jjhou.com（中文繁体），中文简体镜像站点为 http://jjhou.csdn.com。下面是进入侯捷网站后的画面，其中上窗口是变动主题，提供最新动态。左窗口是目录，右窗口是主画面：

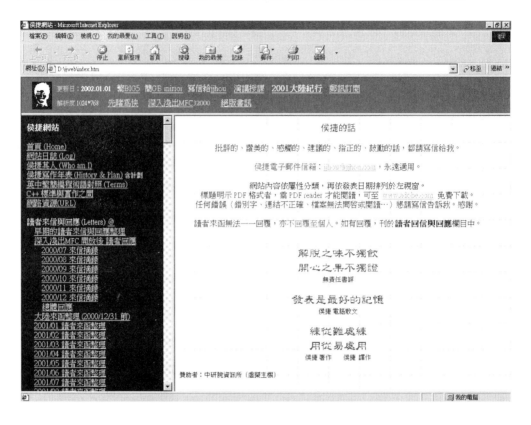

左窗口之主目录，内容包括：

首页
网站日志
侯捷其人
侯捷写作年表 (History) 含计划
英中繁简编程术语对照 (Terms)
C++ 标准与实作之间
网络资源(URL)

读者来信与响应
课程
电子书开放
程序源代码下载
答客问 (Q/A)
作品勘误(errata)
无责任书评 1 1993.01~1994.04
无责任书评 2 1994.07~1995.12
无责任书评 3 1996.08~1997.11
侯捷散文 1998
侯捷散文 1999
侯捷散文 2000

The Annotated STL Sources

侯捷散文 2001
侯捷散文 2002
STL 系列文章 （PDF）
《程序员》杂志文章
侯捷著作
侯捷译作
作序推荐

本书《STL 源代码剖析》出版后之相关服务，皆可于以上各相关字段中获得。

C

STLPort 的移植经验

by 孟岩

STL 是一个标准，各商家根据这个标准开发了各自的 STL 版本。而在这形形色色的 STL 版本中，SGI STL 无疑是最引人瞩目的一个。这当然是因为这个 STL 产品系出名门，其设计和编写者名单中，Alexander Stepanov 和 Matt Austern 赫然在内，有两位大师坐镇，其代码水平自然有了最高保证。SGI STL 不但在效率上一直名列前茅，而且完全依照 ISO C++ 之规范设计，使用者尽可放心。此外，SGI STL 做到了 thread-safe，还体贴地为用户增设数种组件，如 hash, hash_map, hash_multimap, slist 和 rope 容器等等。因此无论在学习或实用上，SGI STL 应是首选。

无奈，SGI STL 本质上是为了配合 SGI 公司自身的 UNIX 变体 IRIX 而量身定做，其它平台上的 C++ 编译器想使用 SGI STL，都需要一番周折。著名的 GNU C++ 虽然也使用 SGI STL，但在发行前已经过调试整合。一般用户，特别是 Windows 平台上的 BCB/VC 用户要想使自己的 C++ 编译器与 SGI STL 共同工作，可不是一件容易的事情。俄国人 Boris Fomitchev 注意到这个问题之后，建立了一个免费提供服务的项目，称为 STLport，旨在将 SGI STL 的基本代码移植到各主流编译环境中，使各种编译器的用户都能够享受到 SGI STL 带来的先进机能。STLport 发展过程中曾接受 Matt Austern 的指导，发展到今天，已经比较成熟。最新的 STLport 4.0，可以从 www.stlport.org 免费下载，zip 文件体积约 1.2M，可支持各主流 C++编译环境的移植。BCB 及 VC 当然算是主流编译环境，所以当然也得到了 STLport 的关照。但据笔者实践经验看来，配置过程中还有一些障碍需要跨越，本文详细指导读者如何在 Borland C++Builder 5.5 及 Visual C++ 6.0 环境中配置 STLport。

首先请从 www.stlport.org 下载 STLport 4.0 的 ZIP 文件，文件名 stlport-4.0.zip。然后利用 WinZip 等工具展开。生成 stlport-4.0 目录，该目录中有（而且仅有）一个子目录，名称亦为 stlport-4.0，不妨将整目录拷贝到你的合适位置，然后改一个合适的名字，例如配合 BCB 者可名为 STL4BC，等等。

下面分 BCB 和 VC 两种情形来描述具体过程。

Borland C++Builder 5

Borland C++Builder5 所携带的 C++ 编译器是 5.5 版本，在当前主流的 Windows 平台编译器中，对 ISO C++ *Standard* 的支持是最完善的。以它来配合 SGI STL 相当方便，也是笔者推荐之选。手上无此开发工具的读者，可以到 www.borland.com 免费下载 Borland C++ 5.5 编译器的一个精简版，该精简版体积为 8.54MB，名为 freecommandlinetools1.exe，乃一自我解压缩安装文件，在 Windows 中执行它便可安装到你选定的目录中。展开后体积 50MB。

以下假设你使用的 Windows 安装于 C:\Windows 目录。如果你有 BCB5，假设安装于 C:\Program Files\Borland\CBuilder5；如果你没有 BCB5，而是使用上述的精简版 BCC，则假设安装于 C:\BCC55 目录。STLport 原包置于 C:\STL4BC，其中应有以下内容

```
<目录> doc
<目录> lib
<目录> src
<目录> stlport
<目录> test
文件 ChangLog
文件 Install
文件 Readme
文件 Todo
```

请确保 C:\Program Files\Borland\CBuilder5\Bin 或 C:\BCC55\Bin 已登记于你的 Path 环境变量中。

　　笔者推荐你在安装之前读一读 Install 文件，其中讲到如何避免使用 SGI 提供的 iostream。如果你不愿意使用 SGI iostream，STLport 会在原本编译器自带的 iostream 外加一个 wrapper，使之能与 SGI STL 共同合作。不过 SGI 提供的 iostream 标准化程度好，和本家的 STL 代码配合起来速度也快些，所以笔者想不出什么理由不使用它，在这里假定大家也都乐于使用 SGI iostream。有不同看法者尽可按照 Install 文件的说法调整。

　　下面是逐一步骤(本任务均在DOS命令状态下完成,请先打开一个DOS窗口)：

1. 移至 C:\Program Files\Borland\CBuilder5\bin，使用任何文字编辑器修改以下两个文件。

　　文件一 bcc32.cfg 改为：
```
-I"C:\STL4BC\stlport";\
"C:\Program Files\Borland\CBuilder5\Include";\
"C:\Program Files\Borland\CBuilder5\Include\vcl"
-L"C:\STL4BC\LIB";\
"C:\Program Files\Borland\CBuilder5\Lib";\
"C:\Program Files\Borland\CBuilder5\Lib\obj";\
"C:\Program Files\Borland\CBuilder5\Lib\release"
```
以上为了方便阅读，以 "\" 符号将很长的一行折行。本文以下皆如此。

　　文件二 ilink32.cfg 改为：
```
-L"C:\STL4BC\LIB";\
"C:\Program Files\Borland\CBuilder5\Lib";\
"C:\Program Files\Borland\CBuilder5\Lib\obj";\
"C:\Program Files\Borland\CBuilder5\Lib\release"
```

C:\BCC55\BIN 目录中并不存在这两个文件，请你自己用文字编辑器手工做出这两个文件来，内容与上述有所不同，如下。

　　文件一 bcc32.cfg 内容：
```
-I"C:\STL4BC\stlport";"C:\BCC55\Include";
-L"C:\STL4BC\LIB";"C:\BCC55\Lib";
```

　　文件二 ilink32.cfg 内容：
```
-L"C:\STL4BC\LIB";"C:\BCC55\Lib";
```

2. 进入 C:\STL4BC\SRC 目录。

3. 执行命令 `copy bcb5.mak Makefile`。

4. 执行命令 `make clean all`。

这个命令会执行很长时间，尤其在老旧的机器上，可能运行 30 分钟以上。屏幕不断显示工作情况，有时你会看到好像在反复做同样几件事，请保持耐心，这其实是在以不同编译开关建立不同性质的目标库。

5. 经过一段漫长的编译之后，终于结束了。现在再执行命令 `make install`。这次需要的时间不长。

6. 来到 C:\STL4BC\LIB 目录，执行：
```
copy *.dll c:\windows\system;
```

7. 大功告成。下面一步进行检验。rope 是 SGI STL 提供的一个特有容器，专门用来对付超大规模的字符串。string 是细弦，而 rope 是粗绳，可以想见 rope 的威力。下面这个程序有点暴殄天物，不过倒也还足以做个小试验：

```
//issgistl.cpp
#include <iostream>
#include <rope>

using namespace std;

int main()
{
    // crope 就是容纳 char-type string 的 rope 容器
    crope bigstr1("It took me about one hour ");
    crope bigstr2("to plug the STLport into Borland C++!");
    crope story = bigstr1 + bigstr2;
    cout << story << endl;
    return 0;
}
//~issgistl.cpp
```

现在，针对上述程序进行编译：`bcc32 issgistl.cpp`。咦，怪哉，linker 报告说找不到 stlport_bcc_static.lib，到 C:\STL4BC\LIB 看个究竟，确实没有这个文件，倒是有一个 stlport_bcb55_static.lib。笔者发现这是 STLport 的一个小问题，需要将链接库文件名称做一点改动：

```
copy stlport_bcb55_static.lib stlport_bcc_static.lib
```

这个做法颇为稳妥，原本的 stlport_bcb55_static.lib 也保留了下来。以其它选项进行编译时，如果遇到类似问题，只要照葫芦画瓢改变文件名称就没问题了。

现在再次编译，应该没问题了。可能有一些警告讯息，没关系。只要能运行，就表示 rope 容器起作用了，也就是说你的 SGI STL 开始工作了。

Microsoft Visual C++ 6.0

Microsoft Visual C++ 6.0 是当今 Windows 下 C++ 编译器主流中的主流，但是对于 ISO C++ 的支持不尽如人意。其所配送的 STL 性能也比较差。不过既然是主流，STLport 自然不敢怠慢，下面介绍 VC 中的 STLport 安装方法。

以下假设你使用的 Windows 系统安装于 C:\Windows 目录，VC 安装于 C:\Program Files\Microsoft Visual Studio\VC98 而 STLport 原包置于 C:\STL4VC，其中应有以下内容

```
<目录> doc
<目录> lib
<目录> src
<目录> stlport
<目录> test
文件 ChangLog
文件 Install
文件 Readme
文件 Todo
```

请确保 C:\Program Files\Microsoft Visual Studio\VC98\bin 已设定在你的 Path 环境变量中。

下面是逐一步骤（本任务均在 DOS 命令状态下完成，请先打开一个 DOS 窗口）

1. 移至 C:\Program Files\Microsoft Visual Studio\VC98 中，使用任何文字编辑器修改文件 vcvars32.bat。将其中原本的两行：
   ```
   set
   INCLUDE=%MSVCDir%\ATL\INCLUDE;%MSVCDir%\INCLUDE;%MSVCDir%\MFC\I
   NCLUDE;%INCLUDE%
   set LIB=%MSVCDir%\LIB;%MSVCDir%\MFC\LIB;%LIB%
   ```

   改成
   ```
   set
   INCLUDE=C:\STL4VC\stlport;%MSVCDir%\ATL\INCLUDE;%MSVCDir%\INCLUDE;\
   %MSVCDir%\MFC\INCLUDE;%INCLUDE%
   set LIB=C:\STL4VC\lib;%MSVCDir%\LIB;%MSVCDir%\MFC\LIB;%LIB%
   ```

以上为了方便阅读，以 "\" 符号将很长的一行折行。

修改完毕后存盘，然后执行之。一切顺利的话应该给出一行结果

`Setting environment for using Microsoft Visual C++ tools.`

如果你缺省的 DOS 环境空间不足，这个 BAT 档执行过程中可能导致环境空间不足，此时应该在 DOS 窗口的 "内容" 对话框中找到 "内存" 附页，将 "起始环境"（下拉式选单）改一个较大的值，例如 1280 或 2048。然后再开一个 DOS 窗口，重新执行 vcvars32.bat。

2. 进入 C:\STL4VC\SRC 目录。

3. 执行命令 `copy vc6.mak Makefile`

4. 执行命令 `make clean all`

   如果说 BCB 编译 STLport 的时间很长，那么 VC 编译 STLport 的过程就更加漫长了。屏幕反反复覆地显示似乎相同的内容，请务必保持耐心，这其实是在以不同编译开关建立不同性质的目标库。

5. 经过一段漫长的编译之后，终于结束了。现在你执行命令 `make install`。这次需要的时间不那么长，但也要有点耐心。

6. 大功告成。下一步应该检验是不是真的用上了 SGI STL。和前述的 BCB 过程差不多，找一个运用了 SGI STL 特性的程序，例如运用了 rope, slist, hash_set, hash_map 等容器的程序来编译。注意，编译时务必使用以下格式

   `cl /GX /MT program.cpp`

   这是因为 SGI STL 大量使用了 try...throw...catch，而 VC 缺省情况下并不支持此一语法特性。/GX 要求 VC++ 编译器打开对异常处理的语法支持。/MT 则是要求 VC linker 将本程序的 obj 文件和 libcmt.lib 连接在一起——因为 SGI STL 是 thread-safe，必须以 multi-thread 的形式运行。

   如果想要在图形接口中使用 SGI STL，可在 VC 整合环境内调整 Project | Setting(Alt+F7)，设置编译选项，请注意一定要选用 /MT 和 /GX，并引入选项 `/Ic:\stl4vc\stlport` 及 `/libpath:c:\stl4vc\lib`。

   整个过程在笔者的老式 Pentium 150 机器上耗时超过 3 小时，虽然你的机器想必快得多，但也必然会花去出乎你意料的时间。全部完成后，C:\STL4VC 这个目录的体积由原本区区 4.4M 膨胀到可怕的 333M，当然这其中有 300M 是编译过程产生的.obj 档，如果你确信自己的 STLport 工作正常的话，可以删掉它们，空出硬盘空

间。不过这么一来若再进行一次安装程序，就只好再等很长时间。

　　另外，据笔者勘察，STLport 4.0 所使用的 SGI STL 并非最新问世的 SGI STL3.3 版本，不知道把 SGI STL3.3 的代码导入 STLport 会有何效果，有兴趣的读者不妨一试。

　　大致情形就是这样，现在，套用 STLport 自带文件的结束语：享受这一切吧（Have fun!）

孟岩
2001-3-11

索引

请注意，本书并未探讨所有的 STL 源代码（那需要数千页篇幅），所以
请不要将此索引视为完整的 STL 组件索引